KB267135

안드로이드 NDK 프로그래밍

JNI와 C/C++ 라이브러리를 활용한
네이티브 안드로이드 애플리케이션

안드로이드 NDK 프로그래밍

JNI와 C/C++ 라이브러리를 활용한
네이티브 안드로이드 애플리케이션

실뱅 라타부이 지음
허윤규 옮김

BIRMINGHAM - MUMBAI- SEOUL

acorn+PACKT 시리즈 출간 도서 (2013년 12월 기준)

acorn+PACKT 시리즈를 시작하며

에이콘출판사와 팩트 출판 파트너십 제휴

첨단 IT 기술을 신속하게 출간하는 영국의 팩트 출판(PACKT Publishing, www.packtpub.com)이 저희 에이콘출판사와 2011년 5월 파트너십을 체결하고 전격 제휴함으로써 acorn+PACKT Technical Book 시리즈를 독자 여러분께 선보입니다.

2004년부터 전문 기술과 솔루션을 독자에게 신속하게 출간해온 팩트 출판은 세계 각지에서 시스템, 애플리케이션, 프레임워크 등을 도입한 유명 IT 전문가들의 경험과 지식을 책에 담아 새로운 소프트웨어와 기술을 업무에 활용하려는 독자들에게 전문 기술과 경쟁력을 공유해왔습니다. 특히 여타 출판사의 전문기술서와는 달리 좀 더 심도 있고 전문적인 내용으로 가득 채움으로써 IT 서적의 진정한 블루오션을 개척합니다. 따라서 꼭 알아야 할 내용은 좀 더 깊이 다루고, 불필요한 내용은 과감히 걸러냄으로써 독자들에게 꼭 필요한 심층 정보를 전달합니다.

남들이 하지 않는 분야를 신속하고 좋은 품질로 전달하려는 두 출판사의 기업 이념이 맞닿은 acorn+PACKT Technical Book 시리즈의 출범으로, 저희 에이콘출판사는 앞으로도 국내 IT 기술 발전에 보탬이 되는 책을 열심히 펴내겠습니다.

www.packtpub.com를 둘러보시고 번역 출간을 원하시는 책은 언제든 저희 출판사 편집팀(editor@acornpub.co.kr)으로 알려주시기 바랍니다.

감사합니다.

에이콘출판㈜ 대표이사
권 성 준

저자 소개

실뱅 라타부이 Sylvain Ratabouil

C++와 자바를 경험한 IT 전문 컨설턴트다. 우주 산업에 종사했으며, 디지털 혁명에 참여하는 발텍 테크놀로지스Valtech Technologies에서 항공 프로젝트를 수행했다.

프랑스 툴루즈의 폴 사바티에Paul Sabatier 대학에서 학위를 받았으며, 리버풀 대학에서 컴퓨터 과학 석사학위를 받았다.

기술을 사랑하는 사람으로서 모바일 기술에 열정적이며, 안드로이드 스마트폰 없는 삶을 꿈꾸기 힘들다고 한다.

이 책을 쓸 수 있는 기회를 제공해준 스티븐 윌딩, 많은 인내로 필자를 기다려준 스네하 카르쿠트와 조비타 핀토, 이 책을 올바른 방향으로 이끌어준 레쉬마 선다르슨과 데이얀 하얌스, 이 책을 마무리하는 데 도움을 준 사라 컬링턴, 끊임없는 도움을 준 프랭크 그루츠마허 박사와 마르코 가젠타, 로버트 미쉘에 감사의 인사를 전하고 싶다.

기술 감수자 소개

프랭크 그루츠마허 Frank Grutzmacher

여러 주요 독일 영화사의 대규모 배급 시스템 분야에서 종사했다. 과거에 여러 코바 Corba 구현의 초기 사용자였다.

전자공학 분야에서 박사학위를 받았지만, 주로 이기종heterogeneous 분산 시스템에 관심이 있다. 2010년, 제조사를 위해 안드로이드 플랫폼 파트를 변경하는 프로젝트를 수행했다. 이 프로젝트를 통해 안드로이드 NDK와 플랫폼의 네이티브 프로세스에 대한 지식을 습득했다.

다른 안드로이드 3.0 서적에 대해서도 기술 감수자로 활동했다.

로버트 미첼 Robert Mitchell

MIT를 졸업했고, 정보 기술 분야에서 40년 이상의 경력이 있으며, 현재 반은퇴한 상태다. IBM과 암달, 내셔널 세미컨덕터, 스토리지 테크놀로지 같은 대기업에서 소프트웨어를 개발했다. 오랜 C++ 배경 지식과 함께 루비나 자바 같은 최신 언어도 알고 있다.

옮긴이 소개

허윤규 chris.heo@gmail.com

분산 처리와 대용량 데이터베이스에 관심이 있으며, CORBA와 WebService 관련 프로젝트와 다수의 프로젝트 경험이 있다. 현재 삼성전자에서 안드로이드 기반 클라우드 서비스를 개발 중이며, 저서로는 『MS SQL Server 2000 for Beginner』, 역서로는 『Beginning ASP.NET using VB.NET』이 있다.

옮긴이의 말

정확히 10년 전 국내 모 은행을 대상으로 인터넷 뱅킹 통합 프로젝트를 진행 중이었다. CORBA를 통해 기존 소켓 통신 모듈을 대체하는 프로젝트였고, 당시 내게는 생소한 과제가 주어졌다. 당시 자바 언어로 개발하던 상황에서 불가피하게 C++ 라이브러리를 재사용해야 하는 요구 사항이 들어왔다. 그것이 가능할지 의구심을 갖고 찾아봤던 내용이 바로 JNI였고, JNI를 통해 성공적으로 과제를 마칠 수 있었다. 이후 아이폰과 안드로이드가 태동하기 이전, 즉 윈도우 모바일 환경에서 디바이스 드라이버를 개발할 당시만 하더라도 JNI는 한때 도움을 주었던 그리고 추억으로 남아있는 녀석에 불과했지만, 안드로이드 과제를 수행하게 돼 공부하는 과정에서 다시 만난 자바와 JNI는 안드로이드에서는 없어서는 안 될 요소로 이미 자리 잡고 있었다.

과거와 현재의 경험이 일치하는 시점에서 이 책의 번역을 맡게 됐을 때의 느낌은 사뭇 흥미로웠다. 마치 오랫동안 연락하지 못한 누군가를 다시 만나 그때 추억을 돌이켜보는 느낌이랄까?

이 책은 구글에서 제공하는 NDK를 통해 JNI를 사용하는 방법과 주의 사항, 팁 등을 소개한다. JNI를 사용해야 하고 그 방법에 대해 알고 싶다면 이 책을 추천한다. 다양한 예제를 하나씩 진행하다 보면 어느덧 JNI가 친숙하게 다가올 것을 확신한다.

허 윤 규

목차

9 안드로이드에 기존 라이브러리 포팅   403

10 전문 게임 개발   451

들어가며

짧은 컴퓨팅 역사에서 우리는 거대한 메인프레임을 시작으로 개인 컴퓨터의 대중화와 네트워크 상호 연결에 이르기까지 기술의 사용을 완전히 바꿔 놓은 주요 사건을 지켜봤다. 이동성mobility은 차세대 혁명이다. 유비쿼터스ubiquitous 네트워크와 새로운 사회, 전문가, 제조업체, 강력한 기술 등 모든 구성요소가 마련됐다. 눈앞에 새로운 혁명의 시기가 도래하고 있다. 그것이 두려움이든 새로운 기회이든 이미 우리 곁에 와있다.

🌑 모바일 도전

오늘날의 모바일 기기는 휴대폰을 시작으로 최근 몇 년 사이에 급격히 발전한 새로운 초소형, 최첨단 제품이다. 기술적 시간 척도scale는 인간의 시간 척도와는 분명히 다르다.

음악 플레이어가 보편화된 시기에 애플과 스티브 잡스는 최적의 하드웨어와 최적의 소프트웨어를 최적의 시기에 내놓으면서 고객의 요구를 만족시키는 동시에 새로운 변화를 만들었다. 지금 iOS와 윈도우 모바일, 블랙베리, 웹OSWebOS, 안드로이드 플랫폼 사이의 균형을 찾는 새로운 생태계에 직면해있다. 이 새로운 시장에 대한 욕망은 구글을 자극하기에 충분했다. 이 거대한 인터넷 시장에서 안드로이드는 확고히 자리매김한 아이폰과 아이패드의 대항마로 주목받고 있으며, 빠른 속도로 시장 점유율을 높이고 있다.

이러한 현대판 보물섬에서 새로운 사용 또는 기술 용어, 애플리케이션(안드로이드에 익숙하다면 액티비티로 이해하자)은 여전히 고안돼야 한다. 바로 이것이 모바일 도전이다. 수많은 모바일 기기 제조사가 지원하는 오픈소스 운영체제인 안드로이드 세계에서 숨겨진 완벽한 장소를 찾아야 한다.

기술적 관점에서 하드웨어 이식성Portability과 모바일 기기의 한정된 자원에 대한 활용성adaptability은 가장 필수적인 모바일 도전이다. 안드로이드에서는 누구나 멀티 화면 해상도와 다양한 CPU, GPU 속도/기능, 메모리 제약 등을 처리해야 한다. 리눅스 기반 시스템(즉, 안드로이드)에 국한된 내용은 아니지만, 특별히 유의해야 한다.

구글 엔지니어는 이식성을 높이기 위해 가상 머신을 완전한 프레임워크(안드로이드 SDK) 형태로 제공해 오늘날 가장 널리 알려진 프로그래밍 언어 중의 하나인 자바 프로그램 구동을 가능하게 했다. 자바는 주로 안드로이드 프레임워크에서 사용돼 강력한 장점을 발휘한다. 기본적으로 안드로이드에서는 자바만을 지원하는 반면, 애플의 오브젝티브C로 작성한 예제는 C/C++에서도 사용할 수 있다. 또한 자바 가상 머신은 JIT 컴파일 옵션을 활성화하더라도 모바일 기기의 최대 성능을 뽑아내는 데 충분한 기능을 제공하지 않는다. 모바일 기기의 한정된 자원은 최고의 만족감을 제공할 수 있게 신중히 분배돼야 한다. 안드로이드 네이티브 개발 킷NDK, Native Development Kit은 바로 이런 목적을 위해 탄생했다.

이 책에서 다루는 내용

1장, 개발 환경 설정에서는 안드로이드 NDK 애플리케이션을 개발하는 데 필요한 도구들을 소개하고, 개발 환경과 안드로이드 기기 연결, 안드로이드 에뮬레이터의 설정 방법을 살펴본다.

2장, 네이티브 프로젝트 생성, 컴파일, 배포에서는 NDK 예제 컴파일과 패키지화, 배포에 대해 살펴보고, 이클립스와 NDK로 첫 번째 자바/C 하이브리드hybrid 프로젝트를 생성한다.

3장, JNI를 이용한 자바와 C/C++ 인터페이스에서는 자바 네이티브 인터페이스JNI를 사용해 자바, C/C++ 간 통합과 통신 과정을 살펴본다.

4장, 네이티브 코드에서 자바 콜백 호출에서는 양방향bidirectional 통신을 통해 네이티브에서 그래픽 비트맵을 처리한 후 C에서 자바를 호출하는 과정을 살펴본다.

5장, 완전한 네이티브 애플리케이션 작성에서는 안드로이드 NDK 애플리케이션의 생명주기를 살펴보고, 자바 없는 완전한 네이티브 애플리케이션을 작성해본다.

6장, OpenGL ES로 그래픽 렌더링에서는 OpenGL ES를 이용해 고급 2D/3D 그래픽을 최고의 성능으로 그리는 방법을 소개한다. 디스플레이 초기화, 텍스처texture 불러오기, 스프라이트sprite 그리기, 버텍스vertex와 메시mesh를 표시할 인덱스 버퍼 할당 등의 내용을 다룬다.

7장, OpenSL ES로 사운드 재생에서는 안드로이드 NDK에서만 제공하는 특별한 기능인 OpenSL ES를 이용해 네이티브 애플리케이션에 음악 차원dimension을 추가하는 방법과 사운드 녹음 후 스피커로 재생하는 방법을 다룬다.

8장, 입력 기기와 센서 처리에서는 안드로이드 기기와 멀티터치 화면 간 상호작용을 살펴본다. 네이티브 애플리케이션으로 키보드 이벤트를 처리하고, 센서 제어 방법을 확인한 후 기기를 게임 컨트롤러로 활용할 수 있는 방법을 살펴본다.

9장, 안드로이드에 기존 라이브러리 포팅에서는 필수적인 C/C++ 프레임워크(STL 과 Boost)를 컴파일하고, 예외 처리와 RTTIRunTime Type Information(런타임 동안 해당 타입에 대한 정보 확인을 위해 사용)를 활성화시키는 방법을 살펴본다. Irrlicht 3D 엔진과 Box2D 물리 엔진 같은 라이브러리나 서드파티 라이브러리를 안드로이드로 포팅하는 방법도 살펴본다.

10장, 전문 게임 개발에서는 Irrlicht와 Box2D를 사용해 터치스크린과 센서를 제어하는 3D 게임을 개발한다.

11장, 디버깅과 문제 해결에서는 NDK 디버그 유틸리티를 이용해 실행 애플리케이션의 상세 분석 과정과 애플리케이션의 크래시 덤프crash dump를 분석하고, 성능을 측정해본다.

준비물

윈도우나 리눅스, 인텔 기반 맥 등의 PC와 테스트 머신으로 안드로이드 기기를 준비할 것을 권장한다. 안드로이드 NDK는 에뮬레이터를 제공해 배고픈 개발자에게도 충분한 기회를 제공한다. 에뮬레이터는 2D와 3D 그래픽을 처리하는 데 제한적이고, 속도 또한 현저히 떨어진다. 이 책은 C/C++ 언어와 포인터, 객체지향 언어의 특징, 다른 언어의 개념에 대한 이해를 바탕으로 한다. 또한 안드로이드 플랫폼과 안드로이드 자바 애플리케이션에 대한 기본적인 지식, 커맨드라인 터미널 command-line terminal에 대한 경험을 전제로 하지만, 권장 사항이지 필수 사항은 아니다. 이 책에서 사용된 이클립스 버전은 Helios(3.6)이다.

마지막으로 잠재력과 지식 탐구에 대한 노력은 적은 지식을 놀랍게 변화시킬 수 있다. 적극적으로 여러분의 열정을 불태워보기 바란다.

이 책의 대상 독자

더욱 강력한 성능을 필요로 하는 안드로이드 자바 프로그래머인가? 자바에 대해 잘 모르거나 가비지 컬렉터garbage collector에 신경 쓰지 않는 C/C++ 개발자인가? 고성능의 멀티미디어 애플리케이션이나 게임을 개발하고자 하는가? 이 질문 중 어느 하나라도 해당된다면 기본적인 C/C++ 지식을 활용해 네이티브 안드로이드 개발의 세계로 뛰어드는 데 이 책을 유용하게 활용할 수 있다.

편집 규약

이 책에는 다양한 표제어가 자주 등장한다.

작업 과정이나 절차를 설명할 때는 다음 표제어를 사용한다.

실습 예제 | 표제어

1 설명 1

2 설명 2

3 설명 3

부연 설명이 필요한 부분에는 다음과 같은 '보충 설명'이 이어진다.

여기에서는 바로 전에 다룬 실습 예제에 대해 자세히 설명한다.

추가로 학습에 도움이 되는 다음과 같은 '도전 과제'도 볼 수 있다.

여기서는 실질적인 도전 과제를 제시하고, 앞에서 배운 내용을 시험할 수 있는 아이디어를 제공한다.

텍스트 역시 내용에 따라 다양한 형식으로 표기했다. 몇 가지 형식과 그 의미를 예로 들면 다음과 같다.

코드를 본문에 표기할 때는 코드 서체를 사용한다.

예) 커맨드라인 윈도우를 열고 설치를 확인할 수 있게 `java -version`을 입력한다.

코드 블록은 다음과 같이 표기한다.

```
export ANT_HOME= `cygpath -u "$ANT_HOME"`
export JAVA_HOME=`cygpath -u "$JAVA_HOME"`
export ANDROID_SDK=`cygpath -u "$ANDROID_SDK"`
export ANDROID_NDK=`cygpath -u "$ANDROID_NDK"`
```

코드 블록의 특정 부분에 주의가 필요하다면 그 부분은 굵은 글꼴로 표시했다.

```
<?xml version="1.0" encoding="utf-8"?>
<manifest xmlns:android="http://schemas.android.com/apk/res/android"
    package="com.example.hellojni"
    android:versionCode="1"
    android:versionName="1.0">
```

커맨드라인 입력이나 출력은 다음과 같이 표시한다.

```
$ make -version
```

화면, 메뉴, 대화상자 등에 출력된 단어를 본문에 표기할 때는 고딕체를 사용한다.

예) 입력 화면이 나타나면 Devel/make와 Shells/bash 패키지를 포함한다.

경고나 중요한 사항은 이와 같은 박스로 표시된다.

팁과 트릭은 이렇게 표시된다.

독자 의견

독자의 의견은 언제나 환영이다. 이 책에 대한 생각, 좋은 점과 나쁜 점을 알려주기 바란다. 더 유익한 책을 만들기 위해 독자의 의견은 필수적이다.

일반적인 의견은 이 책의 제목을 메일 제목으로 해서 feedback@packtpub.com으로 보내면 된다.

필요하거나 출판되기 원하는 책이 있다면 그 내용을 www.packtpub.com에 있는 SUGGEST A TITLE 서식이나 이메일(suggest@packtpub.com)을 통해 보내면 된다.

자신이 특정 분야의 책을 쓰거나 기여하는 데 관심이 있다면 www.packtpub.com/authors에 있는 저자 가이드를 참조하기 바란다.

고객 지원

팩트 출판사의 구매자가 된 독자에게 도움이 되는 몇 가지를 제공하고자 한다.

이 책에 사용된 예제 코드 다운로드

이 책의 예제 코드는 http://www.PacktPub.com의 계정을 통해 다운로드할 수 있다. 다른 곳에서 구매한 경우에는 http://www.PacktPub.com/support를 방문해 등록하면 파일을 이메일로 직접 받을 수 있다. 에이콘출판사의 도서정보 페이지 http://www.acornpub.co.kr/book/android-ndk에서는 한글판에 맞춘 예제 코드를 다운로드할 수 있다.

오탈자

내용을 정확하게 전달하기 위해 최선을 다했지만, 실수가 있을 수 있다. 팩트 출판사의 책에서 코드나 텍스트상의 문제를 발견해서 알려준다면 매우 감사하게 생각할 것이다. 그런 참여를 통해 다른 독자에게 도움을 주고, 다음 버전에서 책을 더 완성도 있게 만들 수 있다. 오자를 발견한다면 http://www.packtpub.com/support를 방문해 이 책을 선택하고, 정오표 제출 양식을 통해 오류 정보를 알려주기 바란다. 보내준 내용이 확인되면 웹사이트에 그 내용이 올라가거나, 해당 서적의 정오표 섹션에 그 내용이 추가될 것이다. http://www.packtpub.com/support에서 해당 타이틀을 선택하면 지금까지의 정오표를 확인할 수 있다. 한국어판은 에이콘출판사 도서정보 페이지 http://www.acornpub.co.kr/book/android-ndk에서 찾아볼 수 있다.

저작권 침해

인터넷에서의 저작권 침해는 모든 매체에서 벌어지고 있는 심각한 문제다. 팩트 출판사에서는 저작권과 라이선스 문제를 아주 심각하게 인식하고 있다. 어떤 형태로든 팩트 출판사 서적의 불법 복제물을 인터넷에서 발견하다면 적절한 조치를 취할 수 있게 해당 주소나 사이트명을 즉시 알려주길 부탁한다.

의심되는 불법 복제물의 링크를 copyright@packtpub.com으로 보내주기 바란다.

저자와 더 좋은 책을 위한 팩트 출판사의 노력을 배려하는 마음에 깊은 감사의 뜻을 전한다.

질문

이 책에 관련된 질문이 있다면 questions@packtpub.com을 통해 문의하기 바란다.
최선을 다해 질문에 답해 드리겠다. 한국어판에 관한 질문은 이 책의 옮긴이나 에이
콘출판사 편집 팀(editor@acornpub.co.kr)으로 문의해주길 바란다.

1

개발 환경 설정

모바일 도전을 시작할 준비가 되었는가? 책상 위에 컴퓨터와 모니터, 키보드, 마우스가 놓여 있는가? 이제 시작을 위한 모든 준비는 끝났다.

1장에서 살펴볼 내용은 다음과 같다.

- 안드로이드 애플리케이션 개발에 필요한 도구 다운로드와 설치
- 개발 환경 설정
- 안드로이드 개발 기기 연결과 준비

🌐 안드로이드 개발 시작

인간과 동물의 차이는 도구의 사용에 있다. 여러분이 입문하려고 하는 안드로이드 개발 세계에서 이러한 차이는 존재하지 않는다.

안드로이드는 애플리케이션 개발을 위해 다음 세 가지 플랫폼을 지원한다.

- 마이크로소프트 윈도우 PC

- 애플 맥OS X

- 리눅스 PC

윈도우 7과 윈도우 비스타, 맥OS, 리눅스 시스템은 32비트와 64비트 버전을 지원하지만, 윈도우 XP는 32비트 모드만 지원한다. 맥OS 컴퓨터는 인텔 아키텍처 기반의 10.5.8 이후 버전만 지원한다(파워 PC 프로세서는 지원하지 않음). 우분투Ubuntu는 8.04(Hardy Heron) 이후 버전부터 지원한다.

가장 중요한 환경에 대해서 살펴봤지만, 우리말처럼 기계어binary language를 읽고 쓸 수 없다면 OS만으로는 충분치 않기 때문에 다음과 같은 안드로이드 개발 필수 소프트웨어를 준비해야 한다.

- JDKJava Development Kit(자바 개발 킷)

- 안드로이드 SDKSoftware Development Kit(소프트웨어 개발 킷)

- 안드로이드 NDKNative Development Kit(네이티브 개발 킷)

- 이클립스 IDEIntegrated Development Environment(통합 개발 환경)

안드로이드 NDK 컴파일 시스템은 리눅스와 밀접하게 관련돼 있다. 따라서 기본적인 추가 유틸리티를 설정하고, 이를 지원하기 위한 시그윈Cygwin(NDK R7까지) 환경을 설치해야 한다. 이 주제 1장 후반부에 다룬다. 마지막으로 배시Bash(시그윈, 우분투, 맥OS X의 기본 셸)을 사용해 설치한 유틸리티를 능숙하게 다룰 수 있게 커맨드라인 셸에 대해서도 함께 살펴본다.

지금까지 안드로이드 개발에 필요한 도구에 대해서 살펴봤다. 이제 설치와 설정 과정으로 넘어가보자.

다음 절은 윈도우 환경에 대한 설정 방법이므로, 맥이나 리눅스 사용자라면, 맥OS X 설정 이나 리눅스 설정으로 이동하기 바란다.

윈도우 설정

도구 설치에 앞서 윈도우 환경에서 안드로이드 개발이 가능하게 설정 과정이 필요하다.

실습 예제 | 안드로이드 개발용 윈도우 환경 준비

안드로이드 NDK로 작업하려면 윈도우를 위한 리눅스 환경인 시그윈을 설정해야 한다.

NDK R7 이후 버전부터는 별도의 시그윈 설치 과정은(1~9 단계) 필요 없다. 안드로이드 NDK는 네이티브 윈도우 바이너리를 제공한다(예를 들어 ndk-build.cmd).

1 http://cygwin.com/install.html로 이동한다.

2 setup.exe를 다운로드하고 실행한다.

3 Install from Internet을 선택한다.

4 마법사wizard 화면을 진행한다.

5 시그윈 패키지를 다운로드하기 위해 자신의 지역 내에 있는 서버를 고려해 다운 로드 사이트를 선택한다.

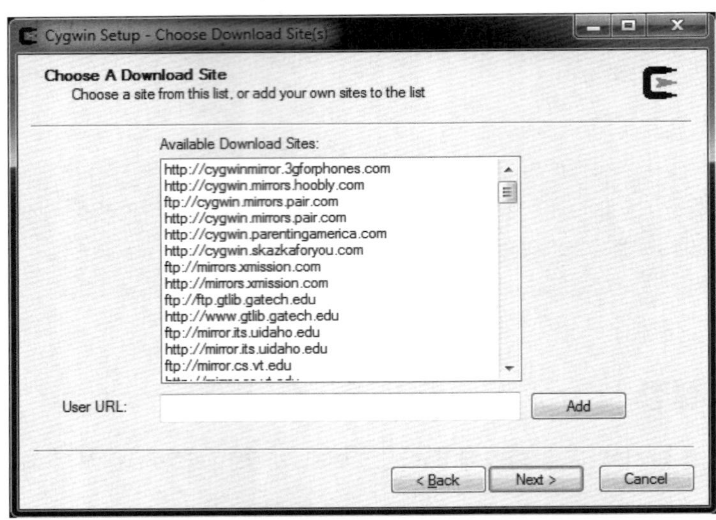

6 화면이 나타나면 Devel/make와 Shells/bash 패키지를 선택한다.

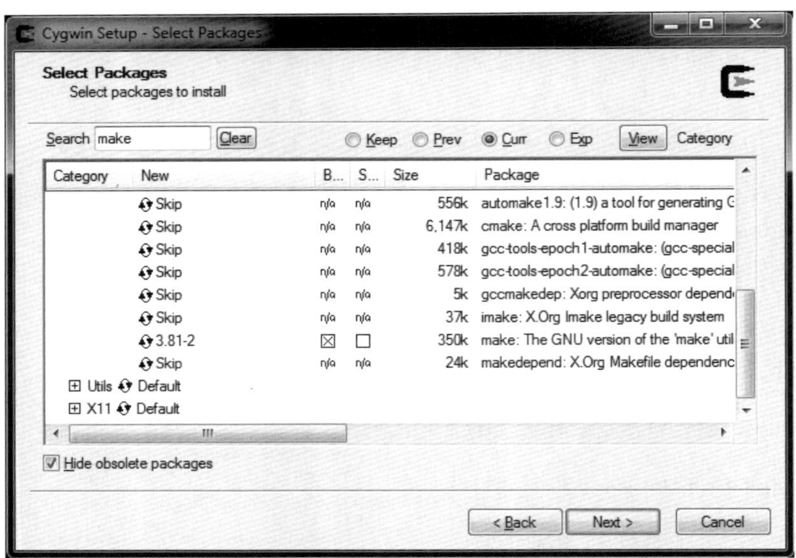

7 마지막 단계까지 설치 마법사를 진행한다. 인터넷 연결 상태에 따라 설치 완료 시간은 가변적이다.

8 설치가 종료되면 시그윈을 실행한다. 시그윈을 처음 실행하면 프로파일이 생성 된다.

9 시그윈 동작 확인을 위해 아래 명령어를 입력한다.

```
$ make -version
```

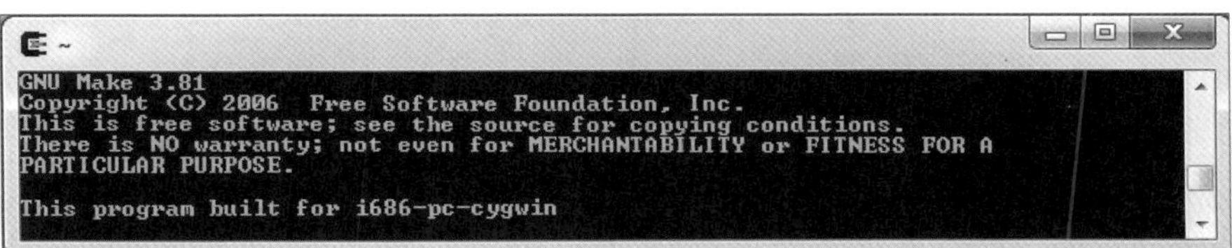

이클립스와 안드로이드 자바 코드를 바이트코드로 컴파일하려면 자바 개발 킷이 필요하다. 윈도우 환경에서는 오라클 썬Oracle Sun JDK를 사용한다.

1 오라클Oracle 웹사이트(http://www.oracle.com/technetwork/java/javase/downloads/index.html) 에서 가장 최신의 자바 개발 킷을 다운로드한다.

2 다운로드한 프로그램을 실행하면 설치 마법사가 나타난다. 설치를 마치면 JDK 등록을 위한 화면이 나타나는데, 필수적인 단계는 아니므로 무시해도 좋다.

3 새로 설치된 JDK를 사용할 수 있게 환경 변수에 설치된 경로를 추가한다. 제어 판을 열고 시스템으로 이동(혹은 시작 메뉴의 컴퓨터 항목에서 마우스 오른쪽 버튼을 눌러 속성을 선택)한다. 그 후 **고급 시스템 설정**을 선택하면 **시스템 속성** 창이 나타난다. 마지막으로 **고급** 탭을 선택하고 **환경 변수** 버튼을 클릭한다.

4 환경 변수 창의 시스템 변수 목록에 변수 이름으로 JAVA_HOME, 변수 값으로 JDK 설치 경로를 추가한다. 그런 후 PATH(혹은 Path)를 수정해 가장 마지막 디렉토리 다음 위치에 세미콜론으로 구별한 후 **%JAVA_HOME%\bin** 디렉토리를 추가한 다. 확인이 끝났으면 창을 닫는다.

5 설치가 정상적인지 확인하기 위해 커맨드 프롬프트 창을 연 후 `java -version`
을 입력한다. 아래 화면과 유사한 형태로 확인할 수 있다. 새로 설치한 JDK
버전과 결과 화면에 나온 버전이 일치하는지 확인한다.

```
$ java -version
```

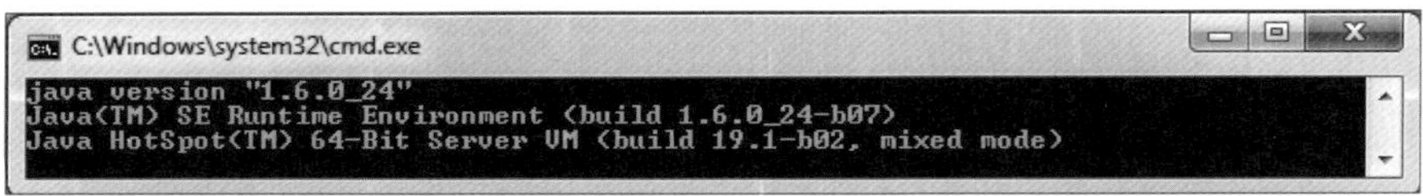

안드로이드 SDK는 커맨드라인으로 프로젝트를 컴파일할 수 있게 Ant(자바 기반 자동
빌드 유틸리티)를 지원한다. 지금 설치해보자.

1 http://ant.apache.org/bindownload.cgi로 이동해 ZIP으로 압축돼 있는 Ant 바이
너리를 다운로드한다.

2 원하는 경로에 Ant 압축을 푼다(예, C:\Ant).

3 12단계와 마찬가지로 **환경 변수** 창으로 이동해 변수 이름으로 `ANT_HOME`, 변수
값으로 Ant 설치 경로를 추가하고, `PATH`를 수정해 %ANT_HOME%\bin 디렉토
리를 추가한다.

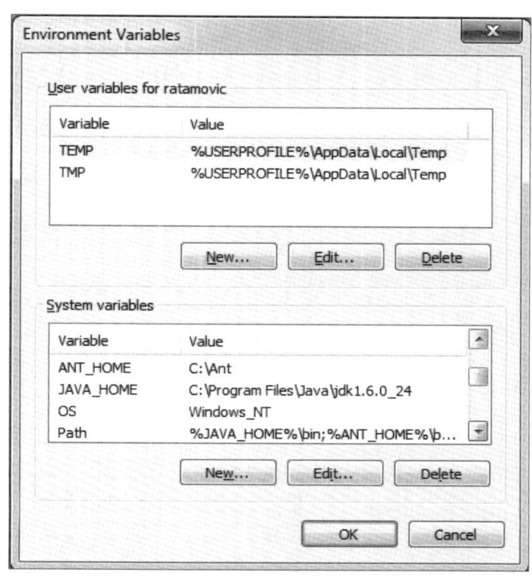

4 Ant가 정상적인지 확인하기 위해 커맨드 프롬프트에서 Ant 버전을 확인한다(버전을 확인하기 위해 `Ant -version` 명령을 사용한다 - 옮긴이).

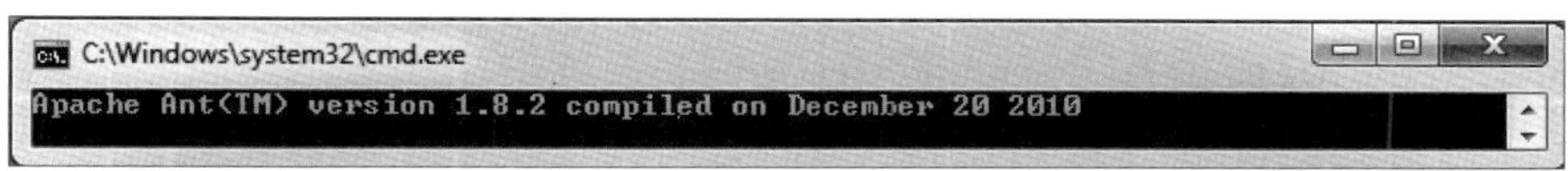

보충 설명

지금까지 윈도우에서 안드로이드 개발 툴을 사용 가능하게 해주는 필수 유틸리티로 시그윈과 자바 개발 킷을 살펴봤다.

시그윈은 윈도우 플랫폼에서 유닉스와 비슷한 환경을 에뮬레이트emulate하기 위한 공개 소스 소프트웨어이며, POSIX 표준(유닉스와 리눅스 등) 기반의 소프트웨어를 윈도우에서 사용할 목적으로 만들어졌다. 또한 유닉스/리눅스와 윈도우 OS로 작성된 애플리케이션 간 중간 계층layer으로 사용할 수 있다.

또한 자바 개발 킷 버전 1.6을 설치한 후 커맨드라인을 통해 정상적으로 설치됐는지 확인했다. 안드로이드 SDK는 제네릭generics을 사용하기 때문에, 안드로이드 개발 시 최소 JDK 버전 1.5 이상을 설치해야 한다. 윈도우에서 JDK 설치는 간단하지만, JRE(개발 목적이 아닌 애플리케이션을 실행하기 위한 자바 런타임 환경)와 같이 이전에 설치된 프로그램으로 인한 충돌이 발생하지 않게 주의해야 한다. 이를 위해 올바른 JDK가 사용될 수 있게 JAVA_HOME과 PATH 환경 변수를 추가해봤다.

마지막으로 수동으로 프로젝트를 빌드할 수 있게(2장에서 살펴본다) Ant 유틸리티를 설치해봤다. Ant는 안드로이드 개발에 필수적이지는 않지만 지속적인 통합Continuous Integration에 좋은 도구다.

> **JAVA HOME은 어디에 있는가?**
>
> JAVA_HOME 환경 변수는 선택 옵션이다. 하지만 JAVA_HOME은 자바 애플리케이션 사이에서 가장 대중적인 표기법(Convention)이며, Ant가 그 대표적인 예다. Ant는 PATH를 찾기 전에 JAVA_HOME(추가한 경우)의 java 명령어를 제일 먼저 검색한다. 다른 경로에 최신의 JDK를 설치하면 JAVA_HOME도 함께 수정하자.

 윈도우에 안드로이드 개발 킷 설치

JDK 설치를 마쳤다면 안드로이드 SDK와 NDK를 설치해 안드로이드 프로그램을 생성하고 컴파일, 디버깅을 시작해보자.

실습 예제 | 윈도우에 안드로이드 SDK/NDK 설치

1 웹 브라우저를 열어 http://developer.android.com/sdk로 이동한다. 이 웹 페이지는 플랫폼별로 가능한 SDK 목록을 보여준다.

2 윈도우 플랫폼에서 exe 설치 파일로 제공되는 안드로이드 SDK를 선택한다.

3 http://developer.android.com/sdk/ndk로 이동해 윈도우 플랫폼 항목에서 ZIP으로 압축된 안드로이드 NDK(SDK가 아니다)를 다운로드한다.

4 안드로이드 SDK 설치 파일을 실행해 적절한 설치 경로(예를 들어 C:\Android\ android-sdk)를 지정한다. 참고로 안드로이드 SDK와 NDK는 모든 공식 **API** 버전 을 설치하는 경우 현재 시점에서 **3GB** 이상의 크기를 차지한다. 사전 준비를 위해 원하는 설치 경로에 충분한 공간을 확보해둔다.

5 설치 마법사를 끝까지 진행하고 Start SDK Manager를 체크한다.

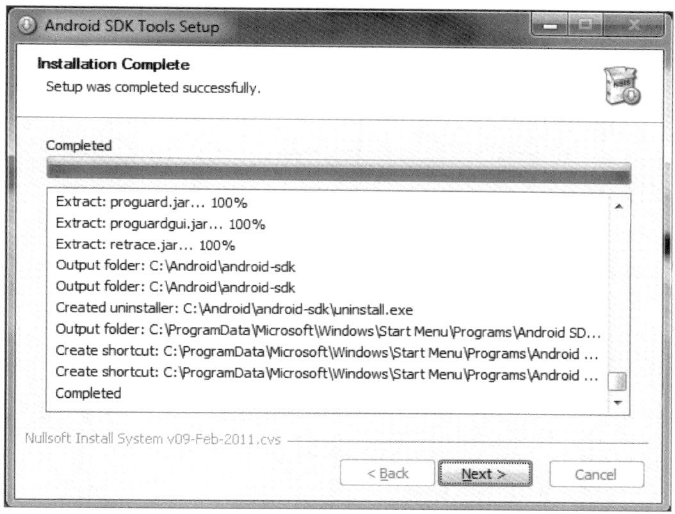

6 Android SDK and AVD Manager가 실행된다. 패키지 설치 창이 자동으로 나타 난다.

7 Accept All 옵션을 선택하고 Install 버튼을 클릭해 안드로이드 구성 요소의 설치 를 시작한다.

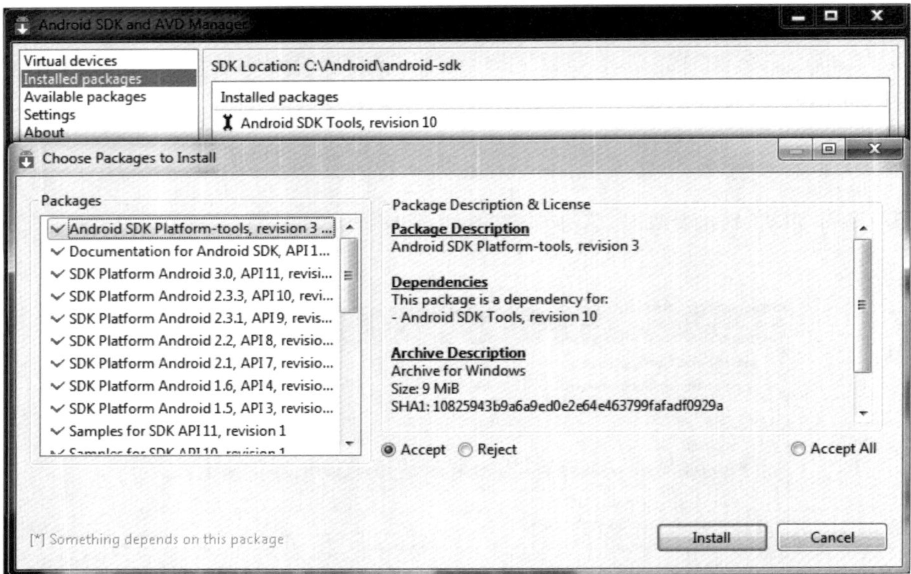

8 몇 분 후면 전체 패키지 다운로드가 완료되고, **ADB**Android Debug Bridge 서비스를 재시작할 것을 묻는 메시지가 나타난다. 확인을 위해 Yes를 클릭한다.

9 애플리케이션을 종료한다.

10 이제 적절한 위치(예 C:\Android\android-ndk)에 안드로이드 **NDK** 압축 파일을 푼다. 설치 경로에 공백을 포함하지 않게 주의한다(Make 과정 중에 문제가 발생할 수 있다). 커맨드라인에서 안드로이드 유틸리티를 쉽게 사용할 수 있게 환경 변수를 정의 해보자.

11 앞서 살펴본 방법으로 **환경 변수** 시스템 창을 연다. **시스템 변수** 목록 안에 변수 이름으로 `ANDROID_SDK`와 `ANDROID_NDK`를 추가하고, 변수 값으로 관련 디렉토리를 추가한다.

12 `%ANDROID_SDK\tools`, `%ANDROID_SDK%\platform-tools`, `%ANDROID_NDK%`를 세미콜론으로 구분해 `PATH`에 추가한다.

13 모든 윈도우 환경 변수들은 시그윈을 실행할 때 자동으로 참조될 수 있어야 한다. 시그윈 터미널을 열어 **NDK** 상태를 확인해보자.

```
$ ndk-build --version
```

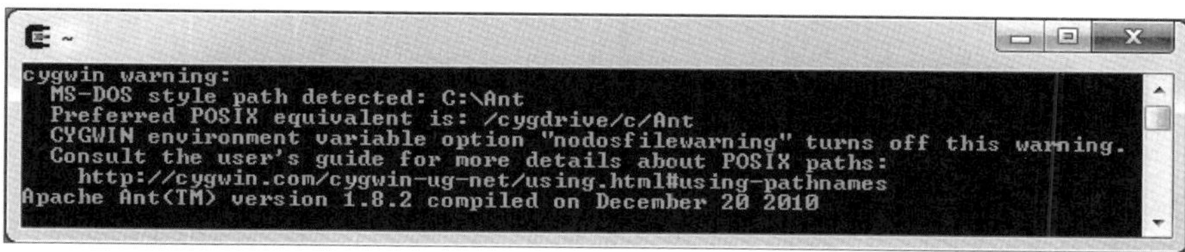

14 시그윈을 정상적으로 구동할 수 있는지 확인하기 위해 Ant 버전을 확인해보자.

```
$ ant -version
```


처음 실행하면 시그윈 경고 메시지를 통해 경로는 POSIX 스타일이 아닌 MS-DOS 스타일임을 보여준다. 실제로 시그윈 경로는 에뮬레이트돼 /cygdrive/<드라이브 문자>/</를 사용한 디렉토리 경로>와 유사하게 보인다. 예를 들어 Ant가 c:\ant에 설치돼 있다면 경로는 /cygdrive/c/ant가 된다.

15 이 문제를 해결하기 위해 시그윈 디렉토리로 이동한다. 여기서 home/<사용자 이름> 형태의 디렉토리를 찾아 .bash_profile 파일을 연다.

16 스크립트 마지막 부분에서 cygpath 유틸리티와 시그윈 변수를 활용해 윈도우 환경 변수를 설정한다. 시그윈이 자동으로 처리할 수 있기 때문에 PATH에 대해서는 별도로 추가할 필요가 없다. 프라임 문자(`)(명령 내에서 다른 명령을 실행할 때 사용)를 사용하는지 확인한다. 배시에서는 아포스트로피(')(변수를 정의할 때 사용)와 다른 의미를 가진다. 이 책에서 제공하는 .bash_profile 예제는 다음과 같다.

```
export ANT_HOME=`cygpath -u "$ANT_HOME"`
```

```
export JAVA_HOME=`cygpath -u "$JAVA_HOME"`
export ANDROID_SDK=`cygpath -u "$ANDROID_SDK"`
export ANDROID_NDK=`cygpath -u "$ANDROID_NDK"`
```

17 시그윈 창을 다시 열고 Ant 버전을 확인한다. 이번에는 경고 메시지가 나타나지 않는다.

```
$ant -version
```

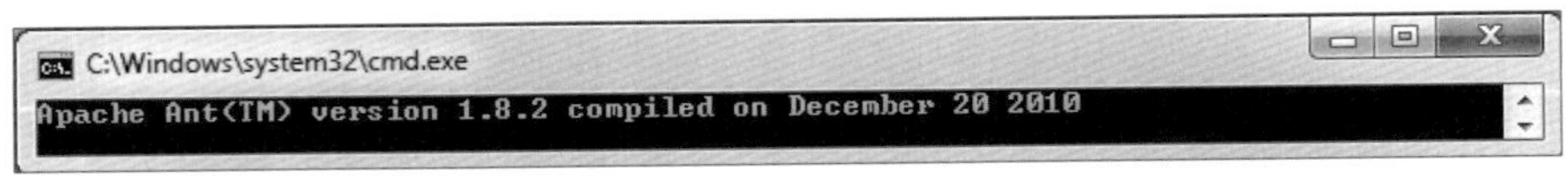

보충 설명

안드로이드 SDK와 NDK의 다운로드와 설치 과정, 환경 변수를 이용해 명령어를 사용하는 방법을 살펴봤다.

SDK 구성 요소 설치와 업데이트, 기능 관리를 위해 제공되는 Android SDK and AVD Manager를 실행해봤다. 신규 SDK API는 안드로이드 SDK 재설치 없이 기존 개발 환경을 사용할 수 있게 서드파티 구성 요소(예를 들어 삼성 갤럭시 태블릿 에뮬레이터 등)도 함께 릴리즈된다.

7단계에서 연결 문제가 발생했다면 Android SDK and AVD Manager의 Settings 섹션에서 프록시 설정을 지정한다.

16단계에서 환경 변수 내에 정의된 윈도우 경로를 시그윈 경로로 변환했다. 이 경로 형식은 처음에는 매우 어색해 보이겠지만, 시그윈에서 윈도우 경로를 유닉스 경로인 것처럼 에뮬레이트하는 데 사용된다. Cygdrive는 유닉스의 mount나 media 디렉토리와 비슷하며, 모든 윈도우 드라이브를 연결된 파일 시스템plugged file system 으로 포함한다.

시그윈 경로

시그윈 경로를 사용할 때 반드시 '/'만 사용하고 드라이브 문자는 /cygdrive/[드라이브 문자]로 바꿔 사용한다. 실제 유닉스 시스템과 달리 윈도우와 시그윈에서 사용하는 파일 이름은 모두 대소문자를 구별하니 유의하기 바란다.

모든 유닉스 시스템과 마찬가지로 시그윈은 루트 디렉토리(/)를 갖는다. 윈도우는 실제 루트 디렉토리가 없기 때문에 시그윈에서는 설치 디렉토리를 루트로 간주한다. 시그윈 커맨드라인에서 다음과 같이 명령어를 입력해 내용을 확인해보자.

```
$ ls /
```

이 파일은 모두 시그윈 디렉토리 내에 존재하는(/proc 디렉토리는 인메모리in-memory 디렉토리) 파일이다. 이는 시그윈 디렉토리 내에 있는 home 디렉토리 자체의 내부 .bash_profile을 수정했던 이유를 설명해준다.

일반적으로 시그윈 패키지 유틸리티는 시그윈 스타일의 경로(대부분의 경우 윈도우 경로도 잘 동작한다)를 기대한다. .bash_profile을 수정해 경고 메시지를 없앴지만, 시그윈 작업과 나중에 마주칠 문제를 피하기 위해서 시그윈 경로를 사용하는 것이 가장 자연스러운 방법이다. 일반적으로 윈도우 유틸리티는 시그윈 경로(예 java.exe)를 지원하지 않기 때문에 경로 변환 과정이 필요하다. 변환 수행을 위해 cygpath 유틸리티는 다음 옵션을 제공한다.

- **-u** 윈도우 경로를 유닉스 경로로 변환한다.

- **-w** 유닉스 경로를 윈도우 경로로 변환한다.

- **-p** 경로 목록을 변환한다(윈도우는 세미콜론, 유닉스는 콜론으로 구분).

17단계에서 .bash_profile을 수정할 때 일부 이상한 문자가 나타나거나 전체 텍스트가 한 라인으로 길게 나오는 등의 문제로 어려움을 겪었을지 모르겠다. 이는 유닉스 인코딩을 사용했기 때문이다. 시그윈 파일을 편집할 때는 유닉스 호환 파일 편집기(이클립스나 PSPad, Notepad++)를 사용한다. 이미 문제를 겪고 있다면 사용하는 편집기의 EOLEnd Of Line 변환 기능(Notepad++와 PSPad 제공)을 사용하거나 해당 파일에 대해 dos2unix 커맨드라인 유틸리티(시그윈에서 제공)를 적용한다.

시그윈에서 라인 끝 표기

유닉스 파일은 라인의 끝을 가리키기 위해 단순한 라인피드 문자(\n)를 사용하는 반편 윈도우는 캐리지 리턴(CR 혹은 \r)과 라인피드를 함께 사용한다. 반면 맥OS는 캐리지 리턴만 사용한다. 윈도우의 개행 문자는 시그윈 셸 스크립트에서 문제가 될 소지가 높으므로, 유닉스 포맷을 계속 사용하도록 한다.

윈도우 설정을 위한 내용을 마쳤다. 맥이나 리눅스 사용자가 아니면 이클립스 개발 환경 설정으로 이동하자.

맥OS X 설정

애플 컴퓨터와 맥OS는 단순하면서 사용하기 쉽다는 평판을 갖고 있다. 정직하게 얘기하자면 이 정설은 안드로이드 개발에 있어서 어느 정도 사실에 가깝다. 실제 맥OS X은 유닉스 기반이고, NDK 툴 체인을 구동하기에 적합하며, 최신 JDK가 기본 설치돼 있다. 맥OS는 개별적으로 설치해야 할 거의 모든 개발 도구(엑스코드 IDE를 포함한 개발 도구와 다수의 맥 개발 유틸리티, Make와 Ant 같은 일부 유닉스 유틸리티)를 갖고 있다.

모든 개발 도구는 엑스코드 설치 패키지(이 책을 쓰고 있는 시점 기준 버전 4)에 포함돼 있다. 엑스코드 패키지를 얻는 방법으로 다음 네 가지 방법 중 하나를 사용한다.

- 맥OS X 설치 미디어를 갖고 있다면 미디어를 열어 엑스코드 설치 패키지를 찾는다.

- 앱스토어에서 엑스코드를 무료(최근에 무료로 변경됐지만, 향후에 유료로 변경될 수도 있다)로 제공한다.

- 엑스코드는 애플 웹사이트(http://developer.apple.com/xcode/)에서 프로그램 가입 후 다운로드할 수 있다.

- 안드로이드 개발 도구와 호환되는 이전 버전 3는 무료 애플 개발자 계정을 통해 디스크 이미지를 사용하면 무료로 이용할 수 있다.

각 상황에 맞는 적절한 방법을 사용해 엑스코드를 설치해보자.

1 엑스코드 설치 패키지를 찾아 실행한다. 설정 화면이 나타나면 유닉스 개발 옵션을 선택한다. 설치를 종료하면 이것으로 끝이다.

2 안드로이드 NDK로 개발하려면 네이티브 코드를 위한 Make 빌드 도구가 필요하다. 터미널 프롬프트를 열어 Make가 올바르게 동작하는지 확인한다.

```
$ make --version
```

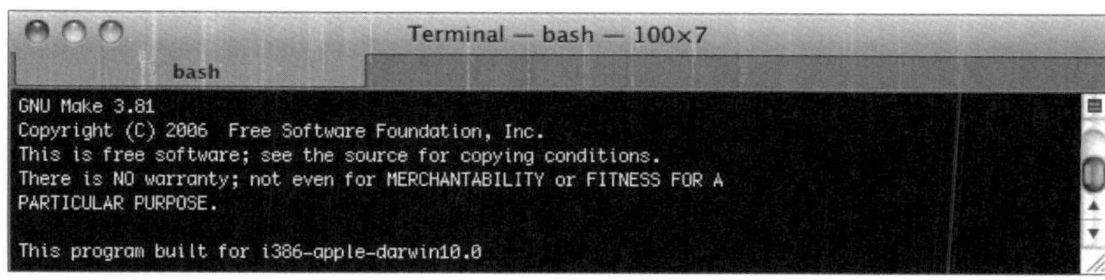

3 이클립스 실행과 안드로이드 자바 코드를 바이트코드로 컴파일하기 위해 자바 개발 킷이 필요하다. 기본 맥OS X JDK가 동작하는지 확인해보자.

```
$ java -version
```

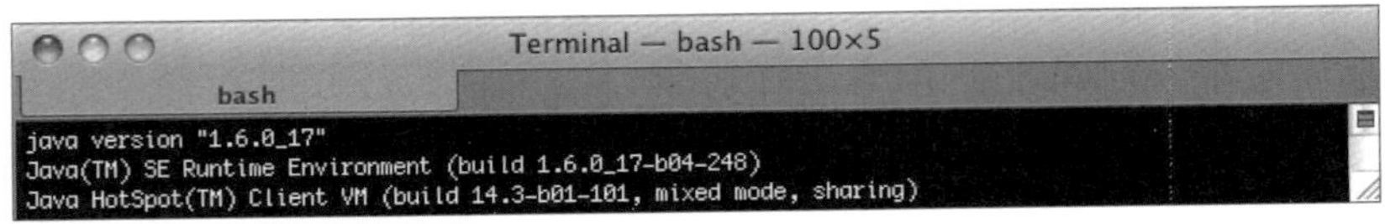

4 커맨드라인에서 프로젝트를 컴파일할 수 있게 안드로이드 SDK는 Ant와 자바 기반 빌드 자동 유틸리티를 지원한다. 실행 중인 터미널에서 Ant가 올바르게 설치됐는지 확인한다.

```
$ ant -version
```

보충 설명

맥OS에서 안드로이드 개발 도구를 사용하는 데 필요한 내용을 살펴봤다. 애플이 그렇듯이 이 과정 또한 매우 쉬웠다!

커맨드라인을 통해 자바 개발 킷 버전 1.6이 정상적으로 동작하는지 확인했다. 안드로이드 SDK는 제네릭generics을 사용하기 때문에 안드로이드 개발 시 최소 JDK 버전 1.5 이상을 설치해야 한다.

NDK 컴파일러를 구동하기 위한 Make와 Ant와 같은 개발 도구를 설치했다(2장에서 수동으로 프로젝트를 빌드하는 방법을 살펴본다). Ant는 안드로이드 개발에 필수적이지는 않지만 연속적인 통합에 좋은 도구다.

맥OS X에서 안드로이드 개발 킷 설치

JDK 설치를 마쳤다면 안드로이드 SDK와 NDK를 설치해 안드로이드 프로그램을
생성하고 컴파일, 디버깅을 시작해보자.

1 웹 브라우저를 열어 http://developer.android.com/sdk로 이동한다. 이 웹 페이지
는 플랫폼별로 가능한 SDK 목록을 보여준다.

2 ZIP 압축 패키지인 Android SDK for Mac OS X을 다운로드한다.

3 http://developer.android.com/sdk/ndk로 이동해 Tar/BZ2로 압축된 맥OS X용 안
드로이드 NDK(SDK가 아니다)를 다운로드한다.

4 다운로드한 압축 파일을 원하는 위치에 압축 해제한다(예 /Developer/AndroidSDK
혹은 /Developer/AndroidNDK).

5 두 디렉토리를 환경 변수로 선언한다. 이제부터 이 책에서는 두 디렉토리를
$ANDROID_SDK와 $ANDROID_NDK로 참조한다. 기본 배시 커맨드라인 셸을 사
용한다는 가정하에 home 디렉토리 내에 .profile(숨겨진 파일일 수 있으니 주의하기
바란다!)을 생성하거나 수정해 다음 변수를 추가한다.

```
export ANDROID_SDK="<안드로이드 SDK 디렉토리 경로>"
export ANDROID_NDK="<안드로이드 NDK 디렉토리 경로>"
export PATH="$PATH:$ANDROID_SDK/tools:$ANDROID_SDK/platform-
tools:$ANDROID_NDK"
```

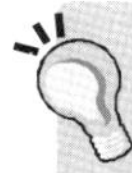

예제 코드 다운로드

http://www.PacktPub.com 사이트를 통해 구매한 모든 Packt 서적의 예제 코드를 다운
로드할 수 있다. 이 책을 다른 곳에서 구매했다면 http://www.PacktPub.com/support
를 방문해 이메일을 등록하면 다운로드 가능한 링크를 통해 다운로드할 수 있다.

6 파일을 저장하고 현재 세션을 로그아웃한다.

7 다시 로그인하고 터미널을 열어 다음 명령을 입력한다.

```
$ android
```

8 Android SDK and AVD Manager 창이 나타난다.

9 설치된 패키지 섹션으로 이동한 후 전체 업데이트를 클릭한다.

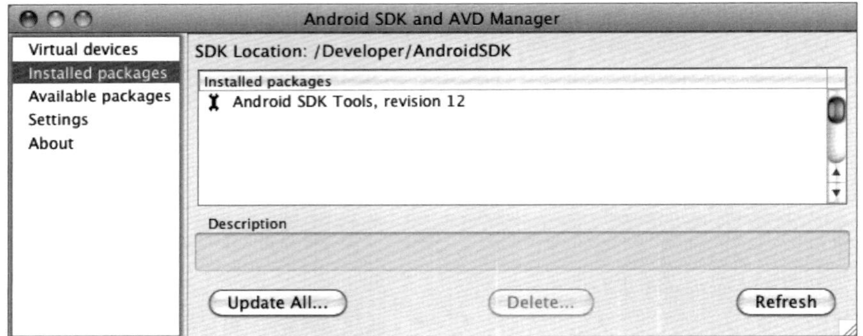

10 패키지 선택 화면이 나타난다. `Accept All`을 선택한 후 Install을 클릭한다.

11 몇 분 후면 전체 패키지 다운로드가 완료되고, **ADB**Android Debug Bridge 서비스를 재시작할지 묻는 메시지가 나타난다. 확인을 위해 Yes를 클릭한다.

12 애플리케이션을 종료한다.

보충 설명 |

안드로이드 SDK와 NDK 다운로드와 설치 과정, 환경 변수를 이용해 명령어를 사용하는 방법을 살펴봤다.

맥OS X과 환경 변수

맥OS X은 환경 변수에 관한 부분은 다소 까다로운 면이 있다. 환경 변수는 앞서 살펴봤듯이 터미널에서 실행 애플리케이션을 실행할 수 있게 .profile 내에 쉽게 선언해 사용할 수 있다. 또한 스포트라이트(Sportlight)에서 실행되지 않는 GUI 애플리케이션에 대해서는 environment.plist를 사용할 수 있다. 가장 좋은 방법은 /etc/launchd.conf 시스템 파일 (http://developer.apple.com 참고)을 정의하거나 수정하는 것이다.

SDK 구성 요소 설치와 업데이트, 기능 관리를 위해 제공되는 안드로이드 SDK와 AVD 관리자를 실행해봤다. 신규 SDK API는 안드로이드 SDK 재설치 없이 기존 개발 환경을 사용할 수 있게 서드파티 구성 요소(예, 삼성 갤럭시 태블릿 에뮬레이터 등)도 함께 릴리즈된다.

9단계에서 연결 문제가 발생했다면 안드로이드 SDK와 AVD 관리자의 설정 메뉴에서 프록시 설정을 지정한다.

맥OS 설정을 위한 내용을 마쳤다. 맥이나 리눅스 사용자가 아니라면 이클립스 개발 환경 설정으로 이동하자.

🌐 리눅스 설정

리눅스는 안드로이드 개발을 위한 가장 자연스러운 환경(안드로이드 툴체인이 리눅스 기반)이지만, 몇 가지 설정 과정은 필요하다.

실습 예제 | 안드로이드 개발을 위한 우분투 리눅스 준비

안드로이드 NDK 작업을 위해 몇 가지 시스템 패키지와 유틸리티를 확인하고 설치해야 한다.

1 먼저 Glibc(버전 2.7 이상의 GNU C 표준 라이브러리)가 반드시 설치돼 있어야 한다.
일반적으로 리눅스 시스템에 기본 탑재돼 있다. 다음 명령을 사용해 버전을 확
인해보자.

```
$ ldd --version
```

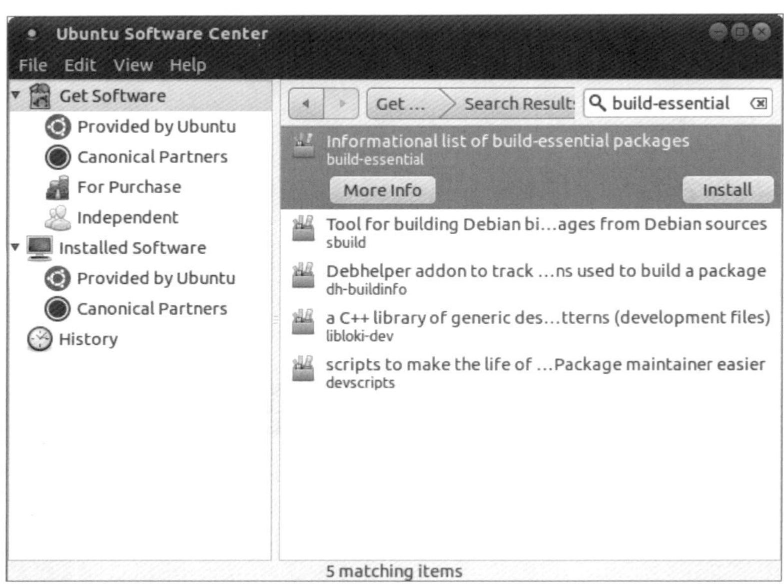

2 안드로이드 NDK로 개발하려면 네이티브 코드를 위한 Make 빌드 도구가 필요하
다. 설치를 위해 다음 명령을 수행한다.

```
$ sudo apt-get install build-essential
```

이와 달리 Make는 우분투 소프트웨어 센터를 통해 설치할 수 있다. 검색 입력란
에 build-essential을 입력해 검색된 패키지를 설치한다.

`build-essential` 패키지는 리눅스 시스템상에서 컴파일에 필요한 최소한의 도구 모음과 패키지를 포함한다. `build-essential` 패키지는 GCC(GNU C 컴파일러)도 포함하고 있다. GCC는 안드로이드 표준 개발에는 필요하지 않지만, Android NDK는 이미 GCC를 포함하고 있다.

3 Make가 정상적으로 설치됐는지 확인하기 위해 다음 명령을 입력한다. 올바르게 설치돼 있다면 Make 버전을 보여준다.

```
$ make --version
```

```
 File  Edit  View  Search  Terminal  Help
GNU Make 3.81
Copyright (C) 2006  Free Software Foundation, Inc.
This is free software; see the source for copying conditions.
There is NO warranty; not even for MERCHANTABILITY or FITNESS FOR A
PARTICULAR PURPOSE.

This program built for x86_64-pc-linux-gnu
```

64비트 리눅스 환경을 위한 참고 사항

호환성 문제가 발생하지 않게 32비트 라이브러리 설치를 위해 다음 명령(커맨드라인 프롬프트에서 실행하기 위해)을 사용하거나 우분투 소프트웨어 센터를 이용한다.

```
sudo apt-get install ia32-libs
```

이클립스와 안드로이드 자바 코드를 바이트코드로 컴파일하려면 자바 개발 킷이 필요하다. 오라클 썬Oracle Sun 자바 개발 킷을 다운로드한 후 설치해야 한다. 우분투에서는 Synaptic Package Manager를 이용할 수 있다.

1 우분투의 System ❯ Administration 메뉴를 열고 Synaptic Package Manager를 선택한다(다른 리눅스 계열을 사용하고 있다면 리눅스 패키지 관리자를 연다).

2 Edit ❯ Software Sources 메뉴로 이동한다.

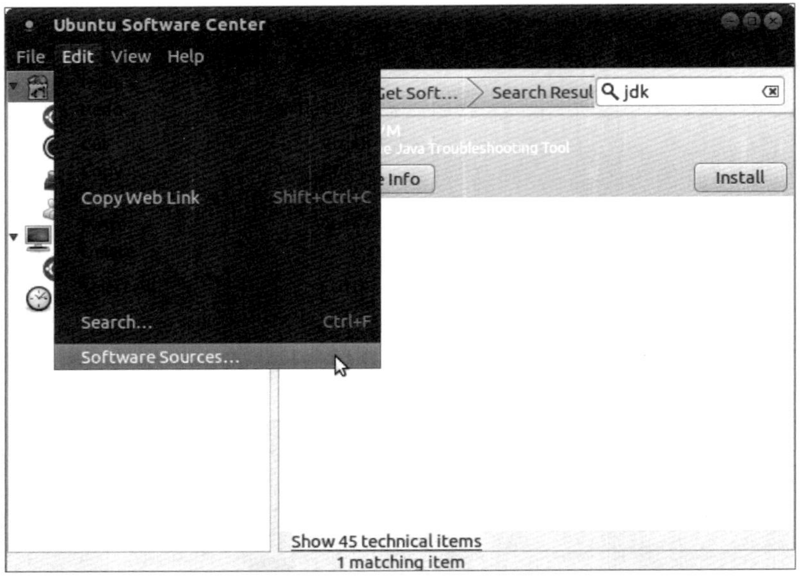

3 Software Sources 대화상자에서 Other Software 탭을 연다.

4 Canonical Partners 라인을 확인하고 대화상자를 닫는다.

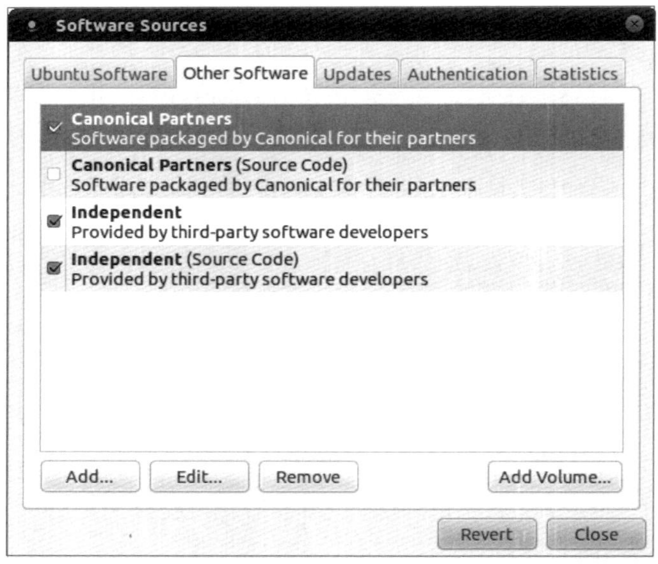

5 잠시 후 인터넷 자동 동기화를 통해 Canonical Partners 섹션에 사용 가능한 일부 신규 소프트웨어가 나타난다.

6 Sun Java™ Development Kit 6(혹은 상위 버전)을 찾아 Install을 클릭한다. 또한 Lucida TrueType 폰트(Sun JRE에서)와 자바 플러그인 패키지를 설치할 것을 권장한다.

7 라이선스(꼼꼼히 읽자!)에 동의한다. 백그라운드에 열려있을지 모른다.

8 설치가 끝나면 우분투 소프트웨어 센터를 닫는다.

9 Sun JDK를 설치했지만 아직 충분하지 않다. 공개 JDK가 기본적으로 사용 중이다. 커맨드라인을 통해 Sun JRE를 활성화해보자. 먼저 사용 가능한 JDK를 확인하기 위해 다음 명령을 실행한다.

```
$ update-java-alternatives -l
```

```
File  Edit  View  Search  Terminal  Help
java-6-openjdk 1061 /usr/lib/jvm/java-6-openjdk
java-6-sun 63 /usr/lib/jvm/java-6-sun
```

10 확인된 JDK 정보를 이용해 Sun JRE를 활성화한다.

```
$ sudo update-java-alternatives ?s java-6-sun
```

11 터미널을 열고 설치가 정상적인지 확인한다.

```
$ java -version
```

```
File  Edit  View  Search  Terminal  Help
java version "1.6.0_26"
Java(TM) SE Runtime Environment (build 1.6.0_26-b03)
Java HotSpot(TM) 64-Bit Server VM (build 20.1-b02, mixed mode)
```

안드로이드 SDK는 커맨드라인으로 프로젝트를 컴파일 가능하게 Ant(자바 기반 자동 빌드 유틸리티)를 지원한다. 지금 설치해보자.

1 다음 명령을 입력하거나 우분투 소프트웨어 센터를 통해 Ant를 설치한다.

```
$ sudo apt-get install ant
```

2 Ant가 정상적으로 동작하는지 확인한다.

```
$ ant -version
```

```
File  Edit  View  Search  Terminal  Help
Apache Ant(TM) version 1.8.2 compiled on December 20 2010
```

보충 설명

리눅스 운영체제에서 안드로이드 개발 도구를 사용하는 데 필요한 유틸리티를 살펴봤다.

또한 자바 개발 킷 1.6 버전을 설치한 후 커맨드라인을 통해 정상적으로 설치됐는지 확인했다. 안드로이드 SDK는 제네릭을 사용하기 때문에 안드로이드 개발 시 최소 JDK 1.5 버전 이상을 설치해야 한다.

공개 JDK가 이미 준비돼 있는 상태에서 Sun JDK를 설치해야 하는지에 대해 의문이 들었을지 모르겠다. 이는 안드로이드 SDK에서 공개 JDK를 공식적으로 지원하지 않기 때문이다. 공개 JDK로 발생할 문제를 피하고 싶다면 시스템에서 완전히 제거하는 것도 한 가지 방법이다. 우분투 소프트웨어 센터 내의 Provided by Ubunto로 이동한 후 각 OpenJDK 라인에서 제거를 클릭한다. 자세한 정보는 공식 우분투 문서 http://help.ubuntu.com/community/Java를 참고하기 바란다.

마지막으로 수동으로 프로젝트를 빌드할 수 있게(2장에서 살펴본다) Ant 유틸리티를 설치해봤다. Ant는 안드로이드 개발에 필수적이지는 않지만, 연속적인 통합에 좋은 도구다.

리눅스에 안드로이드 개발 킷 설치

JDK 설치를 마쳤다면 안드로이드 SDK와 NDK를 설치해 안드로이드 프로그램을 생성하고 컴파일, 디버깅을 시작해보자.

실습 예제 | 우분투에 안드로이드 SDK/NDK 설치

1 웹 브라우저를 열어 http://developer.android.com/sdk로 이동한다. 이 웹 페이지는 플랫폼별로 가능한 SDK 목록을 보여준다.

2 Tar/GZ 압축 패키지인 Android SDK for Linux를 다운로드한다.

3 http://developer.android.com/sdk/ndk로 이동해 Tar/BZ2로 압축된 맥OS X용 안드로이드 NDK(SDK가 아니다)를 다운로드한다.

4 다운로드한 압축 파일을 원하는 위치에 압축 해제한다(예 ~/AndroidSDK 혹은 ~/AndroidNDK). 우분투에서는 **Archive Manager**(압축 파일을 선택한 후 마우스 오른쪽 버튼을 눌러 Extract Here을 선택)를 사용할 수 있다.

5 두 디렉토리를 환경 변수로 선언하자. 이제부터 이 책에서는 두 디렉토리를 $ANDROID_SDK와 $ANDROID_NDK로 참조한다. 기본 배시 커맨드라인 셸을 사용한다는 가정하에 home 디렉토리 내에 .profile(숨겨진 파일일 수 있으니 주의하기 바란다!)을 생성하거나 수정해 다음 변수를 추가한다.

```
export ANDROID_SDK="<안드로이드 SDK 디렉토리 경로>"
export ANDROID_NDK="<안드로이드 NDK 디렉토리 경로>"
export PATH="$PATH:$ANDROID_SDK/tools:$ANDROID_SDK/platform-
tools:$ANDROID_NDK"
```

6 파일을 저장하고 현재 세션을 로그아웃한다.

7 다시 로그인하고, 터미널을 열어 다음 명령을 입력한다.

```
$ android
```

8 안드로이드 SDK와 AVD 관리자 창이 나타난다.

9 설치된 패키지 섹션으로 이동한 후 Update All을 클릭한다.

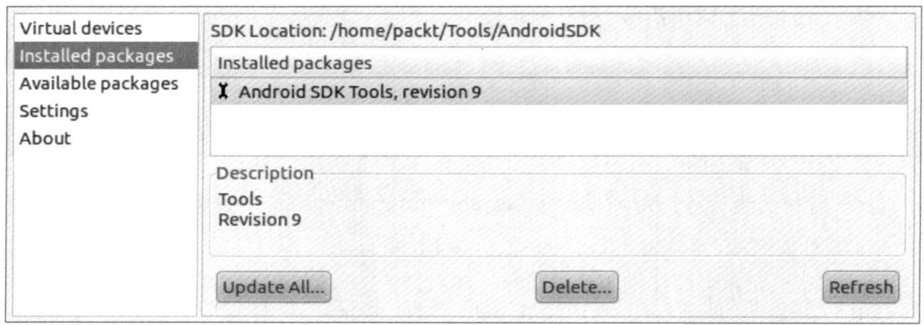

10 패키지 선택 화면이 나타난다. Accept All을 선택한 후 Install을 클릭한다.

11 몇 분 후면 전체 패키지의 다운로드가 완료되고, ADB_{Android Debug Bridge} 서비스를 재시작할지 묻는 메시지가 나타난다. 확인을 위해 Yes를 클릭한다.

12 애플리케이션을 종료한다.

보충 설명

안드로이드 SDK와 NDK 다운로드와 설치 과정, 환경 변수를 이용해 명령어를 사용하는 방법을 살펴봤다.

SDK 구성 요소 설치와 업데이트, 기능 관리를 위해 제공되는 안드로이드 SDK와 AVD 관리자를 실행해봤다. 신규 SDK API는 안드로이드 SDK 재설치 없이 기존 개발 환경을 사용할 수 있게 서드파티 구성 요소(예, 삼성 갤럭시 태블릿 에뮬레이터 등)도 함께 릴리즈된다.

9단계에서 연결 문제가 발생했다면 안드로이드 SDK와 AVD 관리자의 설정 메뉴에서 프록시 설정을 지정한다.

리눅스 설정을 위한 내용을 마쳤다. 모든 개발 환경에 공통적인 내용을 확인해보자.

이클립스 개발 환경 설정

커맨드라인이나 vi 광신도라면 2장으로 넘어가자(상처 받을지 모른다). 대부분 사람들에게 편리하고 시각적인 IDE는 필수 요소다. 안드로이드는 이클립스로 작업하는 것이 가장 궁합이 좋다.

이클립스는 구글 공식 플러그인인 ADT를 통해 지원되는 유일한 안드로이드 SDK IDE다. ADT는 자바Java에 불과하다. 이클립스는 일반 C/C++ 플러그인인 CDT를 통해 C/C++를 지원한다. 안드로이드에 종속적이지 않지만, NDK를 잘 지원한다. 이 책에서 사용하는 이클립스 버전은 헬리우스Helios 3.6이다.

실습 예제 | 이클립스 시작

1 브라우저를 열어 http://www.eclipse.org/downloads/로 이동한다. 이 웹 페이지는 Java, J2EE, C++을 위해 사용 가능한 모든 패키지를 보여준다.

2 Eclipse IDE for Java Developers를 다운로드한다.

3 Tar/GZ 파일(리눅스나 맥OS X)이나 ZIP 파일(윈도우)을 다운로드한 후 압축을 해제한다.

4 압축을 해제했다면 압축 해제 경로 내에 있는 eclipse 실행 파일을 더블클릭해 이클립스를 실행한다. 맥OS X에서는 Eclipse.app가 아닌 eclipse 바로가기를 실행해야 한다. 그렇지 않으면 이클립스에서 .profile에 정의한 환경 변수를 사용할 수 없다.

5 워크스페이스 저장 위치를 묻는 화면이 나타나면 원하는 위치를 지정(기본 설치 위치도 괜찮다)하고 OK를 누른다.

6 이클립스가 시작되면 Welcome Page를 닫는다.

7 Help ❯ Install New Software 메뉴로 이동한다.

 사이트 업데이트 중 문제가 발생하면 인터넷 연결 상태를 확인해보자. 연결이 안 돼 있거나 프록시 환경이 문제일 가능성이 있다. 프록시 설정 후에도 문제가 계속된다면 ADT 웹 페이지에서 ADT 플러그인을 다운로드해 수동으로 설치할 수 있다.

8 Work with에 http://dl-ssl.google.com/android/eclipse/를 입력한다.

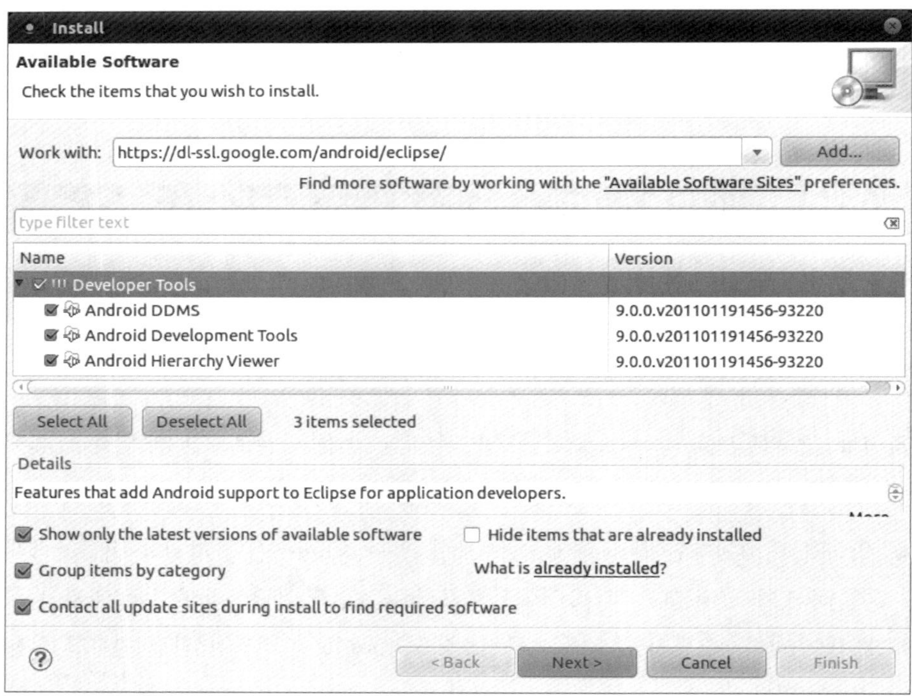

9 잠시 후에 Developer Tools 플러그인이 나타나면 이를 선택하고 Next 버튼을 클릭한다.

10 마법사의 동의 조건에 따라 마지막 페이지까지 진행한 후 Finish를 누른다.

11 ADT가 설치되면 플러그인 항목이 서명되지 않았음을 알리는 경고 화면이 나타난다. 무시하고 OK를 누른다.

12 설치가 종료되고 이클립스가 재구동된다.

13 이클립스가 다시 시작되면 Windows ❭ Preferences(맥OS X에서는 Eclipse ❭ Preferences)로 이동한 후 Android 섹션을 선택한다.

14 Browse를 클릭하고 안드로이드 SDK 디렉토리 경로를 선택한다.

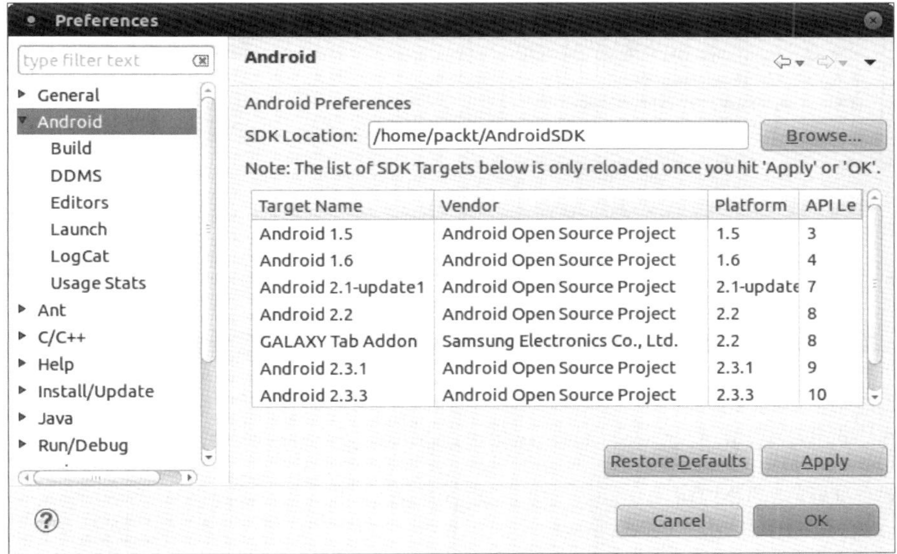

15 환경을 확인한다.

16 다시 Help ❭ Install New Software 메뉴로 이동한다.

17 Work with 콤보박스를 열고, 이클립스 버전 이름(여기서는 Helios)을 포함하는 항목을 선택한다.

18 플러그인 트리에서 Programming Languages를 찾아 실행한다.

19 CDT 플러그인을 선택한다. Incubation 플러그인은 반드시 필요한 항목은 아니다. C/C++ Call Graph Visualization은 리눅스에서만 설치 가능하고, 윈도우나 맥OS X에서는 설치가 불가능하다.

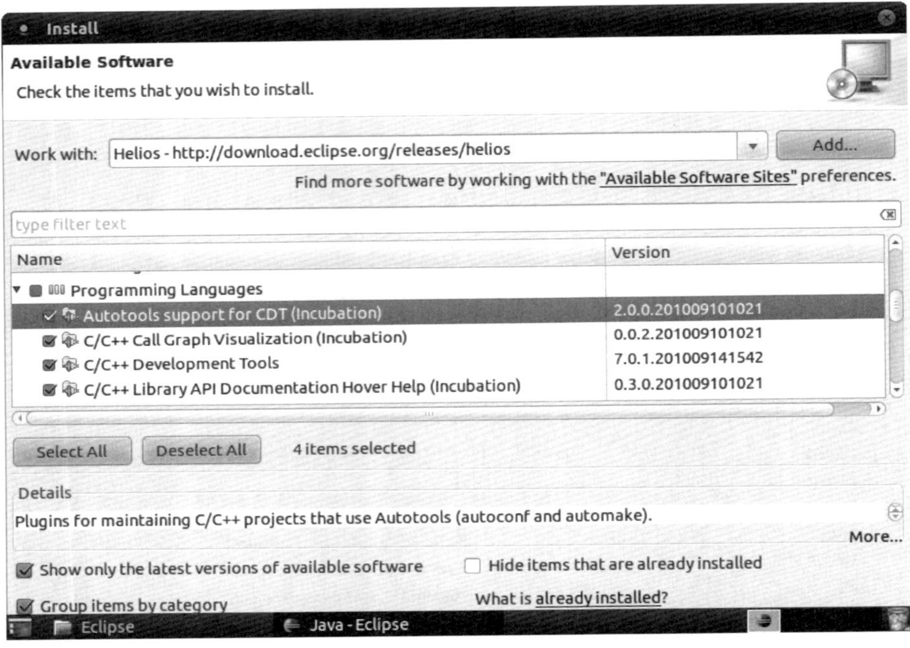

20 마법사의 동의 조건에 따라 마지막 페이지까지 진행한 후 Finish를 누른다.

21 설치가 종료되면 이클립스를 재구동한다.

보충 설명

이제 이클립스와 공식 안드로이드 개발 플러그인 ADT와 C/C++ 플러그인 CDT를 모두 설치했다. ADT는 안드로이드 SDK 위치를 참조한다.

ADT의 주 목적은 이클립스와 SDK 개발 도구의 쉬운 통합에 있다. ADT는 IDE

없이 커맨드라인만으로도 완벽한 안드로이드 개발을 가능하게 해준다. 하지만 이클립스의 자동 컴파일과 패키징, 배포, 디버깅은 버릴 수 없는 강력한 기능이다.

ADT는 안드로이드 NDK와는 관련이 없다는 점을 알고 있을지 모르겠다. ADT는 자바만을 위해 제공된다. 다행히 이클립스는 자바/C++ 하이브리드 프로젝트를 처리하는 데 있어 충분히 유연하다! 이 부분에 대해서는 첫 이클립스 프로젝트를 생성할 때 다시 살펴보자.

같은 방식으로 CDT는 이클립스로 쉽게 C/C++ 컴파일 기능을 통합 가능하게 해준다. 또한 이클립스를 위한 자바 플러그인인 JDT는 Eclipse IDE for Java Developers 패키지에 포함돼 자연스럽게 설치됐다. CDT만을 포함하는 이클립스 패키지는 이클립스 웹사이트에서 사용 가능하다.

ADT에 대한 추가적인 내용

8단계에서 입력한 ADT 업데이트 사이트는 공식 ADT 문서(http://developer.android.com/sdk/eclipse-adt.html을 참고)에서 찾을 수 있다. 이곳에 가면 새로운 이클립스나 안드로이드 버전 릴리즈 정보를 확인할 수 있다.

안드로이드 에뮬레이트

안드로이드 SDK는 기기 없이 직접 개발을 시작할 수 있게 에뮬레이터를 제공한다. 이제 에뮬레이터 설정 방법을 살펴보자.

1 커맨드라인(android)을 사용해 Android SDK and AVD Manager를 열거나 다음 아이콘과 같은 이클립스 툴바 버튼을 누른다.

2 New 버튼을 클릭한다.

3 새로운 에뮬레이터 기기의 이름을 Nexus_480x800HDPI로 입력한다.

4 Target platform은 Android 2.3.3으로 선택한다.

5 SD card의 크기는 256으로 지정한다.

6 Snapshot의 Enabled를 체크한다.

7 Built-in 해상도를 WVGA800으로 선택한다.

8 Hardware는 변경 없이 그대로 둔다.

9 Create AVD를 클릭한다.

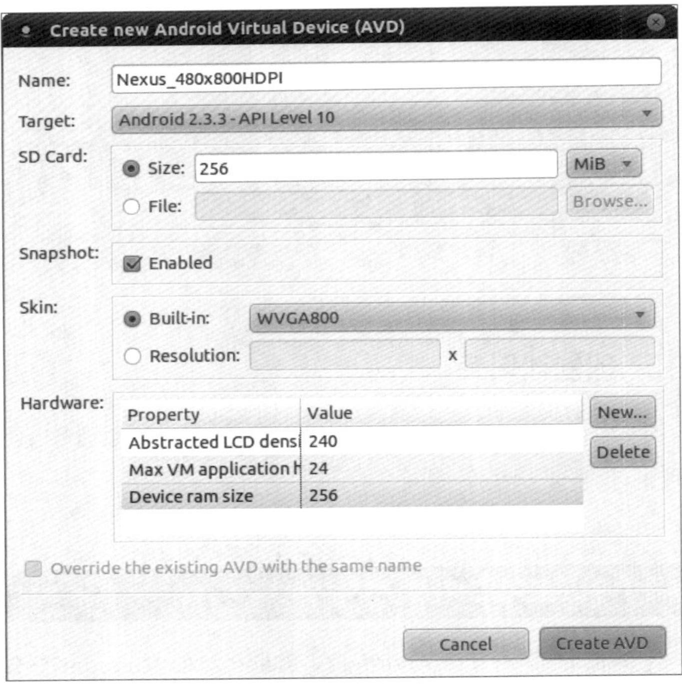

10 새롭게 생성된 가상 기기가 목록에 나타난다.

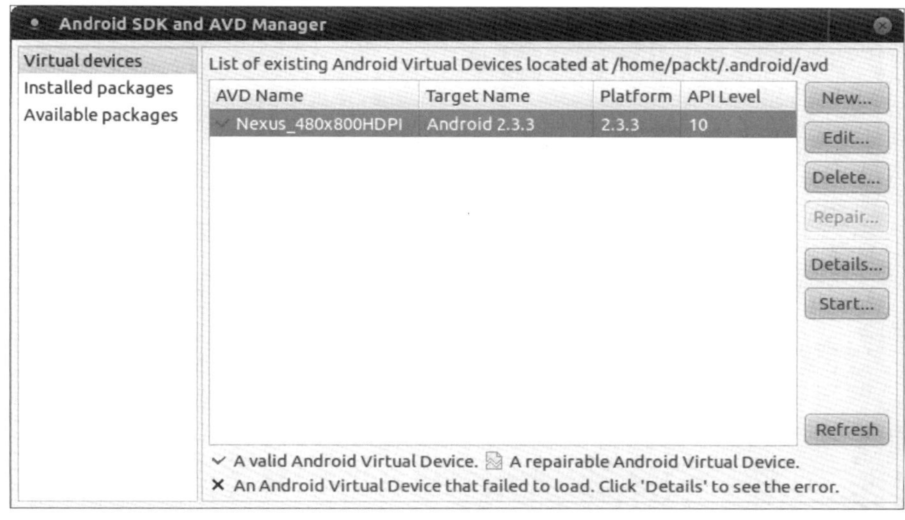

11 동작을 확인하기 위해 Start 버튼을 클릭한다.

12 Launch 버튼을 클릭한다.

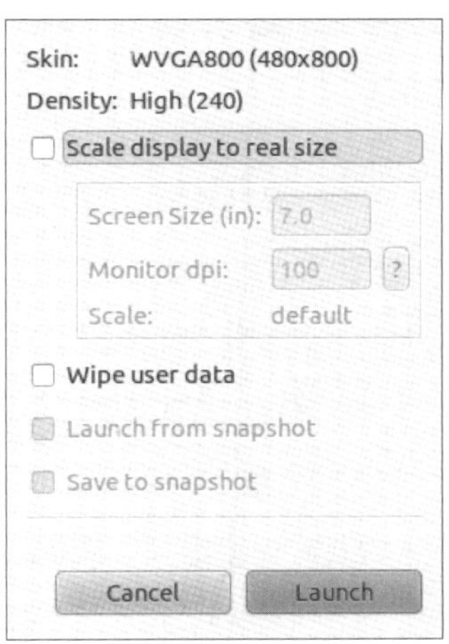

13 잠시 후에 에뮬레이터가 시작되고, 가상 기기가 로딩된다.

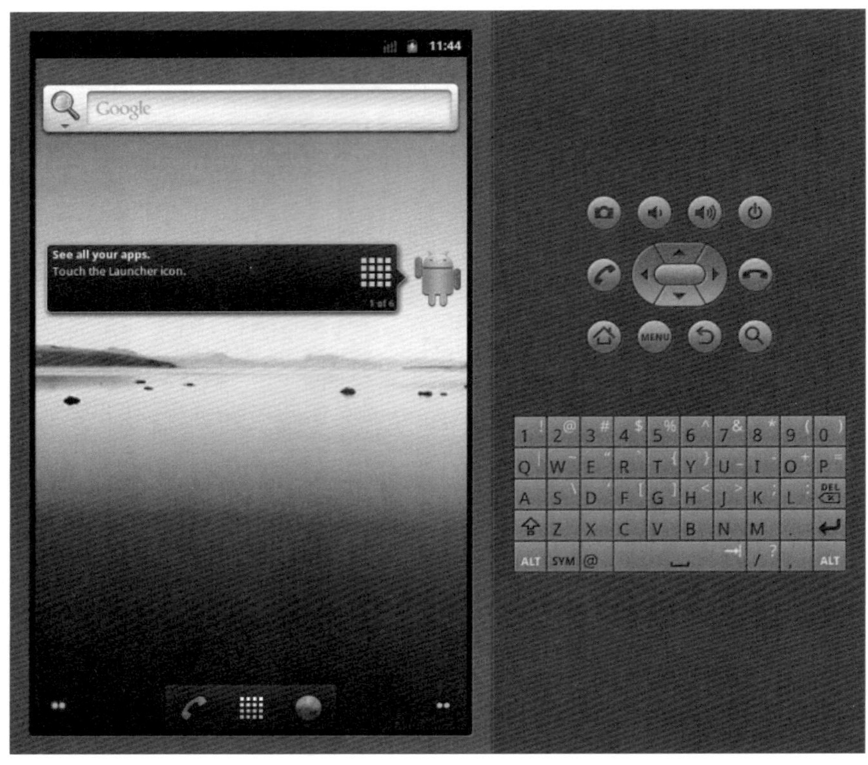

3.7인치 화면의 480×800픽셀 HDPI(고밀도) 해상도 설정으로 넥서스 원을 에뮬레이 트하는 안드로이드 가상 기기를 생성했다. 이제 앞으로 개발할 애플리케이션을 테스트할 수 있게 됐다. 뿐만 아니라 기기 구입 없이 다양한 조건과 해상도(혹은 스킨)를 이용해 애플리케이션을 테스트할 수도 있다.

이 책에서는 다루지 않지만 AVD를 생성할 때 GPS와 카메라 등의 부가적인 옵션 설정을 통해 제한된 하드웨어 조건에서 애플리케이션을 테스트할 수도 있다. 또한 화면 방향orientation은 **Ctrl+F11**과 **Ctrl+F22**로 전환할 수 있다. 에뮬레이터 설정에 대한 자세한 방법은 안드로이드 웹사이트(http://developer.android.com/guide/developing/ devices/emulator.html)를 참고한다.

에뮬레이션은 시뮬레이션이 아니다.

에뮬레이션은 굉장한 개발 도구이지만, 다음 내용을 충분히 고려해야 한다. 에뮬레이션은 느리고 항상 완벽하게 표현되지 않으며, GPS 지원과 같은 일부 기능이 부족하다. 더욱이 OpenGL ES가 부분적으로 지원된다는 점은 아마도 최대의 결점이 아닌가 한다. 현재 에뮬레이터에서는 OpenGL ES 1만 동작한다.

도전 과제 |

안드로이드 플랫폼 구성 요소 설치/업데이트와 에뮬레이터 생성 방법을 살펴봤고, 이제 안드로이드 허니컴 태블릿용 에뮬레이터를 만들어보자. Android SDK and AVD Manager를 사용해 다음 내용을 준비해야 한다.

- 허니컴 SDK 구성 요소 설치

- 새로운 Honeycomb 플랫폼 대상 AVD 생성

- 에뮬레이터 구동과 실제 태블릿과 일치하게 적절한 화면 크기 사용

컴퓨터 해상도에 따라 AVD 디스플레이 크기를 조정해야 한다. 이를 위해 에뮬레이터를 실행하고 모니터 밀도(? 버튼을 사용해 계산한다) 화면이 나타날 때 Scale display to real size를 체크한다. 동작에 문제가 없다면 일제와 동일한 크기(내 컴퓨터에서도 가로 모드로 나타나니 염려하지 않아도 된다)의 새로운 허니컴 화면이 나타난다.

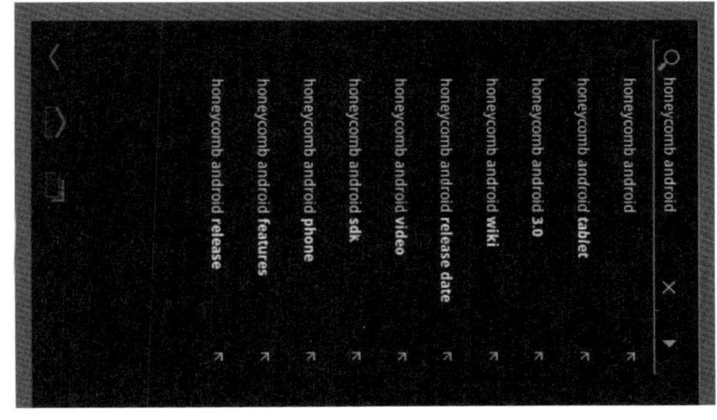

다음 절은 윈도우와 맥OS X에 대한 내용이므로 리눅스 사용자라면 '리눅스에서 안드로이드 기기 개발' 절로 건너뛰기 바란다.

윈도우와 맥OS X에서 안드로이드 기기 개발

에뮬레이터는 진정 큰 도움을 주지만, 실제 기기에 비하면 아무것도 아니다. 다행히도 안드로이드는 실제 기기상에서 개발과 테스트를 효율적으로 수행할 수 있게 충분한 연결성connectivity을 제공한다. 따라서 안드로이드 기기를 손에 쥔 채 윈도우나 맥OS X에 연결해보자.

실습 예제 | 윈도우와 맥OS X에서 안드로이드 기기 설정

윈도우에서 개발에 필요한 기기 설치는 제조사마다 다르다. 기기 제조사에 관한 전체 목록과 자세한 정보는 http://developer.android.com/sdk/oem-usb.html을 참고한다. 이미 갖고 있다면 안드로이드 기기 드라이버 CD를 사용해도 된다. 안드로이드 SDK의 $ANDROID_SDK\extras\google\usb_driver 폴더에도 일부 윈도우 드라이버가 있으니 기억해두자. 구글 개발 폰인 넥서스 원과 넥서스 S에 대한 설치 방법은 http://developer.android.com/sdk/win-usb.html을 참고한다.

맥 사용자는 맥의 설치 안내를 참고한다. 하지만 맥의 쉬운 사용성은 여기서도 발휘된다. 간단히 안드로이드 기기를 맥에 연결하면 그것으로 충분하다. 설치 없이 바로 기기 인식이 가능해진다.

시스템에 드라이버를 설치했다면(필요한 경우) 다음 과정을 진행한다.

1 모바일 기기에서 **홈** 메뉴로 이동한 후 Settings ❯ Application ❯ Development(제조사별로 이름이 상이할 수 있다)로 이동한다.

2 USB debugging과 Stay awake를 선택한다.

3 데이터 연결 케이블(전원 공급만 제공하는 케이블은 동작하지 않는다)을 사용해 기기에서 컴퓨터로 연결한다. 기기에 따라 USB 디스크로 나타날 수도 있다.

4 이클립스를 실행한다.

5 DDMS perspective를 연다. 정상적으로 동작한다면 Devices 뷰 목록에 자신의 전화기가 나온다.

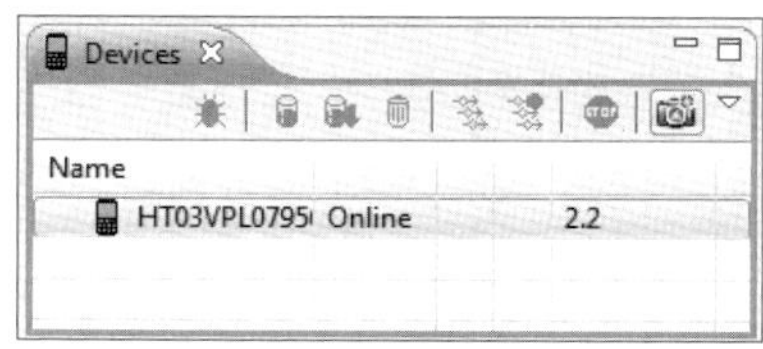

6 '김치'를 외치고 다음과 같은 툴바 버튼을 클릭해 화면을 캡처해보자.

이제 전화기가 올바르게 연결된 것이다.

개발 모드로 안드로이드 기기를 컴퓨터에 연결하고 전화기가 충전될 때 자동 화면 꺼짐을 없애게 Stay awake 옵션을 설정했다. 기기가 올바르게 동작하지 않는다면 '기기 연결 문제 해결' 절을 살펴보라.

기기와 컴퓨터는 안드로이드 디버그 브리지ADB, Android Debug Bridge(2장에서 자세히 살펴본다)라는 중간 백그라운드 서비스를 통해 서로 통신한다. ADB는 이클립스 ADT가 실행되거나 커맨드라인에서 처음 호출될 때 자동으로 시작된다.

이것으로 윈도우와 맥OS X에 대한 내용을 마친다. 리눅스 사용자가 아니라면 '기기 연결 문제 해결' 절이나 '정리' 절로 건너뛰기 바란다.

 리눅스에서 안드로이드 기기 개발

에뮬레이터는 진정 큰 도움을 주지만, 실제 기기에 비하면 아무것도 아니다. 다행히도 안드로이드는 실제 기기상에서 개발과 테스트를 효율적으로 수행할 수 있게 충분한 연결성을 제공한다. 따라서 안드로이드 기기를 손에 쥔 채 리눅스에 연결해 보자.

실습 예제 | 우분투에서 안드로이드 기기 설정

1 모바일 기기에서 **홈** 메뉴로 이동한 후 Settings ❯ Application ❯ Development(제조사별로 이름이 상이할 수 있다)로 이동한다.

2 USB debugging과 Stay awake를 선택한다.

3 데이터 연결 케이블(전원 공급만 제공하는 케이블은 동작하지 않는다)을 사용해 기기에서 컴퓨터로 연결한다. 기기에 따라 USB 디스크로 나타날 수도 있다.

4 ADB를 실행해 기기 목록을 확인해보자. 운이 좋으면 정상적으로 동작해 기기 목록이 바로 나타난다. 이 경우 다음 단계는 무시해도 좋다.

```
$ adb devices
```

```
File  Edit  View  Search  Terminal  Help
List of devices attached
HT03VPL07956    device
```

5 기기 이름이 ?????????으로 보인다면 ADB가 정상적인 접근 권한이 없어 발생하는 문제일 수 있다. 이 경우 벤더 ID와 제품 ID가 필요하다. 벤더 ID는 각 회사

별로 정해진 값이니 다음 표에서 확인하자.

제조사	USB 벤더 ID
Acer	0502
Dell	413c
Foxconn	0489
Garmin-Asus	091e
HTC	0bb4
Huawei	12d1
Kyocera	0482
Lenovo	17ef
LG	1004
Motorola	22b8
Nvidia	0955
OTGV	2257
Pantech	10a9
Samsung	04e8
Sharp	04dd
Sony Ericsson	0fce
ZTE	19d2

최신 제조사 목록은 안드로이드 웹사이트 http://developer.android.com/guide/developing/device.html#VendorIds를 참고하자.

6 기기 제품 ID는 벤더 ID로 쉽게 검색할 수 있게 '구성된' `lsusb` 명령을 사용하면 확인할 수 있다. 다음 예제에서 `0bb4` 값은 HTC 벤더 ID이며, `0c87`은 HTC 디자이어 제품 ID다.

```
$ lsusb | grep 0bb4
```

```
File Edit View Search Terminal Help
Bus 002 Device 013: ID 0bb4:0c87 High Tech Computer Corp.
```

7 루트root로 벤더 ID와 제품 ID 정보를 이용해 /etc/udev/rules.d/52-android.rules 파일을 생성한다.

```
$ sudo sh -c 'echo SUBSYSTEM==\"usb\", SYSFS{idVendor}==\"
<벤더 ID>\", ATTRS{idProduct}=\"<제품 ID>\",
MODE=\"0666\" > /etc/udev/rules.d/52-android.rules'
```

8 파일 권한을 644로 변경한다.

```
$ sudo chmod 644 /etc/udev/rules.d/52-android.rules
```

9 udev 서비스(리눅스 기기 매니저)를 재시작한다.

```
$ sudo service udev restart
```

10 이번에는 루트 모드로 ADB 서버를 재구동한다.

```
$ sudo $ANDROID_SDK/tools/adb kill-server
$ sudo $ANDROID_SDK/tools/adb start-server
```

11 다시 기기 목록을 확인해 기기 동작 여부를 확인한다. ?????????가 나타나거나 더 심각하게 아무것도 나타나지 않으면 이전 단계로 돌아가 잘못된 부분이 없는지 확인한다.

```
$ adb devices
```

보충 설명 |

개발 모드로 안드로이드 기기를 컴퓨터에 연결하고 전화기가 충전될 때 자동 화면 꺼짐을 없애게 Stay awake 옵션을 설정했다. 기기가 올바르게 동작하지 않는다면

'기기 연결 문제 해결' 절을 살펴보자.

컴퓨터와 기기 간 대화(2장에서 더 자세히 살펴본다)를 위한 중재자로서 사용되는 백그라운드 서비스인 안드로이드 디버그 브리지ADB를 실행해봤다. ADB는 이클립스 ADT가 실행되거나 커맨드라인에서 처음 호출될 때 자동으로 시작된다.

그리고 무엇보다 중요한 점은 HTC가 High Tech Computer의 약자임을 확인했다는 것이다. 물론 농담이다. 리눅스에서 연결 과정은 다루기 힘든 부분일 수 있다. 루트로 ADB를 실행해야 하는 불운한 사람들에 속해있다면 다음과 비슷하게 시동startup 스크립트를 만들어 ADB를 실행하길 적극 권장한다. 커맨드라인에서 사용하거나 메인 메뉴(우분투의 Menu ❯ Preference ❯ Main Menu)에 추가할 수 있다.

```
#!bin/sh
stop_command="$ANDROID_SDK/platform-tools/adb kill-server"
launch_command="$ANDROID_SDK/platform-tools/adb start-server"
/usr/bin/gksudo "/bin/bash -c '$stop_command; $launch_command'" |
zenity -text-info -title Logs
```

이 스크립트는 제니티Zenity(GTK+를 사용해 그래픽 창을 보여주는 셸 툴킷) 창에 데몬 시동 메시지를 보여준다.

6단계에서 52-android.rule이 동작하지 않으면 50-android.rule이나 51-android.rule (혹은 둘 다)을 시도해보자. udev(리눅스 기기 관리자)는 파일명 앞의 숫자를 통해 규칙 파일을 사전 순서로 적용하지만, 리눅스의 마법과도 같은 이 기능이 가끔은 꼼수처럼 보이기도 한다.

리눅스 설정에 관한 절을 마쳤다. 다음 절은 공통 내용이다.

# 개발 기기 문제 해결

안드로이드 개발 기기를 컴퓨터로 연결하는 데 문제가 발생했다면 다음 원인 중 하나일 것이다.

- 호스트 시스템이 올바르게 설정되지 않았다.

- 개발 기기가 올바르게 동작하지 않는다.

- ADB 서비스가 비정상적이다.

호스트 시스템에 문제가 발생했다면 기기 제조사의 지시 사항을 충분히 숙지한 후 필요한 모든 드라이버가 정상적으로 설치됐는지 확인한다. 인식 문제라면 하드웨어 속성을 확인하고, USB 저장소 모드(지원하는 경우)가 켜져 정상적으로 동작하는지 확인한다. 실제로 연결한 후 기기는 디스크가 아닌 하드웨어 설정에 보일 것이다. 기기는 디스크 드라이브(SD 카드나 유사한 다른 디스크가 있는 경우) 혹은 충전 모드로 설정될 수 있다. 충전 모드에서 개발 모드가 완벽히 지원된다.

디스크 드라이브 모드는 일반적으로 안드로이드 태스크 바(USB 연결 항목)에서 활성화되지만, 기기별로 다를 수 있으니 기기 문서를 참고하기 바란다.

> **SD 카드에 접근**
>
> 충전 모드가 활성화되면 전화기에 설치된 안드로이드 애플리케이션에서 SD 카드 파일과 디렉토리를 볼 수 있지만, 컴퓨터에서는 불가능하다. 반대로 디스크 드라이브 모드가 활성화되면 컴퓨터에서만 해당 파일과 디렉토리가 보인다. 애플리케이션에서 SD 카드에 있는 리소스 파일에 접근할 수 없다면 연결 모드를 확인해보기 바란다.

안드로이드 기기 문제가 발생한다면 기기의 디버그 모드를 비활성화한 후 다시 활성화하는 방법으로 문제를 해결할 수 있다. 이 옵션은 기기의 **홈 ❯ 메뉴 ❯ 설정 ❯ 애플리케이션 ❯ 개발** 화면에서 변경하거나 안드로이드 태스크 바(USB debugging connected 항목)를 이용해 빠르게 변경할 수 있다. 최후의 수단은 단말 재부팅이다.

ADB 문제라면 터미널 프롬프트에서 다음 명령을 실행해 ADB가 정상적으로 동작하는지 확인한다.

```
$ adb devices
```

기기가 올바르게 보이면 ADB가 동작하는 것이다. 이 명령은 ADB 서비스가 준비되지 않았다면 서비스를 실행한다. 또한 다음 명령으로 ADB 서비스를 재구동할 수 있다.

```
$ adb kill-server
$ adb start-server
```

특정 연결 문제를 해결하고 싶거나 최신 정보를 얻고자 한다면 http://developer.android.com/guide/developing/device.html을 방문하기 바란다. 경험을 바탕으로 얘기한다면 문제가 생겼을 때 하드웨어를 탓하지 말고 항상 다른 케이블이나 다른 기기로 확인해보기를 권장한다. 나 역시 아주 저가의 케이블을 사용했을 때 예상치 못한 문제를 많이 접한 경험이 있다.

정리

안드로이드 개발 플랫폼 설정은 다소 따분한 내용이지만, 한 번만 잘 설정해두면 그것으로 충분한 내용이다. 리눅스의 패키지 시스템과 맥OS X의 개발자 도구, 윈도우의 시그윈을 이용해 필요한 유틸리티를 설치해봤다. 그 후 자바와 안드로이드 개발 킷을 배포한 후 올바르게 동작하는지 확인해봤다. 마지막으로 전화기 에뮬레이터를 생성하는 방법과 테스트 목적으로 실제 전화기를 연결하는 방법을 살펴봤다.

이제 모바일 아이디어를 구체화하기 위해 필요 도구들을 갖췄다. 2장에서는 첫 안드로이드 프로젝트를 생성하고 컴파일, 배포 과정을 다룬다.

2 네이티브 프로젝트 생성, 컴파일, 배포

손에 가장 강력한 도구를 쥐고 있는 사람이라 하더라도 도구 사용법에 대한 지식이 없다면 무용지물이다. 새로운 안드로이드 프로그래머는 이클립스와 GCC, Ant, 배시, 셸, 리눅스와 같은 기술 생태계를 다뤄야 한다. 배경 지식에 따라 다르겠지만, 많이 들어본 이름도 있을 것이다. 실제로 이런 기술들은 매우 강력하다. 안드로이드는 수년간 숙성된 오픈소스 블록을 기반으로 하며, 각 블록은 안드로이드 개발 킷(SDK와 NDK)과 안드로이드 디버그 브리지(ADB), 안드로이드 자산 패키징 도구(AAPT), 액티비티 매니저(AM), ndk-build 등의 도구와 잘 혼합돼 있다. 이제 개발 환경의 준비는 마쳤고, 이들 도구를 활용해 네이티브 코드를 포함하는 프로젝트를 생성하고 컴파일, 배포를 시작해보자.

2장에서 살펴볼 내용은 다음과 같다.

- Ant 빌드 도구와 네이티브 코드 컴파일러인 ndk-build를 활용해 안드로이드 NDK 예제 애플리케이션을 컴파일하고 배포한다.

- ADBAndroid Debug Bridge를 사용해 개발 기기를 제어하는 방법, 액티비티를 관리하기 위한 AM과 애플리케이션 패키징을 위한 AAPT 같은 부가적인 도구를 살펴본다.

- 이클립스를 활용해 첫 번째 하이브리드 다국어 지원 프로젝트를 생성한다.

- JNIJava Native Interface를 이용해 자바와 C/C++ 간 인터페이스를 살펴본다.

2장을 마치면 새로운 안드로이드 네이티브 프로젝트를 시작하는 방법을 숙지하게
될 것이다.

NDK 예제 애플리케이션 컴파일과 배포

당장 새로운 개발 환경을 테스트하고 싶을지 모르겠다. 첫 시작으로 안드로이드
NDK에서 제공하는 기본적인 예제를 컴파일하고 배포해 동작 과정을 확인해보자.
시작하기 전에 네이티브 C 라이브러리에서 정의한 문자열을 자바 액티비티(안드로이
드에서 액티비티는 애플리케이션 화면과 유사하다)에서 사용하는 예제 애플리케이션
HelloJni를 실행한다.

실습 예제 | hellojni 예제 컴파일과 배포

Ant를 사용해 커맨드라인에서 HelloJni 프로젝트의 컴파일과 배포를 시작해보자.

1 커맨드라인 프롬프트(또는 윈도우 환경의 시그윈 프롬프트)를 연다.

2 안드로이드 NDK 내의 hello-jni 예제 디렉토리로 이동한다. 이후 단계별로 실행
할 명령은 모두 현재 디렉토리에서 수행돼야 한다.

```
$ cd $ANDROID_NDK/samples/hello-jni
```

3 android 명령(윈도우는 android.bat)을 사용해 Ant 빌드 파일과 관련된 모든 설정
파일을 생성한다. 생성된 파일은 안드로이드 애플리케이션 컴파일과 패키지에
필요한 내용을 담고 있다.

```
android update project -p
```

```
File  Edit  View  Search  Terminal  Help
Updated local.properties
Added file ./build.xml
Added file ./proguard.cfg
It seems that there are sub-projects. If you want to update them
please use the --subprojects parameter.
```

4 make 래퍼wrapper 배시 스크립트인 `ndk-build`를 이용해 `libhello-jni` 네이티
브 라이브러리를 빌드한다. `ndk-build` 명령은 네이티브 C/C++ 코드를 위한
컴파일 툴체인을 설정한 후 자동으로 NDK GCC 버전을 호출한다.

```
$ ndk-build
```

```
File  Edit  View  Search  Terminal  Help
Gdbserver      : [arm-linux-androideabi-4.4.3] libs/armeabi/gdbserver
Gdbsetup       : libs/armeabi/gdb.setup
Compile thumb  : hello-jni <= hello-jni.c
SharedLibrary  : libhello-jni.so
Install        : libhello-jni.so => libs/armeabi/libhello-jni.so
```

5 안드로이드 개발 기기나 에뮬레이터가 연결돼 올바르게 동작하는지 확인한다.

6 최종 HelloJni APK(안드로이드 애플리케이션 패키지)를 컴파일하고 패키징한 후 설치
과정을 진행한다. 이 모든 과정은 고맙게도 Ant 빌드 자동화 도구를 이용하면
하나의 명령으로 수행할 수 있다. 우선 Ant는 `javac`를 실행해 자바 코드를 컴파
일하고, AAPT를 실행해 애플리케이션과 그 자원resource를 패키징한 후 마지막
으로 ADB를 실행해 개발 기기에 애플리케이션을 배포한다. 다음은 결과 화면
의 일부를 보여준다.

```
$ant install
```

결과는 다음 화면과 비슷하게 보여야 한다.

```
File  Edit  View  Search  Terminal  Help
Buildfile: /home/packt/Tools/AndroidNDK/samples/hello-jni/build.xml
    [setup] Android SDK Tools Revision 12
    [setup] Project Target: Android 2.2
    [setup] API level: 8
```

```
File  Edit  View  Search  Terminal  Help

compile:
    [javac] /home/packt/Tools/AndroidSDK/tools/ant/main_rules.xml:384: warning:
'includeantruntime' was not set, defaulting to build.sysclasspath=last; set to f
alse for repeatable builds
    [javac] Compiling 2 source files to /home/packt/Tools/AndroidNDK/samples/hel
lo-jni/bin/classes
```

```
File  Edit  View  Search  Terminal  Help

-package-resources:
    [echo] Packaging resources
    [aapt] Creating full resource package...
    [aapt] Warning: AndroidManifest.xml already defines debuggable (in http://s
chemas.android.com/apk/res/android); using existing value in manifest.

-package-debug-sign:
[apkbuilder] Creating HelloJni-debug-unaligned.apk and signing it with a debug k
ey...
```

```
File  Edit  View  Search  Terminal  Help

install:
    [echo] Installing /home/packt/Tools/AndroidNDK/samples/hello-jni/bin/HelloJ
ni-debug.apk onto default emulator or device...
    [exec] 984 KB/s (79163 bytes in 0.078s)
    [exec]     pkg: /data/local/tmp/HelloJni-debug.apk
    [exec] Success

BUILD SUCCESSFUL
Total time: 11 seconds
```

7 adb(윈도우에서는 adb.exe)를 사용해 셸 세션을 실행한다. ADB 셸은 리눅스 시스템
의 셸과 유사하다.

```
$ adb shell
```

8 이 셸에서 기기나 에뮬레이터에 HelloJni 애플리케이션을 실행해보자. 이때
am(Activity Manager)를 사용한다. am 명령은 커맨드라인에서 안드로이드 액티비티
혹은 서비스를 실행하거나 인텐트(즉, 액티비티 간 메시지)를 전달할 수 있게 해준다.
명령 매개변수는 안드로이드 매니페스트를 참고한다.

```
# am start -a android.intent.action.MAIN -n
com.example.hellojni/com.example.hellojni.HelloJni
```

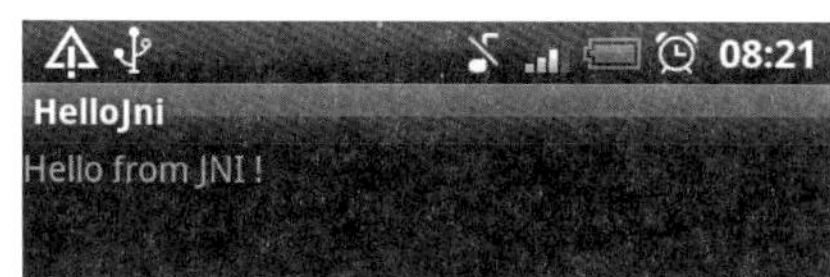

9 이제 개발 기기에서 HelloJni 화면이 나타난다.

보충 설명

지금까지 Ant와 SDK 커맨드라인 도구를 활용해 공식 NDK 예제 애플리케이션의 컴파일과 패키징, 배포 과정을 살펴봤다. 이 과정은 후반부에 더 자세히 살펴본다. 또한 `ndk-build` 명령을 사용해 첫 번째 네이티브 C 라이브러리(혹은 모듈)를 컴파일 해봤다. 이 라이브러리는 단순히 요청할 때 C 문자열을 자바로 전달한다. 애플리케 이션의 네이티브 부분과 자바 부분은 JNIJava Native Interface로 통신한다. JNI는 명시 적으로 전용 API를 이용해 자바 코드에서 네이티브 C/C++ 코드 호출을 가능케 해주는 표준 프레임워크다. 2장 후반부와 3장에서 더 자세히 살펴본다.

마지막으로 액티비티 관리자 `am` 명령을 사용해 안드로이드 셸(adb shell)에서 기기상 에 HelloJni를 실행해봤다. 8단계에서 전달된 명령 매개변수는 안드로이드 매니페스 트를 참고하면 된다. `com.example.hellojni`는 패키지 이름이며, `com.example. hellojni.HelloJni`는 메인 패키지와 주 액티비티 클래스 이름이 결합한 이름이다.

```
<?xml version="1.0" encoding="utf-8"?>
<manifest xmlns:android="http://schemas.android.com/apk/res/android"
    package="com.example.hellojni"
    android:versionCode="1"
    android:versionName="1.0">
...
```

```
<activity android:name=".HelloJni"
    android:label="@string/app_name">

...
```

자동화된 빌드

안드로이드 SDK와 NDK, 그리고 내부의 공개 소스 블록은 이클립스나 다른 특정 IDE와
결합한 형태가 아니므로 자동화 빌드 체인을 만들거나 지속적인 통합 서버를 구성하는
것이 가능하다. Ant를 이용한 단순한 배시 스크립트로도 충분하다.

HelloJni는 다소 시시한 예제다. 좀 더 근사한 예제를 시도해보고 싶지 않은가?

안드로이드 NDK는 San Angeles 예제를 제공한다. San Angeles는 어셈블리
Assembly 2004 대회에서 만들어진 데모 코드다. 이후에 OpenGL ES에 포팅됐고 안
드로이드를 포함한 다양한 시스템과 언어에서 예제로 활용됐다.

내 페이지인 http://jet.ro/visuals/4k-intros/san-angeles-observation/을 방문하면 더
많은 정보를 확인할 수 있다.

도전 과제 | San Angeles OpenGL 데모 컴파일

이 데모를 테스트하기 위해 다음 단계를 참고한다.

1 San Angeles 예제 디렉토리로 이동한다.

2 프로젝트 파일을 생성한다.

3 San Angeles 애플리케이션을 컴파일한 후 설치한다.

4 실행한다.

이 애플리케이션은 OpenGL ES 1을 사용하기 때문에 AVD 에뮬레이션이 동작하는
데 문제는 없지만, 속도가 느릴 수 있다.

Ant로 애플리케이션 컴파일 중에 다음과 같은 에러를 접할 수 있다.

```
File  Edit  View  Search  Terminal  Help
-resource-src:
     [echo] Generating R.java / Manifest.java from the resources...
     [aapt] /home/packt/Tools/AndroidNDK/samples/san-angeles/res/layout/main.xml
:2: error: Error: String types not allowed (at 'layout_width' with value 'match_
parent').
     [aapt] /home/packt/Tools/AndroidNDK/samples/san-angeles/res/layout/main.xml
:2: error: Error: String types not allowed (at 'layout_height' with value 'match
_parent').
     [aapt] /home/packt/Tools/AndroidNDK/samples/san-angeles/res/layout/main.xml
:7: error: Error: String types not allowed (at 'layout_width' with value 'match_
parent').
```

이유는 단순하다. res/layout/ 디렉토리를 보면 main.xml 파일이 있다. 이 파일은 일반적으로 자바 애플리케이션의 메인 스크린 레이아웃을 정의해 컴포넌트를 디스플레이하고 각 컴포넌트를 구성한다. 안드로이드 2.2(API 레벨 8)이 릴리즈됐을 때 UI 컴포넌트의 크기를 기술하는 `layout_width`와 `layout_height` 열거형enumeration이 수정돼 `FILL_PARENT`가 `MATCH_PARENT`로 변경됐지만, San Angeles는 API 레벨 4를 사용한다.

이 문제를 해결하기 위한 두 가지 기본적인 방법이 있다. 첫 번째 방법은 타켓 안드로이드 버전을 올바르게 선택하는 것이다. 이를 위해 Ant 프로젝트 파일을 생성할 때 타켓을 지정한다.

```
$ android update project ?p . -?target android-8
```

이 방법으로 빌드 타켓이 API 레벨 8로 설정돼 `MATCH_PARENT`를 인식할 수 있게 된다. 또 다른 방법으로 프로젝트 루트 디렉토리의 default.properties를 열어 `target=android-4`를 `target=android-8`로 변경해 수동으로 빌드 타켓을 변경할 수 있다.

두 번째 방법은 main.xml을 삭제하는 것으로, 첫 번째 방법보다 더욱 직관적이다. 실제 main.xml은 San Angeles 데모에서 사용되지 않고, 어떤 UI 컴포넌트 없이 프로그램을 통해 생성된 OpenGL 화면을 표시할 때만 사용된다.

노력의 결실로 플랫 셰이딩된 폴리곤flat-shaded polygon으로 구성된 3D 환경을 맞보는 첫 번째 즐거움을 느껴보기 바란다. 책은 잠시 접어두고, 실행해보자.

안드로이드 SDK 도구

안드로이드 SDK는 개발자와 통합자integrator를 위한 유용한 많은 도구를 제공한다. 앞서 안드로이드 디버그 브리지Android Debug Bridge와 android 명령 같은 도구들을 간단히 살펴봤다. 이번에는 좀 더 자세히 살펴보자.

안드로이드 디버그 브리지

서두에는 그리 주목하지 않았을지 모르겠지만, 안드로이드 디버그 브리지는 항상 가까이 있었다. 안드로이드 디버그 브리지는 개발 환경과 에뮬레이터/기기 간 중재 자로서 사용되는 다재다능한 도구다. ADB는 다음과 같은 특징을 가진다.

- 에뮬레이터와 기기상에서 수행되는 백그라운드 프로세스로서 외부external 컴퓨터 의 명령이나 요청을 받는다.

- 개발 컴퓨터의 백그라운드 서버로서 기기와 에뮬레이터와 연결해 통신을 담당 한다.

- 개발 컴퓨터에서 동작하는 클라이언트로서 ADB 서버를 통해 기기와 통신한다. HelloJni 예제에서 살펴봤듯이 필요한 명령을 실행하기 전에 adb shell을 사용 해 기기에 연결했다.

ADB 셸은 ADB 클라이언트에 임베디드된embedded 진정한 리눅스 셸이다. 모든 표준 명령을 사용할 수는 없지만, ls, cd, pwd, cat, ps 등의 전통적인 명령은 모두 사용 가능하다. 그 외에 제공되는 명령은 다음과 같다.

logcat	기기 로그 메시지를 표시한다
dumpsys	시스템 상태를 덤프한다
dmesg	커널 메시지를 덤프한다.

ADB는 진정한 맥가이버 칼과 같다. 루트 접근 권한을 통해 기기를 유연하게 조작할 수 있게 해준다. 예를 들면 샌드박스(/data/data 디렉토리를 보자)에 배포된 애플리케이션을 관찰할 수 있으며, 현재 동작 프로세스를 보거나 종료할 수 있다.

또한 ADB는 다양한 옵션을 제공한다. 다음 표를 참고하자.

pull <기기 경로> < 로컬 경로 >	파일을 컴퓨터로 전송한다.
push <로컬 경로> < 기기 경로 >	파일을 기기나 에뮬레이터로 전송한다.
install <애플리케이션 패키지>	애플리케이션 패키지를 설치한다.
install -r <재설치할 패키지 >	이미 배포된 애플리케이션을 재설치한다.
devices	에뮬레이터를 포함한 현재 연결된 모든 안드로이드 기기를 보여준다.
reboot	프로그램을 통해 안드로이드 기기를 재시작한다.
wait-for-device	기기나 에뮬레이터가 컴퓨터에 연결될 때까지(예를 들어 스크립트 내에서) 기다린다.
start-server	ADB 서버를 구동해 기기/에뮬레이터와 통신한다.
kill-server	ADB 서버를 종료한다.
bugreport	전체 기기 상태를 프린트(dumpsys처럼)한다.
help	사용 가능한 모든 옵션과 플래그에 대한 상세한 도움말을 확인한다.

이전에 수행한 명령을 쉽게 쓸 수 있게 ADB는 이전 옵션을 지정할 수 있는 추가 플래그를 제공한다.

`-s <기기 id>`	특정 기기를 지정한다.
`-d`	현재 연결된 물리적인 기기를 지정한다(연결되지 않으면 에러 메시지를 보여준다).
`-e`	현재 연결된 동작 중인 에뮬레이터를 지정한다(연결되지 않으면 에러 메시지를 보여준다).

ADB 클라이언트와 ADB 셸은 시스템의 고급 제어를 위해 사용할 수 있지만, 대부분 시스템 제어에는 거의 사용하지 않는다. ADB 자체는 일반적으로 투명하게 사용된다. 또한 기기에 루트 접근이 없는 경우, 기능 또한 제한된다. 이에 대한 자세한 정보는 http://developer.android.com/guide/developing/tools/adb.html을 참고한다.

루팅이냐 아니냐 그것이 문제로다.

안드로이드 생태계에 대해 알고 있다면 루팅된 기기나 루팅되지 않은 기기에 대해 들어봤을 것이다. 기기 루팅은 루트에 접근이 가능하다는 의미이며, 공식적으로는 개발 기기를 사용하거나 사용자 전화기를 해킹해 사용하는 것을 의미한다. 가장 흥미로운 사실은 제조사가 업데이트를 제공(가능한 경우)하거나 커스텀 버전(CyanogenMod처럼 최적화되거나 수정된)을 사용하기에 앞서 시스템을 업그레이드한다는 점이다. 여러분 또한 관리자(Administrator)가 수행할 수 있는(예를 들어 커스텀 커널 배포) 모든 조작(위험할 수 있는)을 할 수 있다. 루팅은 자신의 기기를 수정하는 것에 대해서는 불법적인 행위는 아니지만, 대부분의 제조사는 루팅에 대해 거부감을 갖고 있으며, 제품 보증에 대한 책임을 지지 않는다.

앞서 살펴본 내용을 숙지했다면 오랜 추억이 담긴 컴퓨터(즉, 몇 년 전의 컴퓨터)에 전화기를 연결해 셸 프롬프트를 통해 몇 가지 기본 조작을 실행할 수 있다. 수작업으로 음악 파일이나 자원을 전송해 나중에 다른 프로그램에서 사용해볼 것을 제안한다.

이를 위해 커맨드라인 프롬프트를 열어 다음 단계를 수행해보자.

1 커맨드라인에서 adb를 사용할 수 있는지 기기 상태를 확인한다.

2 안드로이드 디버그 브리지 셸 프롬프트를 사용해 기기를 연결한다.

3 표준 유닉스 ls 명령을 사용해 SD 카드의 콘텐츠를 확인한다. 안드로이드에서 ls 명령은 mydir이 심볼릭 링크인 경우 ls mydir과 is mydir/을 구별하니 유의하기 바란다.

4 전통적인 mkdir 명령을 사용해 SD 카드에 새로운 디렉토리를 생성한다.

5 마지막으로 적절한 adb 명령을 입력해 파일을 전송한다.

프로젝트 설정 도구

android 명령은 프로젝트를 조작하거나 AVD와 SDK를 업데이트(1장 환경설정에서 살펴봤다)할 때의 첫 진입점이기도 하다. 사용 가능한 옵션은 다음과 같다.

- **create project** 이 옵션은 커맨드라인에서 새로운 안드로이드 프로젝트를 생성하기 위해 사용한다. 올바른 생성을 위해 다음과 같은 몇 가지 추가적인 옵션을 지정해야 한다.

-p	프로젝트 경로
-n	프로젝트 이름
-t	안드로이드 API 타켓
-k	애플리케이션의 메인 클래스를 포함하는 자바 패키지
-a	애플리케이션의 메인 클래스 이름(안드로이드 용어로 액비비티)

예)

```
$ android create project -p ./MyProjectDir -n MyProject -t android-8 -k
com.mypackage -a MyActivity
```

- **update project** 이 옵션은 기존 소스에서 Ant 프로젝트를 생성하기 위해 사용한다. 현재 프로젝트를 새로운 버전으로 업그레이드할 때도 사용할 수 있다. 주요 매개변수는 다음과 같다.

-p	프로젝트 경로
-n	변경 프로젝트 이름
-l	안드로이드 라이브러리 프로젝트(즉, 재사용 코드)를 포함한다. 반드시 프로젝트 디렉토리의 상대 경로를 사용해야 한다.
-t	변경 안드로이드 API 타켓

또한 라이브러리 프로젝트(create lib-project, update lib-project)와 테스트 프로젝트(create test-project, update test-project) 생성에 필요한 옵션이 있다. 이 내용은 자바에 밀접한 관계가 있으므로 이 책에서는 상세히 다루지 않는다.

ADB에서처럼 android 명령은 도움말을 제공한다.

```
$android create project -help
```

android 명령은 커맨드라인을 통해 컴파일과 패키징, 배포, 테스트 등 완전한 프로젝트 자동화를 위한 지속적인 통합 툴체인을 구현할 수 있게 해주는 필수 도구다.

adb, android, ant 명령으로 지속적인 통합에 필요한 최소한의 자동 컴파일과 배포 스크립트 빌드를 위한 충분한 지식을 쌓았다. 여기서는 버전 관리 소프트웨어와 사용법을 알고 있다고 가정하고 다음 내용을 진행한다.

서브버전SVN, subversion은 버전 관리를 위한 좋은 도구이며, 서버 없이 로컬에서도 작업이 가능하다.

다음 작업을 수행해보자.

1 android 명령을 사용해 새로운 프로젝트를 생성한다.

2 유닉스나 시그윈 셸 스크립트를 생성하고 필요한 실행 권한을 설정(chmod 명령)한다. 이후 단계는 스크립트의 내부 내용이다.

3 스크립트 내에서 버전 관리 시스템을 이용해(예 svn checkout 명령 사용) 소스를 체크아웃한다. 버전 관리 시스템이 없다면 유닉스 명령을 사용해 프로젝트 디렉토리로 복사해도 된다.

4 ant로 애플리케이션을 빌드한다.

$?을 사용해 명령의 결과를 반드시 확인해야 한다. 결과가 0이 아니라면 에러 발생을 의미한다. 또한 잠재적인 에러 메시지를 확인하기 위해 grep이나 다른 도구를 사용할 수 있다.

5 필요하다면 adb를 사용해 자원 파일을 배포할 수 있다.

6 이전에 봤듯이 ant를 사용해 기기나 에뮬레이터(스크립트에서 실행할 수 있는)로 설치할 수 있다.

7 심지어 애플리케이션을 자동으로 실행하거나 안드로이드 로그를 확인(adb의 logcat 옵션을 확인하자)하는 등의 작업이 가능하다. 물론 애플리케이션에 로그를

넣어야 한다.

앱을 테스트하기 위한 무료 원숭이

안드로이드 애플리케이션의 자동화 UI 테스트를 위해 안드로이드 SDK는 MonkeyRunner 라는 재미있는 유틸리티를 제공하며, 이를 통해 기기에서 UI 테스트에 필요한 사용자 액션을 시뮬레이션할 수 있다. 자세한 내용은 http://developer.android.com/guide/developing/tools/moneyrunner_concepts.html을 참고한다.

만족스러운 자동화를 위해 다음 커맨드라인을 이용해 안드로이드 셸 명령을 실행할 수 있다.

```
adb shell ls /sdcard/
```

안드로이드 기기에서 명령을 실행하고 호스트 셸에 결과를 확인하기 위해 다음 명령을 실행한다.

```
adb shell "ls /notexistingdir/ 1> /dev/null 2>&1; echo \$?"
```

리다이렉션(redirection)은 표준 출력을 피하고자 할 때 사용한다. $? 앞의 이스케이프 (escape) 문자 호스트 셸에서 미리 해석되지 않게 한다.

지금까지 빌드 툴체인을 자동화하는 데 필요한 준비를 마쳤다.

이클립스로 첫 번째 안드로이드 프로젝트 생성

2장의 앞부분에서 안드로이드 커맨드라인 도구의 사용법을 살펴봤다. 하지만 메모장이나 vi로 개발하는 것이 그리 매력적인 일은 아니다. 코딩은 재밌어야 하며, 이런 재미를 위해 지루하고 비실용적인 작업을 대신해주는 좋은 IDE가 절실히 필요하다. 이제 이클립스를 사용해 안드로이드 프로젝트를 생성해보자.

이클립스 Views와 Perspectives

이 책에서 여러 차례 Package Explorer View와 Debug View 등의 이클립스 뷰에 대해 살펴보라고 권장했다. 이러한 뷰는 기본으로 내재돼 볼 수 있지만, 그렇지 않은 경우도 있다. 메인 메뉴에서 Window ❱ Show View ❱ Other...를 이용해 뷰를 추가할 스 있다.

이클립스에서 뷰는 기본적으로 워크스페이스 레이아웃을 저장하는 perspectives 그룹에 들어있다. 메인 메뉴에서 Window ❱ Open Perspective ❱ Other...를 이용해 뷰를 추가할 수 있다. 일부 contextual 메뉴는 perspectives에서만 사용할 수 있다.

실습 예제 | 자바 프로젝트 초기화

1. 이클립스를 실행한다.

2. 메인 메뉴에서 File ❱ New ❱ Project...를 선택한다.

3. project wizard에서 Android ❱ Android Project를 선택하고 Next를 누른다.

4. 다음 화면에 프로젝트 속성을 입력한다.

   ☐ Project name에 MyProject를 입력한다.

   ☐ Create a new project in workspace를 선택한다.

   ☐ 원하는 경로를 지정하거나 기본 경로(이클립스 워크스페이스 경로)를 사용한다.

   ☐ Build Target을 Android 2.3.3으로 설정한다.

   ☐ Application Name에 MyProject를 입력(공백에 유의)한다.

   ☐ Package name에 com.myproject를 입력한다.

   ☐ Create Activity에 MyActivity를 입력한다.

   ☐ Min SDK Version을 10으로 설정한다.

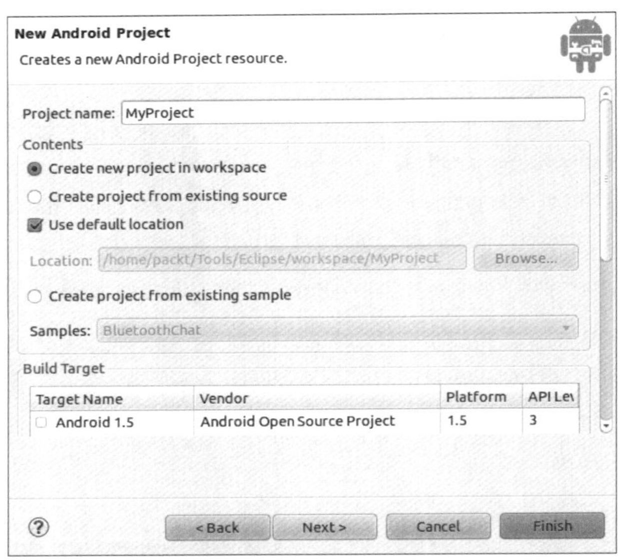

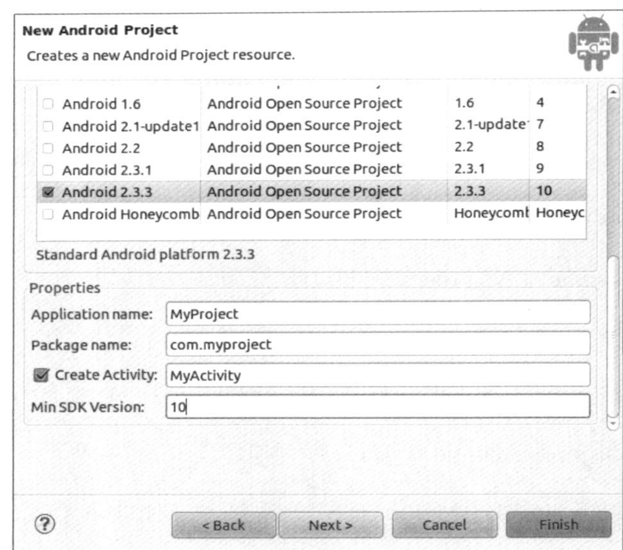

5 Finish를 클릭하면 프로젝트가 생성된다. Package Explorer 뷰에서 생성된 프
로젝트를 선택한다.

6 메인 메뉴에서 Run ❯ Debug As ❯ Android Application을 선택하거나 도구 바의 Debug 버튼(❂▾)을 클릭한다.

7 애플리케이션 종류_{Application type}로 Android Application을 선택하고 OK 버튼을 클릭한다.

8 애플리케이션이 실행되면 다음과 같이 화면이 나타난다.

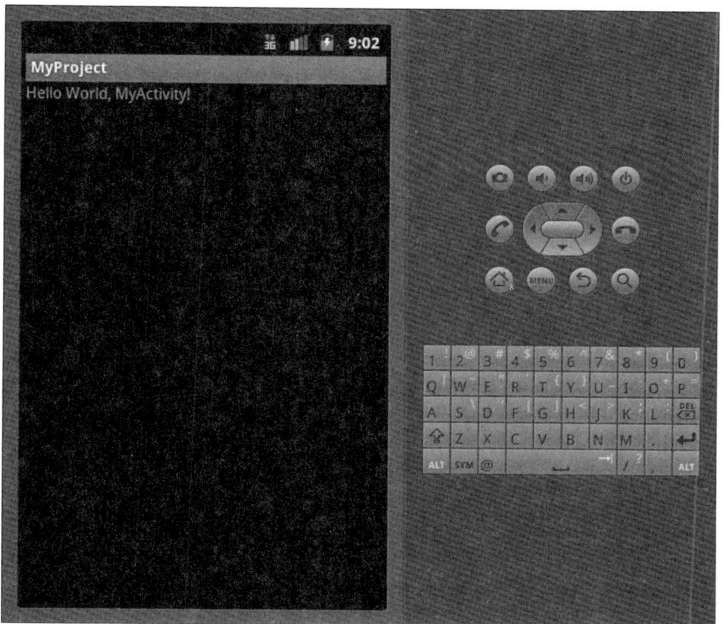

이클립스를 사용한 첫 안드로이드 프로젝트를 생성해봤다. 길고 복잡한 명령을 입력하지 않고 몇 가지 화면과 클릭만으로 애플리케이션을 실행할 수 있었다. 이클립스 같은 **IDE**는 진정 엄청난 생산성 향상과 프로그래밍 편의성을 제공한다.

이미 접했는지 모르겠지만, ADT 플러그인에는 놀라운 버그가 있다. 이클립스는 안드로이드 프로젝트에 실제 폴더가 존재함에도 불구하고 필요한 소스 gen 폴더가 없다고 알려준다. 대부분의 경우 프로젝트를 다시 컴파일하면 에러가 사라지기도 하지만 프로젝트 재컴파일 자체를 거부하는 때도 있다. 트릭(다른 문제도 이 트릭으로 해결될 수 있다)으로, 단순히 Problems 뷰를 열고 성가신 메시지 중 하나를 선택한 후 과감히 삭제(삭제 키를 누르거나 마우스 오른쪽 클릭 후 Delete를 선택한다)한 후 프로젝트를 다시 컴파일해 문제를 해결할 수 있다.

앞서 살펴봤듯이 이 프로젝트는 3장의 최신 NDK 기능을 사용하기 위해 Android 2.3 진저브레드를 타켓으로 설정했다(현재의 최신 타켓은 진저브레드가 아니다 - 옮긴이). 하지만 이 OS 버전을 호스팅하는 적절한 기기가 필요하며, 그렇지 않으면 테스트할 수 없다. 기기가 없다면 1장의 환경설정에서 살펴본 에뮬레이터를 사용한다.

프로젝트 소스코드를 보면 자바 파일 외에 C/C++ 파일은 없다. ADT로 생성된 안드로이드 프로젝트는 모두 자바 프로젝트다. 하지만 이클립스의 유연함으로 인해 프로젝트에 C/C++ 프로젝트를 추가할 수 있다. 이 내용은 2장 후반부에 살펴본다.

파일 경로 내의 공백 제거하기
새로운 프로젝트를 생성할 때 프로젝트가 위치한 경로 내에 공백이 없게 해야 한다. 안드로이드 SDK는 공백이 문제가 되지 않지만, 안드로이드 NDK(자세히 말하면 GNU Make)에서는 공백이 예상치 못한 문제를 일으킬 수 있다.

달빅 소개

달빅dalvik 없이 안드로이드를 논하는 건 어불성설이다. 달빅은 아이슬란드의 마을 이름으로, 안드로이드 바이트코드(네이티브 코드가 아니다)를 해석하는 가상 머신Virtual Machine이며, 안드로이드에서 실행되는 모든 애플리케이션의 핵심 위치에 있다. 달빅은 모바일 기기의 제한된 요구 사항을 만족시키기 위한 것으로, 특히 CPU와 메모리를 덜 쓰게 최적화됐다. 안드로이드 커널 위에 존재해 하드웨어(프로세스 관리, 메모리 관리 등)를 넘나드는 첫 번째 추상 계층을 제공한다.

안드로이드는 속도를 염두에 두고 고안됐다. 사용자 대부분은 다른 애플리케이션 동작 중 실행하고자 하는 애플리케이션이 빨리 구동되기를 원하기 때문에 시스템은 다중 달빅 VM을 빠르게 초기화할 수 있어야 한다(Zygote 프로세스로 덕분에 가능해졌다). 자이코트Zygote란 수정해 분열이 이뤄진 유기체의 첫 번째 생물학상 세포라는 의미로, 시스템이 부팅할 때 시작된다. 자이고트는 애플리케이션 간 모든 핵심 공유 라이브러리와 달빅 인스턴스를 미리 로딩(혹은 준비)한다. 새로운 애플리케이션을 실행하기 위해 자이고트는 단순히 포크fork되고, 초기 달빅 인스턴스가 복사된다. 프로세스 사이에 가능한 한 많은 라이브러리를 공유함으로써 메모리 소모는 낮아진다.

달빅은 자바 바이트코드가 아니라 안드로이드 바이트코드를 실행한다. 바이트코드는 안드로이드 SDK 도구 dx에 의해 생성돼 Dex라는 최적화된 포맷으로 저장된다. Dex 파일은 애플리케이션 매니페스트와 모든 네이티브 라이브러리, 필요한 추가 자원과 함께 최종 APK에 포함된다. 애플리케이션은 사용자 기기에 설치 중에도 최적화될 수 있음을 기억하자.

자바와 C/C++ 간 인터페이스

추가 작업이 남았으니 이클립스 IDE를 연채로 그대로 둔다. 실제로 작업 프로젝트를 가지고 있지만, 이 프로젝트는 자바 프로젝트일 뿐이다. 네이티브 코드를 이용해 안드로이드의 강력함을 증폭시켜보자.

이 절에서는 C/C++소스 파일을 생성해 mylib라는 네이티브 라이브러리로 컴파일한 후 자바에서 이 코드를 실행해보자.

실습 예제 | 자바에서 C 코드 호출

mylib 네이티브 라이브러리는 기본적인 문자열을 반환하는 간단한 `getMyData()` 네이티브 메소드를 포함한다. 우선 자바 코드에 해당 메소드를 선언하고 실행해보자.

1 MyActivity.java를 연다. 메인 클래스 내에 `native` 키워드를 이용해 바디body 없이 네이티브 메소드를 선언한다.

```java
public class MyActivity extends Activity {
  public native String getMyData();
  ...
```

2 정적 초기화 블록 내에서 이 메소드를 포함하고 있는 네이티브 라이브러리를 불러온다. 이 블록은 `Activity` 인스턴스가 초기화되기 전에 호출된다.

```java
  ...
  static {
    System.loadLibrary("mylib");
  }
  ...
```

3 마지막으로 `Activity` 인스턴스가 생성되면 네이티브 메소드를 호출해 반환되는 값을 화면에 뿌린다. 이 책과 함께 제공되는 소스코드를 참고한다.

```java
  ...
  public void onCreate(Bundle savedInstanceState) {
    super.onCreate(savedInstanceState);
    setContentView(R.layout.main);

    setTitle(getMyData());
  }
}
```

이제 네이티브 코드 빌드에 필요한 프로젝트 파일을 준비하자.

4 이클립스에서 File ❯ New ❯ Folder 메뉴를 이용해 프로젝트 루트에 새로운 jni 디렉토리를 생성한다.

5 File ❯ New ❯ File 메뉴를 사용해 jni 디렉토리 내부에 Android.mk 파일을 생성한다. CDT가 정상적으로 설치돼 있다면 Package Explorer 뷰에 특정한 아이콘 (▣)을 확인할 수 있다.

6 Android.mk 파일에 다음 내용을 작성한다. 기본적으로 이 파일은 com_
myproject_MyActivity.c 파일로 구성된 mylib 네이티브 라이브러리를 컴파일
하기 위한 정보를 포함한다.

```
LOCAL_PATH := $(call my-dir)

include $(CLEAR_VARS)

LOCAL_MODULE    := mylib
LOCAL_SRC_FILES := com_myproject_MyActivity.c

include $(BUILD_SHARED_LIBRARY)
```

네이티브 컴파일을 위한 프로젝트 파일이 준비됐으니 이제 원하는 네이티브 소스
코드를 작성해보자. C 구현 파일은 직접 작성해야 하지만, 관련 헤더 파일은 JDK
에서 제공하는 javah 도구를 이용해 만들 수 있다.

7 이클립스에서 Run ❭ External Tools ❭ External Tools Configurations…를 실행
한다.

8 다음 매개변수를 이용해 새로운 프로그램을 설정한다.

☐ **Name** MyProject javah

☐ Location은 OS별로 차이가 있으니 javah 절대 경로를 참고한다. 윈도우에
서는 ${env_var:JAVA_HOME}\bin\javah.exe를 입력하고, 맥OS X과 리눅
스는 대개 /usr/bin/javah를 사용한다.

☐ **Working directory** ${workspace_loc:/MyProject/bin}

☐ **Arguments** -d ${workspace_loc:/MyProject/jni} com.myproject.MyActivity}

맥OS X과 리눅스, 시그윈에서는 which 명령을 사용해 $PATH 내에서 가능한 실행 명령의
위치를 쉽게 찾을 수 있다. 예를 들면 다음과 같다.

```
$ which javah
```

Refresh 탭에서 Refresh resources upon completion을 체크하고 Specific resources를 선택한다. Specify Resources 버튼을 사용해 jni 폴더를 선택한다.

10 마지막으로 Run을 클릭해 `javah`를 실행한다. 새로운 파일 com_myproject_MyActivity.h가 jni 폴더 내에 생성된다. 이 파일은 자바 측에서 사용될 `getMyData()` 메소드를 위한 프로토타입을 포함한다.

```
...
JNIEXPORT jstring JNICALL Java_com_myproject_MyActivity_getMyData
    (JNIEnv *, jobject);
...
```

11 이제 jni 디렉토리 내에 원본 문자열을 반환하는 com.myproject_MyActivity.c 파일을 구현할 수 있다. 메소드 시그니처signature는 생성된 헤더 파일을 참고한다.

```
JNIEXPORT jstring JNICALL Java_com_myproject_MyActivity_getMyData
    (JNIEnv* pEnv, jobject pThis) {
  return (*pEnv)->NewStringUTF(pEnv,
                          "My native project talks C++");
}
```

아직 이클립스는 네이티브 코드가 아닌 자바 코드만 컴파일 설정이 돼 있다. 2장 후반부에서 다루기 전까지는 직접 네이티브 코드를 빌드해보자.

12 터미널 프롬프트를 열고 MyProject 디렉토리 내부로 이동한다. `ndk-build` 명령을 이용해 네이티브 라이브러리를 컴파일한다.

```
$ cd <프로젝트 디렉토리>/MyProject
$ ndk-build
```

```
File  Edit  View  Search  Terminal  Help
Compile thumb  : mylib <= com_myproject_MyActivity.c
SharedLibrary  : libmylib.so
Install        : libmylib.so => libs/armeabi/libmylib.so
```

네이티브 라이브러리는 libs/armeabi 디렉토리에 컴파일돼 libmylib.so 파일로 생성된다. 컴파일 중 임시 파일은 obj/local 디렉토리에 위치한다.

13 다시 이클립스에서 MyProject를 실행하면 다음과 같은 결과 화면을 볼 수 있다.

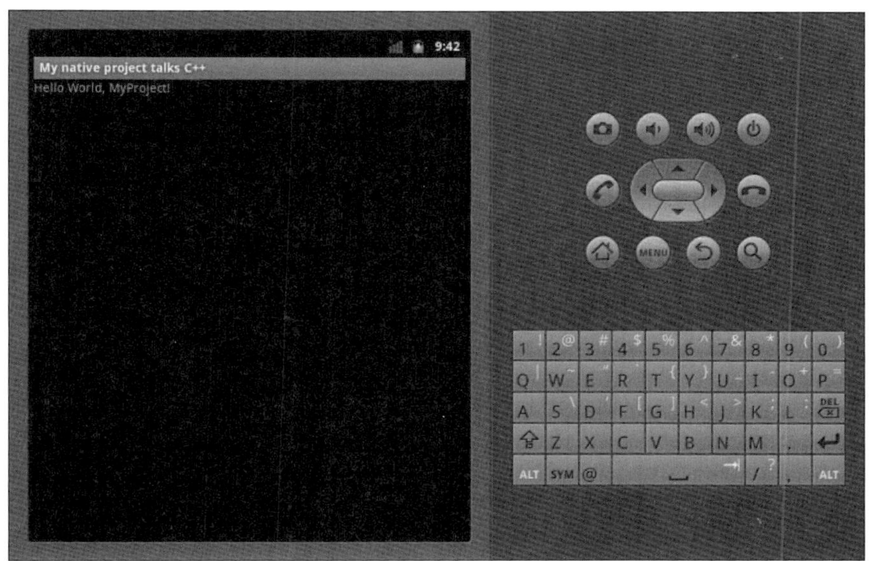

보충 설명

앞서 안드로이드 자바 프로젝트를 생성해 안드로이드 NDK로 C 파일을 컴파일해 생성된 네이티브 라이브러리와 자바 코드 간 인터페이스를 살펴봤다. 자바에서 C 로의 바인딩을 통해 자바 네이티브 인터페이스를 이용함으로써 네이티브 코드 내에서 할당된 간단한 자바 문자열을 가져올 수 있었다. 이 예제 애플리케이션은 자바와 C/C++가 어떻게 서로 협력하는지를 보여준다.

1. UI 구성 요소를 만들고 자바 측 코딩 후 네이티브 호출을 정의한다.

2. `javah`를 사용해 C/C++ 프로토타입과 일치하는 헤더 파일을 생성한다.

3. 원하는 동작에 관련된 네이티브 코드를 작성한다.

네이티브 메소드는 자바 측에 `native` 키워드로 선언된다. 이 메소드는 네이티브 측에서 구현될 내용이므로 바디 없이(abstract 메소드처럼) 프로토타입만을 정의한다. 네이티브 메소드는 일반적인 자바 메소드처럼 매개변수와 리턴 값, 접근자(private, protected, package proteced, public 등)를 가질 수 있으며, static으로 사용될 수도 있다. 물론 구현된 메소드의 네이티브 라이브러리가 호출되기 전에 로딩돼 있어야 한다. 이를 위해 포함된 클래스가 로딩될 때 초기화될 수 있게 static 초기화 블록 내에서 System.loadLibrary()를 호출한다. 실패할 경우 네이티브 메소드가 처음으로 호출될 때 발생할 수 있는 java.lang.UnsatisfiedLinkError 형의 예외가 발생한다.

필수적인 내용은 아니지만, JDK에서 제공하는 javah 도구는 네이티브 프로토타입을 만드는 데 아주 유용하다. 실제로 JNI 컨벤션 작업은 복잡하기도 하지만 에러 발생률 또한 높다. 만들어진 헤더를 통해 자바 측에서 원하는 네이티브 메소드가 빠졌거나 부정확한 시그니처를 사용하는지 바로 확인할 수 있다. 나는 프로젝트 진행 중 네이티브 메소드의 시그니처가 변경되는 경우 항상 javah를 사용할 것을 권장한다. JNI 코드는 .class 파일로부터 생성되는데, 이는 자바 코드가 javah 컨벤션 전에 반드시 먼저 컴파일돼야 함을 뜻한다. 구현은 독립된 C/C++ 소스 파일로 제공돼야 한다.

네이티브 측에 JNI 코드를 작성하는 방법은 3장에서 자세히 살펴보자. 아주 특징적인 네이밍 규약(다음 요약 패턴 참고)은 네이티브 측 메소드를 따라야 함을 기억해두자.

```
<returnType> Java_<com_mypackage>_<class>_<methodName> (JNIEnv* pEnv,
<parameters>...)
```

네이티브 메소드 이름은 Java_로 시작하고, 패키지/클래스 이름은 _로 구분된다. 첫 번째 인자는 언제나 JNIEnv 타입(3장에서 자세히 살펴본다)이며, 그다음 인자는 자바 메소드의 실제 매개변수가 된다.

Makefile

네이티브 라이브러리 빌드 과정은 Android.mk라는 이름의 Makefile을 통해 수행된다. 규약에 의해 Android.mk는 프로젝트 루트의 jni 폴더에 존재하며, ndk-build

커맨드가 실행되면 자동으로 이 파일을 검색한다. 따라서 C/C++코드 역시 컨벤션에 의해 jni 디렉토리에 위치한다(설정을 통해 변경될 수는 있다).

안드로이드 Makefile은 NDK 빌드 과정 중 가장 중요한 부분이다. 그러므로 Makefile이 프로젝트를 잘 관리할 수 있게 그 방법을 이해하는 것이 중요하다. Android.mk 파일은 기본적으로 무엇을 어떻게 컴파일할지를 정의하는 기본적인 구성 파일이다. 환경설정은 `LOCAL_PATH`와 `LOCAL_MODULE`, `LOCAL_SRC_FILES` 같이 미리 정의된 변수를 이용할 수 있다. Makefile에 대해서는 9장에 자세히 살펴본다.

MyProject에 존재하는 Android.mk 파일은 아주 단순한 Makefile의 예다.

각 명령instruction은 특별한 목적을 제공한다.

```
LOCAL_PATH := $(call my-dir)
```

위 코드는 네이티브 소스 파일의 위치를 알려준다. `$(call <함수>)` 명령은 함수 검증을 가능하게 하며, 함수 `my-dir`은 makefile의 최근 실행 디렉토리 경로를 반환한다. 일반적으로 Makefile은 소스 파일을 갖는 디렉토리를 공유하기 때문에 이 라인은 각 Android.mk 파일의 시작부에 자동으로 생성된다.

```
include $(CLEAR_VARS)
```

컴파일에 문제를 일으키는 '기생충' 같은 설정이 없는지 확인할 필요가 있다. 애플리케이션을 컴파일할 경우 몇 가지 `LOCAL_XXX` 변수 정의가 필요하다. 문제는 이런 변수 때문에 특정 모듈에서 다른 모듈에서는 불필요한 추가적인 환경설정(매크로나 플래그 같은)을 정의할 수 있다는 점이다.

모듈을 깨끗이 유지하자

문제 예방 차원에서 어떠한 모듈을 설정하고 컴파일하기 이전에 필요한 모든 LOCAL_XX 변수를 제거해야 한다. LOCAL_PATH는 예외적으로 반드시 남겨둬야 한다.

```
LOCAL_MODULE := mylib
```

위 코드는 모듈 이름을 정의한다. 컴파일 후 출력 라이브러리 이름은 lib 접두어와 LOCAL_MODULE 변수, .so 확장자로 구성된다. LOCAL_MODULE 이름은 특정 모듈이 다른 모듈에 의존 관계가 있을 때에도 사용된다.

```
LOCAL_SRC_FILES := com_myproject_MyActivity.c
```

위 코드는 컴파일할 소스 파일을 나타낸다. 파일 경로는 LOCAL_PATH 디렉토리의 상대 경로로 표현된다.

```
include $(BUILD_SHARED_LIBRARY)
```

이 마지막 명령은 최종 컴파일 과정을 실행하고 생성할 라이브러리의 종류를 의미한다.

안드로이드 NDK를 통해 정적 라이브러리 외에도 공유 라이브러리(동적 라이브러리라고도 함)도 만들 수 있다.

* 공유 라이브러리는 요청 시 실행 조각이 로딩된다. 디스크에 저장되고 메모리 전체로 로딩된다. 공유 라이브러리는 자바에서만 직접 로딩될 수 있다.
* 정적 라이브러리는 컴파일 과정 중에 공유 라이브러리에 포함된다. 바이너리 코드는 코드 중복 없이 (다른 여러 모듈에 포함되는 경우) 최종 라이브러리로 복사된다.

공유 라이브러리와 달리 정적 라이브러리는 스트립될stripped 수 있다. 스트립이란 불필요한 심볼(내포된 라이브러리에서 한 번도 호출되지 않는 함수처럼)이 최종 바이너리에서 삭제됨을 의미한다. 이는 의존 관계없이 '모든 것을 포함'해 공유 라이브러리를 더욱 크게 만들며, 윈도우에서 흔히 볼 수 있는 "Dll 파일을 열 수 없습니다." 현상을 방지할 수 있다.

컨텍스트(context)에 따라 정적 라이브러리나 공유 라이브러리의 선택으로

- 라이브러리가 다른 라이브러리에 포함돼 있다면
- 거의 모든 코드 블록이 실행된다면
- 실행 시 동적으로 라이브러리가 선택된다면

메모리 중복(모바일 기기에서는 민감한 문제다) 차원에서 공유 라이브러리 사용을 고려하는 편이 좋다.

다른 한편으로

- 라이브러리가 아주 일부만 사용된다면
- 라이브러리 코드 블록 일부만 실행에 필요하다면
- 애플리케이션 시작 시에는 로딩될 필요가 없다면

정적 라이브러리를 사용할 것을 고려한다. 컴파일 시점에 중복을 제거해 크기를 줄여준다.

이클립스에서 네이티브 코드 컴파일

아마도 대부분은 이클립스에서 코드를 작성하고 직접 컴파일한다는 것이 그리 만족스럽지는 못할 것이다. ADT 플러그인이 모든 C/C++를 지원하지는 않지만, 이클립스에서 CDT를 이용하면 가능하다. 이제 안드로이드 프로젝트에서 하이브리드 자바/C/C++ 프로젝트로 넘어가보자.

실습 예제 | 하이브리드 자바/C/C++ 프로젝트 작성

이클립스 컴파일이 잘 동작하는지 확인하기 위해 com_myproject_MyActivity.c 파일 내에 있는 비밀스러운 에러를 소개한다. 다음과 같은 예제 코드가 있다.

```
#include "com_myproject_MyActivity.h"

private static final String = "An error here!";

JNIEXPORT jstring JNICALL Java_com_myproject_MyActivity_getMyData
```

. . .

이제 이클립스로 MyProject를 컴파일해보자.

1 File ❯ New ❯ Other 메뉴를 연다.

2 C/C++ 아래에서 Convert to a C/C++ Project를 선택한 후 Next를 클릭한다.

3 MyProject를 체크하고 차례로 Makefile project와 Other Toolchain을 선택한 후 Finish를 클릭한다.

4 창이 나타나면 C/C++ perspective를 연다.

5 Project explorer 뷰의 MyProject에서 마우스 오른쪽 버튼을 누르고 Properties 를 선택한다.

6 C/C++ Build 섹션에서 Use default buid command의 선택을 해제하고 Build command 항목에 ndk-build를 입력한다. 설정을 적용하기 위해 OK를 클릭한다.

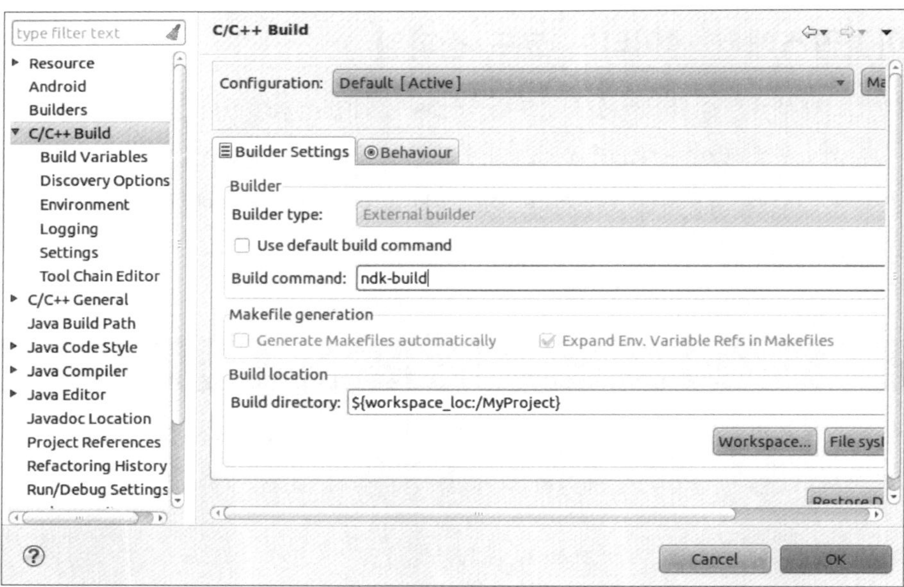

코드에 에러가 있다고 나온다. 에러라니? 예상과 달리 안드로이드 프로젝트는
C/C++코드를 컴파일하고, 에러를 파싱한다.

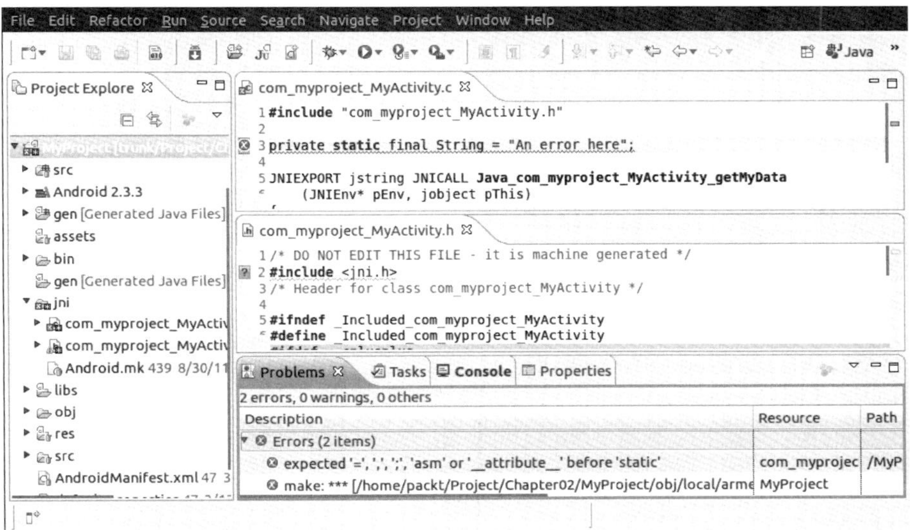

7 수정을 위해 문제가 되는 라인(빨간 밑줄)을 제거하고 파일을 저장해보자.

8 불행히도 에러는 없어지지 않는다. 자동 빌드가 동작하지 않아서 그렇다. 프로
젝트의 속성properties에서 C/C++ Setting ❯ Behaviour 탭을 선택 후 Build on
resource save를 체크하고 값을 all로 선택한다.

9 Builders 섹션으로 이동한 후 CDT Builder를 Android Package Builder 위로
이동시킨 후 OK를 누른다.

10 에러가 사라졌다. Console 뷰로 이동하면 커맨드라인처럼 `ndk-build` 실행 결
과를 볼 수 있다. 하지만 **jni.h**의 `include`문이 노란색 밑줄로 나타나 있음에
유의해야 한다. 이는 코드 완성에 대해서 CDT 인덱서indexer가 헤더를 찾을 수
없어서 발생하는 문제다. 컴파일러 자체는 에러가 없기 때문에 헤더를 인지하고
있다는 사실을 기억해두자. 실제로 CDT 인덱서는 NDK 컴파일러와 달리 NDK
가 포함하는 경로에 대해 알지 못한다.

11 마지막으로 프로젝트 속성으로 다시 돌아가 C/C++ General/Paths and Symbols 섹션의 Include 탭을 선택한다.

12 Add...를 클릭해 include 파일 디렉토리 경로(NDK 플랫폼 디렉토리 내에 있다)를 입력한다. 여기서는 안드로이드 2.3.3(API 레벨 9)을 사용하기 때문에 경로는 ${env_var:ANDROID_NDK}/platforms/android-9/arch-arm/usr/include다. 환경 변수는 정확해야 한다. Add to all languages를 체크하고 OK를 누른다.

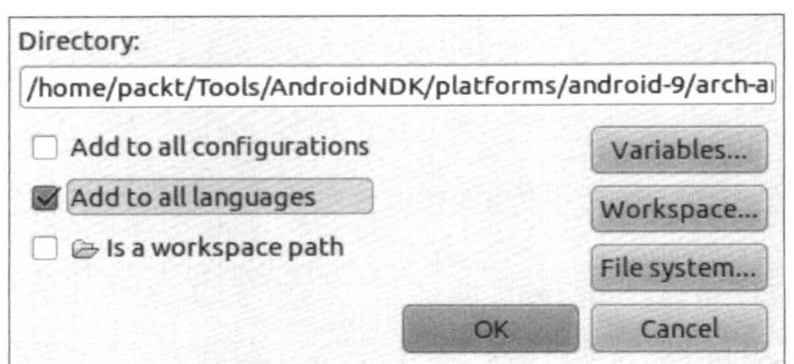

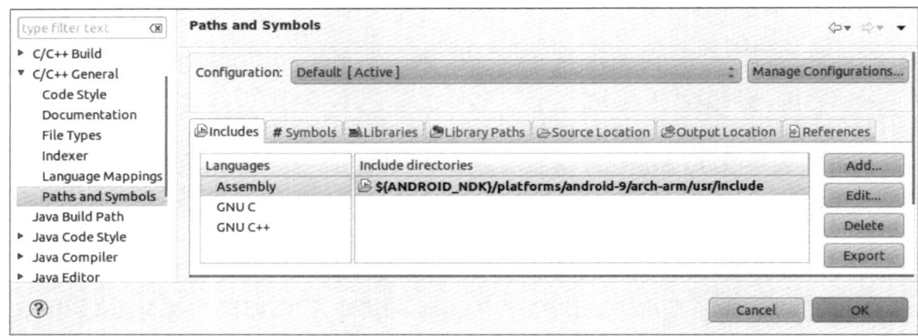

13 jni.h가 '핵심' include 파일을 포함하고 있기 때문에 ${env_var:ANDROID_NDK}/toolchains/arm-linux-androideabi-4.4.3/probuild/<자신의 OS>/lib/gcc/arm-linux-androideabi/4.4.3/include 경로도 추가한 후 Properties 창을 닫는다. 이클립스에서 인덱스 재구성 여부를 물으면 Yes를 선택한다.

14 이제 노란 밑줄이 사라졌다. **Ctrl** 키를 누른 상태에서 string.h를 클릭하면 파일이 자동으로 열린다. 여러분의 프로젝트는 이클립스와 완전히 한 몸이 됐다.

CDT 변환 마법사를 사용한 안드로이드 프로젝트와 이클립스 CDT 플러그인 통합에 성공했다. 몇 번의 클릭만으로 자바 프로젝트를 하이브리드 자바/C/C++ 프로젝트로 탈바꿈할 수 있었다. 또한 CDT 프로젝트 속성을 수정해 `ndk-build` 명령으로 Android.mk에 정의된 mylib 라이브러리를 생성할 수 있었다.

컴파일 후 네이티브 라이브러리는 ADT에 의해 최종 안드로이드 애플리케이션으로 자동 패키징된다.

빌드 시 자동으로 javah 구동하기

네이티브 메소드가 변경될 때마다 수작업으로 javah를 실행하는 과정이 번거롭다면 이클립스 빌더를 만들어 자동으로 구동하게 설정할 수 있다.

1. 프로젝트의 Properties 창을 열어 Builder 섹션으로 이동한다.

2. New...을 클릭하고 새로운 Program 빌더 종류를 생성한다.

3. External tool configuration에 8단계와 같은 설정을 입력한다.

4. 목록 내의 Java Builder 다음으로 위치를 이동한다(JNI 파일이 자바 .class 파일로부터 생성되기 때문).

5. 마지막으로 CDT Builder를 새로 생성한 빌더 다음으로(Android Package Builder 아래) 이동한다.

이제부터 JNI 헤더 파일은 프로젝트가 컴파일될 때마다 자동으로 생성된다.

8단계와 9단계에서 Building on resource save 옵션을 설정했고 이를 통해 별도의 작업 없이 자동 컴파일(예를 들어 저장 동작 시)이 가능해졌다. 이 기능은 꽤 편리하지만 수시로 빌드를 동작시킨다. 이클립스가 코드를 계속 컴파일하기 때문에 안드로이드 프리 컴파일러와 자바 빌더가 CDT를 불필요하게 발생시키지 않게 9단계에서 CDT Builder를 Android Package Builder 앞으로 이동했다. 필요에 따라 자동 빌드 옵션을 수시로 변경하거나 계속 비활성화한 상태에서 사용할 수 있는 준비가 필요하다.

자동 빌드

빌드 명령은 파일이 저장될 때 자동으로 호출된다. 자동 빌드는 실용적이지만 자원과 시간을 낭비한다. 따라서 Project 메인 메뉴의 Build automatically 옵션을 적절히 비활성화하는 편이 좋다. 비활성화하면 툴바에 수동 빌드를 위한 새로운 버튼(🖫)이 나타난다. 향후에 다시 자동 빌드를 활성화할 수 있다.

🌐 정리

애플리케이션 프로젝트의 설정과 패키징, 배포 과정이 그리 흥미로운 작업은 아니지만 필수적인 과정임에는 틀림없다. 이 과정을 잘 숙지한다면 실질적인 업무, 즉 코딩에 집중하고 더 나은 생산성을 기대할 수 있을 것이다.

2장에서 NDK 명령 도구를 사용해 수동으로 안드로이드 프로젝트를 컴파일하고 배포하는 방법을 살펴봤다. 이 과정은 프로젝트의 지속적인 통합에 유용하게 활용할 수 있다. 또한 JNI를 사용해 단일 애플리케이션 내에서 자바와 C/C++ 간 대화 방법도 살펴봤다. 마지막으로 더욱 효율적인 개발을 위해 이클립스를 사용해 하이브리드 자바/C/C++ 프로젝트를 생성해봤다.

NDK에 대한 첫 경험을 통해 기본적인 동작 과정을 잘 이해했으리라 생각한다. 3장에서는 자바와 C/C++ 양방향 통신을 위해 JNI 프로토콜에 대해 좀 더 자세히 살펴본다.

3
JNI를 이용한 자바와 C/C++ 인터페이스

안드로이드와 자바는 불가분의 관계다. 안드로이드 커널과 주요 라이브러리는 네이티브이지만, 안드로이드 애플리케이션 프레임워크는 대부분 자바로 작성돼 있거나 얇은 자바 계층으로 감싸여 있다. 실제로 일부 라이브러리는 Open GL(6장에서 살펴본다) 같은 네이티브 코드에서 직접 접근할 수 있다. 하지만 대부분의 API는 자바에서만 접근 가능하며, C/C++에서 직접 안드로이드 GUI를 빌드할 수 있다고 기대해서는 안 된다. 기술적으로 말해 아직까지는 안드로이드 애플리케이션에서 자바를 분리하는 것은 불가능하다. 기껏해 봐야 이면에 숨기는 것만 가능할 뿐이다.

따라서 자바와 C/C++을 함께 연결할 수 없었다면 안드로이드에서 네이티브 C/C++코드는 무용지물이 됐을 것이다. 이 연결고리 역할은 2장에서 살펴본 자바 네이티브 인터페이스 프레임워크가 담당한다. JNI는 Sun에 의해 표준화된 명세다. Sun은 자바에서 네이티브 코드 호출과 네이티브 코드에서 자바 호출을 지원하기 위한 두 가지 목적을 제공할 수 있게 JVM을 구현했다. JNI는 자바와 네이티브 측 사이의 양방향 가교 역할과 C/C++의 강력함을 자바 애플리케이션에 더하는 목적으로 사용된다.

JNI 덕분에 누구나 자바에서 C/C++ 함수를 호출할 수 있다. 자바 기본 데이터 타입(primitives)이나 객체를 매개변수로 전달하거나 결과로 이들을 받을 수도 있다. 결국 네이티브 코드는 자바 객체에 대한 접근과 수정, 호출 모두 가능하며, 리플렉션 같은 API를 통해 예외를 일으킬 수 있다. JNI는 잘못 사용할 경우 비극적인 결말을 맺을 수 있으므로 주의가 필요한 예민한 프레임워크다.

3장에서 살펴볼 내용은 다음과 같다.

- 자바 기본 데이터 타입과 객체, 배열을 네이티브 코드로 전달하거나 반환하는 방법
- 네이티브 코드 내부에서 자바 객체 레퍼런스를 처리하는 방법
- 네이티브 코드에서 예외를 발생하는 방법

JNI는 광범위하고 높은 기술적 주제이기 때문에 이 책 전반에 걸쳐 속속들이 살펴본다. 3장에서는 자바와 C++ 사이의 공백을 메우기 위한 필수적인 지식을 위주로 살펴본다.

자바 기본 데이터 타입

2장에서 생성한 MyProject보다는 매개변수 전달과 결과 반환, 예외 발생 등 좀 더 나은 프로젝트에 굶주려 있을지 모르겠다. 이를 위해 3장에서는 기본 데이터 타입과 문자열을 시작으로 여러 데이터 타입을 이용한 기본적인 키/값 저장소를 구현하는 방법을 살펴본다.

단순한 자바 GUI는 키(문자열)와 타입(정수형, 문자열 등), 선택한 타입과 관련된 값으로 구성된 엔트리entry를 정의할 수 있게 허용한다. 하나의 엔트리는 네이티브 측(정확하게 표현하면 고정 크기를 같은 간단한 엔트리 배열)에 존재하는 데이터 저장소 내부로 입력되거나 수정된다. 엔트리는 자바 클라이언트로 반환될 수 있다. 다음 그림은 전반적인 프로그램 구조에 대한 관계를 보여준다.

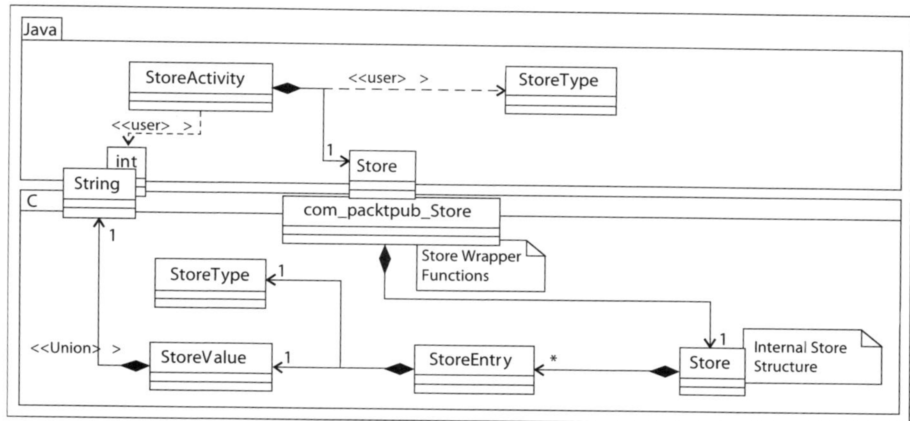

예제 프로젝트는 Store_Part3-1을 참고한다.

실습 예제 | 네이티브 키/값 저장소 빌드

우선 자바 측부터 살펴보자.

1 2장에서 살펴봤듯이 새로운 하이브리드 자바/C++프로젝트를 생성한다.

□ **프로젝트 이름** Store

□ **메인 패키지** com.packtpub

□ **메인 액티비티** StoreActivity

□ 반드시 프로젝트 루트에 jni 디렉토리를 생성해야 한다.

우선 세 가지 소스 파일인 Store.java, StoreType.java, StoreActivity.java를 포함
하는 자바 측 작업을 시작하자.

2 네이티브 라이브러리를 로드하게 새로운 `Store` 클래스를 생성한 후 키/값 저장
소를 제공하기 위한 기능을 정의한다. `Store`는 네이티브 코드로의 첫 관문이
다. 여기서는 `interger`와 `string`만을 지원한다.

```java
package com.packtpub;

public class Store {
  static {
    System.loadLibrary("store");
  }

  public native int getInteger(String pKey);
  public native void setInteger(String pKey, int pInt);

  public native String getString(String pKey);
  public native void setString(String pKey, String pString);
}
```

3 지원하는 데이터 타입을 지정해 열거형enumeration으로 **StoreType**.java를 생성한다.

```java
public enum StoreType {
  Integer, String
}
```

4 다음 화면과 같이 res/layout/main.xml 내의 자바 GUI를 디자인한다. ADT에 포함된 ADT Graphical Layout 디자이너를 사용하거나 Store_Part3-1 프로젝트에서 복사해 사용한다. GUI는 키(TextView, id는 uiKeyEdit)와 값(TextView, id는 uiValueEdit), 타입(Spinner, id는 uiTypeSpinner)을 갖는 엔트리를 반드시 정의할 수 있어야 한다. 엔트리는 저장되거나 조회될 수 있어야 한다.

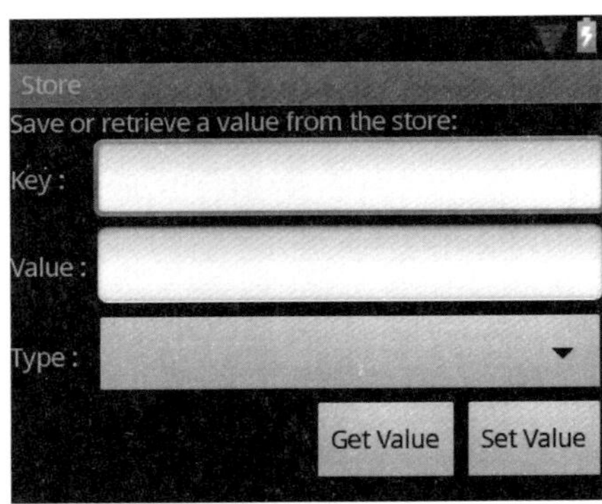

5 애플리케이션 GUI와 `Store`는 함께 바인딩돼야 한다. `StoreActivity` 클래스가 바인딩의 역할을 담당한다. 액티비티가 생성되면 GUI 구성 요소(Type Spinner 항목은 `StoreType` 열거형과 바인딩된다)를 설정한다. Get Value와 Set Value 버튼은 다음 단계에서 정의할 기본 메소드 `onGetValue()`와 `onSetValue()`를 트리거한다. 도움이 필요하다면 **Store_Part3-1** 최종 프로젝트를 참고하기 바란다.

```java
public class StoreActivity extends Activity {
    private EditText mUIKeyEdit, mUIValueEdit;
    private Spinner mUITypeSpinner;
    private Button mUIGetButton, mUISetButton;
    private Store mStore;

    @Override
    public void onCreate(Bundle savedInstanceState) {
        super.onCreate(savedInstanceState);
        setContentView(R.layout.main);

        // Text 구성 요소를 초기화하고 버튼을 핸들러로 바인딩한다.
        ...

        mStore = new Store();
    }
```

6 GUI에서 선택한 `StoreType`에 따라 저장소에서 결과를 반환하는 `onGetValue()` 메소드를 정의한다.

```java
    private void onGetValue() {
        String lKey = mUIKeyEdit.getText().toString();
        StoreType lType = (StoreType) mUITypeSpinner
                        .getSelectedItem();

        switch (lType) {
          case Integer:
            mUIValueEdit.setText(Integer.toString(mStore
                        .getInteger(lKey)));
```

```
      break;
    case String:
      mUIValueEdit.setText(mStore.getString(lKey));
      break;
    }
  }
```

7 저장소에 엔트리를 추가하거나 수정할 수 있게 `StoreActivity`에 `onSetValue()` 메소드를 추가한다. 엔트리 데이터는 그 타입에 맞게 파싱parsed돼야 한다. 값 형식이 부정확하면 안드로이드 `Toast` 메시지가 나타난다.

```
  ...
  private void onSetValue() {
    String lKey = mUIKeyEdit.getText().toString();
    String lValue = mUIValueEdit.getText().toString();
    StoreType lType = (StoreType) mUITypeSpinner
                      .getSelectedItem();

    try {
      switch (lType) {
        case Integer:
          mStore.setInteger(lKey, Integer.parseInt(lValue));
          break;
        case String:
          mStore.setString(lKey, lValue);
          break;
      }
    }
    catch (NumberFormatException eNumberFormatException) {
      displayError("Incorrect value.");
    }
  }

  private void displayError(String pError) {
```

```java
        Toast.makeText(getApplicationContext(), pError,
            Toast.LENGTH_LONG).show();
    }
}
```

자바 측은 준비됐고 네이티브 메소드 프로토타입이 정의됐다. 이제 네이티브 측
으로 이동해보자.

8 jni 디렉토리에 store 데이터 구조체를 정의하는 Store.h를 만들고 자바 열거형
과 정확하게 일치하는 StoreType 열거형을 작성한다. 또한 고정 크기의 엔트리
를 포함하는 Store 메인 구조체도 만든다. StoreEntry는 키와 타입, 값으로
구성돼 있다. StoreValue는 정수형이나 C 문자열 포인터를 가질 수 있는 단순
한 공용체다.

```c
#ifndef _STORE_H_
#define _STORE_H_

#include "jni.h"
#include <stdint.h>

#define STORE_MAX_CAPACITY 16

typedef enum {
  StoreType_Integer, StoreType_String
} StoreType;

typedef union {
  int32_t mInteger;
  char*   mString;
} StoreValue;

typedef struct {
  char* mKey;
  StoreType mType;
  StoreValue mValue;
} StoreEntry;
```

```c
typedef struct {
  StoreEntry mEntries[STORE_MAX_CAPACITY];
  int32_t mLength;
} Store;
...
```

9 Store.h 파일에 엔트리 생성과 검색, 종료를 위한 유틸리티 메소드를 정의한다.
JNIEnv과 jstring 타입은 이미 이전 단계에서 인크루드된 **jni.h** 헤더에 정의돼
있다.

```c
...
int32_t isEntryValid(JNIEnv* pEnv, StoreEntry* pEntry,
                     StoreType pType);
StoreEntry* allocateEntry(JNIEnv* pEnv, Store* pStore,
                          jstring pKey);
StoreEntry* findEntry(JNIEnv* pEnv, Store* pStore, jstring pKey,
                      int32_t* pError);
void releaseEntryValue(JNIEnv* pEnv, StoreEntry* pEntry);
```

이 모든 유틸리티 메소드는 **jni/Store.c**에서 구현한다. 먼저 isEntryValid는 단
순히 엔트리 할당 여부와 원하는 타입인지 확인하는 코드다.

```c
#include "Store.h"
#include <string.h>

int32_t isEntryValid(JNIEnv* pEnv, StoreEntry* pEntry,
    StoreType pType) {
  if ((pEntry != NULL) && (pEntry->mType == pType)) {
    return 1;
  }
  return 0;
}
...
```

10 findEntry 메소드는 매개변수로 전달된 키 값과 현재 저장된 모든 엔트리의 키 값을 일치할 때까지 비교한다. 전통적인 C 문자열 대신 직접 자바 String의 네이티브 표현인 jstring 매개변수를 받는다.

jstring은 네이티브 코드에서 직접 조작할 수 없다. 실제로 자바와 C 문자열은 완전히 다른 종족이다. C에서 문자열은 기본적인 문자 배열인 반면 자바에서 String은 멤버 메소드를 포함하는 진정한 객체다.

자바 String에서 C 문자열 처리를 위해 JNI API 메소드 GetStringUTFChars()로 임시 문자 버퍼 얻어올 수 있으며, 그 내용은 표준 C 루틴을 사용해 조작할 수 있다. GetStringUTFChars()를 사용한 후에는 반드시 임시 버퍼 해제를 위해 ReleaseStringUTFChars()를 호출해야 한다.

```c
    ...
 StoreEntry* findEntry(JNIEnv* pEnv, Store* pStore, jstring pKey,
     int32_t* pError) {
   StoreEntry* lEntry = pStore->mEntries;
   StoreEntry* lEntryEnd = lEntry + pStore->mLength;

   const char* lKeyTmp = (*pEnv)->GetStringUTFChars(pEnv, pKey,
                                                      NULL);
   if (lKeyTmp == NULL) {
     if (pError != NULL) {
       *pError = 1;
     }
     return;
   }

   while ((lEntry < lEntryEnd)
       && (strcmp(lEntry->mKey, lKeyTmp) != 0)) {
     ++lEntry;
   }
   (*pEnv)->ReleaseStringUTFChars(pEnv, pKey, lKeyTmp);

   return (lEntry == lEntryEnd) ? NULL : lEntry;
```

```
    }
    ...
```

11 계속해서 Store.c에서 새로운 엔트리를 생성(즉, store 길이를 증가시키고 배열의 마지막 요소를 반환한다)하거나 존재하는 엔트리를 반환(이전 값을 해제한 후)하는 allocateEntry()를 구현한다. 새로운 엔트리인 경우에는 키를 C 문자열로 변환해 메소드 영역 외부 메모리에 유지되게 한다. 실제로 기본 JNI 객체는 메소드 생명주기 동안만 유지되며, 메소드 영역 밖에서는 유지될 수 없다.

GetStringUTFChars() 함수가 작업 실패를 의미(예를 들어 메모리 부족으로 임시 버퍼 할당 실패)하는 NULL 값을 반환하는지 확인하는 것이 좋다. 이론적으로 malloc 역시 확인하는 것이 좋지만 간결한 코드를 위해 여기서는 별도로 처리하지 않았다.

```c
...
StoreEntry* allocateEntry(JNIEnv* pEnv, Store* pStore, jstring
    pKey){
  int32_t lError = 0;
  StoreEntry* lEntry = findEntry(pEnv, pStore, pKey, &lError);
  if (lEntry != NULL) {
    releaseEntryValue(pEnv, lEntry);
  } else if (!lError) {
    if (pStore->mLength >= STORE_MAX_CAPACITY) {
      return NULL;
    }
    lEntry = pStore->mEntries + pStore->mLength;

    const char* lKeyTmp = (*pEnv)->GetStringUTFChars(pEnv, pKey,
                                            NULL);
    if (lKeyTmp == NULL) {
      return;
    }
```

```c
    lEntry->mKey = (char*) malloc(strlen(lKeyTmp));
    strcpy(lEntry->mKey, lKeyTmp);
    (*pEnv)->ReleaseStringUTFChars(pEnv, pKey, lKeyTmp);

    ++pStore->mLength;
  }
  return lEntry;
}
...
```

12 `Store.c`의 마지막 메소드는 `releaseEntryValue()`다. 이 메소드는 필요시 할당된 메모리를 해제한다. 현재는 동적으로 할당된 문자열만 해제 가능하다.

```c
void releaseEntryValue(JNIEnv* pEnv, StoreEntry* pEntry) {
  int i;
  switch (pEntry->mType) {
    case StoreType_String:
      free(pEntry->mValue.mString);
      break;
  }
}
#endif
```

13 2장에서 살펴봤듯이 `javah`를 사용해 `com.packtpub.Store` 클래스용 JNI 헤더를 생성한다. `jni/com_packtpub_Store.h` 파일이 생성돼야 한다.

14 이제 유틸리티 메소드와 JNI 헤더가 만들어졌으니 `com_packtpub_Store.c` JNI 소스 파일을 작성해야 한다. 단일 `Store` 인스턴스는 라이브러리가 로드될 때 생성되는 정적 변수에 저장된다.

```c
#include "com_packtpub_Store.h"
#include "Store.h"
#include <stdint.h>
#include <string.h>

static Store mStore = { {}, 0 };
```

. . .

15 생성된 JNI 헤더를 참고해 `getInterger`와 `setInteger()`를 **com_packtpub_Store.c**에 구현한다.

첫 번째 메소드는 `store`에 전달된 키를 찾아 해당 값(interger 타입)을 반환하고 문제가 발생하면 기본 값을 반환한다. 두 번째 메소드는 엔트리를 할당하고(즉, `store`에 새로운 엔트리를 생성하거나 동일한 키가 있다면 이미 존재하는 엔트리를 재사용한다) 새로운 interger 값을 엔트리에 저장한다. C `int` 타입의 `mInterger`를 직접 자바 `jinit` 기본형으로, 혹은 반대로 '형 변환'할 수 있다는 점에 주목하기 바란다. 사실상 같은 타입이다.

```
JNIEXPORT jint JNICALL Java_com_packtpub_Store_getInteger
    (JNIEnv* pEnv, jobject pThis, jstring pKey) {
  StoreEntry* lEntry = findEntry(pEnv, &mStore, pKey, NULL);
  if (isEntryValid(pEnv, lEntry, StoreType_Integer)) {
    return lEntry->mValue.mInteger;
  } else {
    return 0;
  }
}


JNIEXPORT void JNICALL Java_com_packtpub_Store_setInteger
    (JNIEnv* pEnv, jobject pThis, jstring pKey, jint pInteger) {
  StoreEntry* lEntry = allocateEntry(pEnv, &mStore, pKey);
  if (lEntry != NULL) {
    lEntry->mType = StoreType_Integer;
    lEntry->mValue.mInteger = pInteger;
  }
}
```

. . .

16 문자열은 좀 더 신중히 다뤄야 한다. 자바 문자열은 기본형이라고 할 수 없다. `jstring` 타입과 `char *`는 11단계에서 살펴봤듯이 상호 교환될 수 없다. C

문자열에서 자바 String을 생성하려면 NewStringUTF()를 사용한다. 두 번째 메소드 setString()은 앞서 살펴봤듯이 GetStringUTFChars()와 SetStringUTFChars() 메소드를 통해 자바 문자열을 C 문자열로 변환한다.

```c
JNIEXPORT jstring JNICALL Java_com_packtpub_Store_getString
    (JNIEnv* pEnv, jobject pThis, jstring pKey) {
  StoreEntry* lEntry = findEntry(pEnv, &mStore, pKey, NULL);
  if (isEntryValid(pEnv, lEntry, StoreType_String)) {
    return (*pEnv)->NewStringUTF(pEnv, lEntry->mValue.mString);
  } else {
    return NULL;
  }
}


JNIEXPORT void JNICALL Java_com_packtpub_Store_setString
    (JNIEnv* pEnv, jobject pThis, jstring pKey, jstring pString) {
  const char* lStringTmp = (*pEnv)->GetStringUTFChars(pEnv,
                                        pString, NULL);
  if (lStringTmp == NULL) {
    return;
  }

  StoreEntry* lEntry = allocateEntry(pEnv, &mStore, pKey);
  if (lEntry != NULL) {
    lEntry->mType = StoreType_String;..
    jsize lStringLength = (*pEnv)->GetStringUTFLength(pEnv,
                                            pString);
    lEntry->mValue.mString =
        (char*) malloc(sizeof(char) * (lStringLength + 1));
    strcpy(lEntry->mValue.mString, lStringTmp);
  }
  (*pEnv)->ReleaseStringUTFChars(pEnv, pString, lStringTmp);
}
```

17 마지막으로 다음과 같이 Android.mk 파일을 작성한다. 라이브러리 이름은 `stored`이며, 두개의 파일로 구성돼 있다. C 코드를 컴파일하기 위해 프로젝트 루트에서 `ndk-build`를 실행한다.

```
LOCAL_PATH := $(call my-dir)

include $(CLEAR_VARS)

LOCAL_CFLAGS     := -DHAVE_INTTYPES_H
LOCAL_MODULE     := store
LOCAL_SRC_FILES := com_packtpub_Store.c Store.c

include $(BUILD_SHARED_LIBRARY)
```

보충 설명 |

애플리케이션을 실행해 서로 다른 키를 갖는 엔트리와 타입, 값을 저장해 네이티브 `store`에서 값을 읽어보자. 지금까지 자바에서 C로 `int` 기본형과 문자열을 주고받는 과정을 살펴봤다. 값은 문자열 키로 인덱싱된 데이터 저장소에 저장된다. 저장소를 통해 키와 값과 상응하는 엔트리를 얻어올 수 있다.

정수 기본형은 네이티브 호출 과정 중 제일 처음 자바에서 `int`로, 그다음 자바 코드로 혹은 자바 코드에서 변환 중 `jint`로, 최종적으로 네이티브 코드에서 `int`/`int32_t`로 변환된다. 두 타입은 실제로 같기 때문에 네이티브 코드에서 JNI 표현을 사용할 수 있었다.

int32_t 타입은 좀 더 나은 이식성(portability)을 위해 C99 표준 라이브러리에서 제공하는 tyedef int 참조다. Android.mk에 −DHAVE_INTTYPES_H를 정의함으로써 stdint.h를 통해 JNI에서 좀 더 많은 숫자 타입을 사용할 수 있다.

더 일반적으로 기본형은 적절한 모든 표현을 갖는다.

자바 타입	JNI 타입	C 타입	Stdint C 타입
boolean	Jboolean	unsigned char	uint8_t
byte	jbyte	signed char	int8_t
char	jchar	unsigned short	uint16_t
double	jdouble	Double	double
float	jfloat	Float	float
int	jint	Int	int32_t
long	jlong	long long	int64_t
short	jshort	Short	int16_t

반대로 자바 문자열은 표준 C 문자열 루틴을 사용해 처리할 수 있게 C 문자열로 명시적인 변환을 거쳐야 한다. 실제로 jstring은 전통적인 char * 배열 형식의 표현이 아닌 자바 코드에서만 접근할 수 있는 자바 String 객체 레퍼런스다.

변환은 JNI 메소드 GetStringUTFChars()를 통해 수행되며, 이후 반드시 ReleaseStringUTFChars()를 호출해야 한다. 내부적으로 변환을 위해 새로운 문자열 버퍼를 할당한다. 결과 C 문자열은 표준 C 루틴에서 처리 가능하게 수정된 UTF-8 포맷(UTF-8과는 약간 다르다)으로 인코딩된다. 수정된 UTF-8은 표준 ASCII 문자(즉, 한 바이트)를 표현할 수 있으며, 확장된 문자를 위해 각 바이트를 늘릴 수 있다. 이 포맷은 UTF-16 표현(위 테이블에서 기술했듯이 자바 문자열이 16비트인 이유를 알 수 있다)을 사용하는 자바 문자열과는 다르다. 네이티브 문자열을 얻어올 때 내부 변환을 피할 수 있게 JNI는 UTF-16 표현을 반환하는 GetStringChars()와 ReleaseStringChars()도 제공한다. 이 포맷은 전통적인 C 문자열과 같이 0으로 종료되지 않는다. 따라서 반드시 GetStringLength()와 함께 사용해야 한다(반면 GetStringUTFLength()는 수정된 UTF-8을 통해 전형적인 strlen()으로 대체될 수 있다).

이 주제에 대해 자세한 정보는 JNI 스펙 http://java.sun.com/docs/books/jni/html/jniTOC.html을 참고한다. JNI 타입에 대한 정보는 http://java.sun.com/docs/

books/jni/html/types.html을 참고하고, 자바 문자열에 대한 재밌는 기사를 보고 싶
다면 http://java.sun.com/developer/technicalArticles/Intl/Supplementary를 참고한다.

현재의 `store`는 정수형과 문자열만 처리한다. 이 모델을 기반으로 다른 기본형
타입(`boolean`, `byte`, `char`, `double`, `float`, `long`)을 위한 `store` 메소드를 구현해보자.

노트   Store_Part3-Final 프로젝트를 참고하면 구현 내용을 살펴볼 수 있다.

 네이티브 코드에서 자바 객체 참조

앞서 살펴봤듯이 문자열은 JNI에서 `jstring`으로 표현되며, `jstring`은 사실상 자
바 객체로서 JNI를 통해 자바 객체를 교환할 수 있다는 의미다. 하지만 네이티브
코드가 자바를 이해하거나 직접 접근할 수 없기 때문에 모든 자바 객체는 `jobject`
라는 동일한 표현을 갖는다.

이번 절에서는 네이티브 측에 객체를 저장하는 방법과 이 객체를 자바로 전달하는
방법에 집중해본다. 다음 프로젝트에서는 다른 모든 객체 타입도 동작하지만
`colors` 객체에 관련한 작업 위주로 살펴본다.

노트   Store_Part3-1 프로젝트로 이 절을 시작하자. 결과 프로젝트는 Store_Part3-2를 참고
한다.

먼저 자바 클라이언트에 Color 데이터 타입을 추가한다.

1 com.packtpub 패키지에 색상을 나타내는 정수형 멤버를 포함하게 새로운 Color 클래스를 작성한다. 이 정수형 멤버는 안드로이드 android.graphics.Color 클래스를 통해 문자열(#FF0000 같은 HTML 코드)로 파싱된다.

```
public class Color {
  private int mColor;

  public Color(String pColor) {
    super();
    mColor = android.graphics.Color.parseColor(pColor);
  }

  @Override
  public String toString() {
    return String.format("#%06X", mColor);
  }

}
```

2 Store 열거형을 수정해 새로운 Color 데이터 타입을 추가한다.

```
public enum StoreType {
  Integer, String, Color
}
```

3 앞 절에서 만든 **Store.java**를 열어 네이티브 store에서 Color 객체를 가져오거나 저장할 수 있게 새로운 두 가지 메소드를 추가한다.

```
public class Store {
  static {
    System.loadLibrary("store");
  }
  ...
```

```java
public native Color getColor(String pKey);
public native void setColor(String pKey, Color pColor);
}
```

4 StoreActivity.java 파일을 열어 Color 인스턴스를 표현하고, 색상을 구별할 수 있게 onGetValue()와 onSetValue() 메소드를 수정한다. 색상 코드가 올바르지 않은 경우 IllegalArgumentException이 발생한다는 점을 기억하자.

```java
public class StoreActivity extends Activity {
    ...
    private void onGetValue() {
        String lKey = mUIKeyEdit.getText().toString();
        StoreType lType = (StoreType) mUITypeSpinner
                        .getSelectedItem();

        switch (lType) {
            ...
            case Color:
                mUIValueEdit.setText(mStore.getColor(lKey).toString());
                break;
        }
    }

    private void onSetValue() {
        String lKey = mUIKeyEdit.getText().toString();
        String lValue = mUIValueEdit.getText().toString();
        StoreType lType = (StoreType) mUITypeSpinner
                        .getSelectedItem();

        try {
            switch (lType) {
                ...
                case Color:
                    mStore.setColor(lKey, new Color(lValue));
                    break;
```

```
        }
      }
      catch (NumberFormatException eNumberFormatException) {
        displayError("Incorrect value.");
      } catch (IllegalArgumentException eIllegalArgumentException) {
        displayError("Incorrect value.");
      }
    }
    ...
  }
```

자바 측은 준비됐고 이제 네이티브 코드에 Color 엔트리를 가져오고 저장하기 위한 코드를 작성해보자.

5 jni/Store.h에 새로운 색상 타입인 StoreType 열거형과 새로운 멤버로 StoreValue 공용체를 추가한다. 어떤 타입을 사용하든 Color는 자바에서만 알 수 있는 객체가 아니던가? JNI에서 모든 자바 객체는 (간접) 객체 레퍼런스인 jobject라는 같은 타입을 갖는다.

```
...
typedef enum {
    StoreType_Integer, StoreType_String, StoreType_Color
} StoreType;

typedef union {
    int32_t   mInteger;
    char*     mString;
    jobject   mColor;
} StoreValue;
...
```

6 javah를 사용해 jni/com_packtpub_Store.h JNI 헤더 파일을 재생성한다.

7 두 개의 메소드 프로토타입 getClolor()와 setClolor가 새롭게 만들어졌다. 이제 이 두 메소드를 구현할 차례다. getClolor는 단순히 store 엔트리에 저

장돼 있는 자바 Color 객체를 반환한다. 차이점은 없다.

실제 중요한 차이점은 두 번째 메소드인 setColor()에서 드러난다. 언뜻 보기에 store 엔트리에 있는 jobject를 저장하는 것으로 충분해 보인다. 하지만 이 가정은 틀렸다. JNI 내부에 매개변수로 전달된 객체나 JNI 내부에서 생성된 객체는 지역 레퍼런스다. 지역 레퍼런스는 메소드 영역을 벗어나 네이티브 코드에 유지될 수 없다.

메소드 반환 이후 네이티브 코드에서 자바 객체 레퍼런스를 유지하려면 반드시 달빅 VM에 전역 레퍼런스임을 알려 가비지 컬렉터가 동작하지 않게 해야 한다. 이를 위해 JNI는 NewGlobalRef()와 이와 상응하는 DeleteGlobalRef() API를 제공한다. 여기서 엔트리 할당이 실패하면 전역 레퍼런스는 삭제된다.

```c
#include "com_packtpub_Store.h"
#include "Store.h"
...
JNIEXPORT jobject JNICALL Java_com_packtpub_Store_getColor
    (JNIEnv* pEnv, jobject pThis, jstring pKey) {
  StoreEntry* lEntry = findEntry(pEnv, &mStore, pKey, NULL);
  if (isEntryValid(pEnv, lEntry, StoreType_Color)) {
    return lEntry->mValue.mColor;
  } else {
    return NULL;
  }
}

JNIEXPORT void JNICALL Java_com_packtpub_Store_setColor
    (JNIEnv* pEnv, jobject pThis, jstring pKey, jobject pColor) {
  jobject lColor = (*pEnv)->NewGlobalRef(pEnv, pColor);
  if (lColor == NULL) {
    return;
  }

  StoreEntry* lEntry = allocateEntry(pEnv, &mStore, pKey);
  if (lEntry != NULL) {
```

```c
      lEntry->mType = StoreType_Color;
      lEntry->mValue.mColor = lColor;
    } else {
      (*pEnv)->DeleteGlobalRef(pEnv, lColor);
    }
  }
  ...
```

8 `NewGlobalRef()` 호출 이후에는 반드시 `DeleteGlobalRef()`를 호출해야 한
다. 예제에서 전역 레퍼런스는 엔트리가 새로운 엔트리로 변경될 때(제거는 미구현
사항임) 삭제돼야 한다. **Store.c**의 `releaseEntryValue()`를 수정한다.

```c
  ...
  void releaseEntryValue(JNIEnv* pEnv, StoreEntry* pEntry) {
    switch (pEntry->mType) {
      ...
      case StoreType_Color:
        (*pEnv)->DeleteGlobalRef(pEnv, pEntry->mValue.mColor);
        break;
    }
  }
```

보충 설명

애플리케이션을 실행하고 색상 값으로 #FF0000이나 red 같은 값(안드로이드 색상 파서
에서 허용하는 미리 정의된 값)을 저장하면 store에서 엔트리를 받아온다. 이를 통해
자바 객체를 네이티브 측에 저장한다.

자바의 모든 객체는 `jobject`로 표현된다. 사실상 `jobject`의 `typedef`인 `jstring`
도 사용한 수 있다. 네이티브 코드 호출은 메소드로 국한되기 때문에 **JNI**는 기본적
으로 메소드에 지역 객체 레퍼런스를 유지한다. 이는 `jobject`가 변환될 메소드
내부에서만 안전하게 사용될 수 있음을 의미한다. 실제로 달빅 **VM**은 네이티브 호
출을 책임지며, 메소드 실행 전후로 자바 객체 레퍼런스를 관리할 수 있다. 하지만

`jobject`는 스마트 포인트도 아니고 가비지 컬랙션 메커니즘도 없는 단순한 '포인터'다(나중에는 자바를 제거하거나 최소한의 부분만 사용하길 원한다). 네이티브 메소드가 반환되면 달빅 VM은 네이티브 코드가 객체 레퍼런스를 유지하고 있는지 언제 이런 레퍼런스를 정리해야 할지 알 방법이 없다.

> JNI 컨텍스트가 언제나 지역 스레드이기 때문에 전역 레퍼런스는 스레드 간 변수를 공유할 수 있는 유일한 방법이 된다.

영역 외부에서 객체 레퍼런스를 사용하려면 `NewGlobalRef()`를 통해 전역 레퍼런스를 만들고, `DeleteGlobalRef()`를 사용해 '비참조' 상태로 만들어야 한다. `DeleteGlobalRef()`를 사용하지 않으면 달빅 VM은 객체가 계속 참조되고 있는 상태로 간주하고 영원히 정리할 수 없는 상태가 된다.

이 주제에 대해 자세한 정보는 JNI 스펙 http://java.sun.com/docs/books/jni/html/jniTOC.html을 참고한다.

지역 레퍼런스와 전역 레퍼런스

JNI를 통해 객체 레퍼런스를 얻었다면 이 레퍼런스는 지역 레퍼런스가 된다. 네이티브 메소드를 반환하면 나중에 자바 코드에서 적절한 가비지 컬렉션이 이뤄질 수 있게 자동으로 해제(객체 해제)된다. 따라서 기본적으로 객체 레퍼런스는 네이티브 호출의 생명주기를 벗어나 유지될 수 없다. 예제를 살펴보자.

```
static  jobject gMyReference;
JNIEXPORT void JNICALL Java_MyClass_myMethod(JNIEnv* pEnv,
    jobject pThis, jobject pRef) {
  gMyReference = pRef;
}
```

이런 예제 코드는 엄격하게 금지돼야 한다. JNI 메소드 외부에 레퍼런스를 유지하는 것은 재앙(메모리 충돌 등)을 불러올 것이다.

지역 레퍼런스는 더 이상 사용되지 않을 때 삭제할 수 있다.

```
pEnv->DeleteGlobalRef(lReference);
```

JVM은 동시에 최소 16개의 레퍼런스 저장을 필요로 하며, 그 이상의 레퍼런스 생성을 거절할 수 있다. 다음은 명시적으로 레퍼런스 수를 지정하는 예다.

```
pEnv->EnsureLocalCapacity(30)
```

사용되지 않는 레퍼런스를 제거하는 것은 좋은 습관이며, 두 가지 장점을 제공한다.

메소드 내 지역 레퍼런스의 수에 제한이 없다. 배열처럼 많은 객체를 포함하거나 조작하는 경우 불필요한 레퍼런스를 삭제해 연속적인 지역 레퍼런스의 수를 낮게 유지해야 한다.

해제된 지역 레퍼런스는 다른 곳에서 참조되지 않는 경우 즉시 가비지 컬렉션을 동작시켜 메모리를 해제한다.

객체 레퍼런스를 오랫동안 유지하고 싶다면 전역 레퍼런스를 만들어야 한다.

```
JNIEXPORT void JNICALL Java_MyClass_myMethod(JNIEnv* pEnv,
    jobject pThis, jobject pRef) {
  gMyReference = pEnv->NewGlobalRef(pEnv, pRef);
}
```

그런 다음 올바르게 가비지 컬렉션될 수 있게 레퍼런스를 삭제한다.

```
JNIEXPORT void JNICALL Java_MyClass_myEndMethod(JNIEnv* pEnv,
    jobject pThis, jobject pRef) {
  ...
  gMyReference = pEnv->DeleteGlobalRef(gMyReference);
```

```
...
}
```

이제 전역 레퍼런스는 서로 다른 JNI 호출이나 스레드 사이에 안전하게 공유될 수 있다.

 네이티브 코드에서 예외 전달

Store 프로젝트에서 에러를 처리하기란 그다지 단순하지 않다. 요청된 키가 없거나 요청된 값 타입이 요구되는 타입과 다른 경우 기본 값이 반환된다. 명시적으로 에러가 발생했다고 알려줄 방법이 필요하다. 예외보다 에러를 알려주기 좋은 방법이 있을까?

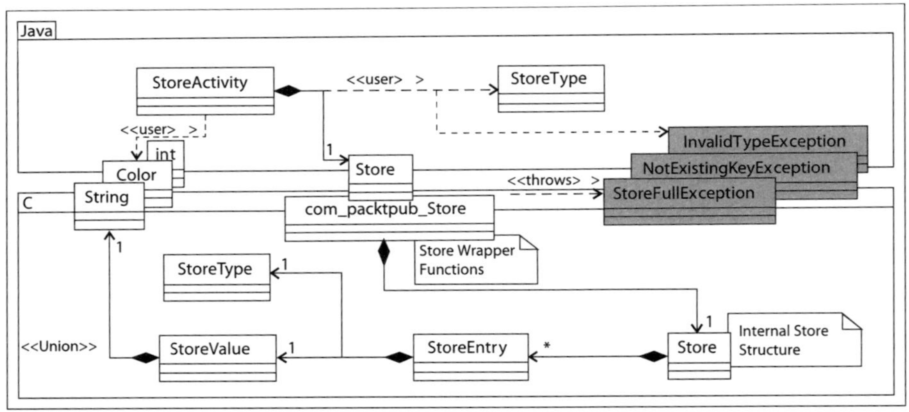

JStore_Part3-2 프로젝트로 이 절을 시작하자. 결과 프로젝트는 Store_Part3-3를 참고한다.

자바 측에서 예외를 만들고 처리하는 내용을 살펴보자.

1 com.packtpub.excetpion 패키지에 다음과 같이 새로운 Exception 타입의 InvalidTypeException을 생성한다.

```java
public class InvalidTypeException extends Exception {
  public InvalidTypeException(String pDetailMessage) {
    super(pDetailMessage);
  }
}
```

2 같은 방식으로 Exception 타입의 NotExistingKeyException과 RuntimeException 타입의 StoreFullException도 추가한다.

3 Store.java 파일을 열어 게터 프로토타입에만 예외를 전달할 수 있게 throws를 선언한다(StoreFullException은 RuntimeException이므로 선언이 필요 없다).

```java
public class Store {
  static {
    System.loadLibrary("store");
  }

  public native int getInteger(String pKey)
    throws NotExistingKeyException, InvalidTypeException;
  public native void setInteger(String pKey, int pInt);

  public native String getString(String pKey)
    throws NotExistingKeyException, InvalidTypeException;
  public native void setString(String pKey, String pString);

  public native Color getColor(String pKey)
    throws NotExistingKeyException, InvalidTypeException;
  public native void setColor(String pKey, Color pColor);
}
```

4 예외 처리가 필요하다. onGetValue()에 NotExistingKeyException과 InvalidTypeException을 처리할 수 있게 catch한다. 엔트리가 입력되지 않게 onSetValue()에 StoreFullException을 catch한다.

```java
public class StoreActivity extends Activity {
  ...
  private void onGetValue() {
    String lKey = mUIKeyEdit.getText().toString();
    StoreType lType = (StoreType) mUITypeSpinner
                      .getSelectedItem();

    try {
      switch (lType) {
        ...
      }
    }
    catch (NotExistingKeyException eNotExistingKeyException) {
      displayError("Key does not exist in store");
    } catch (InvalidTypeException eInvalidTypeException) {
      displayError("Incorrect type.");
    }
  }

  private void onSetValue() {
    String lKey = mUIKeyEdit.getText().toString();
    String lValue = mUIValueEdit.getText().toString();
    StoreType lType = (StoreType) mUITypeSpinner
                      .getSelectedItem();
    try {
      switch (lType) {
        ...
      }
    }
    catch (NumberFormatException eNumberFormatException) {
```

```
        displayError("Incorrect value.");
    } catch (IllegalArgumentException eIllegalArgumentException) {
        displayError("Incorrect value.");
    } catch (StoreFullException eStoreFullException) {
        displayError("Store is full.");
    }
  }
    ...
}
```

이제 네이티브 코드에서 예외를 전달해보자. 예외는 C 언어에는 없기 때문에 C 메소드 프로토타입(C++ 역시 자바와 다른 예외 모델을 갖는다)에 JNI 예외를 선언할 수 없다. 따라서 JNI 헤더를 다시 만들 필요는 없다.

5 앞 절에서 만든 jni/Store.h를 열어 예외를 던질 수 있게 새로운 세 가지 도우미 메소드를 정의한다.

```
#ifndef _STORE_H_
#define _STORE_H_

...
void throwInvalidTypeException(JNIEnv* pEnv);
void throwNotExistingKeyException(JNIEnv* pEnv);
void throwStoreFullException(JNIEnv* pEnv);
#endif
```

6 NotExistingKeyException과 InvalidTypeException은 store에서 값을 얻을 때만 발생된다. 예외를 발생시키기 좋은 위치는 inEntryValid()에서 엔트리를 확인하는 곳이다. jni/Store.c 파일을 열어 다음과 같이 수정한다.

```
#include "Store.h"
#include <string.h>

int32_t isEntryValid(JNIEnv* pEnv, StoreEntry* pEntry,
    StoreType pType) {
  if (pEntry == NULL) {
```

```
        throwNotExistingKeyException(pEnv);
    } else if (pEntry->mType != pType) {
        throwInvalidTypeException(pEnv);
    } else {
        return 1;
    }
    return 0;
  }
  ...
```

7 StoreFullException은 새로운 엔트리가 추가될 때 발생한다. 같은 파일에서 추가 엔트리를 확인하기 위한 allocateEntry()를 수정한다.

```
  StoreEntry* allocateEntry(JNIEnv* pEnv, Store* pStore, jstring
      pKey){
    StoreEntry* lEntry = findEntry(pEnv, pStore, pKey, &lError);
    if (lEntry != NULL) {
      releaseEntryValue(pEnv, lEntry);
    }
    else if (!lError) {
      if (pStore->mLength >= STORE_MAX_CAPACITY) {
        throwStoreFullException(pEnv);
        return NULL;
      }
      // 초기화 후 새로운 엔트리를 입력한다.
    }
    return lEntry;
  }
  ...
```

8 반드시 throwNotExistingException()을 구현해야 한다. 자바 예외를 던지기 위해 가장 먼저 해야 할 작업은 해당하는 클래스(자바 리플렉션 API 같은)를 찾는 것이다. 자바 클래스 레퍼런스는 JNI에서 jclass 타입으로 표현된다. 그런 다음 ThrowNew()를 통해 예외를 발생시킨다. 예외 클래스 레퍼런스 사용이 필요

치 않으면 DeleteLocalRef()로 제거할 수 있다.

```
...
void throwNotExistingKeyException(JNIEnv* pEnv) {
  jclass lClass = (*pEnv)->FindClass(pEnv,
          "com/packtpub/exception/NotExistingKeyException");
  if (lClass != NULL) {
    (*pEnv)->ThrowNew(pEnv, lClass, "Key does not exist.");
  }
  (*pEnv)->DeleteLocalRef(pEnv, lClass);
}
```

9 다른 두 가지 예외에 대해서도 같은 방법으로 추가한다. 코드는 같고(런타임 예외를 던지는 것까지 동일하다) 클래스 이름만 다르다.

애플리케이션을 실행해 존재하지 않는 키로 엔트리를 조회해보자. store에 존재하지만 GUI에서 선택된 것과 다른 타입을 갖는 엔트리에 대해 반복 작업을 해본다. 두 경우 모두 발생된 예외로 인해 에러 메시지가 확인된다. store에 16 이상의 레퍼런스를 저장해보면 역시 에러가 발생한다.

예외를 발생시키는 것은 복잡한 일이 아니다. 또한 JNI를 통해 제공되는 자바 콜백 메카니즘에 대한 좋은 내용이기도 하다. 예외는 jclass(이면에는 jobject도 있다) 타입의 클래스 디스크립터로 초기화된다. 클래스 디스크립터는 완전한 이름(패키지 경로 포함)에 따라 현재 클래스 로더 내에서 검색된다.

반환 코드를 반드시 확인하자

일반적으로 FindClass()와 JNI 메소드는 여러 가지 이유(메모리 부족, 없는 클래스 등)로 실패할 수 있다. 따라서 함수 호출 결과를 확인할 것을 강력히 권장한다.

한 번 예외가 발생하면 이후에 코드 정리 함수(DeleteLocalRef(), DeleteGlobalRef() 등)를 제외하고 JNI로 호출하면 안 된다. 네이티브 코드는 자신의 자원을 정리한 후 자바로 제어권을 넘겨야 한다. 물론 자바 호출이 없다면 '순수한' 네이티브 처리를 계속할 수 있다. 네이티브 메소드가 반환될 때 예외는 VM에 의해 자바로 전달된다.

또한 한 번 사용한 이후에 더 이상 필요치 않았기 때문에 클래스 디스크립터를 전달해 지역 레퍼런스를 삭제해봤다. JNI가 빌려준 무언가를 돌려주는 일은 잊지 말자!

C++에서의 JNI

C는 객체지향 언어가 아니지만 C++은 객체지향 언어가 맞다. C처럼 C++로 JNI를 작성하면 안 되는 이유이기도 하다. C에서 JNIEnv는 실제로 함수 포인터를 포함하는 구조체다. 물론 JNIEnv가 제공되면 모든 포인터는 객체처럼 호출할 수 있게 초기화된다. 하지만 객체지향 언어에서 묵시적으로 사용되는 this 매개변수 C 내의 첫 번째 매개변수(다음 코드의 pJNIEnv)로 제공된다. 또한 JNIEnv는 run 메소드를 처음 실행할 때 역참조돼야 한다.

```
jclass ClassContext = (*pJNIEnv)->FindClass(pJNIEnv,
    "android/content/Context");
```

C++ 코드는 좀 더 중립적이며 단순하다. 메소드가 더 이상 함수 포인터로 선언되지 않고 실제 멤버 메소드로 선언되기 때문에 this 매개변수는 묵시적으로 사용되며, JNIEnv를 역참조할 필요도 없다.

```
jclass ClassContext = lJNIEnv->FindClass(
    "android/content/Context");
```

자바 배열 처리

아직 언급하지 않은 타입은 배열이다. 배열은 자바에서와 같이 JNI에서도 특별한 장소다. 자바 배열 역시 근원이 객체라 하더라도 배열은 적절한 타입과 적절한 API

를 갖고 있다. 연속적으로 엔트리 값을 입력할 수 있게 Store 프로젝트를 개선해보
자. 그런 다음 자바 배열로 네이티브와 통신하며, 전형적인 C 배열로 저장되게 설정
한다.

Store_Part3-3 프로젝트로 이 절을 시작하자. 결과 프로젝트는 Store_Part3-4를 참고
한다.

실습 예제 | Store에서 객체 레퍼런스 저장

자바 코드로 다시 돌아가 보자.

1 원활한 배열 처리를 위해 http://code.google.com/p/guava-libraries에서 Google
  Guava 도우미 라이브러리(이 책에서는 09 릴리즈)를 다운로드한다. Guava는 기본형
  과 배열을 처리하거나 '절차적 가상' 프로그램에 도움을 주는 유용한 메소드를
  제공한다. 다운로드한 ZIP 파일의 guava-r09.jar을 libs로 복사한다.

2 프로젝트의 Properties를 열고 Java Build 섹션으로 이동한다. Libraries 탭에서
  Add JARs... 버튼을 클릭해 Guava jar를 참조한다.

3 앞 절에서 초기화한 StoreType 열거형을 편집해 IntergerArray와 ColorArray
  를 추가한다.

```
public enum StoreType {
    Integer, String, Color,
    IntegerArray, ColorArray
}
```

4 Store.java를 열어 int와 Color 배열을 반환하거나 저장하는 새로운 메소드를
  추가한다.

```
public class Store {
    static {
```

```java
    System.loadLibrary("store");
  }

  ...

  public native int[] getIntegerArray(String pKey)
    throws NotExistingKeyException;
  public native void setIntegerArray(String pKey, int[] pIntArray);

  public native Color[] getColorArray(String pKey)
    throws NotExistingKeyException;
  public native void setColorArray(String pKey,
                                        Color[] pColorArray);
}
```

5 이제 StoreActivity.java 파일에서 네이티브 메소드를 GUI로 연결해보자. 우선
onGetValue()는 store에서 배열을 읽어 Guava의 결합자Joiner(자세한 정보는
http://guava-libraries.googlecode.com/svn의 Guava 자바독을 참고한다)를 사용해 값을 세미
콜론으로 구분해서 연결해 표시한다.

```java
public class StoreActivity extends Activity {
  ...

  private void onGetValue() {
    String lKey = mUIKeyEdit.getText().toString();
    StoreType lType = (StoreType) mUITypeSpinner
                      .getSelectedItem();
    try {
      switch (lType) {
        ...
        case IntegerArray:
          mUIValueEdit.setText(Ints.join(";",
                              mStore.getIntegerArray(lKey)));
          break;

        case ColorArray:
```

```java
            mUIValueEdit.setText(Joiner.on(";").join(
                              mStore.getColorArray(lKey)));
            break;
        }
    }
    catch (NotExistingKeyException eNotExistingKeyException) {
      displayError("Key does not exist in store");
    } catch (InvalidTypeException eInvalidTypeException) {
      displayError("Incorrect type.");
    }
  }
  ...
```

6 StoreActivity.java에서 `Store`에 전달하기 전에 사용자가 입력한 값 목록을 배열로 변환하게 `onSetValue()`를 개선해보자. Guava 변환 기능을 사용해 작업을 완료해보자. 문자열 값을 원하는 값으로 변환하는 `Function`(혹은 `function`) 객체는 도우미 메소드 `stringToList()`로 전달된다. 그런 다음 변환을 수행하기 전에 사용자 문자열을 세미콜론 구분자로 분리한다.

```java
  ...
  private void onSetValue() {
    String lKey = mUIKeyEdit.getText().toString();
    String lValue = mUIValueEdit.getText().toString();
    StoreType lType = (StoreType) mUITypeSpinner
                    .getSelectedItem();

    try {
      switch (lType) {
        ...
        case IntegerArray:
          mStore.setIntegerArray(lKey,
              Ints.toArray(stringToList(
              new Function<String, Integer>() {
                public Integer apply(String pSubValue) {
```

```java
          return Integer.parseInt(pSubValue);
        }
      }, lValue)));
      break;
    case ColorArray:
      List<Color> lIdList = stringToList(
          new Function<String, Color>() {
        public Color apply(String pSubValue) {
          return new Color(pSubValue);
        }
      }, lValue);
      Color[] lIdArray = lIdList.toArray(
                              new Color[lIdList.size()]);
      mStore.setColorArray(lKey, lIdArray);
      break;
    }
  }
  catch (NumberFormatException eNumberFormatException) {
    displayError("Incorrect value.");
  } catch (IllegalArgumentException eIllegalArgumentException) {
    displayError("Incorrect value.");
  } catch (StoreFullException eStoreFullException) {
    displayError("Store is full.");
  }
}

private <TType> List<TType> stringToList(
    Function<String, TType> pConversion,
    String pValue) {
  String[] lSplitArray = pValue.split(";");
  List<String> lSplitList = Arrays.asList(lSplitArray);
  return Lists.transform(lSplitList, pConversion);
}
}
```

네이티브 코드로 넘어가자.

7 jni/Store.h에서 StoreType 열거형의 배열 타입을 추가하고 StoreValue 공용
체에 mIntergerArray와 mColorArray 필드를 추가한다. Store 배열은 순수
한 C 배열(즉, 포인트)로 표현된다. 또한 추가한 배열의 길이를 기록하기 위해
StoreEntry의 mLength에 정보를 저장한다.

```c
#ifndef _STORE_H_
#define _STORE_H_

#include "jni.h"
#include <stdint.h>

#define STORE_MAX_CAPACITY 16

typedef enum {
    StoreType_Integer, StoreType_String, StoreType_Color,
    StoreType_IntegerArray, StoreType_ColorArray
} StoreType;

typedef union {
    int32_t   mInteger;
    char*     mString;
    jobject   mColor;
    int32_t*  mIntegerArray;
    jobject*  mColorArray;
} StoreValue;

typedef struct {
    char* mKey;
    StoreType mType;
    StoreValue mValue;
    int32_t mLength;
} StoreEntry;

...
```

8 jni/Store.c 파일을 열어 releaseEntryValue()에 배열을 위한 case문을 추가한다. 메모리가 할당된 배열은 해당 엔트리가 해제될 때 메모리도 함께 해제돼야 한다. colors는 자바 객체이므로 전역 레퍼런스를 삭제하지 않으면 가비지 컬렉션이 발생하지 않는다.

```c
...
void releaseEntryValue(JNIEnv* pEnv, StoreEntry* pEntry) {
  int32_t i;
  switch (pEntry->mType) {
    ...
    case StoreType_IntegerArray:
      free(pEntry->mValue.mIntegerArray);
      break;
    case StoreType_ColorArray:
      for (i = 0; i < pEntry->mLength; ++i) {
        (*pEnv)->DeleteGlobalRef(pEnv,
                                 pEntry->mValue.mColorArray[i]);
      }
      free(pEntry->mValue.mColorArray);
      break;
  }
}
```

9 jni/com_packtpub_Store.h JNI 헤더를 재생성한다.

10 com_packtpub_Store.c 파일에 getintergerArrray()로 시작하는 새로운 store 메소드를 구현한다. 정수형 JNI 배열은 jintArray 타입으로 표현된다. int는 jinit와 같지만, int* 배열은 jintArray와 완전히 다르다. int*는 메모리 버퍼의 포인터이지만, jintArray는 객체 레퍼런스이기 때문이다.

따라서 jinitArray를 반환하기 위해 NewIntArray() **JNI API**를 사용해 새로운 정수형 배열을 초기화해야 한다. 그런 다음 SetIntArrayRegion()을 사용해 네이티브 int 버퍼 내용을 jintArray로 복사한다.

SetIntArrayRegion()은 버퍼 오버플로우를 방지하기 위해 경계를 확인함으로써 ArrayIndexOutOfBoudsException()을 반환할 수 있다. 하지만 실행될 메소드에 구현된 내용이 없으므로 체크할 필요는 없다(예외는 JNI 프레임워크에 의해 자동으로 전달될 것이다).

```
...
JNIEXPORT jintArray JNICALL Java_com_packtpub_Store_getIntegerArray
    (JNIEnv* pEnv, jobject pThis, jstring pKey) {
  StoreEntry* lEntry = findEntry(pEnv, &mStore, pKey, NULL);
  if (isEntryValid(pEnv, lEntry, StoreType_IntegerArray)) {
    jintArray lJavaArray = (*pEnv)->NewIntArray(pEnv,
                                            lEntry->mLength);
    if (lJavaArray == NULL) {
      return;
    }

    (*pEnv)->SetIntArrayRegion(pEnv, lJavaArray, 0,
        lEntry->mLength, lEntry->mValue.mIntegerArray);
    return lJavaArray;
  } else {
    return NULL;
  }
}
...
```

11 반대로 자바 배열을 네이티브로 저장하기 위한 GetIntArrayRegion() 메소드도 있다. 적절한 메모리 버퍼를 할당하기 위한 유일한 방법은 GetArrayLength()로 배열의 크기를 측정하는 것이다. GetIntArrayRegion 은 경계를 확인해 예외를 발생시킬 수도 있다. 따라서 메소드의 흐름은 ExceptionCheck()를 통해 예외가 발생할 때 즉시 중단돼야 한다. GetIntArrayRegion()은 예외를 발생시키는 유일한 메소드일 뿐만 아니라 SetIntArrayRegion()이 void를 반환할 수 있게 한다. 반환된 코드를 확인하 는 코드는 없다. 여기서는 예외 확인만 있을 뿐이다.

```
...
JNIEXPORT void JNICALL Java_com_packtpub_Store_setIntegerArray
    (JNIEnv* pEnv, jobject pThis, jstring pKey,
    jintArray pIntegerArray) {
  jsize lLength = (*pEnv)->GetArrayLength(pEnv, pIntegerArray);
  int32_t* lArray = (int32_t*) malloc(lLength * sizeof(int32_t));
  (*pEnv)->GetIntArrayRegion(pEnv, pIntegerArray, 0, lLength,
                             lArray);
  if ((*pEnv)->ExceptionCheck(pEnv)) {
    free(lArray);
    return;
  }

  StoreEntry* lEntry = allocateEntry(pEnv, &mStore, pKey);
  if (lEntry != NULL) {
    lEntry->mType = StoreType_IntegerArray;
    lEntry->mLength = lLength;
    lEntry->mValue.mIntegerArray = lArray;
  } else {
    free(lArray);
    return;
  }
}
...
```

12 객체 배열은 기본형 배열과는 다르다. 자바 배열은 단일 타입mono-type이기 때문
에 클래스 타입(여기서는 `com/packtpub/Color`)으로 초기화된다. 객체 배열은
`jobjectArray` 타입으로 표현된다.

기본형 배열과 달리 동시에 모든 요소element를 처리할 수는 없다. 대신 객체는
`setObjectArrayElement()`를 통해 하나씩 설정될 수 있다. 여기서 배열은 네
이티브 측에 저장된 `Color` 객체로 채워져 전역 레퍼런스를 유지한다. 따라서
어떤 레퍼런스를 삭제하거나 생성할 필요가 없다.

객체 배열은 자신이 가진 객체에 대한 참조를 유지한다는 점을 기억해두자. 따라서 지역
레퍼런스와 전역 레퍼런스 모두 배열로 삽입된 후 즉시 안전하게 삭제될 수 있다.

```c
...
JNIEXPORT jobjectArray JNICALL Java_com_packtpub_Store_getColorArray
    (JNIEnv* pEnv, jobject pThis, jstring pKey) {
  StoreEntry* lEntry = findEntry(pEnv, &mStore, pKey, NULL);
  if (isEntryValid(pEnv, lEntry, StoreType_ColorArray)) {
    jclass lColorClass = (*pEnv)->FindClass(pEnv,
                                       "com/packtpub/Color");
    if (lColorClass == NULL) {
      return NULL;
    }

    jobjectArray lJavaArray = (*pEnv)->NewObjectArray(
        pEnv, lEntry->mLength, lColorClass, NULL);
    (*pEnv)->DeleteLocalRef(pEnv, lColorClass);
    if (lJavaArray == NULL) {
      return NULL;
    }

    int32_t i;
    for (i = 0; i < lEntry->mLength; ++i) {
      (*pEnv)->SetObjectArrayElement(pEnv, lJavaArray, i,
          lEntry->mValue.mColorArray[i]);
      if ((*pEnv)->ExceptionCheck(pEnv)) {
        return NULL;
      }
    }
    return lJavaArray;
  } else {
    return NULL;
  }
```

```
        }

    ...
```

13 setColorArray() 내에서 GetObjectArrayElement()를 통해 배열 요소를
하나씩 받을 수 있다. 반환된 레퍼런스는 지역 레퍼런스이기 때문에 메모리
버퍼에 안전하게 저장될 수 있게 전역 레퍼런스로 만들어야 한다. 문제가 발생
하면 전역 레퍼런스는 가비지 컬렉션될 수 있게 신중히 파괴해야 하며, 따라서
처리 중단을 결정해야 한다.

```
JNIEXPORT void JNICALL Java_com_packtpub_Store_setColorArray
    (JNIEnv* pEnv, jobject pThis, jstring pKey,
    jobjectArray pColorArray) {
  jsize lLength = (*pEnv)->GetArrayLength(pEnv, pColorArray);
  jobject* lArray = (jobject*) malloc(lLength * sizeof(jobject));
  int32_t i, j;
  for (i = 0; i < lLength; ++i) {
    jobject lLocalColor = (*pEnv)->GetObjectArrayElement(pEnv,
                                                 pColorArray, i);

    if (lLocalColor == NULL) {
      for (j = 0; j < i; ++j) {
        (*pEnv)->DeleteGlobalRef(pEnv, lArray[j]);
      }
      free(lArray);
      return;
    }

    lArray[i] = (*pEnv)->NewGlobalRef(pEnv, lLocalColor);
    if (lArray[i] == NULL) {
      for (j = 0; j < i; ++j) {
        (*pEnv)->DeleteGlobalRef(pEnv, lArray[j]);
      }
      free(lArray);
      return;
    }
```

```c
      (*pEnv)->DeleteLocalRef(pEnv, lLocalColor);
    }

    StoreEntry* lEntry = allocateEntry(pEnv, &mStore, pKey);
    if (lEntry != NULL) {
      lEntry->mType = StoreType_ColorArray;
      lEntry->mLength = lLength;
      lEntry->mValue.mColorArray = lArray;
    } else {
      for (j = 0; j < i; ++j) {
        (*pEnv)->DeleteGlobalRef(pEnv, lArray[j]);
      }
      free(lArray);
      return;
    }
  }
```

보충 설명 |

자바 배열을 네이티브에서 C 코드로 혹은 그 반대로 전달해봤다. 자바 배열은 네이티브 C 코드에서 조작할 수 없고 전용 API로만 가능한 객체다.

기본형 배열 타입은 jbooleanArray와 jbyteArray, jcharArray, jdoubleArray, jfloatArray, jlongArray, jshortArray 등이 있다. 이 배열은 '집합'으로서 한 번에 여러 요소를 조작할 수 있다. 배열의 내용에 접근하기 위한 다양한 방법이 있다.

Get⟨기본형⟩ArrayRegion(), Set⟨기본형⟩ArrayRegion()	C 자바 배열의 내용을 네이티브 배열 혹은 반대로 복사한다. 네이티브 코드에서 지역 복사가 필요할 경우 가장 좋은 해결책이다.
Get⟨기본형⟩ArrayElements(), Set⟨기본형⟩ArrayElements(), Release⟨기본형⟩ArrayElements()	이 메소드 역시 유사한 기능을 수행하지만, 임시로 할당된 버퍼상에서 동작하거나 대상 배열을 직접 가리킨다. 이 버퍼는 사용 후 반드시 해제돼야 한다. 지역 데이터 복사가 필요 없을 때 유용하게 사용할 수 있다.

Get〈기본형〉ArrayCritical(), Release〈기본형〉ArrayCritical()	이 메소드는 대상 배열에 직접 접근(복사 대신)을 제공한다. 하지만 JNI 함수와 자바 콜백이 수행돼서는 안 된다는 제약이 따른다.

 최종 Store 프로젝트는 setBooleanArray()를 사용하는 Get〈기본형〉ArrayElements() 예제를 제공한다.

객체 배열은 기본형 배열과 달리 각 배열 요소가 가비지 컬렉션될 수 있는 레퍼런스라는 점에서 특별하다. 그 결과로 새로운 레퍼런스는 배열에 추가될 때 자동으로 등록된다. 즉, 호출 코드가 해당 레퍼런스를 삭제하더라도 배열은 여전히 레퍼런스를 참조한다. 객체 배열은 `GetObjectArrayElement()`와 `SetObjectArrayElement()`를 통해 조작될 수 있다.

완전한 JNI 기능에 대한 자세한 정보를 알고 싶다면 http://download.oracle.com/javase/1.5.0/docs/guide/jni/spec/functions.html을 참고한다.

JNI 예외 확인

JNI에서 예외를 발생시킬 수 있는 메소드(사실상 거의 대부분)는 신중히 확인할 필요가 있다. 반환 코드나 포인트가 돌아오면 무슨 일이 발생했는지 충분히 확인해야 한다. 하지만 때때로 자바 콜백이나 `GetIntArrayRegion()` 같은 메소드는 아무런 반환 코드가 없는 경우가 있다. 이런 경우 `ExceptionOccured()`나 `ExceptionCheck()`를 사용해 예외를 시스템적으로 확인해야 한다. `ExceptionOccured()`는 발생한 예외에 대한 참조를 포함하는 `jthwoable` 타입을 반환하며, `ExceptionCheck()`는 불리언Boolean을 반환한다.

예외가 발생하면 이후 발생한 호출은 다음과 같은 처리가 이뤄질 때까지 모두 실패한다.

- 메소드가 반환되고 예외가 전달된다.

- 또는 예외가 해제된다. 예외를 해제한다는 의미는 예외가 처리돼 자바로 전달되지 않음을 의미한다. 그 예는 다음과 같다.

```
Jthrowable lException;
pEnv->CallObjectMethod(pJNIEnv, ...);
lException = pEnv->ExceptionOccurred(pEnv);
if (lException) {
  // 코드 작성
  pEnv->ExceptionDescribe();
  pEnv->ExceptionClear();
  (*pEnv)->DeleteLocalRef(pEnv, lException);
}
```

여기서 ExceptionDescribe()는 자바의 printStackTrace()와 같이 예외 내용을 덤프하기 위한 유틸리티 루틴이다. 다음 메소드는 예외를 처리할 때 안전하게 사용할 수 있다.

DeleteLocalRef()	PushLocalFrame()
DeleteGlobalRef()	PopLocalFrame()
ExceptionOccured()	ReleaseStringChars()
ExceptionDescribe()	ReleaseStringUTFChars()
ExceptionOccured()	ReleaseStringCritical()
ExceptionDescribe()	Release〈기본형〉ArrayElements()
MonitorExit()	ReleasePrimitiveArraryCritical()

도전 과제 | 다른 배열 타입 처리

새롭게 습득한 지식을 활용해 다른 배열 타입(jbooleanArray, jbyteArray, jcharArray, jdoubleArray, jfloatArray, jlongArray, jshortArray)을 위한 store 메소드를 구현해보자. 구현을 마쳤다면 string 배열을 위한 동작을 작성해보자.

이 도전 과제 구현 결과는 예제 파일을 참조한다.

정리

3장에서는 자바와 C/C++ 통신 방법을 살펴봤다. 안드로이드는 이제 거의 두 가지의 언어를 구사하는 플랫폼이 됐다. 좀 더 정확히 얘기하면 기본형 타입으로 네이티브 코드를 호출하는 방법을 학습했다. 이러한 기본형 타입은 형 변환될 수 있게 C/C++와 동일한 타입을 갖는다. 그 후 객체를 전달해 객체 레퍼런스를 처리했다. 레퍼런스는 기본적으로 메소드에서 지역 레퍼런스로 사용되므로 메소드 영역 외에서 공유될 수 없다. 레퍼런스는 한정적이기 때문에 참조되는 수를 신중히 관리해야 한다. 그런 다음으로 전역 레퍼런스로 객체를 공유하고 저장해봤다. 전역 레퍼런스는 올바른 가비지 컬렉션을 보장할 수 있게 조심스럽게 삭제돼야 한다. 또한 문제가 발생했을 때 네이티브 코드에서 예외를 발생시켜 자바로 전달했으며, JNI에서 발생한 예외를 확인할 수 있었다. 예외가 발생했을 때 호출할 수 있는 JNI 정리 메소드에 대해서도 살펴봤다. 마지막으로 기본형 배열과 객체 배열을 조작해봤다. 배열은 네이티브 코드에서 조작될 때 VM에 의해 복사될 수도 있고 그렇지 않을 수도 있다. 성능 문제는 신중히 고려돼야 한다.

C/C++에서 자바를 호출하는 방법에는 좀 더 고민이 필요하다. 지금까지 예외를 통해 부분적인 개요만을 살펴봤다. 하지만 실제로 모든 자바 객체 혹은 메소드, 필드 등은 네이티브 코드에서 처리될 수 있다. 4장에서 좀 더 자세히 살펴본다.

4

네이티브 코드에서
자바 콜백 호출

JNI는 잠재력을 최대한 발휘해 C/C++에서 자바 코드를 호출할 수 있게 해준다. 네이티브 코드 자신이 자바에서 호출되기 때문에 콜백(callback)으로 불리기도 한다. 콜백 호출은 자바에서 직접 수행할 수 있는 거의 모든 기능을 지원하는 reflective API를 통해 수행된다. JNI에서 신중히 고려해야 할 다른 문제는 스레딩에 관한 부분이다. 네이티브 코드는 달빅 VM을 통해 관리되는 자바 스레드와 표준 POSIX로 생성된 네이티브 스레드에서 실행 가능하다. 확실한 점은 네이티브 스레드가 자바 스레드로 전환되지 않으면 JNI 코드를 호출할 수 없다는 점이다! JNI 프로그래밍을 하려면 모든 세부 요소에 대한 기반 지식이 필요하다. 4장에서는 이러한 주요 요소를 살펴본다.

버전 R5 이후로 안드로이드 NDK 역시 네이티브에서 자바 객체에 접근할 수 있게 bitmap이라는 중요한 새로운 API를 제공한다. bitmap API는 안드로이드 특정 기능으로 소형(하지만 강력한) 기기에서 동작하는 그래픽 애플리케이션에 성능을 높여주기 위한 목적으로 추가됐다. bitmap에 관한 설명을 위해 네이티브 코드에서 직접 카메라 피드(feed)를 디코딩하는 방법을 살펴본다.

4장에서 살펴볼 내용은 다음과 같다.

- JNI 컨텍스트를 네이티브 스레드로 전달

- 자바 스레드 동기화synchronization 처리

- 네이티브에서 자바 콜백 호출

- 네이티브 코드에서 자바 비트맵 처리

4장을 통해 자바와 C/C++ 간 양방향 통신 방법에 익숙해질 수 있다.

자바와 네이티브 스레드 동기화

이번 절에서는 데이터 저장소의 내용을 지속적으로 감시하는 watcher 백그라운드 스레드를 만들어본다. watcher 스레드는 모든 엔트리를 검색한 다음 정해진 시간 만큼 Sleep 모드에 진입한다. watcher 스레드가 미리 정의된 코드 내에서 특정 키 또는 값, 타입을 찾으면 그에 맞는 동작을 수행한다. 이번 절에서는 watcher 스레드가 각 엔트리를 반복할 때마다 watcher 카운터를 증가시키는 작업을 처리하고, 다음 절에서는 자바 콜백 동작 과정을 살펴본다.

물론 스레드에 동기화 처리가 필요하다. 네이티브 스레드는 사용자(UI 스레드를 이해하는)가 저장소를 수정하지 않는 동안에만 저장소에 접근과 수정을 허용한다. 네이티브 스레드는 C에 있지만, UI 스레드는 자바에 존재하기 때문에 다음과 같은 두 가지 방법을 고려할 수 있다.

- UI 스레드가 네이티브를 호출하는 중 값을 읽거나 쓸 때 뮤텍스mutex를 사용한다.

- 자바 모니터를 사용해 JNI로 네이티브 스레드를 동기화한다.

물론 4장에서는 JNI에 관한 내용을 다루기 때문에 두 번째 방법만 살펴본다.

최종 애플리케이션 구조는 다음과 같다.

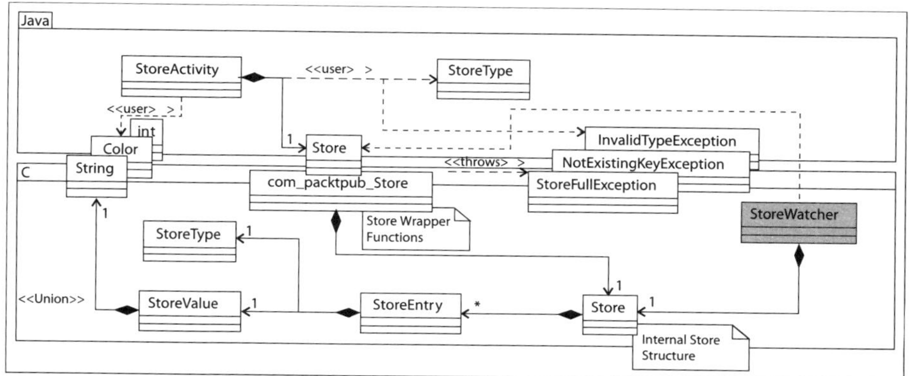

이 내용을 위한 시작점으로 제공하는 예제 프로젝트 Store_Part3-4를 참고하고, 프로젝트 결과는 Project_Store_Part4-1을 참고한다.

실습 예제 | 백그라운드 스레드 실행

먼저 자바에 몇 가지 동기화 기능을 추가해보자.

1 3장에서 작성한 Store.java를 연다. 두 개의 새로운 네이티브 메소드 initializeStore()와 finalizeStore()를 작성해 각기 액티비티가 시작/중지될 때 watcher 스레드 시작/중지와 store를 초기화/해제한다.

모든 Store 클래스의 게터getter와 세터setter에 동기화synchronization 처리를 함으로써 watcher 스레드가 store 엔트리를 반복하는 동안 접근/수정을 막는다.

```java
public class Store {
  static {
    System.loadLibrary("store");
  }

  public native void initializeStore();
  public native void finalizeStore();
```

```java
public native synchronized int getInteger(String pKey)
    throws NotExistingKeyException, InvalidTypeException;
public native synchronized void setInteger(String pKey,
            int pInt);
// 다른 게터와 세터 역시 동기화된다.
}
```

2 액티비티가 시작되고 중단될 때 initialization 메소드와 finalization 메소드를 호출한다. Store가 초기화될 때 정수형의 watcherCounter 엔트리를 생성한다. 이 엔트리는 watcher에 의해 자동으로 업데이트된다.

```java
public class StoreActivity extends Activity {
    private EditText mUIKeyEdit, mUIValueEdit;
    private Spinner mUITypeSpinner;
    private Button mUIGetButton, mUISetButton;
    private Store mStore;

    @Override
    public void onCreate(Bundle savedInstanceState) {
        super.onCreate(savedInstanceState);
        setContentView(R.layout.main);

        // 구성 요소를 초기화한 후 버튼을 핸들러에 바인딩한다.
        ...
        // 네이티브 측 store를 초기화한다.
        mStore = new Store();
    }

    @Override
    protected void onStart() {
        super.onStart();
        mStore.initializeStore();
        mStore.setInteger("watcherCounter", 0);
    }

    @Override
```

```java
    protected void onStop() {
        super.onStop();
        mStore.finalizeStore();
    }
    ...
    }
```

자바 측은 네이티브 메소드의 초기화/해제 준비가 완료됐다.

3 jni 폴더에 새로운 **StoreWatcher.h**를 생성하고 `Store`와 JNI, 네이티브 스레드 헤더를 인클루드_{include}한다.

`watcher`는 일정한 시간 간격(여기서는 3초)으로 업데이트되는 `Store` 인스턴스에서 동작한다. 다음은 `watcher`에 필요한 내용이다.

- □ 스레드 간 안전하게 공유될 수 있는 유일한 객체인 `JavaVM`

- □ 동기화를 적용할 대상 자바 객체, 여기서는 동기화된 메소드를 포함하고 있는 자바 `Store` 객체

- □ 스레드 관리용 변수

4 마지막으로 초기화 이후 네이티브 스레드를 시작하거나 중지하기 위한 두 개의 메소드를 정의한다.

```c
#ifndef _STOREWATCHER_H_
#define _STOREWATCHER_H_

#include "Store.h"
#include <jni.h>
#include <stdint.h>
#include <pthread.h>

#define SLEEP_DURATION 5
#define STATE_OK 0
#define STATE_KO 1

typedef struct {
```

```cpp
    // 네이티브 변수
    Store* mStore;

    // 캐시된 JNI 레퍼런스
    JavaVM* mJavaVM;
    jobject mStoreFront;

    // 스레드 변수
    pthread_t mThread;
    int32_t mState;
} StoreWatcher;

void startWatcher(JNIEnv* pEnv, StoreWatcher* pWatcher,
                  Store* pStore, jobject pStoreFront);

void stopWatcher(JNIEnv* pEnv, StoreWatcher* pWatcher);

#endif
```

5 jni/StoreWatcher.h를 생성하고 추가로 `private` 메소드를 정의한다.

- **`runWatcher()`** 네이티브 스레드 메인 루프를 나타낸다.

- **`processEntry()`** `watcher`가 엔트리를 반복하는 동안 호출된다.

- **`getJNIEnv()`** 현재 스레드에 대한 JNI 환경을 반환한다.

- **`deleteGlobalRef()`** 이전에 생성된 전역 레퍼런스를 삭제한다.

```cpp
#include "StoreWatcher.h"
#include <unistd.h>

void deleteGlobalRef(JNIEnv* pEnv, jobject* pRef);
JNIEnv* getJNIEnv(JavaVM* pJavaVM);

void* runWatcher(void* pArgs);
void processEntry(JNIEnv* pEnv, StoreWatcher* pWatcher,
                  StoreEntry* pEntry);

...
```

6 jni/StoreWatcher.c에 UI 스레드에서 호출된 StoreWatcher 구조체를 설정하고
POSIX 기본형으로 watcher 스레드를 시작하게 startWatcher()를 구현한다.

7 UI 스레드는 watcher 스레드가 엔트리를 확인하는 순간 동시에 store 항목에
접근할 수 있기 때문에 객체가 동기화되게 유지해야 한다. 이제 게터와 세터
모두 동기화되는 Store 클래스를 사용해보자.

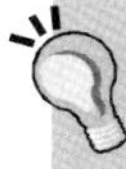

자바에서 동기화는 항상 객체를 대상으로 수행된다. 자바 메소드를 synchronized 키워드
로 정의하면 자바는 synchronized(this) { doSomething(); ...}처럼 남모르게 this(현재
객체)를 동기화하게 된다.

```c
...
void startWatcher(JNIEnv* pEnv, StoreWatcher* pWatcher,
    Store* pStore, jobject pStoreFront) {
  // StoreWatcher 구조체를 초기화 한다.
  memset(pWatcher, 0, sizeof(StoreWatcher));
  pWatcher->mState = STATE_OK;
  pWatcher->mStore = pStore;
  // VM 캐시
  if ((*pEnv)->GetJavaVM(pEnv, &pWatcher->mJavaVM) != JNI_OK) {
    goto ERROR;
  }

  // 객체 캐시
  pWatcher->mStoreFront = (*pEnv)->NewGlobalRef
      (pEnv, pStoreFront);
  if (pWatcher->mStoreFront == NULL) goto ERROR;

  // 네이티브 스레드를 초기화하고 구동한다. 코드를 간결함을 위해
  // 별도의 에러 결과는 확인하지 않는다(하지만 확인해야 한다).
  pthread_attr_t lAttributes;
  int lError = pthread_attr_init(&lAttributes);
```

```c
    if (lError) goto ERROR;

    lError = pthread_create(&pWatcher->mThread, &lAttributes,
                            runWatcher, pWatcher);
    if (lError) goto ERROR;
    return;

ERROR:
    stopWatcher(pEnv, pWatcher);
    return;
}
...
```

8 StoreWatcher.c에서 스레드가 시작될 때 호출되는 도우미 메소드 `getJNIEnv()`를 구현한다. `watcher` 스레드는 네이티브이며, 이는 다음을 의미한다.

□ JNI 환경은 필요 없으므로 `watcher` 스레드에 대해 **JNI**가 기본적으로 비활성화된다.

□ 자바에 의해 초기화되지 않고 '자바 루트'도 없다. 즉, 콜 스택call stack을 봐도 자바 메소드를 찾아볼 수 없다.

네이티브 스레드의 중요한 속성 중 하나는 자바 루트를 갖지 않는다는 점이다. 이는 JNI가 직접 자바 클래스를 로딩하기 때문이다. 실제로 네이티브 스레드는 클래스 로더(class loader) 자바 애플리케이션으로 접근할 수 없다. 오직 시스템 클래스를 갖는 부트스트랩 클래스 로더만 가능하다. 반면 자바 스레드는 항상 자바 루트를 가지므로 애플리케이션 클래스를 갖는 애플리케이션 클래스 로드에 접근할 수 있다.

이 문제에 대한 해답은 적절한 자바 스레드 내에서 클래스를 로드한 후 네이티브 스레드로 공유하는 것이다.

9 네이티브 스레드는 `JNIEnv`를 얻기 위해 `AttachCurrentThread()`를 통해 **VM**에 연결된다. 이 **JNI** 환경은 현재 스레드에 국한되며 다른 스레드(안전하게 공유될

수 있는 JavaVM 객체가 아닌)와는 공유될 수 없다. 내부적으로 VM은 새로운 Thread 객체를 만들어 다른 모든 자바 스레드처럼 메인 스레드 그룹에 추가한다.

```
...
JNIEnv* getJNIEnv(JavaVM* pJavaVM) {
  JavaVMAttachArgs lJavaVMAttachArgs;
  lJavaVMAttachArgs.version = JNI_VERSION_1_6;
  lJavaVMAttachArgs.name = "NativeThread";
  lJavaVMAttachArgs.group = NULL;

  JNIEnv* lEnv;
  if ((*pJavaVM)->AttachCurrentThread(pJavaVM, &lEnv,
      &lJavaVMAttachArgs) != JNI_OK) {
    lEnv = NULL;
  }
  return lEnv;
}
...
```

10 가장 중요한 메소드는 메인 스레드 루프인 runWatcher()다. 이제 UI 스레드에 대한 내용보다 watcher 스레드에 대해 살펴보자. 따라서 동작하는 JNI 환경을 얻어오기 위해 watcher 스레드를 VM에 연결해야 한다.

11 이 스레드는 오직 일정한 시간 간격으로 동작하고 Sleep에 빠진다. Sleep에서 벗어날 때 스레드는 안전하게 접근하기 위해 크리티컬 섹션(즉, 동기화 된) 내에서 각 엔트리 반복을 시작한다. 실제로 UI 스레드(즉, 사용자)는 언제든 엔트리 값을 변경할 수 있다.

12 크리티컬 섹션은 자바의 synchronized 키워드와 완전히 동일한 속성을 갖는 JNI 모니터로 구분된다. 분명히 MonitorEnter()와 MonitorExit()는 게터와 세터로 올바르게 동기화하기 위해 mStoreFront 객체를 잠그고 해제할 수 있어야 한다. 이를 통해 모니터/동기화된 블록에 도달한 첫 번째 스레드가 섹션에 진입하게 되며, 작업을 완료할 때까지 다른 스레드가 문 앞에서 대기하게 보장해준다.

13 스레드는 UI 스레드(stopWatcher())에 의해 상태 값이 바뀔 때 루프를 벗어나고
종료한다. 종료돼야 할 연결된 스레드는 나중에 자원을 올바르게 해제할 수 있
게 VM에서 분리돼야 한다.

```
...
void* runWatcher(void* pArgs) {
  StoreWatcher* lWatcher = (StoreWatcher*) pArgs;
  Store* lStore = lWatcher->mStore;
  JavaVM* lJavaVM = lWatcher->mJavaVM;

  JNIEnv* lEnv = getJNIEnv(lJavaVM);
  if (lEnv == NULL) goto ERROR;

  int32_t lRunning = 1;
  while (lRunning) {
    sleep(SLEEP_DURATION);

    StoreEntry* lEntry = lWatcher->mStore->mEntries;
    int32_t lScanning = 1;
    while (lScanning) {
      // 한 번에 하나의 스레드에 대한 크리티컬 섹션 시작
      // 엔트리는 추가되거나 수정될 수 없다.
      (*lEnv)->MonitorEnter(lEnv, lWatcher->mStoreFront);
      lRunning = (lWatcher->mState == STATE_OK);
      StoreEntry* lEntryEnd = lWatcher->mStore->mEntries
                            + lWatcher->mStore->mLength;
      lScanning = (lEntry < lEntryEnd);

      if (lRunning && lScanning) {
        processEntry(lEnv, lWatcher, lEntry);
      }

      // 크리티컬 섹션 종료
      (*lEnv)->MonitorExit(lEnv, lWatcher->mStoreFront);
      // 다음 요소로 이동한다.
      ++lEntry;
```

```c
    }
  }

ERROR:
  (*lJavaVM)->DetachCurrentThread(lJavaVM);
  pthread_exit(NULL);
}
...
```

14 StoreWatcher에서 `watcherCounter` 엔트리를 찾아 값을 증가시키게
`processEntry()`를 작성한다.

```c
...
void processEntry(JNIEnv* pEnv, StoreWatcher* pWatcher,
    StoreEntry* pEntry) {
  if ((pEntry->mType == StoreType_Integer)
      && (strcmp(pEntry->mKey, "watcherCounter") == 0)) {
    ++pEntry->mValue.mInteger;
  }
}
...
```

15 마지막으로 **Jni/StoreWatcher.c** 파일에 `stopWatcher()`를 작성한다.

`stopWatcher()`는 UI 스레드에서 실행되며, `watcher` 스레드를 종료하고 모든
전역 레퍼런스를 해제한다. 해제를 위한 `deleteGlobalRef()` 도우미 유틸리티
를 구현해 다음 부분에서 코드를 더욱 간결하게 만들 수 있게 하자. `mState`는
스레드 간 공유되는 변수이며, 크리티컬 섹션 내에서 접근돼야 한다는 점에 유의
하자.

```c
...
void deleteGlobalRef(JNIEnv* pEnv, jobject* pRef) {
  if (*pRef != NULL) {
    (*pEnv)->DeleteGlobalRef(pEnv, *pRef);
    *pRef = NULL;
```

```
    }
  }

  void stopWatcher(JNIEnv* pEnv, StoreWatcher* pWatcher) {
    if (pWatcher->mState == STATE_OK) {
      // watcher 스레드가 정지하기를 기다린다.
      (*pEnv)->MonitorEnter(pEnv, pWatcher->mStoreFront);
      pWatcher->mState = STATE_KO;
      (*pEnv)->MonitorExit(pEnv, pWatcher->mStoreFront);
      pthread_join(pWatcher->mThread, NULL);

      deleteGlobalRef(pEnv, &pWatcher->mStoreFront);
    }
  }
```

16 javah를 이용해 JNI 헤더 파일을 생성한다.

17 마지막으로 *jni/com_packtpub_Store*.c 파일을 열어 store 항목을 포함하는 정적
Store 변수를 정의하고, watcher 스레드를 생성하고 실행하는 initializeStore()
와 스레드를 중단하고 엔트리를 해제하는 finalizeStore()를 정의한다.

```
#include "com_packtpub_Store.h"
#include "Store.h"
#include "StoreWatcher.h"
#include <stdint.h>
#include <string.h>

static Store mStore;
static StoreWatcher mStoreWatcher;

JNIEXPORT void JNICALL Java_com_packtpub_Store_initializeStore
    (JNIEnv* pEnv, jobject pThis) {
  mStore.mLength = 0;
  startWatcher(pEnv, &mStoreWatcher, &mStore, pThis);
}
```

```c
JNIEXPORT void JNICALL Java_com_packtpub_Store_finalizeStore
    (JNIEnv* pEnv, jobject pThis) {
  // 백그라운드 스레드를 중단한다.
  stopWatcher(pEnv, &mStoreWatcher);

  StoreEntry* lEntry = mStore.mEntries;
  StoreEntry* lEntryEnd = lEntry + mStore.mLength;
  while (lEntry < lEntryEnd) {
    free(lEntry->mKey);
    releaseEntryValue(pEnv, lEntry);

    ++lEntry;
  }
  mStore.mLength = 0;
}
...
```

18 Android.mk 파일에 StoreWatcher.c를 추가한다.

19 애플리케이션을 컴파일한 후 실행한다.

보충 설명 |

백그라운드 네이티브 스레드를 생성하고 JNI 환경을 얻어올 수 있게 달빅 VM에
스레드를 연결했다. 그런 다음 올바르게 동기화 문제를 처리할 수 있게 자바와 네이
티브 스레드를 동기화했다. Store는 애플리케이션이 시작되고 중단될 때 초기화
된다.

네이티브 측에서는 synchronized 키워드와 같은 JNI 모니터를 통해 동기화가 수
행된다. 자바 스레드는 내부적으로 POSIX 기본형 기반이므로 POSIX 뮤텍스를 사
용해 완전한 네이티브(즉, 자바 기본형에 의존하지 않는) 스레드 동기화를 구현할 수도
있다.

```
pthread_mutex_t lMutex;
pthread_cond_t lCond;

// 동기화 변수 초기화
pthread_mutex_init(&lMutex, NULL);
pthread_cond_init(&lCond, NULL);

// 크리티컬 섹션에 진입한다.
pthread_mutex_lock(&lMutex);

// 조건을 기다린다.
While (needToWait)
pthread_cond_wait(&lCond, &lMutex);

// 작업 추가...

// 다른 스레드를 깨운다.
pthread_cond_broadcast(&lCond);

// 크리티컬 섹션을 빠져나간다.
pthread_mutex_unlock(&lMutex);
```

플랫폼에 따라 서로 다른 모델 기반의 자바 스레드 동기화와 네이티브 동기화를 혼합해 사용하는 것(예를 들어 그린 스레드를 구현한 플랫폼)은 위험한 시도로 여겨진다(그린 스레드는 자바 가상 머신 내부에서 제공하는 스레드를 의미한다 – 옮긴이). 안드로이드는 이러한 문제를 염두에 두지 않았으므로 이식성 좋은 네이티브 코드를 작성하고자 한다면 반드시 고려해야 한다.

마지막으로 자바와 C/C++는 유사하지만 약간은 다른 의미semantics를 갖는 다른 언어라는 점을 강조하고 싶다. 따라서 C/C++가 자바처럼 동작한다고 생각하지 않도록 항상 주의해야 한다. 예를 들면 volatile은 자바와 C/C++의 서로 다른 메모리 모델을 따르므로 서로 다른 의미를 가진다.

158

스레드 연결과 분리

JavaVM 인스턴스를 얻는 좋은 위치는 `JNI_OnLoad()` 다. `JNI_OnLoad()` 는 콜백
함수로 네이티브 라이브러리에서 선언/구현해 라이브러리가 메모리에 로드됐을 때
(자바에서 `System.loadLibrary()` 를 호출할 때) 통지 받을 수 있다. 또한 다음 절에서 살펴
보겠지만 JNI 디스크립터 캐시를 수행하기 위한 좋은 위치이기도 하다.

```
JavaVM* myGlobalJavaVM;

jint JNI_OnLoad(JavaVM* pVM, void* reserved) {
  myGlobalJavaVM = pVM;

  JNIEnv *lEnv;
  if (pVM->GetEnv((void**) &lEnv, JNI_VERSION_1_6) != JNI_OK) {
    // 문제 발생
    return -1;
  }
  return JNI_VERSION_1_6;
}
```

`watcher` 스레드와 같이 연결된 스레드는 반드시 액티비티가 종료되기 전에 분리돼
야 한다. 달빅은 분리되지 않은 스레드를 감지해 중지시키고 로그 메시지에 지저분
한 크래시 덤프를 남긴다. 분리될 때 열려있는 모든 모니터는 해제되고 모든 대기
스레드에 통지된다.

안드로이드 2.0 이후로 스레드를 시스템적으로 분리하기 위해 `pthread_key_create()`
와 `DetachCurrentThread()` 를 이용해 소멸자 콜백을 네이티브 스레드로 바인딩
하는 기술이 소개됐다. JNI 환경은 `pthread_setspecific()` 을 통해 스레드 로컬
저장소에 저장될 수 있으며, 그 결과로 소멸자에 인수로 전달된다.

연결/분리는 언제든 수행될 수 있지만, 처리 비용이 크기 때문에 가급적 한 번 혹은 꼭
필요한 경우에 사용하는 것이 좋다.

자바와 네이티브 코드 생명주기

Store_Part3-4와 Store_Part4-1을 비교하면 Store_Part3-4의 실행 사이에 값이 남아있음을 확인할 수 있을 것이다. 이것은 네이티브 라이브러리가 일반적인 안드로이드 액티비티와 다른 생명주기를 갖고 있기 때문이다. 어떤 이유(스크린 방향 전환)로 액티비티가 종료되고 재생성되면 모든 데이터는 자바 액티비티에서 사라진다.

하지만 네이티브 라이브러리와 그 전역 데이터는 메모리에 남아있을 것이다. 데이터는 실행 사이에 유지되며, 이것은 메모리 관리에 영향을 준다. 애플리케이션 실행 사이에 데이터를 유지하고 싶지 않다면 애플리케이션이 종료될 때 신중히 메모리를 해제하자

이벤트 생성과 종료 처리

onDestroy() 이벤트는 가끔씩 액티비티 인스턴스가 재생성된 후에 실행되는 것으로 유명하다. 즉, 인스턴스가 재생성되고 몇 초 이후에 예기치 않게 액티비티 파괴가 일어날 수 있다. 실제로 메모리 에러나 누수의 원인이 되기도 한다.

이런 문제를 해결하기 위한 다양한 방법이 있다.

- 가능하다면 다른 이벤트(onStart()와 onStop() 같은)에서 데이터를 생성하고 종료한다. 하지만 어딘가에 데이터를 보존해야 한다면 반응성에 영향을 줄 수 있다.

- onCreate()에서만 데이터를 파괴한다. 애플리케이션이 백그라운드에서 동작하고 있는 동안에는 메모리를 해제하지 못하는 불편함이 있다.

- 네이티브 측에 전역 데이터(즉, 정적 변수)를 할당하지 않고 자바 측에 네이티브 데이터의 포인터를 저장한다(액티비티가 생성되고 포인터를 int로 형 변환해 자바로 보낼 때 메모리를 할당한다). 이후 모든 JNI 호출은 매개변수로 포인터를 전달해 수행해야 한다.

- 자바 측에서 변수를 사용해 새로운 인스턴스가 재생성(onCreate())된 후 액티비티

종료(onDestroy())가 발생한 경우를 탐지한다.

실행 사이에 JNIEnv를 캐시하지 말자!

안드로이드 애플리케이션은 언제든 파괴되고 재생성될 수 있다. JNIEnv가 네이티브 측에 캐시되는 동안 애플리케이션이 종료되면 레퍼런스가 무효화된다. 따라서 애플리케이션이 재생성될 때마다 새로운 레퍼런스를 받아 사용하는 것이 좋다.

네이티브 코드에서 자바 콜백 호출

3장에서 JNI 메소드 FindClass()를 사용해 자바 클래스 디스크립터를 얻는 방법을 살펴봤다. 하지만 아직도 배가 고프다. 일반적인 자바 개발자라면 자바 reflection API를 떠올릴 것이다. 비슷하게 JNI는 자바 객체 필드를 수정하거나 자바 메소드 실행, 정적 멤버 접근이 가능하지만 네이티브 코드에서 가능한 일이다. 자바 코드가 자바로부터 계승된 네이티브 코드로부터 동작하기 때문에 일반적으로 콜백이라고 부른다. 하지만 이것은 단순한 경우에 해당된다. JNI는 스레드와 밀접하게 결합돼 있기 때문에 네이티브 스레드에서 자바 코드를 실행하는 것이 좀 더 어렵다. VM으로 스레드를 연결하는 것만이 해결책이다.

Store 프로젝트의 마지막 절로 watcher 스레드를 보강해 비정상적인 값(예, 정의된 범위를 초과하는 정수)인 경우 자바 액티비티에 알리게 해보자. JNI 콜백을 사용해 네이티브 코드와 자바 간 통신을 초기화해보자.

Store_Part4-1 프로젝트는 이번 절을 위한 시작점으로 사용된다. 결과 프로젝트는 Store_Part4-2에 있다.

자바 측 코드를 수정해보자.

1 네이티브 코드에서 자바 코드와 통신하는 메소드를 정의할 수 있게 다음과 같이 StoreListener 인터페이스를 작성한다.

```java
public interface StoreListener {
    public void onAlert(int pValue);

    public void onAlert(String pValue);

    public void onAlert(Color pValue);
}
```

2 Store.java를 열어 일부 내용을 수정한다.

  □ Handler 멤버를 선언한다. Handler는 생성된 스레드(여기서는 UI 스레드)와 관련된 메시지 큐다. 모든 스레드에서 전달된 메시지는 모두 초기 스레드상에서 마술처럼 처리돼 내부 큐에 수신된다. 핸들러는 안드로이드에서 대중적이고 쉬운 스레드 간 통신 기술이다.

  □ watcher 스레드에서 받은 메시지(즉, 메소드 호출)가 전달될 수 있게 StoreListener 위임delegate을 선언한다. 나중에 StoreActivity에 전달할 것이다.

  □ 대상 위임 리스너를 추가하기 위해 Store 생성자를 변경한다.

  □ StoreListener 인터페이스와 관련 메소드를 구현한다. 경고 메시지는 Runnable 작업task에 기록돼 최종 리스너가 안전하게 동작 중인 대상 스레드로 전달된다.

```java
public class Store implements StoreListener {
    static {
        System.loadLibrary("store");
    }
}
```

```java
private Handler mHandler;
private StoreListener mDelegateListener;

public Store(StoreListener pListener) {
  mHandler = new Handler();
  mDelegateListener = pListener;
}

public void onAlert(final int pValue) {
  mHandler.post(new Runnable() {
    public void run() {
      mDelegateListener.onAlert(pValue);
    }
  });
}

public void onAlert(final String pValue) {
  mHandler.post(new Runnable() {
    public void run() {
      mDelegateListener.onAlert(pValue);
    }
  });
}

public void onAlert(final Color pValue) {
  mHandler.post(new Runnable() {
    public void run() {
      mDelegateListener.onAlert(pValue);
    }
  });
}
...
}
```

3 Color 클래스를 수정해 동등성을 확인하는 메시지를 추가한다. 나중에 watcher 스레드에서 엔트리와 참조 색상을 비교하는 데 사용할 것이다.

```java
public class Color {
  private int mColor;

  public Color(String pColor) {
    super();
    mColor = android.graphics.Color.parseColor(pColor);
  }

  @Override
  public String toString() {
    return String.format("#%06X", mColor);
  }

  @Override
  public int hashCode() {
    return mColor;
  }

  @Override
  public boolean equals(Object pOther) {
    if (this == pOther) {
      return true;
    }
    if (pOther == null) {
      return false;
    }
    if (getClass() != pOther.getClass()) {
      return false;
    }
    Color pColor = (Color) pOther;
    return (mColor == pColor.mColor);
  }
```

    }

4 StoreActivity.java를 열고 `StoreListener` 인터페이스를 구현한다. 경고 메시지를 받으면 간단한 토스트 메시지가 나타난다. `Store` 생성자 호출을 올바르게 변경한다. 이는 내부 `Handler`가 메시지 처리를 어떤 스레드에서 수행할지를 결정하는 시점이므로 잘 알아두자.

```java
public class StoreActivity extends Activity {
    private EditText mUIKeyEdit, mUIValueEdit;
    private Spinner mUITypeSpinner;
    private Button mUIGetButton, mUISetButton;
    private Store mStore;

    @Override
    public void onCreate(Bundle savedInstanceState) {
        super.onCreate(savedInstanceState);
        setContentView(R.layout.main);

        // 구성 요소를 초기화한 후 버튼을 핸들러에 바인딩한다.
        ...

        // 네이티브 측 store를 초기화한다.
        mStore = new Store(this);
    }

    ...

    public void onAlert(int pValue) {
        displayError(String.format("%1$d is not an allowed integer",
                    pValue));
    }

    public void onAlert(String pValue) {
        displayError(String.format("%1$s is not an allowed string",
                    pValue));
    }
```

```java
public void onAlert(Color pValue) {
  displayError(String.format("%1$s is not an allowed color",
              pValue.toString()));
  }
}
```

자바 측은 콜백을 수신할 준비를 마쳤다. 이제 콜백을 사용하는 네이티브 코드로
돌아가 보자.

5 jni/StoreWatcher.c 파일을 연다. StoreWatcher 구조체는 이미 자바 Store에
접근할 수 있게 돼 있지만 메소드 호출(예, Store.onAlert())을 위해서는 몇 가지
작업을 더 해줘야 한다. reflection API로 작업했듯이 적절한 클래스와 메소드
디스크립터를 정의한다. Color.equals()처럼 하면 된다.

6 추가적으로 watcher에 의해 색상 비교를 위해 사용될 Color 객체의 레퍼런스를
선언한다. 모든 동일 색상은 경고로 간주된다.

여기서 다룰 내용은 매번 JNI 호출을 방지하기 위한 캐시 레퍼런스다. 캐시는 두 가지
이점을 제공한다. 우선 성능을 향상시킨다(JNI 룩업은 캐시 접근 처리 비용이 비싸다).
또한 네이티브 스레드가 애플리케이션 클래스 로더에의 접근 권한을 갖고 있지 않기 때문
에 네이티브 스레드로 JNI 레퍼런스를 제공하기 위한 유일한 방법으로 사용된다.

```c
#ifndef _STOREWATCHER_H_
#define _STOREWATCHER_H_

...

typedef struct {
  // 네이티브 변수
  Store* mStore;

  // JNI 레퍼런스 캐시
```

```c
    JavaVM* mJavaVM;
    jobject mStoreFront;
    jobject mColor;
    // 클래스
    jclass ClassStore;
    jclass ClassColor;
    // 메소드
    jmethodID MethodOnAlertInt;
    jmethodID MethodOnAlertString;
    jmethodID MethodOnAlertColor;
    jmethodID MethodColorEquals;

    // 스레드 변수
    pthread_t mThread;
    int32_t mState;
} StoreWatcher;
...
```

7 jni 디렉토리에서 StoreWatcher.c 구현 파일을 연다. 전역 레퍼런스를 생성하고 엔트리를 처리하기 위한 도우미 메소드를 선언한다.

8 지역 레퍼런스를 전역 레퍼런스로 변환하는 `makeGlobalRef()`를 구현한다. 이 함수는 지역 레퍼런스의 올바른 삭제 처리와 **NULL** 값을 처리(이전 명령에서 에러가 발생하는 경우)를 보장해주는 '지름길'이다.

```c
#include "StoreWatcher.h"
#include <unistd.h>

void makeGlobalRef(JNIEnv* pEnv, jobject* pRef);
void deleteGlobalRef(JNIEnv* pEnv, jobject* pRef);
JNIEnv* getJNIEnv(JavaVM* pJavaVM);

void* runWatcher(void* pArgs);
void processEntry(JNIEnv* pEnv, StoreWatcher* pWatcher,
                  StoreEntry* pEntry);
```

```c
void processEntryInt(JNIEnv* pEnv, StoreWatcher* pWatcher,
                     StoreEntry* pEntry);
void processEntryString(JNIEnv* pEnv, StoreWatcher* pWatcher,
                        StoreEntry* pEntry);
void processEntryColor(JNIEnv* pEnv, StoreWatcher* pWatcher,
                       StoreEntry* pEntry);

void makeGlobalRef(JNIEnv* pEnv, jobject* pRef) {
  if (*pRef != NULL) {
    jobject lGlobalRef = (*pEnv)->NewGlobalRef(pEnv, *pRef);
    // 더 이상 지역 레퍼런스가 필요 없다.
    (*pEnv)->DeleteLocalRef(pEnv, *pRef);
    // 여기서 lGlobalRef는 null일 수도 있다.
    *pRef = lGlobalRef;
  }
}

void deleteGlobalRef(JNIEnv* pEnv, jobject* pRef) {
  if (*pRef != NULL) {
    (*pEnv)->DeleteGlobalRef(pEnv, *pRef);
    *pRef = NULL;
  }
}
```

9 아직도 StoreWatcher.c에 커다란 부분이 남아있다. 이전에 다뤘던 내용을 기억하고 있다면 `startWatcher()` 메소드는 UI 스레드에서 호출돼 `watcher`를 초기화하고 실행한다는 사실을 알고 있을 것이다. 즉, 이 부분은 JNI 디스크립터를 캐시하기 위한 완벽한 지점이다. UI 스레드가 자바 스레드이기 때문에 사실상 거의 유일한 위치이며, 애플리케이션 클래스 로더에 완전한 접근 권한을 갖는다. 하지만 네이티브 스레드에서 JNI 디스크립터를 캐시하고자 한다면 나중에 시스템 클래스 로더로의 접근 권한만 갖게 되며, 나머지에 대해서는 어떠한 권한도 가질 수 없다!

10 누구나 절대 패키지 경로를 사용해 클래스 디스크립터를 찾을 수 있다(예를 들어
com/packtpub/Store). 클래스는 객체이기 때문에 네이티브 스레드에서 객체를 공유
하기 위한 유일한 방법은 전역 레퍼런스로 변환하는 것이다. 레퍼런스인
`jmethodID`와 `jfieldID`처럼 'IDs'에 대해서는 불가능하다.

```
...
void startWatcher(JNIEnv* pEnv, StoreWatcher* pWatcher,
    Store* pStore, jobject pStoreFront) {
  // StoreWatcher 구조체를 초기화한다.
  memset(pWatcher, 0, sizeof(StoreWatcher));
  pWatcher->mState = STATE_OK;
  pWatcher->mStore = pStore;
  // VM을 캐시한다.
  if ((*pEnv)->GetJavaVM(pEnv, &pWatcher->mJavaVM) != JNI_OK) {
    goto ERROR;
  }

  // 클래스를 캐시한다.
  pWatcher->ClassStore = (*pEnv)->FindClass(pEnv,
      "com/packtpub/Store");
  makeGlobalRef(pEnv, &pWatcher->ClassStore);
  if (pWatcher->ClassStore == NULL) goto ERROR;

  pWatcher->ClassColor = (*pEnv)->FindClass(pEnv,
      "com/packtpub/Color");
  makeGlobalRef(pEnv, &pWatcher->ClassColor);
  if (pWatcher->ClassColor == NULL) goto ERROR;
...
```

11 `start_watcher()`에서 클래스 디스크립터를 통해 메소드 디스크립터를 가져
온다. 동일한 이름의 다른 오버로딩을 구별할 수 있게 미리 정의된 형식의 메소
드 디스크립션이 필요하다. 예를 들면 (I)V는 정수형 값을 기대하며 void를
반환함을 의미하고, (Ljava/lang/String;)V는 String이 매개변수로 전달됨
을 의미한다. 생성자 디스크립터도 메소드 이름으로 항상 <init>을 사용하고

반환형을 갖지 않는 점을 제외하고는 동일한 방법으로 가져올 수 있다.

```
...
    // 자바 메소드를 캐시한다.
    pWatcher->MethodOnAlertInt = (*pEnv)->GetMethodID(pEnv,
        pWatcher->ClassStore, "onAlert", "(I)V");
    if (pWatcher->MethodOnAlertInt == NULL) goto ERROR;

    pWatcher->MethodOnAlertString = (*pEnv)->GetMethodID(pEnv,
        pWatcher->ClassStore, "onAlert", "(Ljava/lang/String;)V");
    if (pWatcher->MethodOnAlertString == NULL) goto ERROR;

    pWatcher->MethodOnAlertColor = (*pEnv)->GetMethodID(pEnv,
        pWatcher->ClassStore, "onAlert", "(Lcom/packtpub/Color;)V");
    if (pWatcher->MethodOnAlertColor == NULL) goto ERROR;

    pWatcher->MethodColorEquals = (*pEnv)->GetMethodID(pEnv,
        pWatcher->ClassColor, "equals", "(Ljava/lang/Object;)Z");
    if (pWatcher->MethodColorEquals == NULL) goto ERROR;

    jmethodID ConstructorColor = (*pEnv)->GetMethodID(pEnv,
        pWatcher->ClassColor, "<init>", "(Ljava/lang/String;)V");
    if (ConstructorColor == NULL) goto ERROR;
...
```

12 같은 `start_watcher()` 메소드에서 전역 레퍼런스로 객체 인스턴스를 캐시한다. 매개변수는 실제로 해제될 필요 없는 지역 레퍼런스이기 때문에 자바 Store 앞단에서 `makeGlobalRef()` 유틸리티를 사용하면 안 된다.

13 `Color`는 참조된 객체 내부에 있으므로 다른 객체처럼 캐시한다. `Color` 객체는 `NetObject()` 호출로 JNI를 통해 초기화되며, 매개변수로 생성자 디스크립터를 받는다.

```
...
    // 객체를 캐시한다.
    pWatcher->mStoreFront = (*pEnv)->NewGlobalRef(pEnv, pStoreFront);
```

```
    if (pWatcher->mStoreFront == NULL) goto ERROR;
    // 새로 흰색을 생성하고 전역 레퍼런스로 유지한다.
    jstring lColorString = (*pEnv)->NewStringUTF(pEnv, "white");
    if (lColorString == NULL) goto ERROR;

    pWatcher->mColor = (*pEnv)->NewObject(pEnv, pWatcher->ClassColor,
        ConstructorColor, lColorString);
    makeGlobalRef(pEnv, &pWatcher->mColor);
    if (pWatcher->mColor == NULL) goto ERROR;

    // 네이티브 스레드를 구동한다.
      ...
    return;

ERROR:
    stopWatcher(pEnv, pWatcher);
    return;
}
...
```

14 같은 파일에서 개별 엔트리 타입을 처리하게 `processEntry()`를 재작성한다. 정수형이 범위 [-1000,1000] 안에 있는지 확인해 조건을 벗어난 경우 경고를 보낸다. 자바 객체에서 자바 메소드를 호출하기 위해 JNI 환경을 이용해 `CallVoidMethod()`를 사용한다. 이것은 호출된 자바 메소드가 void를 반환함을 의미한다. 자바 메소드가 int를 반환한다면 `CallIntMethod`를 사용한다. 다음은 reflection API처럼 자바 메소드를 호출할 경우 필요한 내용이다.

- 객체 인스턴스(정적 메소드인 경우를 제외한다. 정적 메소드인 경우라면 클래스 인스턴스를 제공해 `CallStaticVoidMethod()`를 사용한다)

- 메소드 디스크립터

- 매개변수(매개변수가 필요한 경우 여기서는 정수형 값을 사용한다)

```
...
void processEntry(JNIEnv* pEnv, StoreWatcher* pWatcher,
```

```
    StoreEntry* pEntry) {
  switch (pEntry->mType) {
    case StoreType_Integer:
      processEntryInt(pEnv, pWatcher, pEntry);
      break;
    case StoreType_String:
      processEntryString(pEnv, pWatcher, pEntry);
      break;
    case StoreType_Color:
      processEntryColor(pEnv, pWatcher, pEntry);
      break;
  }
}

void processEntryInt(JNIEnv* pEnv, StoreWatcher* pWatcher,
    StoreEntry* pEntry) {
  if (strcmp(pEntry->mKey, "watcherCounter") == 0) {
    ++pEntry->mValue.mInteger;
  } else if ((pEntry->mValue.mInteger > 1000) ||
      (pEntry->mValue.mInteger < -1000)) {
    (*pEnv)->CallVoidMethod(pEnv,
        pWatcher->mStoreFront, pWatcher->MethodOnAlertInt,
        (jint) pEntry->mValue.mInteger);
  }
}
...
```

15 문자열 처리를 반복한다. 문자열에 대해서는 새로운 자바 문자열을 할당해야
한다. 자바 콜백에서 바로 사용되므로 전역 레퍼런스를 만들 필요는 없다. 하지
만 이전 학습 내용을 잘 기억하고 있다면 사용 후 지역 레퍼런스를 즉시 해제할
수 있다는 점을 알고 있을 것이다. 사실상 유틸리티 메소드 내부에 있어서 사용
중일지 모르는 컨텍스트를 항상 알 수는 없다(즉, 액티비티를 벗어날 때). 뿐만 아니
라 일반적인 **JNI** 메소드에서 메소드와는 달리 지역 레퍼런스는 반환될 때 삭제

된다. 여기서는 연결된 네이티브 스레드 내에 있어 지역 레퍼런스는 스레드가 분리될 때에만 삭제돼야 할 것이다. 그동안에 JNI 메모리는 누수를 발생시킬 것이다.

```
...
void processEntryString(JNIEnv* pEnv, StoreWatcher* pWatcher,
    StoreEntry* pEntry) {
  if (strcmp(pEntry->mValue.mString, "apple")) {
    jstring lValue = (*pEnv)->NewStringUTF(
                                    pEnv, pEntry->mValue.mString);
    // UI 메시지를 되돌려준다.
    (*pEnv)->CallVoidMethod(pEnv,
        pWatcher->mStoreFront, pWatcher->MethodOnAlertString,
        lValue);
    (*pEnv)->DeleteLocalRef(pEnv, lValue);
  }
}
...
```

16 마지막으로 colors를 처리한다. 색상이 레퍼런스 색상과 동일한지 확인하기 위해 자바에서 제공돼 Color 클래스에서 재구현된 동등성 체크 메소드를 호출한다. 이 메소드는 불리언 값을 반환하기 때문에 첫 번째 테스트에 CallVoidMethod를 사용하는 것은 부적절하다. CallBooleanMethoid()는 다음과 같다.

```
...
void processEntryColor(JNIEnv* pEnv, StoreWatcher* pWatcher,
    StoreEntry* pEntry) {
  jboolean lResult = (*pEnv)->CallBooleanMethod(
      pEnv, pWatcher->mColor,
      pWatcher->MethodColorEquals, pEntry->mValue.mColor);
  if (lResult) {
    (*pEnv)->CallVoidMethod(pEnv,
        pWatcher->mStoreFront, pWatcher->MethodOnAlertColor,
```

```
    pEntry->mValue.mColor);
    }
  }
  ...
```

17 이제 거의 마무리됐다. 스레드를 벗어날 때 반드시 전역 레퍼런스를 해제해야
한다.

```
...
void stopWatcher(JNIEnv* pEnv, StoreWatcher* pWatcher) {
  if (pWatcher->mState == STATE_OK) {
    // watcher 스레드가 중지되기를 기다린다.
    ...

    deleteGlobalRef(pEnv, &pWatcher->mStoreFront);
    deleteGlobalRef(pEnv, &pWatcher->mColor);
    deleteGlobalRef(pEnv, &pWatcher->ClassStore);
    deleteGlobalRef(pEnv, &pWatcher->ClassColor);
  }
}
```

18 컴파일 후 실행한다.

보충 설명

애플리케이션을 실행하고 **apple**이라는 값으로 문자열 엔트리를 생성한다. 그 후
흰색으로 엔트리를 만들어보자. 마지막으로 [-1000,1000] 범위를 벗어난 정수형
값을 입력한다. 이 경우 에러 메시지가 화면에 나타나야 한다(watcher가 반복을 계속하
고 있기 때문).

이 절에서는 JNI 디스크립터 캐시와 자바로 콜백을 수행하는 방법을 살펴봤다 또한
자바에서 간접 호출돼 핸들러를 통해 스레드 간 메시지를 전송하기 위한 방법을 소개
했다. 안드로이드는 AsyncTask 같은 다양한 통신 수단을 제공한다. 이에 대해서는
http://developer.android.com/resources/articles/painless-threading.html을 참고한다.

자바 콜백은 자바 코드를 실행하는 데 유용할 뿐만 아니라 네이티브 메소드에 전달된 jobject 매개변수를 분석할 수 있는 유일한 방법이기도 하다. 자바에서 C/C++ 코드를 호출하는 일이 어렵지는 않지만, C/C++에서 자바 동작을 수행하는 것은 좀 더 복잡하다. 자바 코드 단 한 줄이 담고 있는 단일 자바 호출의 수행은 많은 작업이 필요하다. 왜 그럴까? 쉽게 얘기해자면 JNI가 reflection API이기 때문이다.

필드 값을 읽으려면 실제 값을 읽기에 앞서 클래스 디스크립터와 필드 디스크립터를 얻어 와야 한다. 함수를 호출하려면 필요한 매개변수로 메소드를 호출하기 전에 먼저 클래스 디스크립터와 메소드 디스크립터를 가져와야 한다.

과정은 모두 동일하다.

캐시 정의

모든 요소 정의를 가져오는 일은 지루하기도 하지만 성능 면에서도 효율적이지 않다. 따라서 빈번히 사용되는 JNI 정의는 재사용을 위해 캐시돼야 한다. 캐시된 요소는 액티비티(네이티브 라이브러리의 액티비티가 아닌) 생명주기 동안 안전하게 유지될 수 있으며, 전역 레퍼런스(예를 들어, 클래스 디스크립터에 대해)를 통해 스레드 간 공유될 수 있다.

캐시는 애플리케이션 클래스 로더로의 접근 권한이 없는 네이티브 스레드와 통신하기 위한 유일한 해결책이다. 하지만 각 클래스와 메소드, 필드에 정의를 추가하는 대신 간단히 애플리케이션 클래스 로더 자체를 캐시하는 방법도 있다.

콜백에서 콜백을 호출하지 말자!

JNI를 통해 자바에서 네이티브 코드를 호출하는 것은 완벽하게 동작한다. 네이티브에서 자바 코드를 호출하는 것 또한 완벽하다. 하지만 자바와 네이티브 콜이 여러 단계에 걸쳐 혼재돼 있는 것은 피해야 한다.

콜백

JNI의 중심 객체는 `JNIEnv`다. `JNIEnv`는 자바에서 호출된 JNI C/C++ 메소드의 첫 번째 매개변수로, 시스템적으로 제공된다. 다음 메소드를 살펴보자.

```
jclass FindClass(const char* name);
jclass GetObjectClass(jobject obj);
jmethodID GetMethodID(jclass clazz, const char* name,
                      const char* sig) ;
jfieldID GetStaticFieldID(jclass clazz, const char* name,
                          const char* sig);
```

또한 다음 메소드도 살펴보자.

```
jfieldID GetFieldID(jclass clazz, const char* name, const char* sig);
jmethodID GetStaticMethodID(jclass clazz, const char* name,
                            const char* sig);
```

이 메소드는 **JNI** 디스크립터(서로 다른 접근자를 갖는 클래스와 메소드, 필드, 정적 멤버, 인스턴스 멤버 등)를 얻어오기 위해 사용된다. `FindClass()`와 `GetObjectClass()`는 동일한 기능을 수행하지만, `FindClass()`는 절대 경로로 클래스 정의를 찾는 반면 `GetObjectClass()`는 직접 객체 클래스를 찾는다는 점에 유의하기 바란다.

실제로 메소드를 실행하거나 필드 값을 가져오기 위한 두 번째 메소드 집합이 있다. 객체당, 그리고 기본형 타입당 하나의 메소드가 있다.

```
jobject GetObjectField(jobject obj, jfieldID fieldID);
jboolean GetBooleanField(jobject obj, jfieldID fieldID);
void SetObjectField(jobject obj, jfieldID fieldID, jobject value);
void SetBooleanField(jobject obj, jfieldID fieldID, jboolean value);
```

리턴 타입에 따라 메소드가 존재한다.

```
jobject CallObjectMethod(JNIEnv*, jobject, jmethodID, ...)
jboolean CallBooleanMethod(JNIEnv*, jobject, jmethodID, ...);
```

접두어로 A와 V가 붙는 다양한 호출 메소드가 존재한다. 동작은 동일하지만 인자가
va_list(즉, 가변 인자 리스트)나 jvalue(JNI 타입의 공용체) 배열로 지정된다.

```
jobject CallObjectMethodV(JNIEnv*, jobject, jmethodID, va_list);
jobject CallObjectMethodA(JNIEnv*, jobject, jmethodID, jvalue*);
```

JNI를 통해 자바 메소드로 전달된 매개변수는 반드시 가능한 JNI 타입을 사용해야
한다. 즉, 모든 객체에 대해 jobject를 사용하고, 논리형 값에 대해서는 jboolean
등을 사용해야 한다. 자세한 내용은 다음 테이블을 참고한다.

안드로이드 NDK include 디렉토리에서 jni.h를 찾아 JNI reflection API를 통해 제
공되는 모든 가능성을 느껴보기 바란다.

JNI 메소드 정의

자바에서의 메소드는 오버로딩 가능하다. 즉, 이름은 같지만 서로 다른 매개변수를
갖는 두 개의 메소드가 있을 수 있다. GetMethodID()와 GetStaticMethodID()
에 시그니처를 전달해야 하는 이유가 바로 이 때문이다.

공식적으로 말하자면 시그니처는 다음과 같은 방법으로 선언돼야 한다.

```
(<첫 번째 매개변수 타입 코드>[<첫 번째 클래스>];...)<반환 타입 코드>
```

예를 들면 다음과 같다.

```
(Landroid/view/View;I)Z
```

다음 표는 JNI에서 사용 가능한 타입 목록을 보여준다.

자바 타입	네이티브 타입	네이티브 배열 타입	타입 코드	배열 타입 코드
boolean	jboolean	jbooleanArray	Z	[Z
byte	jbyte	jbyteArray	B	[B
char	jchar	jcharArray	C	[C

자바 타입	네이티브 타입	네이티브 배열 타입	타입 코드	배열 타입 코드
double	jdouble	jdoubleArray	D	[D
float	jfloat	jfloatArray	F	[F
int	jint	jintArray	I	[I
long	jlong	jlongArray	J	[J
short	jshort	jshortArray	S	[S
Object	jobject	jobjectArray	L	[L
String	jstring	N/A	L	[L
Class	jclass	N/A	L	[L
Throwable	jthrowable	N/A	L	[L
void	void	N/A	V	N/A

네이티브에서 비트맵 처리

안드로이드 NDK는 전용 API를 제공해 직접 비트맵 서피스surface에 접근해 비트맵을 처리할 수 있게 해준다. 이 API는 안드로이드에 국한되지만 JNI 스펙과는 무관하다. 하지만 bitmap은 자바 객체이며 네이티브 코드처럼 처리될 수 있다.

네이티브 코드에서 비트맵이 어떻게 수정될 수 있는지 구체적으로 알아보기 위해 네이티브 코드에서 카메라 피드feed를 디코딩해보자. 안드로이드는 자바 측에서 비디오 피드를 표시할 수 있게 카메라 API를 이미 제공한다.

하지만 GUI 구성 요소에 직접 표현하기 때문에 피드를 어디에 나타낼지에 대해서는 확장성이 떨어진다. 이 문제를 극복하기 위해 스냅샷은 일반적인 RGB 이미지와 호환되지 않는 특정한 포맷(YUV)으로 인코딩된 데이터 버퍼로 저장될 수 있다. 이 상황은 네이티브 코드가 필요한 시점이자 성능을 향상시킬 수 있는 기회다.

최종 프로젝트는 LiveCamera를 참고한다.

실습 예제 | 네이티브 코드에서 카메라 피드 디코딩

1 2장에서 살펴봤듯이 새로운 하이브리드 자바/C++ 프로젝트를 생성한다.

- Name   LiveCamera

- main package   com.packtpub

- main activity   LiveCameraActivity

- 이번에는 GUI를 만들지 않으므로 res/main.xml을 제거한다.

- 프로젝트 루트에 반드시 jni 디렉토리를 만든다.

2 애플리케이션 매니페스트에서 액티비티 스타일을 전체 화면으로, 방향은 가로로 설정한다. 안드로이드 기기에서 가로 방향 설정으로 대부분의 카메라 방향 문제를 피할 수 있다. 또한 안드로이드 카메라에 대한 접근 권한을 추가한다.

```
<?xml version="1.0" encoding="utf-8"?>
<manifest xmlns:android="http://schemas.android.com/apk/res/
android"
    package="com.packtpub"
    android:versionCode="1"
    android:versionName="1.0">
  <uses-sdk android:minSdkVersion="10" />

  <application android:icon="@drawable/icon"
            android:label="@string/app_name">
  <activity android:name=".LiveCameraActivity"
      android:label="@string/app_name"
      android:theme="@android:style/Theme.NoTitleBar.Fullscreen"
      android:screenOrientation="landscape">
        ...
```

```
    </activity>
  </application>
  <uses-permission android:name="android.permission.CAMERA" />
</manifest>
```

3 android.View.SurfaceView를 상속받는 CameraView 클래스를 만들고 Camera.
PreviewCallback을 구현한다. SurfaceHolder.Callback.SurfaceView는
일반적인 렌더링rendering을 수행하기 위해 안드로이드에서 제공하는 시각적인
visual 구성 요소다.

CameraView에서 앞으로 작성할 네이티브 비디오 디코딩 라이브러리인
livecamera 라이브러리를 로드한다. 이 라이브러리는 입력으로 기본 비디오 피
드 데이터를 받아 자바 비트맵으로 디코딩하게 될 decode() 메소드를 포함할
것이다.

```
public class CameraView extends SurfaceView implements
    SurfaceHolder.Callback, Camera.PreviewCallback {
  static {
    System.loadLibrary("livecamera");
  }

  public native void decode(Bitmap pTarget, byte[] pSource);
  ...
```

4 CameraView 구성 요소를 초기화한다.

생성자에 자신을 서피스 이벤트(즉, 서피스 생성과 소멸, 변경)를 위한 리스너로 등록한
다. willNotDraw 플래그를 비활성화해 메인 UI 스레드에서 카메라 피드를 렌더
링하고자 할 때 onDraw() 이벤트가 트리거될 수 있게 해준다.

프로토타입을 위해 렌더링 작업에 시간 소모가 많지 않은 경우에만 메인 UI 스레드에서 SurfaceView를 렌더링한다. 코드를 최소화하고 동기화에 대한 걱정거리를 없애기 위함이다. 하지만 SurfaceView는 개별 스레드에서 렌더링될 수 있게 고안돼 범용적으로 사용될 수 있어야 한다.

```java
...
private Camera mCamera;
private byte[] mVideoSource;
private Bitmap mBackBuffer;
private Paint mPaint;

public CameraView(Context context) {
  super(context);
  getHolder().addCallback(this);
  setWillNotDraw(false);
}
...
```

5 서피스가 생성되면 기본 카메라(전/후면 카메라가 모두 있는 경우)를 얻어 카메라 방향을 가로 모드로 설정(액티비티처럼)한다. 우리의 카메라 피드를 그릴 수 있게 자동으로 비디오 피드가 그려지지 않도록 자동 프리뷰를 비활성화하고 레코딩을 위한 데이터 버퍼 사용을 요청한다.

```java
...
public void surfaceCreated(SurfaceHolder holder) {
  try {
    mCamera = Camera.open();
    mCamera.setDisplayOrientation(0);
    mCamera.setPreviewDisplay(null);
    mCamera.setPreviewCallbackWithBuffer(this);
  } catch (IOException eIOException) {
    mCamera.release();
```

```
        mCamera = null;
        throw new IllegalStateException();
      }
    }
    ...
```

6 SurfaceChanged() 메소드는 서피스가 생성된 후 그리고 당연히 파괴되기 전에 트리거된다(잠재적으로 여러 번). 이 메소드에서 서비스 차원과 픽셀 포맷을 알아낼 수 있다.

먼저 서피스와 가장 근접한 해상도를 찾는다. 그 후 기본 카메라 스냅샷을 저장하기 위한 바이트 버퍼와 변환 결과를 저장하기 위한 비트맵 임시 버퍼backbuffer를 생성한다. 선택된 해상도와 비디오 포맷(안드로이드 디폴트 포맷 YCbCr_420_SP)으로 카메라 매개변수를 설정한 후 레코딩을 시작한다. 하나의 프레임이 저장되기 전에 스냅샷을 저장할 수 있는 데이터 버퍼가 준비돼야 한다.

```
    ...
    public void surfaceChanged(SurfaceHolder pHolder, int pFormat,
                    int pWidth, int pHeight) {
      mCamera.stopPreview();
      Size lSize = findBestResolution(pWidth, pHeight);
      PixelFormat lPixelFormat = new PixelFormat();
      PixelFormat.getPixelFormatInfo(mCamera.getParameters()
                .getPreviewFormat(), lPixelFormat);
      int lSourceSize = lSize.width * lSize.height
                    * lPixelFormat.bitsPerPixel / 8;
      mVideoSource = new byte[lSourceSize];
      mBackBuffer = Bitmap.createBitmap(lSize.width, lSize.height,
                    Bitmap.Config.ARGB_8888);
      Camera.Parameters lParameters = mCamera.getParameters();
      lParameters.setPreviewSize(lSize.width, lSize.height);
      lParameters.setPreviewFormat(PixelFormat.YCbCr_420_SP);
      mCamera.setParameters(lParameters);
```

```
      mCamera.addCallbackBuffer(mVideoSource);
      mCamera.startPreview();
   }

   ...
```

7 안드로이드 카메라는 기기에 따라 다양한 해상도를 지원할 수 있다. 기본 해상도
를 어떻게 설정할지에 대한 규칙이 없으므로 적절한 해상도를 선택해야 한다.
여기서는 디스플레이 서피스를 충족시키는 가장 큰 해상도를 선택하거나 만족
하는 부분이 없을 경우 기본 해상도를 선택한다.

```
   ...
 private Size findBestResolution(int pWidth, int pHeight) {
   List<Size> lSizes = mCamera.getParameters()
                    .getSupportedPreviewSizes();
   Size lSelectedSize = mCamera.new Size(0, 0);
   for (Size lSize : lSizes) {
     if ((lSize.width <= pWidth)
          && (lSize.height <= pHeight)
          && (lSize.width >= lSelectedSize.width)
          && (lSize.height >= lSelectedSize.height)) {
         lSelectedSize = lSize;
      }
   }
   if ((lSelectedSize.width == 0)
      || (lSelectedSize.height == 0)) {
     lSelectedSize = lSizes.get(0);
   }
   return lSelectedSize;
 }
   ...
```

8 CameraView.java에서 서피스가 파괴될 때 공유 리소스인 카메라를 해제한다.
가비지 컬렉션이 동작할 수 있게 메모리 버퍼를 **null**로 설정할 수도 있다.

```java
...
public void surfaceDestroyed(SurfaceHolder holder) {
  if (mCamera != null) {
    mCamera.stopPreview();
    mCamera.release();
    mCamera = null;
    mVideoSource = null;
    mBackBuffer = null;
  }
}
...
```

9 이제 서비스를 설정하고 `onPreviewFrame()`에서 비디오 프레임을 디코딩한 후 임시 비트맵에 결과를 저장한다. 이 핸들러는 새로운 프레임이 준비될 때 `Camera` 클래스에 의해 트리거된다. 디코딩 후에는 서피스를 다시 그릴 수 있게 무효화시킨다.

비디오 프레임을 그리기 위해 `onDraw()` 메소드를 오버라이딩하고 임시 버퍼를 대상 캔버스canvas에 그린다. 작업을 마치면 새로운 이미지를 저장하기 위해 기본 비디오 버퍼에 다시 등록할 수 있다.

> Camera 구성 요소는 한 프레임을 처리하기 위해 여러 개의 버퍼를 등록할 수 있다. Camera 구성 요소는 여러 개의 버퍼를 등록해 캡처되는 동안 프레임 처리가 가능하다. 이 방법은 스레드와 동기화 처리를 필요로 하며, 다소 복잡하지만 더 나은 성능을 보장하며 처리 시간을 낮출 수 있게 해준다. 여기서는 간편한 단일 스레드 캡처 알고리즘을 사용하지만, 새로운 프레임은 이전 프레임이 그려지고 나서야 기록될 수 있기 때문에 효율성은 떨어진다.

```java
...
public void onPreviewFrame(byte[] pData, Camera pCamera) {
  decode(mBackBuffer, pData);
```

```
      invalidate();
    }

    @Override
    protected void onDraw(Canvas pCanvas) {
      if (mCamera != null) {
        pCanvas.drawBitmap(mBackBuffer, 0, 0, mPaint);
        mCamera.addCallbackBuffer(mVideoSource);
      }
    }
  }

  ...
```

10 안드로이드 프로젝트 생성 마법사로 만든 LiveCameraActivity.java 파일을 연다. 새로운 `CameraView` 인스턴스로 GUI를 초기화한다.

```
public class LiveCameraActivity extends Activity {
  @Override
  protected void onCreate(Bundle savedInstanceState) {
    super.onCreate(savedInstanceState);
    setContentView(new CameraView(this));
  }
}
```

자바 측은 준비됐고 네이티브 측에 `decode()` 메소드를 작성한다.

11 `javah`를 이용해 JNI 헤더 파일을 생성한다.

12 Com_packtpub_CameraView.c 구현 파일을 생성하고 NDK 비트맵 처리 API 를 정의하는 android/bitmap.h를 인클루드한다. 다음은 비디오 디코딩에 유용한 메소드다.

　□ **toInt()**　jbyte를 정수로 변환하며, 마스크를 이용해 불필요한 비트를 지운다.

　□ **max()**　두 값 중 큰 값을 반환한다.

□ **clamp()** 정의된 간격 사이의 값을 추출하는 데 사용한다.

□ **color()** 색상 구성 요소로 ARGB 색상을 만든다.

13 약간의 성능 개선을 위해 메소드에 inline을 추가한다.

```c
#include "com_packtpub_CameraView.h"
#include <android/bitmap.h>

inline int32_t toInt(jbyte pValue) {
  return (0xff & (int32_t) pValue);
}

inline int32_t max(int32_t pValue1, int32_t pValue2) {
  if (pValue1 < pValue2) {
    return pValue2;
  } else {
    return pValue1;
  }
}

inline int32_t clamp(int32_t pValue, int32_t pLowest,
    int32_t pHighest) {
  if (pValue < 0) {
    return pLowest;
  } else if (pValue > pHighest) {
    return pHighest;
  } else {
    return pValue;
  }
}

inline int32_t color(pColorR, pColorG, pColorB) {
  return 0xFF000000 | ((pColorB << 6) & 0x00FF0000)
                    | ((pColorG >> 2) & 0x0000FF00)
                    | ((pColorR >> 10) & 0x000000FF);
}
```

    ...

14 동일한 파일에 decode()를 구현한다. 우선 비트맵 정보를 가져온 다음
AndroidBitmap_으로 시작하는 **API**를 통해 그리기를 위한 잠금을 설정한다.

그 후 GetPrimitiveArrayCritical()을 이용해 입력 자바 바이트 배열에 대
한 접근을 얻는다. 이 **JNI** 메소드는 Get<기본형>ArrayElements()와 유사하
지만 획득한 배열이 임시 복사될 가능성이 적다는 점이 다르다. 따라서 배열이
해제될 때까지 **JNI**와 스레드 블록킹 호출은 발생하지 않는다.

    ...

```
JNIEXPORT void JNICALL Java_com_packtpub_CameraView_decode
    (JNIEnv * pEnv, jclass pClass, jobject pTarget, jbyteArray
    pSource){
  AndroidBitmapInfo lBitmapInfo;
  if (AndroidBitmap_getInfo(pEnv, pTarget, &lBitmapInfo) < 0) {
    return;
  }
  if (lBitmapInfo.format != ANDROID_BITMAP_FORMAT_RGBA_8888) {
    return;
  }

  uint32_t* lBitmapContent;
  if (AndroidBitmap_lockPixels(pEnv, pTarget,
      (void**)&lBitmapContent) < 0) {
    return;
  }

  jbyte* lSource = (*pEnv)->GetPrimitiveArrayCritical(pEnv,
                  pSource, 0);
  if (lSource == NULL) {
    return;
  }
    ...
```

15 `decode()` 메소드를 계속 살펴보자. 비디오 프레임 내부의 입력 비디오 버퍼에 대한 접근과 임시 비트맵 서피스 버퍼로의 접근을 가지고 있다. 따라서 비디오 피드를 출력 임시 버퍼로 디코드할 수 있다.

비디오 프레임은 RGB와는 상당히 다른 YUV 포맷으로 인코딩된다. YUV 포맷은 3가지 구성 요소로 색상을 인코딩한다.

□ 하나의 밝기(휘도 - 옮긴이) 구성 요소, 즉 색상의 회색톤grayscale으로 표현

□ 색상 정보를 인코딩하는 두 개의 구성 요소(파란 색차와 빨간 색차를 표현하는 Cb와 Cr)

16 YUV 색상 기반의 포맷을 갖는 다양한 프레임을 사용할 수 있다. 여기서는 프레임을 YCbCr 420 SP(또는 NV21) 포맷으로 변환한다. 이런 종류의 이미지 프레임은 8비트 Y 밝기 샘플 버퍼와 이어진 두 개의 인터리브 8비트 V와 U 색차 샘플 버퍼로 구성된다. VU 버퍼는 서브샘플링된다. 즉, Y 샘플에 비해 U와 V 샘플이 적음(4Y에 대해 하나의 U와 하나의 V)을 의미다. 다음 알고리즘은 모든 픽셀을 처리한 후 적절한 공식(자세한 정보는 http://www.fourcecc. org/fccyvrgb.php를 참고한다)을 사용해 모든 YUV 픽셀을 RGB로 변환한다.

17 임시 버퍼 비트맵의 잠금을 풀고 앞서 얻은 자바 배열을 해제하는 것을 끝으로 decode 메소드를 종료한다.

```
...
int32_t lFrameSize = lBitmapInfo.width * lBitmapInfo.height;
int32_t lYIndex, lUVIndex;
int32_t lX, lY;
int32_t lColorY, lColorU, lColorV;
int32_t lColorR, lColorG, lColorB;
int32_t y1192;

// 각 픽셀을 처리해 YUV를 RGB 색상으로 변환한다.
for (lY = 0, lYIndex = 0; lY < lBitmapInfo.height; ++lY) {
  lColorU = 0; lColorV = 0;
  // UV가 수직으로 서브샘플링되기 때문에 Y는 2로 나눠진다.
```

```
    // 이것은 두개의 인접한 반복은 동일한 UV 라인을
    // 참조함을 의미한다(예 Y=0 과 Y=1 ).
    lUVIndex = lFrameSize + (lY >> 1) * lBitmapInfo.width;

    for (lX = 0; lX < lBitmapInfo.width; ++lX, ++lYIndex) {
      // YUV 구성 요소를 가져온다.
      // UV는 수평으로도 서브샘플링되므로 2로 나눠떨어진다.
      // (2Y에 대해 1UV)
      lColorY = max(toInt(lSource[lYIndex]) - 16, 0);
      if (!(lX % 2)) {
        lColorV = toInt(lSource[lUVIndex++]) - 128;
        lColorU = toInt(lSource[lUVIndex++]) - 128;
      }

      // Y, U, V로부터 R, G, B를 계산한다.
      y1192 = 1192 * lColorY;
      lColorR = (y1192 + 1634 * lColorV);
      lColorG = (y1192 - 833 * lColorV - 400 * lColorU);
      lColorB = (y1192 + 2066 * lColorU);

      lColorR = clamp(lColorR, 0, 262143);
      lColorG = clamp(lColorG, 0, 262143);
      lColorB = clamp(lColorB, 0, 262143);

      // R, G, B, A를 최종 픽셀 생성으로 결합한다.
      lBitmapContent[lYIndex] = color(lColorR,lColorG,lColorB);
    }
  }

  (*pEnv)-> ReleasePrimitiveArrayCritical(pEnv,pSource,lSource, 0);
  AndroidBitmap_unlockPixels(pEnv, pTarget);
}
```

18 livecamera 라이브러리가 jnigraphics NDK 모듈을 링크하게 Android.mk
를 작성한다.

```
LOCAL_PATH := $(call my-dir)

include $(CLEAR_VARS)

LOCAL_MODULE     := livecamera
LOCAL_SRC_FILES := com_packtpub_CameraView.c
LOCAL_LDLIBS     := -ljnigraphics

include $(BUILD_SHARED_LIBRARY)
```

19 컴파일한 후 애플리케이션을 실행한다.

보충 설명

애플리케이션을 시작한 직후 카메라 피드가 기기 화면에 나타나야 한다. 비디오는 네이티브 코드 내에서 자바 비트맵으로 디코딩한 후 화면 서피스에 그려진다. 비디오 피드를 네이티브에서 접근하면 일반적인 자바 코드(11장에서 'NEON 인스트럭션 셋을 사용해 성능 개선' 절을 참고)를 사용하는 것보다 처리 속도가 빠르다. 새롭고 다양한 가능성(이미지 처리와 패턴 인식, 증강현실 등)을 열었다.

비트맵 서피스는 `jnigraphics` 라이브러리에 정의된 안드로이드 NDK 비트맵 라이브러리를 통해 네이티브 코드에서 직접 접근할 수 있다. 그리기는 다음과 같은 3단계가 필요하다.

1. 비트맵 서피스를 획득한다.
2. 비디오 픽셀을 RGB로 변환해 비트맵 서비스에 쓴다.
3. 비트맵 서비스를 해제한다.

비트맵은 반드시 시스템적으로 잠금이 돼야 하며, 이후 네이티브에서 접근할 수 있게 해제돼야 한다. 그리기 동작은 잠금/해제 묶음으로 동작해야 한다.

스레딩되지 않은 SurfaceView로 비디오 디코딩과 렌더링을 수행할 수 있지만, 두 번째 스레드를 이용하면 더욱 효율적인 처리가 가능하다. 가장 최신의 안드로이드 Camera 구성 요소 릴리즈에서 추가된 버퍼 큐 시스템 덕분에 멀티스레딩을 사용할 수 있게 됐다. YUV에서 RGB로 변환하는 것은 처리 비용이 크기 때문에 프로그램에서 문제가 발생할 여지가 많은 부분이므로 주의해야 한다.

스냅샷 크기를 필요에 따라 조정할 수 있다. 실제로 스냅샷 크기가 두 배라면 네 배의 서피스를 처리하게 된다. 피드백이 중요치 않다면 스냅샷 크기는 부분적으로 줄어들 수 있다(예를 들어 증강현실에서의 패턴 인식). 가능하다면 임시 버퍼를 사용하지 않고 디스플레이 윈도우 서피스에 직접 그린다.

피디오 피드는 YUV NV21 포맷으로 인코딩된다. YUV는 기본적으로 과거 전자기기에서 색상 송신과 호환되는 흑/백 비디오 수신기를 만들 수 있게 고안돼 현재까지 일반적으로 사용되는 색상 포맷이다. 기본 프레임 포맷은 안드로이드의 YCbCr 420 SP(또는 NV21) 규약에 의해 보장된다. 이 알고리즘은 Ketai 오픈소스 프로젝트(안드로이드를 위한 이미지와 센서 처리 라이브러리)로 만들어진 YUV 프레임을 디코딩하는 데 사용된다. 자세한 정보는 http://ketai.googlecode.com/을 참고한다.

YCbCr 420 SP는 안드로이드의 기본 비디오 포맷이지만, 에뮬레이터에서는 YCbCr 422 SP만 지원한다. 기본적으로 에뮬레이터에 의해 색상을 바꾸기 때문에 큰 문제가 되지는 않는다. 또한 실제 기기에서 문제가 발생하지는 않는다.

🌐 정리

자바와 C/C++가 함께 통신하는 방법을 면밀하게 살펴봤다. 안드로이드는 실제로 완전한 두 개의 언어를 갖게 된 셈이다! 자바는 C/C++의 모든 데이터 타입이나 객체를 호출할 수 있고 네이티브 코드도 자바를 호출할 수 있다.

스레드를 VM으로 연결하고 분리하는 방법과 JNI 모니터로 자바와 네이티브 스레드를 동기화하는 방법을 자세히 살펴봤다. 그 후에 JNI reflection API를 통해 네이티브 코드에서 자바 코드를 호출하는 방법도 살펴봤다. reflection API 덕분에 네이티브 코드에서 거의 모든 자바 동작을 수행할 수 있다. 하지만 최고의 성능을 위해서 클래스와 메소드, 필드 디스크립터는 반드시 캐시돼야 한다. 마지막으로 JNI 덕분에 네이티브에서 비트맵을 처리해 수동으로 비드맵 피드를 디코딩했다. 하지만 기본 YUV(안드로이드 규약을 따르는 모든 기기에서 사용될 수 있다)를 RGB로 변환하는 비싼 처리 비용이 뒤따랐다.

안드로이드에서 네이티브 코드를 처리하는 경우 JNI는 항상 곁에 머물러 있을 것이다. JNI는 여러 가지 설정과 주의가 필요한 장황하고 번거로운 API이며, 면밀히 살펴봐야 할 내용이 많으므로 이 책 전반에 걸쳐 살펴볼 것이다. 4장은 시작하는 데 필요한 기본 지식을 전달하기 위한 내용 위주로 살펴봤고, 5장에서는 JNI를 사용하지 않고 네이티브 애플리케이션을 작성하는 방법을 살펴본다.

5

완전한 네이티브 애플리케이션 작성

4장에서 JNI를 사용해 안드로이드 NDK의 표면을 탐사해봤다. 하지만 여전히 살펴볼 부분이 많이 남아있다. NDK R5는 오랫동안 기다려왔던 기능 중, 특히 네이티브 액티비티가 지원되는 주요 릴리즈다. 네이티브 액티비티는 자바 코드 한 줄 없는 네이티브 코드 기반으로 애플리케이션을 만들 수 있게 해준다. 더 이상의 JNI와 레퍼런스 심지어 자바까지도 필요 없다.

NDK R5는 네이티브 액티비티 이외에 디스플레이 윈도우와 자산, 디바이스 설정 같은 안드로이드 자원에 네이티브 접근하기 위한 API를 도입했다. 이 API는 JNI라는 연결 다리를 철거하는 데 도움을 주며, 종종 호스트 환경에 공개된 네이티브 애플리케이션을 개발하는 데도 이용된다. 물론 많은 기능이 여전히 지원되지 않아 불가능한 것들도 있지만(자바는 여전히 GUI와 대부분의 프레임워크를 위한 주요 플랫폼 언어다), 멀티미디어 애플리케이션에 적용하기에 적합하다.

5장에서 살펴볼 내용은 다음과 같다.

- 완전한 네이티브 액티비티 작성

- 메인 액티비티 이벤트 처리

- 네이티브로 디스플레이 윈도우 접근

- 시간을 읽어 지연시간 계산

5장에서는 이 책 전반에 걸쳐 지속적으로 개발하게 될 네이티브 C++ 프로젝트인 DroidBlaster를 소개한다. 톱다운 관점을 기초로, 이 비행 슈팅 예제는 2D 그래픽과 3D 그래픽, 사운드, 입력, 센서 관리 기능을 포괄한다. 5장에서는 기본 구조를 작성해본다.

 네이티브 액티비티 작성

`NativeActivity` 클래스는 네이티브 애플리케이션 작성에 필요한 작업을 최소화할 수 있는 기능을 제공한다. 즉, 개발자가 네이티브 코드를 초기화하고 통신하는 데 필요한 모든 표준적인 코드들을 줄이는 대신 핵심 기능에 집중할 수 있게 해준다. 이번 절에서는 이벤트 루프를 실행하는 최소한의 네이티브 액티비티를 작성하는 방법을 살펴본다.

> **노트** 결과 프로젝트는 DroidBlaster_Part5-1을 참고한다.

실습 예제 | 기본적인 네이티브 액티비티 생성

우선 DroidBlaster 프로젝트를 만들어보자.

1 이클립스에서 다음 설정을 참고해 새로운 안드로이드 프로젝트를 작성한다.

□ **이클립스 프로젝트 이름 입력** DroidBlaster

□ **Build target**을 Android 2.3.3으로 설정

□ **Application name 입력** DroidBlaster

□ **Package name 입력** com.packtpub.droidblaster

□ **Min SDK Version**을 10으로 설정

194

2 프로젝트를 만들었다면 res/layout 디렉토리로 이동한 후 main.xml을 제거한다. 이 UI 기술 파일은 네이티브 애플리케이션에서는 사용되지 않는다. 또한 DroidBlaster의 src 디렉토리를 제거해 자바 코드를 모두 없애도 무방하다.

3 애플리케이션은 컴파일과 배포가 가능해야 하지만 아직까지는 액티비티를 만들지 않았기 때문에 실행할 수는 없는 상태다. 프로젝트 루트의 AndroidManifest.xml에 NativeActivity를 선언한다. 선언된 네이티브 액티비티는 droidblaster 라는 네이티브 모듈(android.app.lib_name 속성)을 참조한다.

```xml
<?xml version="1.0" encoding="utf-8"?>
<manifest xmlns:android="http://schemas.android.com/apk/res/
android"
    package="com.packtpub.droidblaster" android:versionCode="1"
    android:versionName="1.0">
  <uses-sdk android:minSdkVersion="10"/>

  <application android:icon="@drawable/icon"
      android:label="@string/app_name">
    <activity android:name="android.app.NativeActivity"
        android:label="@string/app_name">
      <meta-data android:name="android.app.lib_name"
          android:value="droidblaster"/>
      <intent-filter>
        <action android:name="android.intent.action.MAIN"/>
        <category
            android:name="android.intent.category.LAUNCHER"/>
      </intent-filter>
    </activity>
  </application>
</manifest>
```

이제 네이티브 코드를 컴파일할 수 있게 이클립스 프로젝트를 설정해보자.

4 Convert C/C++ Project 마법사를 사용해 프로젝트를 하이브리드 C++ 프로젝트 (C가 아니다)로 변환한다.

5 프로젝트로 이동해 C/C++ Build 섹션의 Properties를 선택하고 기본 빌드 명령을 `ndk-build`로 변경한다.

6 2장에서 살펴봤듯이 Path and Symbols/Includes 섹션에서 모든 언어에 안드로이드 ADK 디렉토리를 추가한다.

```
${env_var:ANDROID_NDK}/platforms/android-9/arch-arm/usr/include
${env_var:ANDROID_NDK}/toolchains/arm-linux-androideabi-4.4.3/
prebuilt/<your OS>/lib/gcc/arm-linux-androideabi/4.4.3/include
```

7 같은 위치에서 모든 언어에 native app glue 디렉토리를 추가한다. 확인 후 프로젝트 Properties 대화상자를 닫는다.

```
${env_var:ANDROID_NDK}/sources/android/native_app_glue
```

8 Android.mk 파일을 포함하는 프로젝트 루트에 jni 디렉토리를 생성한다. Android.mk는 컴파일 대상 파일과 연결할 `native_app_glue` 모듈을 기술한다. native glue는 네이티브 코드와 `NativeActivity`를 연결한다.

```
LOCAL_PATH := $(call my-dir)

include $(CLEAR_VARS)

LOCAL_MODULE     := droidblaster
LOCAL_SRC_FILES  := Main.cpp EventLoop.cpp Log.cpp
LOCAL_LDLIBS     := -landroid -llog
LOCAL_STATIC_LIBRARIES := android_native_app_glue

include $(BUILD_SHARED_LIBRARY)

$(call import-module,android/native_app_glue)
```

이제 네이티브 액티비티 내부에서 동작하는 네이티브 코드를 작성할 수 있다. 유틸리티 코드부터 살펴보자.

9 jni 디렉토리에서 Types.hpp 파일을 생성한다. 이 헤더 파일은 공통 타입과 stdint.h 헤더를 포함한다.

```
#ifndef _PACKT_TYPES_HPP_
#define _PACKT_TYPES_HPP_
#include <stdint.h>
#endif
```

10 화면을 통한 입/출력 없이 결과를 읽어올 수 있게 로깅 클래스를 작성해보자. Log.hpp를 생성하고 새로운 Log 클래스를 선언한다. 간단한 플래그를 이용해 디버그 메시지를 활성화할 수 있게 packt_Log_debug 매크로를 정의하자.

```
#ifndef _PACKT_LOG_HPP_
#define _PACKT_LOG_HPP_

namespace packt {
  class Log {
  public:
    static void error(const char* pMessage, ...);
    static void warn(const char* pMessage, ...);
    static void info(const char* pMessage, ...);
    static void debug(const char* pMessage, ...);
  };
}

#ifndef NDEBUG
  #define packt_Log_debug(...) packt::Log::debug(__VA_ARGS__)
#else
  #define packt_Log_debug(...)
#endif

#endif
```

기본적으로 NDEBUG 매크로는 NDK 컴파일 툴체인에 의해 정의된다. 정의를 해제하려면 애플리케이션 매니페스트를 다음과 같이 디버깅 가능하게 만들어야 한다.

```
<application android:debuggable="true" ...>
```

11 Log.cpp 파일을 생성하고 `info()` 메소드를 구현한다. 안드로이드 로그에 메시지를 작성할 수 있게 NDK는 **android/log.h** 헤더를 통해 C에서의 `printf()`나 `vprintf()`(varargs와 함께)와 유사하게 사용할 수 있는 전용 로깅 **API**를 제공한다.

```cpp
#include "Log.hpp"

#include <stdarg.h>
#include <android/log.h>

namespace packt {
  void Log::info(const char* pMessage, ...) {
    va_list lVarArgs;
    va_start(lVarArgs, pMessage);
    __android_log_vprint(ANDROID_LOG_INFO, "PACKT", pMessage,
      lVarArgs);
    __android_log_print(ANDROID_LOG_INFO, "PACKT", "\n");
    va_end(lVarArgs);
  }
}
```

12 이외 다른 로그 메소드는 거의 동일하다. 각 메소드 간 차이는 레벨 매크로 (`ANDROID_LOG_ERROR`, `ANDROID_LOG_WARN`, `ANDROID_LOG_DEBUG`)가 유일하다.

드디어 액티비티 이벤트를 폴링하는 코드를 작성할 시간이 왔다.

13 애플리케이션 이벤트는 이벤트 루프에서 처리돼야 한다. 이를 위해 jni 디렉토리에 특별한 `run()` 메소드를 포함하는 기본 클래스를 정의할 수 있게 EventLoop.hpp를 생성한다.

인클루드된 **android.native_app_glue.h** 헤더는 `android_app` 구조체를 정의해 네이티브 액티비티에 관련된 모든 정보(상태, 윈도우, 이벤트 큐 등)를 담고 있는 '애플리케이션 컨텍스트'를 표현한다.

```cpp
#ifndef _PACKT_EVENTLOOP_HPP_
#define _PACKT_EVENTLOOP_HPP_
```

```cpp
#include "Types.hpp"

#include <android_native_app_glue.h>

namespace packt {
  class EventLoop {
  public:
    EventLoop(android_app* pApplication);

    void run();

  private:
    android_app* mApplication;
  };
}
#endif
```

14 EventLoop.cpp를 생성하고 다음과 같이 run 메소드에 액티비티 이벤트 루프
를 구현한다. 안드로이드 로그를 통해 정보를 확인할 수 있게 로그 이벤트도
추가한다.

전체 액티비티 생명주기 동안 run()은 종료될 때까지 지속적으로 이벤트를 확인
한다. 액티비티가 파괴되기 전에 이벤트 루프에 통지 가능하게 android_app
구조체의 destroyRequested 값은 내부적으로 변경된다.

```cpp
#include "EventLoop.hpp"
#include "Log.hpp"

namespace packt {
  EventLoop::EventLoop(android_app* pApplication) :
      mApplication(pApplication)
  {}

  void EventLoop::run() {
    int32_t lResult;
    int32_t lEvents;
    android_poll_source* lSource;
```

```cpp
    app_dummy();

    packt::Log::info("Starting event loop");
    while (true) {
      while ((lResult = ALooper_pollOnce(-1, NULL, &lEvents,
                              (void**) &lSource)) >= 0) {

        if (lSource != NULL) {
          packt::Log::info("Processing an event");
          lSource->process(mApplication, lSource);
        }
        if (mApplication->destroyRequested) {
          packt::Log::info("Exiting event loop");
          return;
        }
      }
    }
  }
```

15 마지막으로 새로운 Main.cpp 파일에 이벤트 루프를 실행하는 메인 진입 경로를 만든다.

```cpp
#include "EventLoop.hpp"

void android_main(android_app* pApplication) {
  packt::EventLoop lEventLoop(pApplication);
  lEventLoop.run();
}
```

16 컴파일 후 애플리케이션을 실행한다.

애플리케이션을 실행했지만 시시한 검정 화면만 보인다. 하지만 이클립스의 Logcat 뷰(또는 `adb logcat` 명령)를 유심히 보면 액티비티 이벤트에 대한 반응으로 네이티브 애플리케이션에서 뿌리는 흥미로운 메시지를 볼 수 있다.

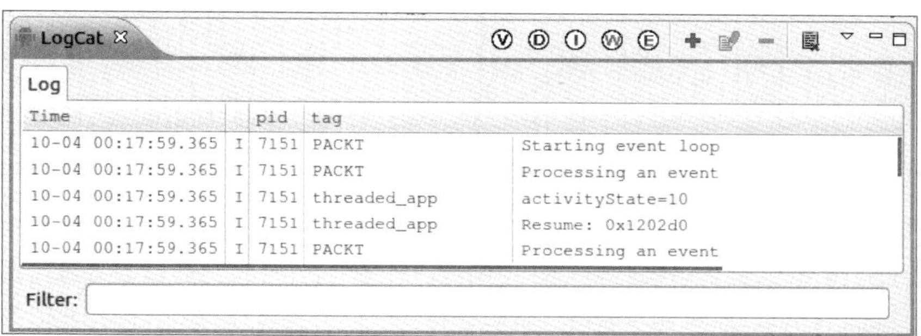

단 한 줄의 자바 코드 없이도 자바 안드로이드 프로젝트를 만들었다! **AndroidManifest**.xml에 새로운 자바 `Activity` 자식 클래스 대신 `android.app.` `NativeActivity` 클래스를 참조해 다른 안드로이드 액티비티처럼 실행될 수 있게 했다.

`NativeActivity`는 자바 클래스다. 하지만 직접 자바 클래스를 사용하지는 않는다. `NativeActivity`는 실제로 안드로이드 **SDK**에서 제공하는 도우미 클래스이며 애플리케이션 생명주기와 이벤트를 처리하고 네이티브 코드로 투명하게 브로드캐스트broadcast 하기 위해 필요한 모든 연결glue 코드를 포함한다. 물론 자바 클래스로서 존재하는 `NativeActivity`는 달빅 가상 머신에서 실행돼 다른 자바 클래스처럼 해석된다.

네이티브 액티비티 또한 JNI를 필요로 한다. 실제로 감출 뿐이다. 실제로 직접 NativeActivity를 다루지는 않는다. NativeActivity에 의해 실행되는 C/C++ 모듈은 달빅 경계 밖에서 자신의 스레드에서 실행된다. 즉, 완전한 네이티브로서 동작한다!

NativeAcitivity와 네이티브 코드는 native_app_glue를 통해 서로 연결된다. 네이티브 연결은 다음과 같은 내용을 수행한다.

- 자신의 네이티브 코드를 실행하는 네이티브 스레드를 실행한다.

- NativeActivity로부터 이벤트를 받는다.

- 나중에 처리하기 위해 이벤트를 네이티브 스레드 이벤트 루프로 라우팅한다.

네이티브 코드의 진입점은 데스크탑 애플리케이션의 main 메소드와 유사한 android_main() 메소드다(15단계에서 선언했다). 이 메소드는 네이티브 애플리케이션이 실행될 때 한 번 호출돼 사용자에 의해 NativeActivity가 종료될 때(예를 들어 기기의 뒤로 가기 버튼을 누를 때)까지 애플리케이션 이벤트를 감시한다. android_main() 메소드는 이 중에서 while 루프로 구성된 네이티브 이벤트 루프를 실행한다. 바깥 루프는 무한 루프이며, 애플리케이션 소멸 요청 시에만 종료된다. 소멸 요청 플래그는 네이티브 연결에 의해 android_main() 메소드의 인자로 제공되는 android_app '애플리케이션 컨텍스트'에서 확인할 수 있다.

메인 루프 내에 ALooper_pollAll() 메소드 호출로 모든 대기pending 이벤트를 처리하는 내부 루프가 있다. 이 메소드는 안드로이드에 의해 제공되는 범용 이벤트 루프 관리자인 **ALooper API**의 일부다. 14단계처럼 타임아웃이 -1이면 ALooper_pollAll()은 이벤트 대기 중에 블록킹blocked된다. 어떤 이벤트를 수신하면 ALooper_pollAll()이 반환돼 코드 흐름을 진행하게 된다. android_poll_source 구조체는 채워진 이벤트에 대한 정보를 담아 이후 처리 과정에 사용된다.

이벤트 루프가 심장이라면 이벤트 폴링은 심장 박동이라 할 수 있다. 달리 얘기하면 폴링은 여러분의 애플리케이션을 살아있게 만들어 줌으로써 외부 세계로 반응하게 한다. 폴링 이벤트 없이 네이티브 액티비티를 벗어나기는 불가능하다. 소멸 또한 이벤트다!

🌑 액티비티 이벤트 처리

첫 번째 절에서 실제 처리 없이 이벤트 플러시flush만을 수행하는 네이티브 이벤트
루프를 실행해봤다. 이번 절에서는 액티비티 생명주기 중 발생할 수 있는 이벤트에
대해 자세히 살펴본다. 이전 예제를 확장해 네이티브 액티비티가 받는 모든 이벤트
를 로그에 남겨보자.

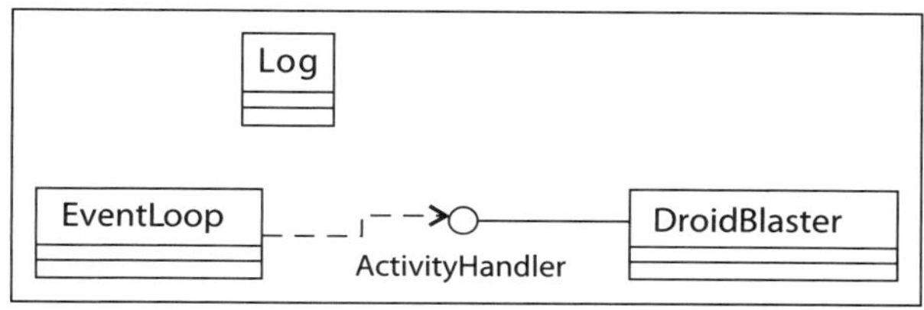

> **노트** DroidBlaster_Part5-1 프로젝트는 이 절의 시작점으로 사용된다. 결과 프로젝트는
> DroidBlaster_Part5-2를 참고한다.

실습 예제 | 액티비티 이벤트 처리

이전 절에서 만든 코드를 개선해보자.

1 Types.hpp를 열어 반환 코드를 나타내는 새로운 status 타입을 정의한다.

```
#ifndef _PACKT_TYPES_HPP_
#define _PACKT_TYPES_HPP_

#include <stdint.h>

namespace packt {
    typedef int32_t status;

    const status STATUS_OK = 0;
    const status STATUS_KO = -1;
```

```
    const status STATUS_EXIT = -2;
  }
  #endif
```

2 jni 디렉토리에 ActivityHandler.hpp를 생성한다. 이 헤더는 네이티브 액티비티 이벤트를 관찰하기 위한 인터페이스를 정의한다. 각 이벤트(`onStart()`, `onResume()`, `onPause()`, `onStop()`, `onDestroy()` 등)는 자신의 핸들러 메소드를 갖는다. 하지만 액티비티 생명주기의 세 가지 특정 순간에 더 관심을 기울일 것이다.

- **`onActivity()`** 액티비티가 재개resume돼 윈도우가 전면에 나타날 때 호출된다.

- **`onDeactivate()`** 액티비티가 일시 정지될 때 혹은 디스플레이 윈도우가 후면으로 숨겨지거나 파괴될 때 호출된다.

- **`onStep()`** 처리해야 할 이벤트 없이 연산이 발생할 때 호출된다.

```
#ifndef _PACKT_ACTIVITYHANDLER_HPP_
#define _PACKT_ACTIVITYHANDLER_HPP_

#include "Types.hpp"

namespace packt {
  class ActivityHandler {
  public:
    virtual ~ActivityHandler() {};

    virtual status onActivate() = 0;
    virtual void onDeactivate() = 0;
    virtual status onStep() = 0;

    virtual void onStart() {};
    virtual void onResume() {};
    virtual void onPause() {};
    virtual void onStop() {};
    virtual void onDestroy() {};
```

```cpp
    virtual void onSaveState(void** pData, size_t* pSize) {};
    virtual void onConfigurationChanged() {};
    virtual void onLowMemory() {};

    virtual void onCreateWindow() {};
    virtual void onDestroyWindow() {};
    virtual void onGainFocus() {};
    virtual void onLostFocus() {};
  };
}
#endif
```

모든 이벤트는 액티비티 이벤트 루프로부터 트리거된다.

3 EventLoop.hpp 파일을 연다. EventLoop 클래스의 public 접근자로 추가될 내용은 없고, 두 개의 내부 메소드(activate()와 deactivate())와 액티비티의 활성화 상태를 저장하기 위한 두 개의 상태 변수(mEnabled와 mQuit)를 추가한다. 실제 액티비티 이벤트는 processActivityEvent()와 관련 콜백 activityCallback()에서 처리된다. 이 이벤트는 mActivityHandler 이벤트 옵저버observer로 라우팅된다.

```cpp
#ifndef _PACKT_EVENTLOOP_HPP_
#define _PACKT_EVENTLOOP_HPP_

#include "ActivityHandler.hpp"
#include "Types.hpp"

#include <android_native_app_glue.h>

namespace packt {
  class EventLoop {
  public:
    EventLoop(android_app* pApplication);
    void run(ActivityHandler* pActivityHandler);

  protected:
```

```cpp
        void activate();
        void deactivate();

        void processAppEvent(int32_t pCommand);

    private:
        static void callback_event(android_app* pApplication,
            int32_t pCommand);

    private:
        bool mEnabled;
        bool mQuit;
        ActivityHandler* mActivityHandler;
        android_app* mApplication;
    };
}
#endif
```

4 EventLoop.cpp 파일을 열어 편집한다. 생성자 초기화 목록은 일상적인 구현에 불과하지만 android_app 애플리케이션 컨텍스트는 다음과 같은 추가적인 정보로 채워져야 한다.

- □ **onAppCmd** 이벤트가 발생할 때 트리거될 내부 콜백을 가리킨다. 예제에서는 activityCallBack 정적 메소드를 사용한다.

- □ **userData** 할당하고자 하는 모든 데이터에 대한 포인터다. 이전에 선언된 콜백에서 접근 가능한 정보만 가능하다(전역 변수는 제외). 예제에서는 EventLoop 인스턴스(this)를 사용한다.

```cpp
#include "EventLoop.hpp"
#include "Log.hpp"

namespace packt {
  EventLoop::EventLoop(android_app* pApplication) :
      mEnabled(false), mQuit(false),
      mApplication(pApplication),
```

```
    mActivityHandler(NULL) {
    mApplication->userData = this;
    mApplication->onAppCmd = callback_event;
}
...
```

5 이벤트를 폴링하는 동안 블록킹을 중지할 수 있게 run() 메인 이벤트 루프를
수정한다. 사실상 ALooper_pollAll()의 동작은 첫 번째 매개변수(timeout)를
보면 예측 가능하다.

- 14단계와 같이 timeout이 −1이면 호출은 이벤트가 수신될 때까지 블록킹
  된다.

- timeout이 0이면 호출은 블록킹되지 않고 큐에 아무것도 남아있지 않은 경
  우 프로그램 흐름을 진행해 순환 처리를 가능하게 한다.

- timeout이 0보다 크면 이벤트가 수신되거나 지속 시간이 경과할 때까지 블
  록킹 호출이 남아있게 된다.

  - 여기서는 엑티비티가 활성화 상태(mEnabled가 true)가 되면 액티비티를 진
    행(즉, 연산 수행)하고자 한다. 이 경우 timeout은 0이 된다. 액티비티가
    비활성화 상태(mEnabled가 false)가 되면 여전히 이벤트는 처리(예를 들면
    액티비티를 다시 살리기 위해)되지만 필요한 연산은 없다. 이 스레드는 불필요
    한 배터리와 프로세서 시간 소모를 방지할 수 있게 블록돼야 한다. 이
    경우 timeout은 −1이 된다.

  - 프로그래밍을 통해 애플리케이션을 벗어날 수 있게 NDK API는
    ANativeAcitivity_finish()를 제공해 액티비티 종료를 요청한다. 즉
    시 종료되지 않고 onPause()와 onStop() 등의 이벤트 이후에 종료된다.

```
...
void EventLoop::run(ActivityHandler* pActivityHandler) {
    int32_t lResult;
    int32_t lEvents;
    android_poll_source* lSource;
```

```cpp
    app_dummy();
    mActivityHandler = pActivityHandler;

    packt::Log::info("Starting event loop");
    while (true) {
        while ((lResult = ALooper_pollAll(mEnabled ? 0 : -1,
            NULL, &lEvents, (void**) &lSource)) >= 0) {
            if (lSource != NULL) {
                packt::Log::info("Processing an event");
                lSource->process(mApplication, lSource);
            }
            if (mApplication->destroyRequested) {
                packt::Log::info("Exiting event loop");
                return;
            }
        }

        if ((mEnabled) && (!mQuit)) {
            if (mActivityHandler->onStep() != STATUS_OK) {
                mQuit = true;
                ANativeActivity_finish(mApplication->activity);
            }
        }
    }
}
...
```

6 계속해서 EventLoop.cpp에 `activiate()`와 `deactivate()`를 구현한다. 옵저
버observer에 통지하기 전에 두 액티비티 상태를 확인(불필요한 트리거를 방지하기 위
해)한다. 앞서 언급했듯이 활성화는 처리에 앞서 사용 가능한 윈도우가 있을 때
동작한다.

```cpp
...
void EventLoop::activate() {
    if ((!mEnabled) && (mApplication->window != NULL)) {
```

```cpp
      mQuit = false; mEnabled = true;
      if (mActivityHandler->onActivate() != STATUS_OK) {
        mQuit = true;
        deactivate();
        ANativeActivity_finish(mApplication->activity);
      }
    }
  }

  void EventLoop::deactivate() {
    if (mEnabled) {
      mActivityHandler->onDeactivate();
      mEnabled = false;
    }
  }
  ...
```

7 마지막으로 `processActivityEvent()`와 그 동료인 `activityCallback()` 콜백을 구현한다. 생성자에서 초기화한 `android_app` 구조체의 `onAppCmd`와 `userData`를 기억하고 있는가? 이 필드는 네이티브 **glue**에 의해 이벤트가 발생할 때 올바른 콜백(예제에서는 `activiCallback()`)을 트리거하기 위해 내부적으로 사용된다. `EventLoop` 객체는 `userData` 포인터(`this`는 정적 메소드에서 사용할 수 없다)를 통해 얻어진다. 실제 이벤트는 객체지향적으로 `processActivityEvent()`에서 처리된다. 매개변수 `pCommand`는 발생한 이벤트(`APP_CMD_START`와 `APP_CMD_GAINED_FOCUS` 등)를 설명하는 열거형 값(`APP_CMD_*`)을 포함한다. 이벤트가 해석되면 액티비티는 이벤트에 따라 활성화되거나 비활성화돼 옵저버가 통지한다.

APP_CMD_WINDOW_RESIZED와 같은 이벤트는 트리거되지는 않는다. glue에 손을 델 준비가 덜 됐다면 이런 이벤트를 감시하지 말자.

활성화는 액티비티가 포커스를 받을 때 발생한다. 이 이벤트는 항상 액티비티가 재개돼 윈도우가 만들어질 때 발생하는 마지막 이벤트다. 포커스를 얻는다는 것은 액티비티가 입력 이벤트를 받을 수 있음을 의미한다. 따라서 윈도우가 만들어지면 바로 이벤트 루프를 활성화할 수 있다.

비활성화는 윈도우가 포커스를 잃거나 애플리케이션이 일시 중지될 때 발생한다. 포커스를 잃은 후에 항상 발생하지만 보안에 의해 윈도우가 파괴될 때도 비활성화가 수행된다. 포커스를 잃는다는 것은 애플리케이션이 더 이상 입력 이벤트를 받을 수 없음을 의미한다. 따라서 윈도우가 파괴될 때만 이벤트 루프를 비활성화할 수도 있다.

단순히 최근 애플리케이션 팝업(제조사마다 다를 수 있다)을 볼 수 있게 홈 버튼(기기에서)을 누르는 것만으로 쉽게 액티비티가 포커스를 잃거나 얻는 상황을 연출할 수 있다. 활성화와 비활성화는 포커스의 변화를 불러 액티비티가 즉시 일시 중지된다. 그렇지 않으면 다른 액티비티가 선택될 때까지 백그라운드에서 계속 동작하게 된다(물론 이런 동작을 원할 수도 있다).

```cpp
...
void EventLoop::processAppEvent(int32_t pCommand) {

  switch (pCommand) {
    case APP_CMD_CONFIG_CHANGED:
      mActivityHandler->onConfigurationChanged();
      break;

    case APP_CMD_INIT_WINDOW:
      mActivityHandler->onCreateWindow();
      break;

    case APP_CMD_DESTROY:
      mActivityHandler->onDestroy();
```

```cpp
    break;

  case APP_CMD_GAINED_FOCUS:
    activate();
    mActivityHandler->onGainFocus();
    break;

  case APP_CMD_LOST_FOCUS:
    mActivityHandler->onLostFocus();
    deactivate();
    break;

  case APP_CMD_LOW_MEMORY:
    mActivityHandler->onLowMemory();
    break;

  case APP_CMD_PAUSE:
    mActivityHandler->onPause();
    deactivate();
    break;

  case APP_CMD_RESUME:
    mActivityHandler->onResume();
    break;

  case APP_CMD_SAVE_STATE:
    mActivityHandler->onSaveState(&mApplication->savedState,
        &mApplication->savedStateSize);
    break;

  case APP_CMD_START:
    mActivityHandler->onStart();
    break;

  case APP_CMD_STOP:
    mActivityHandler->onStop();
    break;
```

```cpp
      case APP_CMD_TERM_WINDOW:
        mActivityHandler->onDestroyWindow();
        deactivate();
        break;

      default:
        break;
    }
  }

  void EventLoop::callback_event(android_app* pApplication,
      int32_t pCommand) {
    EventLoop& lEventLoop = *(EventLoop*) pApplication->userData;
    lEventLoop.processAppEvent(pCommand);
  }
}
```

이제 애플리케이션 특징적인 코드를 구현할 수 있다.

8 DroidBlaster.hpp 파일을 생성해 `ActivityHandler` 인터페이스를 구현한다.

```cpp
#ifndef _PACKT_DROIDBLASTER_HPP_
#define _PACKT_DROIDBLASTER_HPP_

#include "ActivityHandler.hpp"
#include "Types.hpp"

namespace dbs {
  class DroidBlaster : public packt::ActivityHandler {
  public:
    DroidBlaster();
    ~DroidBlaster();

  protected:
    packt::status onActivate();
    void onDeactivate();
    packt::status onStep();
```

```cpp
    void onStart();
    void onResume();
    void onPause();
    void onStop();
    void onDestroy();

    void onSaveState(void** pData, size_t* pSize);
    void onConfigurationChanged();
    void onLowMemory();

    void onCreateWindow();
    void onDestroyWindow();
    void onGainFocus();
    void onLostFocus();
  };
}
#endif
```

9 DroidBlaster.cpp 구현 파일을 생성한다. 액티비티의 생명주기를 간결하게 보여
줄 수 있게 각 이벤트가 발생할 때 로그 메시지를 남길 것이다.

```cpp
#include "DroidBlaster.hpp"
#include "Log.hpp"

#include <unistd.h>

namespace dbs {
  DroidBlaster::DroidBlaster() {
    packt::Log::info("Creating DroidBlaster");
  }

  DroidBlaster::~DroidBlaster() {
    packt::Log::info("Destructing DroidBlaster");
  }

  packt::status DroidBlaster::onActivate() {
    packt::Log::info("Activating DroidBlaster");
```

```cpp
    return packt::STATUS_OK;
  }

  void DroidBlaster::onDeactivate() {
    packt::Log::info("Deactivating DroidBlaster");
  }

  packt::status DroidBlaster::onStep() {
    packt::Log::info("Starting step");
    usleep(300000);
    packt::Log::info("Stepping done");
    return packt::STATUS_OK;
  }

  void DroidBlaster::onStart() {
    packt::Log::info("onStart");
  }
  ...
}
```

10 액티비티와 새로운 이벤트 핸들러 DroidBlaster를 초기화하는 것을 잊지
말자.

```cpp
#include "DroidBlaster.hpp"
#include "EventLoop.hpp"

void android_main(android_app* pApplication) {
  packt::EventLoop lEventLoop(pApplication);
  dbs::DroidBlaster lDroidBlaster;
  lEventLoop.run(&lDroidBlaster);
}
```

11 Android.mk Makefile을 수정해 앞 절에서 새롭게 만든 **cpp** 파일을 인클루드한
다. 그 다음 컴파일 후 애플리케이션을 실행한다.

214

검정 화면이 나타난다. 다시 한 번 얘기하지만 모든 동작은 이클립스의 LogCat 뷰에서 확인할 수 있다. 애플리케이션 이벤트에 대한 반응을 위해 네이티브 애플리케이션에 추가한 모든 메시지가 나타날 것이다.

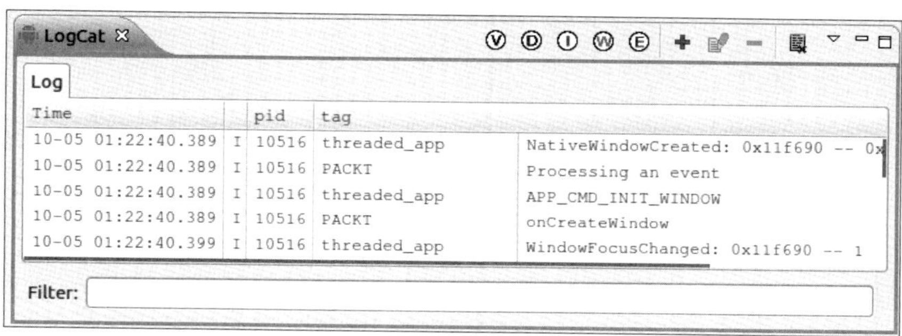

이벤트 구동 방식을 사용해 네이티브 스레드 내에서 애플리케이션 이벤트를 처리하는 최소한의 프레임워크를 만들었다 이벤트는 옵저버 객체로 전달돼 특정한 연산을 수행하게 된다. 네이티브 액티비티 이벤트는 대부분의 자바 액티비티 이벤트와 대응된다. 다음은 액티비티 생명주기 동안 발생할 수 있는 이벤트를 보여주는 안드로이드 공식 문서를 정리한 중요한 도표다.

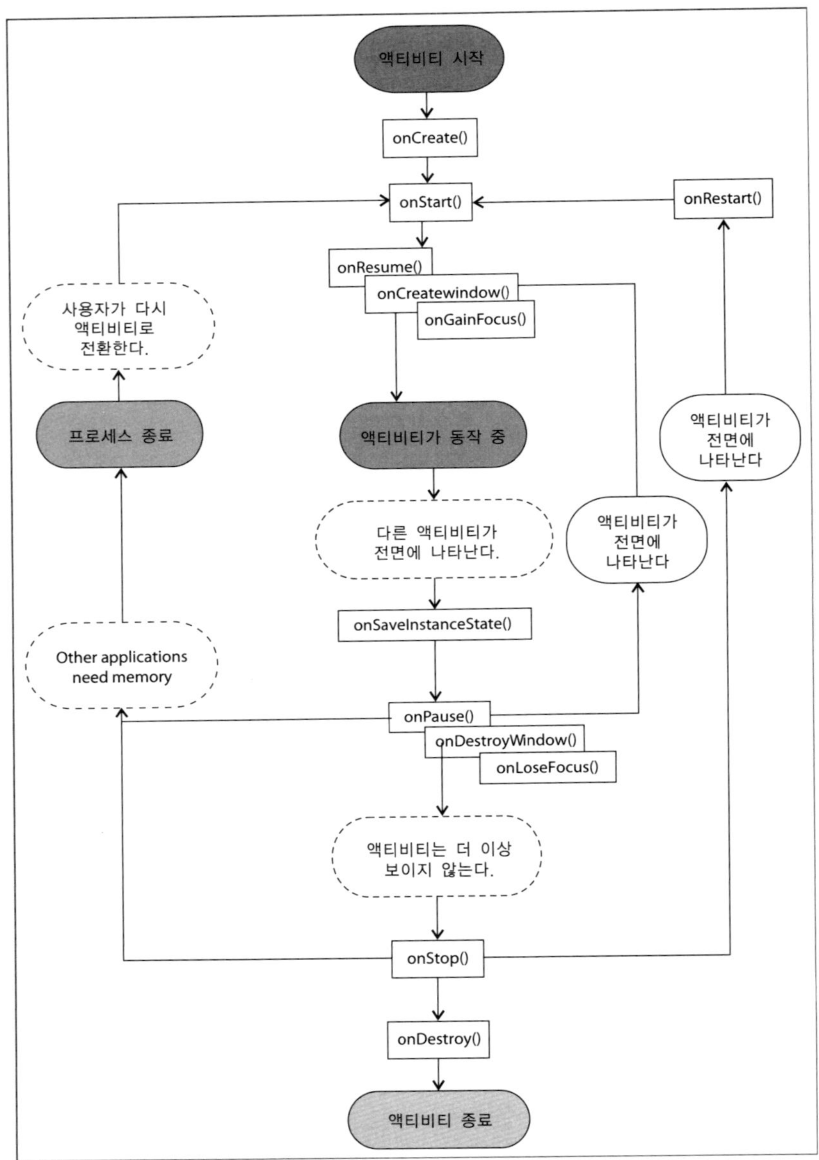

자세한 정보는 http://developer.android.com/reference/android/app/Activity.html을
참고한다.

이벤트는 애플리케이션에서 올바르게 처리해야 하는 상당히 중요한 부분이다. 이벤트 묶음(즉, 윈도우 시작/정지, 재개/일시정지, 생성/파괴와 포커스 획득/상실)은 대부분 미리 정해진 순서로 발생하지만, 일부는 다음과 같이 다르게 동작하기도 한다.

- 기기의 홈 버튼을 길게 누르는 경우는 오직 포커스만 얻거나 잃게 된다.

- 전화기 화면을 끄고 다시 키면 윈도우가 바로 종료되고 액티비티가 재개된 직후에 다시 초기화된다.

- 화면 방향 전환 시 액티비티가 다시 만들어진 후에 포커스를 다시 얻게 되지만, 전체 액티비티는 자신의 포커스를 잃지 않는다.

DroidBlaster에서는 애플리케이션 생명주기(활성화, 비활성화, 단계 진입(stepping)) 동안 발생할 수 있는 3가지 주요 이벤트만을 다루는 단순한 이벤트 처리 모델을 선택했다. 좀 더 세밀하게 이벤트 처리를 수행해 애플리케이션을 더욱 효과적으로 만들 수 있다. 예를 들면 액티비티를 일시 정지하는 것은 자원을 해제하지 않지만, 정지 이벤트는 자원을 해제한다.

안드로이드 이벤트에 대한 재미있는 문서를 참고하고 싶다면 NVIDIA 개발자 사이트 http://developer.nvidia.com/content/resources-android-native-game-development -available을 참고한다.

네이티브 앱 glue

네이티브 **glue** 프레임워크가 내부적으로 정확히 어떤 동작을 어떻게 하는지 궁금할지 모르겠다. 진실은 `android_main()`가 진정한 네이티브 애플리케이션의 진입점이 아니라는 데 있다. 진정한 진입점은 `android_native_app_glue` 모듈에 숨겨져 있는 `ANativeActivity_onCreate()`에 있다. 지금까지 살펴본 이벤트 루프는 실제로 대리자delegate 이벤트 루프이며, 자신의 네이티브 스레드에서 실행돼 더 이상 `android_main()`과 자바 측의 `NativeActivity`와 무관하게 동작하게 한다.

따라서 이벤트 코드를 처리하는 데 오랜 시간이 걸려도 NativeActivity는 블록킹되지 않으며, 안드로이드 기기를 대응 가능한 상태로 남겨둔다. 네이티브 연결 모듈 코드는 ${ANDROID_NDK}/sources/android/native_app_glue에 있다. 9장에서 연결 코드에 대해 다룬다.

android_native_app_glue는 삶을 지운다.

네이티브 glue는 대부분의 애플리케이션에서 걱정하지 않고(뮤텍스와 파이프 통신 등의 동기화) 사용할 수 있게 초기화와 시스템 관련 작업을 처리해 코드를 정말로 간결하게 해준다. glue 코드가 호출되면 UI 스레드를 해제해 기기가 갑작스러운 전화 수신과 같은 예측하지 못한 이벤트를 처리할 수 있게 해준다.

UI 스레드

다음과 같은 호출 계층 구조는 네이티브 앱 glue가 UI 스레드상에서 내부적으로 어떻게 처리되는지 보여준다.

```
Main Thread
NativeActivity
+___ANativeActivity_onCreate(ANativeActivity, void*, size_t)
    +___android_app_create(ANativeActivity*, void*, size_t)
```

ANativeActivity_onCreate()는 진정한 네이티브 측의 진입점이며 UI 스레드상에서 실행된다. ANativeActivity 구조체는 네이티브 glue 코드 내에서 사용되는 이벤트 콜백(onDestroy, onStart, onResume 등)으로 채워진다. 따라서 자바 측의 NativeActivity에서 이벤트가 발생되면 네이티브 측에서 콜백 핸들러가 즉시 트리거되지만, 여전히 UI 스레드에 머물러있게 된다. 핸들러를 통한 처리 과정은 매우 간단하다. 내부 메소드인 android_app_write_cmd()를 호출해 네이티브 스레드에 알리면 된다. 다음은 발생할 수 있는 이벤트 목록이다.

onStart, onResume, onPause, onStop	android_app.activityStatus를 적절한 APP_CMD_* 값으로 설정해 애플리케이션의 상태를 변경한다.
onSaveInstance	애플리케이션 상태를 APP_CMD_SAVE_STATE로 설정해 네이티브 애플리케이션이 자신의 상태를 저장할 때까지 기다린다. 사용자 정의 값 저장은 자신의 명령 콜백 내의 네이티브 앱 glue에 의해 구현돼야 한다.
onDestroy	파괴가 대기 상태임을 네이티브 스레드에 통지한 다음 네이티브 스레드에서 인지했을 때 메모리를 해제한다(어떤 자원을 해제할지를 결정한다). android_app 구조체는 더 이상 사용되지 않으며, 애플리케이션 스스로 종료한다.
onConfigurationChanged, onWindowFocusedChanged, onLowMemory	네이티브 측 이벤트 스레드에 통지한다(APP_CMD_GAINED_FOCUS, APP_CMD_LOST_FOCUS 등).
onNativeWindowCreated, onNativeWindowDestroyed	android_app_set_window() 함수를 호출해 네이티브 스레드가 자신의 디스플레이 윈도우를 변경할 수 있게 해준다.
onInputQueueCreated, onInputQueueDestoyed	입력 큐에 등록하기 위해 android_app_set_input() 메소드를 사용한다. 입력 큐는 NativeActivity에 의해 만들어지며, 일반적으로 네이티브 스레드 루프가 시작된 후에 제공된다.

또한 `ANativeActivity_onCreate()`는 메모리를 할당하고 애플리케이션 컨텍스트 `android_app`과 모든 동기화 관련 내용을 초기화한다. 그 후 네이티브 스레드 자신의 삶을 살 수 있게 분기forked된다. 스레드는 `android_app_entry` 진입점에서 생성된다. 메인 UI 스레드와 네이티브 스레드는 유닉스 파이프를 통해 통신하며, 적절한 동기화를 보장하기 위해 뮤텍스를 사용한다.

네이티브 스레드

네이티브 스레드 호출 트리는 조금 복잡하다! 자신만의 **glue** 코드를 작성하고 싶다면 다음과 비슷하게 구현해야 할 것이다.

```
+___android_app_entry(void*)
    +___AConfiguration_new()
```

```
+___AConfiguration_fromAssetManager(AConfiguration*,
|                                   AAssetManager*)
+___print_cur_config(android_app*)
+___process_cmd(android_app*, android_poll_source*)
|   +___android_app_read_cmd(android_app*)
|   +___android_app_pre_exec_cmd(android_app*, int8_t)
|   |   +___AInputQueue_detachLooper(AInputQueue*)
|   |   +___AInputQueue_attachLooper(AInputQueue*,
|   |   |         ALooper*, int, ALooper_callbackFunc, void*)
|   |   +___AConfiguration_fromAssetManager(AConfiguration*,
|   |   |                               AAssetManager*)
|   |   +___print_cur_config(android_app*)
|   +___android_app_post_exec_cmd(android_app*, int8_t)
+___process_input(android_app*, android_poll_source*)
|   +___AInputQueue_getEvent(AInputQueue*, AInputEvent**)
|   +___AInputEvent_getType(const AInputEvent*)
|   +___AInputQueue_preDispatchEvent(AInputQueue*,
|   |                                 AInputEvent*)
|   +___AInputQueue_finishEvent(AInputQueue*,
|                               AInputEvent*, int)
+___ALooper_prepare(int)
+___ALooper_addFd(ALooper*, int, int, int,
|                 ALooper_callbackFunc, void*)
+___android_main(android_app*)
+___android_app_destroy(android_app*)
    +___AInputQueue_detachLooper(AInputQueue*)
    +___AConfiguration_delete(AConfiguration*)
```

좀 더 자세히 의미를 살펴보자. 메소드 android_app_entry()는 네이티브 스레드
에서 배타적으로 실행돼 다양한 임무를 수행한다. 제일 먼저 Looper를 만들어 파
이프(유닉스 파일 디스크립터로 확인된다)로 들어오는 데이터를 읽어 이벤트 큐를 처리한
다. 명령 큐 Looper 생성은 네이티브 스레드가 구동할 때 ALooper_prepare()에
의해 수행된다(자바의 클래스 **Looper**와 비슷하다). ALooper_addFd()는 Looper에서 파

이프로 전달된 내용을 처리한다. 큐는 명령과 입력 큐를 위한 네이티브 앱 glue 내부 메소드 `process_cmd()`와 `process_input()`에 의해 처리된다. 하지만 두 메소드는 `android_main()` 내의 `lSource->process()`를 작성했을 경우에 트리거된다. 그다음 내부적으로 `process_cmd()`와 `process_input()`은 Activity.cpp에서 작성했던 콜백을 호출한다. 이제 메인 루프에서 이벤트를 받았을 때 어떤 일이 발생하는지 숙지했을 것이다.

입력 큐는 루퍼로 연결되지만, 스레드 진입점 내부로 즉시 사용할 수 있는 것은 아니다. 대신 앞서 설명했던 파이프 메커니즘을 사용해 메인 UI 스레드에서 네이티브 스레드로 다른 시간에 전달된다. 명령 큐는 입력 큐가 아닌 Looper로 연결됨을 뜻한다. 입력 큐는 `AInputQueue_attachLooper()`와 `AInputQueue_detachLooper()` 같은 특정 API를 통해 Looper로 연결된다. 아직 다룬 내용은 아니지만 사용자 큐인 세 번째 큐는 Looper로 연결될 수 있다. 이 큐는 기본적으로 사용되지 않는 사용자 정의 큐이며, 자신의 목적에 맞게 사용할 수 있다. 좀 더 일반적으로 얘기하자면 애플리케이션은 동일한 ALooper를 사용해 부가적인 파일 디스크립터를 리스닝listening할 수 있다.

이제 가장 중요한 부분인 `android_main()`을 살펴보자. 우리가 만든 메소드다! 이미 알고 있겠지만 `android_main()`은 네이티브 스레드에서 실행돼 파괴 요청 시까지 무한 루프를 돌게 된다. 파괴 요청뿐만 아니라 다른 모든 이벤트는 폴링을 통해 감지된다(DroidBlaster에서 사용된 `ALooper_pollAll`). 큐에 아무것도 없을 때까지 발생한 이벤트를 확인한 후 윈도우 서피스를 다시 그리는 등의 원하는 작업을 수행할 수 있다. 그후 새로운 이벤트가 도착할 때까지 대기 상태로 돌아가야 한다.

Android_app 구조체

네이티브 이벤트 루프는 매개변수로 `android_app` 구조체를 받는다. 이 구조체는 **android_native_app_glue**.h에 정의돼 다음과 같은 컨텍스트 정보를 포함한다.

* **void* userData** 액티비티 이벤트 콜백에 컨텍스트 정보를 제공하는 데 반드시 필요하다.

- **void (*pnAppCmd)(…) int32_t (*onInputEvent)(…)** 이 콜백은 액티비티나 입력 이벤트가 발생했을 때 트리거된다. 입력 이벤트에 대해서는 8장에서 살펴본다.

- **ANativeActivity* activity** 자바 네이티브 액티비티(JNI 객체와 자신의 데이터 디렉토리와 같은 자신의 클래스)를 설명하며, JNI 컨텍스트를 받기 위한 정보를 제공한다.

- **AConfiguration* config** 현재의 언어와 국가, 화면 방향, 밀도, 크기 등의 하드웨어와 시스템 상태 관련 정보를 포함한다. 호스트 기기에 대한 많은 내용을 얻을 수 있는 위치다.

- **void* savedState size_t savedStateSize** 액티비티가 파괴되거나 이후 복구될 때 데이터 버퍼를 저장하기 위해 사용된다.

- **AInputQueue* inputQueue** 입력 이벤트(네이티브 glue에 의해 내부적으로 사용됨)를 처리한다. 입력 이벤트에 대한 내용은 8장에서 다룬다.

- **ALooper* looper** 이벤트 리스너(네이티브 연결에 의해 내부적으로 사용됨)에 연결하거나 해제할 수 있게 해준다. 이 리스너는 유닉스 파일 디스크립터상의 데이터로 표현된 이벤트를 폴링하고 대기한다.

- **ANativeWindow* window ARect contentRect** 그래픽으로 '그릴 수 있는' 영역을 표현한다. ANativeWindow API는 native_window.h에 선언돼 있으며, 윈도우 가로와 세로, 픽셀 정보를 읽거나 변경할 수 있게 해준다.

- **int activityState** 현재의 액티비티 상태, 즉 APP_CMD_START와 APP_CMD_RESUME, APP_CMD_PAUSE 등을 설명한다.

- **int destroyRequested** 플래그 변수로 1이 설정되면 애플리케이션이 파괴될 예정이며, 네이티브 스레드가 반드시 종료돼야 함을 뜻한다. 이벤트 루프에서 반드시 확인해야 한다.

android_app 구조체는 변경되지 않는 내부 데이터도 포함하고 있다.

다수의 안드로이드 입문 개발자에게는 놀랄만한 내용일 수도 있지만, 화면 방향이 바뀌면 안드로이드 액티비티는 완전히 재생성돼야 한다. 네이티브 액티비티와 네이티브 스레드도 예외가 아니다. 올바른 처리를 위해 네이티브 glue는 APP_CMD_SAVE_STATE 이벤트를 트리거해 액티비티가 파괴되기 전에 자신의 액티비티 상태를 저장할 수 있는 기회를 남겨놓았다.

이번 도전 과제에서는 BroidBlaster 현재 코드 기준으로 액티비티가 재성성된 횟수를 추적해본다.

1. 활성화 카운터를 저장하기 위해 state 구조체를 만든다.

2. 액티비티 요청 시 카운터를 저장한다. 새로운 state 구조체는 매번 malloc() (메모리는 free()로 해제한다)으로 할당돼야 하며, android_app 구조체의 savedState와 savedStateSize 필드로 반환돼야 한다.

3. 액티비티가 재생성될 때 카운터를 복원한다. 상태 확인을 확인해야 한다. 상태 값이 NULL이면 액티비티가 최초로 생성된다. NULL이 아니면 액티비티는 재생성된다.

state 구조체는 네이티브 glue에 의해 내부적으로 복사되고 해제되기 때문에 이 구조체 내에 어떠한 포인터도 저장되지 않는다.

노트   DroidBlaster_Part5-2 프로젝트는 이 절의 시작점으로 사용된다. 결과 프로젝트는 DroidBlaster_Part5-SaveState를 참고한다.

네이티브에서 윈도우와 시간에 접근

애플리케이션 이벤트에 대한 이해는 필수적이지만, 이벤트는 퍼즐의 일부 조각일 뿐 모든 사용자가 흥미를 느끼는 주제는 아닐 것이다. 안드로이드 NDK의 재미있는 기능 중 하나는 네이티브에서 디스플레이 윈도우에 접근해 그래픽을 그릴 수 있다는 점이다. 그래픽에 대해 논하는 사람은 시간에 대해서도 흥미로울 것이다. 실제로 안드로이드 기기는 여러 능력을 갖고 있고, 애니메이션은 속도를 충족시켜야 한다. 이를 위해 안드로이드는 시간 기본형에 접근할 수 있게 훌륭한 Posix API를 제공한다.

그래픽 피드백을 받을 수 있는 기능을 활용해 화면에 빨간 사각형이 이동하게 애플리케이션을 작성해보자. 빨간 사각형은 재생 결과를 얻기 위한 시간에 따라 움직일 것이다.

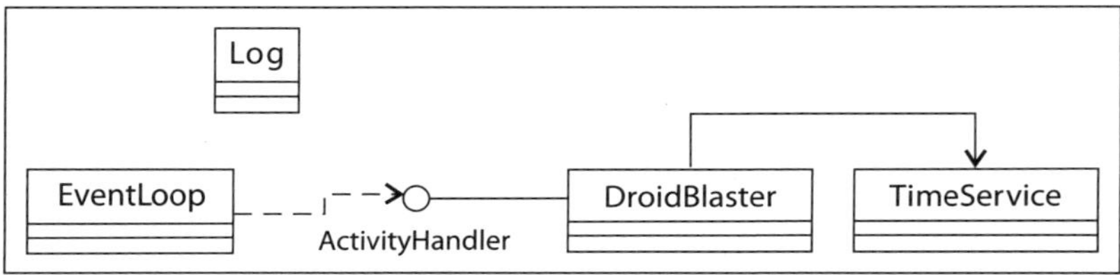

DroidBlaster_Part5-2 프로젝트는 이 절의 시작점으로 사용된다. 결과 프로젝트는 DroidBlaster_Part5-3를 참고한다.

실습 예제 | 그래픽 디스플레이와 타이머 구현

먼저 전용 모듈에 타이머를 구현하자.

이 책 전반에 걸쳐서 Service로 시작하는 이름의 여러 모듈을 구현할 것이다. 이 서비스는 순수한 디자인 개념이며, 안드로이드 서비스와 관련이 없다.

1 jni 디렉토리에 time.h Posix 헤더를 인클루드하는 TimeService.hpp를 생성한다.

타이머 상태를 관리하기 위한 `reset()`과 `update()` 메소드와 현재 시간(`now()` 메소드)과 지난 업데이트 간 경과된 시간(`elaped()` 메소드)을 읽기 위한 두 가지 메소드를 포함한다.

```cpp
#ifndef _PACKT_TIMESERVICE_HPP_
#define _PACKT_TIMESERVICE_HPP_

#include "Types.hpp"

#include <time.h>

namespace packt {
  class TimeService {
  public:
    TimeService();

    void reset();
    void update();

    double now();
    float elapsed();

  private:
    float mElapsed;
    double mLastTime;
  };
}
#endif
```

2 jni에 TimeService.cpp 파일을 생성한다. `now()` 메소드 구현을 통해 현재 시간을 가져올 수 있게 Posix 기본형 `clock_gettime()`을 사용한다. 시간이 항상 일정하게 늘어나고 시스템 변화(예를 들어 사용자가 설정 변경하는 경우)에 영향을 받지 않는 안정적인 클록clock이 필수적이다.

그래픽 애플리케이션에 필요한 내용을 제공하기 위해 elapsed() 메소드를 정의해 지난 업데이트 이후에 경과된 시간을 확인한다. 이 메소드는 기기 속도에 따라 애플리케이션의 동작을 원활히 수행할 수 있게 해준다. 정확성을 위해 절대 시간을 조작할 때 double로 작업하는 것이 중요하다. 이후 결과 지연시간은 다시 float으로 변환될 수 있다.

```cpp
#include "TimeService.hpp"
#include "Log.hpp"

namespace packt {
  TimeService::TimeService() :
      mElapsed(0.0f),
      mLastTime(0.0f)
  {}

  void TimeService::reset() {
    Log::info("Resetting TimeService.");
    mElapsed = 0.0f;
    mLastTime = now();
  }

  void TimeService::update() {
    double lCurrentTime = now();
    mElapsed = (lCurrentTime - mLastTime);
    mLastTime = lCurrentTime;
  }

  double TimeService::now() {
    timespec lTimeVal;
    clock_gettime(CLOCK_MONOTONIC, &lTimeVal);
    return lTimeVal.tv_sec + (lTimeVal.tv_nsec * 1.0e-9);
  }

  float TimeService::elapsed() {
    return mElapsed;
```

```
      }
    }
```

3 Context.hpp 헤더 파일을 생성한다. `TimeServices`로 시작하는 모든 DroidBlaster 모듈을 보관하거나 공유할 수 있게 `Context` 도우미 구조체를 정의한다. 이 구조체는 6장에서 좀 더 강화한다.

```
#ifndef _PACKT_CONTEXT_HPP_
#define _PACKT_CONTEXT_HPP_

#include "Types.hpp"

namespace packt {
  class TimeService;

  struct Context
  {
    TimeService* mTimeService;
  };
}
#endif
```

이제 시간 모듈을 애플리케이션에 포함할 수 있게 됐다.

4 존재하는 **DroidBlaster.hpp** 파일을 연다. 화면을 지우거나 사각형 커서를 그릴 수 있게 내부 메소드 `clear()`와 `draw()`를 정의한다. 또한 액티비티 상태와 디스플레이 상태뿐만 아니라 커서 위치와 크기, 속도를 저장할 수 있게 멤버 변수를 추가한다.

```
#ifndef _PACKT_DROIDBLASTER_HPP_
#define _PACKT_DROIDBLASTER_HPP_

#include "ActivityHandler.hpp"
#include "Context.hpp"
#include "TimeService.hpp"
#include "Types.hpp"
```

```cpp
#include <android_native_app_glue.h>

namespace dbs {
  class DroidBlaster : public packt::ActivityHandler {
  public:
    DroidBlaster(packt::Context& pContext,
                 android_app* pApplication);
    ~DroidBlaster();

  protected:
    packt::status onActivate();
    void onDeactivate();
    packt::status onStep();

    ...

  private:
    void clear();
    void drawCursor(int pSize, int pX, int pY);

  private:
    android_app* mApplication;
    ANativeWindow_Buffer mWindowBuffer;
    packt::TimeService* mTimeService;

    bool mInitialized;

    float mPosX;
    float mPosY;
    const int32_t mSize;
    const float mSpeed;
  };
}
#endif
```

5 이제 DroidBlaster.cpp 구현 파일을 열어 생성자와 소멸자를 수정한다. 커서는 24픽셀 크기이며, 초당 100픽셀을 이동한다. TimeService(이후에 추가될 모든 서비

스도)는 Context 구조체로 전송된다.

```cpp
#include "DroidBlaster.hpp"
#include "Log.hpp"

#include <math.h>

namespace dbs {
  DroidBlaster::DroidBlaster(packt::Context& pContext,
                             android_app* pApplication) :
  mApplication(pApplication),
  mTimeService(pContext.mTimeService),
  mInitialized(false),
  mPosX(0), mPosY(0), mSize(24), mSpeed(100.0f) {
    packt::Log::info("Creating DroidBlaster");
  }

  DroidBlaster::~DroidBlaster() {
    packt::Log::info("Destructing DroidBlaster");
  }
...
```

6 계속해서 다음과 같이 **DroidBlaster.cpp**에 활성화 핸들러를 다시 구현한다.

□ 타이머를 초기화한다.

□ ANativeWindow_setBufferGeometry()를 사용해 윈도우 포맷을 32비트
로 변경한다. 매개변수로 전달된 두 개의 0은 윈도우 가로/세로 크기를 의미
한다. 양수 값으로 초기화하지 않으면 무시된다. 가로와 세로로 정의된 윈도
우 영역은 화면 크기와 일치하게 조정된다는 점에 유의한다.

□ ANativeWindow_Buffer 구조체를 통해 그리는 데 필요한 모든 정보를 가
져온다. 이 구조체를 채우기 위해서 윈도우는 반드시 잠금lock 처리를 해야
한다.

□ 액티비티가 처음 실행되면 커서 위치를 초기화한다.

```cpp
...
  status DroidBlaster::onActivate() {
    packt::Log::info("Activating DroidBlaster");
    mTimeService->reset();

    // 32비트 포맷으로 강제한다.
    ANativeWindow* lWindow = mApplication->window;
    if (ANativeWindow_setBuffersGeometry(lWindow, 0, 0,
        WINDOW_FORMAT_RGBX_8888) < 0) {
      return packt::STATUS_KO;
    }

    // 속성을 얻기 위해 윈도우 버퍼를 잠궈야 한다.
    if (ANativeWindow_lock(lWindow, &mWindowBuffer, NULL) >= 0) {
      ANativeWindow_unlockAndPost(lWindow);
    } else {
      return packt::STATUS_KO;
    }

    // 중심에 마크를 위치시킨다.
    if (!mInitialized) {
      mPosX = mWindowBuffer.width / 2;
      mPosY = mWindowBuffer.height / 2;
      mInitialized = true;
    }
    return packt::STATUS_OK;
  }
...
```

7 계속해서 **DroidBlaster.cpp**에서 일정한 속도(여기서는 초당 100픽셀)로 커서를
이동해 애플리케이션을 움직여보자. 윈도우 버퍼는 그려질 수 있게 잠금
설정(ANativeWindow_lock() 메소드)돼야 하며, 그리기가 끝나면 잠금 해제
(ANativeWindow_unlockAndPost() 메소드)돼야 한다.

...

```cpp
status DroidBlaster::onStep() {
  mTimeService->update();

  // 마크를 초당 100픽셀씩 이동한다.
  mPosX = fmod(mPosX + mSpeed * mTimeService->elapsed(),
               mWindowBuffer.width);

  // 윈도우 버퍼를 잠근 다음 그린다.
  ANativeWindow* lWindow = mApplication->window;
  if (ANativeWindow_lock(lWindow, &mWindowBuffer, NULL) >= 0) {
    clear();
    drawCursor(mSize, mPosX, mPosY);
    ANativeWindow_unlockAndPost(lWindow);
    return packt::STATUS_OK;
  } else {
    return packt::STATUS_KO;
  }
}
...
```

8 마지막으로 그리기 메소드를 구현한다. `memset()`을 이용해 강제로 화면을 지운다. 이 동작은 실제로 단순히 연속적인 큰 메모리 버퍼인 디스플레이 윈도우 서피스에 의해 지원된다.

커서를 그리는 것은 네이티브에서 비트맵 처리하는 과정처럼 그리 복잡하지 않다. 디스플레이 윈도우 서비스는 `bits` 필드(서피스가 잠근 상태인 경우만!)를 통해 직접 접근되며, 픽셀 단위로 수정될 수 있다. 여기서 빨간 사각형은 요청된 위치에서 라인 단위로 렌더링된다. `stride`는 한 라인에서 다른 라인으로 직접 이동할 수 있게 해준다.

경계 값을 확인하는 코드가 없다. 간단한 예제에서는 별 문제가 없지만 메모리 오버플로우가 발생돼 충돌 문제를 일으킬 수 있음을 기억해두자.

```cpp
...
  void DroidBlaster::clear() {
    memset(mWindowBuffer.bits, 0, mWindowBuffer.stride
          * mWindowBuffer.height * sizeof(uint32_t*));
  }

  void DroidBlaster::drawCursor(int pSize, int pX, int pY) {
    const int lHalfSize = pSize / 2;

    const int lUpLeftX = pX - lHalfSize;
    const int lUpLeftY = pY - lHalfSize;
    const int lDownRightX = pX + lHalfSize;
    const int lDownRightY = pY + lHalfSize;

    uint32_t* lLine = ((uint32_t*)mWindowBuffer.bits)
                    + (mWindowBuffer.stride * lUpLeftY);
    for (int iY = lUpLeftY; iY <= lDownRightY; iY++) {
      for (int iX = lUpLeftX; iX <= lDownRightX; iX++) {
        lLine[iX] = 255;
      }
      lLine = lLine + mWindowBuffer.stride;
    }
  }
}
```

테스트 코드는 메인 진입점에서 실행돼야 한다.

9 DroidBlaster 액티비티 핸들러를 실행할 수 있게 **Main.cpp** 파일의 android_
main을 수정한다. 임시로 DroidBlaster 선언을 주석 처리할 수도 있다.

```cpp
#include "Context.hpp"
#include "DroidBlaster.hpp"
#include "EventLoop.hpp"
#include "TimeService.hpp"

void android_main(android_app* pApplication) {
```

```cpp
    packt::TimeService lTimeService;
    packt::Context lContext = { &lTimeService };

    packt::EventLoop lEventLoop(pApplication);
    dbs::DroidBlaster lDroidBlaster(lContext, pApplication);
    lEventLoop.run(&lDroidBlaster);
}
```

10 파일을 생성할 때마다 .cpp 파일을 추가하는 작업이 번거로운가? 그렇다면 자
동으로 jni 디렉토리의 모든 cpp 파일 목록을 지정할 수 있게 **Android**.mk 파일
에 매크로 LS_CPP를 정의한다. 이 매크로로는 LOCAL_SRC_FILES 변수가 초기화
될 때 호출된다. **Makefile** 언어에 대해서는 9장에서 자세히 살펴본다.

```
LOCAL_PATH := $(call my-dir)

include $(CLEAR_VARS)

LS_CPP=$(subst $(1)/,,$(wildcard $(1)/*.cpp))
LOCAL_MODULE       := droidblaster
LOCAL_SRC_FILES := $(call LS_CPP,$(LOCAL_PATH))
LOCAL_LDLIBS       := -landroid -llog

LOCAL_STATIC_LIBRARIES := android_native_app_glue

include $(BUILD_SHARED_LIBRARY)

$(call import-module,android/native_app_glue)
```

11 컴파일 후 애플리케이션을 실행한다.

DroidBlaster를 실행하면 다음 결과 화면을 볼 수 있다. 빨간 네모는 일정한 리듬으
로 화면을 이동한다. 결과는 실행마다 동일해야 한다.

그래픽 피드백은 디스플레이 윈도우로의 네이티브 접근을 제공하며, 비트맵처럼 서피스를 처리할 수 있게 `ANativeWindow_*` **API**를 통해 수행된다. 비트맵에서처럼 윈도우 서피스에 접근하려면 처리 전후에 잠금과 잠금 해제를 설정해야 한다.

안전하게!

네이티브 애플리케이션은 충돌할 가능성이 높다. 심각한 충돌이 일어날 수 있고 애플리케이션이 충돌한 위치를 파악할 수도 있지만, 항상 신중하게 개발해 프로그램 코드를 보호하는 편이 좋다. 여기서 커서가 서피스 메모리 버퍼 외부에 그려지면 아주 쉽게 갑작스러운 충돌을 접하게 될 것이다.

전원 버튼을 눌러 홈 스크린을 벗어나게 하는 등 애플리케이션 이벤트를 좀 더 구체적으로 만들어볼 수도 있을 것이다. 다양한 상황이 발생할 수 있으니 시스템적으로 신중히 테스트해야 한다.

- **뒤로 가기** 버튼을 사용해 애플리케이션을 벗어난다(네이티브 스레드를 파괴한다).

- **홈** 버튼을 사용해 애플리케이션을 벗어난다(네이티브 스레드는 파괴되지 않고 애플리케이션을 중지하고 윈도우를 해제한다).

- 전원 버튼을 길게 눌러 **전원** 메뉴를 연다(애플리케이션은 포커스를 잃는다).

- **홈** 버튼을 길게 눌러 애플리케이션 전환 메뉴를 나타낸다(포커스를 잃는다).

- 예상치 못한 전화

뒤로 가기 버튼을 사용해 애플리케이션을 벗어나면 네이티브 스레드가 파괴되기 때문에 중간에 있는 마크를 재초기화한다. 다른 상황(예를 들어 홈 버튼을 누르는 동작)에서는 다른 결과를 보인다.

시간 기본형

타이머는 올바른 속도로 이동하는 애니메이션을 보여주기 위한 필수 요소다. 타이머는 이론적으로 10억분의 1초까지의 매우 높은 정밀도로 시간 정보를 반환하는 clock_gettime POSIX 메소드를 사용해 구현될 수 있다.

클록은 CLOCK_MONOTONIC 옵션으로 설정했다. 모노토닉 타이머는 과거의 임의의 시작점으로부터 경과된 클록 시간을 제공한다. 잠재적인 시스템 날짜 변경에 영향을 받지 않으므로 다른 옵션과 달리 과거로 돌아갈 수 있는 방법이 없다. CLOCK_MONOTINIC의 단점은 시스템 특징적이며, 올바른 동작을 보장하지 않는다는 점이다. 다행히 안드로이드는 이를 지원하지만 안드로이드 코드를 다른 플랫폼으로 포팅하는 경우라면 신중히 사용돼야 한다.

다른 대안으로 시스템 시간 변경이 함께 적용되지만 정확도는 다소 떨어지는 함수 중에 time.h에서 제공하는 gettimeofday()가 있다. 사용법은 비슷하지만 정확도는 10억분의 1이 아닌 100만분의 1초이다. 다음은 TimeService의 now() 구현을 대체할 수 있는 사용 예다.

```
double TimeService::now() {
  timeval lTimeVal;
  gettimeofday(&lTimeVal, NULL);
  return (lTimeVal.tv_sec * 1000.0) + (lTimeVal.tv_usec / 1000.0);
}
```

정리

5장에서는 단 한 줄의 자바 코드도 없는 완전한 첫 번째 네이티브 애플리케이션을 작성해봤고, 이벤트를 처리하는 이벤트 루프의 뼈대를 구현했다. 좀 더 구체적으로 말하면 이벤트를 적절하게 폴링해 애플리케이션을 살아있게 만드는 방법을 살펴봤다. 또한 액티비티 생명주기 동안 발생할 수 있는 이벤트를 처리해 액티비티가 유휴idle 상태가 되면 바로 활성화하고 비활성화하는 작업을 수행했다.

그래픽을 디스플레이하기 위해 네이티브에서 디스플레이 윈도우를 잠그거나 잠금 해제 설정을 했다. 이제 임시 버퍼 없이 직접 그래픽을 그릴 수 있게 됐다. 마지막으로 모노토닉 클록을 이용한 반환 시간을 이용해 기기 속도에 따라 애플리케이션이 반응할 수 있게 만들었다.

5장에서 소개한 기본적인 프레임워크는 이 책 전반에 걸쳐 다루게 될 2D/3D 게임의 기본이 된다. 오늘날의 트렌드가 간결함에 있긴 하지만 빨간 네모보다는 좀 더 그럴싸한 무엇이 필요하지 않을까! 6장에서는 안드로이드를 위한 OpenGL ES를 이용해 고급 그래픽을 렌더링하는 방법을 살펴본다.

6

OpenGL ES로
그래픽 렌더링

안드로이드 NDK의 주요 관심사 중 하나는 멀티미디어 애플리케이션과 게임 작성에 있다. 실제로 이런 프로그램은 많은 자원을 소비하는 동시에 반응성을 필요로 한다. 이를 위해 안드로이드 NDK에서 가장 처음 제공한 API(지금까지도 크게 달라지지 않았다)가 바로 그래픽에 대한 Open Graphics Library for Embedded Systems(OpenGL ES) API다.

OpenGL은 실리콘 그래픽스 사(Silicon Graphics)에 의해 만들어진 표준 API이며, 현재 크로노스(Khronos) 그룹(http://www.khronos.org/를 참고한다)에 의해 관리된다. OpenGL ES 파생물은 iOS나 블랙베리 OS 같은 다양한 플랫폼에서 이식성이 좋으며, 효과적인 그래픽 코드를 작성하기 위한 목적으로 활용된다. OpenGL은 프로그래밍 가능한 쉐이더(하드웨어가 지원하는 경우)를 통해 2D와 3D 그래픽을 처리할 수 있다. 현재 안드로이드에서 지원하는 두 가지 주요 OpenGL ES 릴리즈가 있다.

- **OpenGL ES 1.1** 안드로이드 기기에서 지원하는 대부분의 API가 여기에 속한다. 고정 파이프 라인(즉, 기하학(geometry)을 변환하거나 렌더링하기 위해 필요한 설정 가능한 고정 동작 집합이다)을 통해 예전 방식의 그래픽 API를 제공한다. 규약(specification)이 완전히 구현되지는 않았지만, 현재의 구현으로도 충분하다. 구식 기기를 대상으로 2D 게임이나 3D 게임을 작성하기 위한 용도로 적합하다.

- **OpenGL ES 2** 구식 전화기(HTC G1 같은)는 지원하지 않지만, 그보다 좀 더 신식(넥서스 원처럼 그리 오래되지 않은 기기, 모바일 세계에서는 시간이 참으로 빠르다) 전화기는 지

원한다. OpenGL ES 2는 고정 파이프라인을 버텍스와 픽셀 쉐이더를 사용하는 현대의 프로그래밍 가능한 파이프라인으로 대체한다. 고급 3D 그래픽을 위한 최고의 선택이 될 수 있다. OpenGL ES 1.X는 내부적으로 OpenGL 2 구현을 통해 빈번히 에뮬레이트된다는 점을 기억하자.

6장에서는 2D 그래픽 생성 방법을 살펴본다. 좀 더 구체적으로 얘기하면 다음과 같은 내용을 다룬다.

- OpenGL ES를 초기화하고 안드로이드 윈도우에 바인딩한다.

- PNG 파일에서 텍스처를 로딩한다.

- OpenGL ES 1.1 확장externsion을 사용해 스프라이트sprite를 그린다.

- 버텍스와 인덱스 버터를 사용해 타일 맵을 보여준다.

OpenGL ES와 일반적인 그래픽에 대한 내용은 다소 광범위한 주제다. 6장에서는 OpenGL ES 1.1을 시작하는 데 필요한 필수적인 기초 지식을 다룬다. 이것만으로도 앞으로 작성할 신바람 나는 애플리케이션을 작성하기에 충분하다.

OpenGL ES 초기화

엄청난 그래픽을 만드는 데 필요한 첫 번째 관문은 OpenGL ES를 초기화하는 것이다. 끔찍하게 복잡하지는 않지만, 이번 작업은 안드로이드 윈도우(즉, 렌더링 컨텍스트를 윈도우로 연결하는 것)로 바인딩할 때 수반되는 몇 가지 작업을 수행하는 것이다. 이 코드는 OpenGL ES API를 통해 제공되는 EGLEmbedded-System Graphics Library의 도움으로 서로 연결된다.

첫 번째 절에서는 5장에서 작성한 기본 그리기drawing 시스템을 OpenGL ES로 바꿔 볼 것을 제안한다. EGL 초기화와 종료 과정을 살펴보고 모든 작업이 올바르게 동작하는지 확인할 수 있게 검정색 화면을 흰색으로 희미하게 전환되게 해본다.

실습 예제 | OpenGL ES 초기화

먼저 전용 C++ 클래스 내에 OpenGL ES 초기화 처리를 캡슐화해보자.

1 jni 폴더에 GraphicsService.hpp 헤더 파일을 생성한다. 이 헤더 파일 내에
OpenG ES를 안드로이드 플랫폼으로 바인딩하는 데 필요한 EGL API를 정의하
는 EGL/egl.h를 인클루드해야 한다. 이 헤더 파일은 특히 시스템 자원에 대한
핸들인 EGLDisplay와 EGLSurface, EGLContext 타입 등을 선언한다.

GraphicsService의 생명주기는 다음 세 가지 주요 단계로 구성된다.

- □ **start()** OpenGL 렌더링 컨텍스트를 안드로이드 네이티브 윈도우로 바인
  딩하고 그래픽 자원(이후에 설명할 텍스처와 메시)을 로드한다.

- □ **stop()** 안드로이드 윈도우로부터 렌더링 컨텍스트 바인딩을 풀고, 할당된
  그래픽 자원을 해제한다.

- □ **update()** 모든 갱신 반복 중 렌더링 동작을 수행한다.

```cpp
#ifndef _PACKT_GRAPHICSSERVICE_HPP_
#define _PACKT_GRAPHICSSERVICE_HPP_

#include "TimeService.hpp"
#include "Types.hpp"

#include <android_native_app_glue.h>
#include <EGL/egl.h>

namespace packt {
```

```cpp
    class GraphicsService {
    public:
      GraphicsService(android_app* pApplication,
                      TimeService* pTimeService);

      const int32_t& getHeight();
      const int32_t& getWidth();

      status start();
      void stop();
      status update();

    private:
      android_app* mApplication;
      TimeService* mTimeService;

      int32_t mWidth, mHeight;
      EGLDisplay mDisplay;
      EGLSurface mSurface;
      EGLContext mContext;
    };
  }
  #endif
```

2 jni/GraphicsService.cpp를 생성하고 안드로이드를 위한 공식 OpenGL 인클루드 파일인 GLES/gl.h와 GLES/glext.h를 인클루드한다. 생성자와 소멸자, 게터 메소드를 작성한다.

```cpp
#include "GraphicsService.hpp"
#include "Log.hpp"

#include <GLES/gl.h>
#include <GLES/glext.h>

namespace packt {
  GraphicsService::GraphicsService(android_app* pApplication,
```

```cpp
                TimeService* pTimeService) :
    mApplication(pApplication),
    mTimeService(pTimeService),
    mWidth(0), mHeight(0),
    mDisplay(EGL_NO_DISPLAY),
    mSurface(EGL_NO_CONTEXT),
    mContext(EGL_NO_SURFACE) {
      Log::info("Creating GraphicsService.");
    }

    const int32_t& GraphicsService::getHeight() {
      return mHeight;
    }

    const int32_t& GraphicsService::getWidth() {
      return mWidth;
    }
    ...
```

3 같은 파일에서 `start()` 관련 대규모 작업에 착수해보자. 첫 번째 초기화 단계는 다음 단계로 구성돼 있다.

- `eglGetDisplay()`와 `eglIntialize()`를 통해 디스플레이, 즉 안드로이드 윈도우에 연결한다.

- 디스플레이를 위해 `eglChooseConfig()`를 통해 적절한 프레임버퍼 설정을 찾는다. 프레임버퍼는 렌더링 서피스(Z 버퍼 같은 부가적인 요소를 포함한다)를 일 컫는 OpenGL 용어다. 설정은 요청된 속성(OpenGL ES 1과 16비트 서피스(빨간색을 위해 5비트, 녹색을 위해 6비트, 파란색을 위해 5비트))에 따라 선택된다. 속성 목록은 `EGL_NONE` 감시병에 의해 종료된다. 여기서는 기본 설정을 선택한다.

- 선택된 설정 속성(`eglGetConfigAttrib()`으로 얻어온다)에 따라 안드로이드 윈도우를 재설정한다. 이 작업은 안드로이드에 국한되며, 안드로이드 `ANativeWindow` API를 통해 수행된다.

사용 가능한 프레임버퍼 설정 목록은 eglGetConfigs()를 통해서도 가능하며, 그 후에 eglGetConfigAttrib()를 통해 파싱될 수 있다. **EGL**이 어떻게 자신의 타입을 정의하고 플랫폼 독립적으로 기본형 EGLint와 EGLBoolean을 재정의하는지 기억해두자.

```cpp
...
status GraphicsService::start() {

  EGLint lFormat, lNumConfigs, lErrorResult;
  EGLConfig lConfig;

  const EGLint lAttributes[] = {
    EGL_RENDERABLE_TYPE, EGL_OPENGL_ES_BIT,
    EGL_BLUE_SIZE, 5, EGL_GREEN_SIZE, 6, EGL_RED_SIZE, 5,
    EGL_SURFACE_TYPE, EGL_WINDOW_BIT,
    EGL_NONE
  };

  packt_Log_debug("Connecting to the display.");
  mDisplay = eglGetDisplay(EGL_DEFAULT_DISPLAY);

  if (mDisplay == EGL_NO_DISPLAY) goto ERROR;

  if (!eglInitialize(mDisplay, NULL, NULL)) goto ERROR;

  if(!eglChooseConfig(mDisplay, lAttributes, &lConfig, 1,
      &lNumConfigs) || (lNumConfigs <= 0)) goto ERROR;

  if (!eglGetConfigAttrib(mDisplay, lConfig,
      EGL_NATIVE_VISUAL_ID, &lFormat)) goto ERROR;

  ANativeWindow_setBuffersGeometry(mApplication->window, 0, 0,
      lFormat);
...
```

4 계속해서 start() 메소드에서 이전에 선택된 설정과 컨텍스트에 따라 디스플레이 서피스를 생성한다. 컨텍스트는 OpenGL 상태(설정 활성/비활성과 매트릭스 스택

등)에 관련된 모든 데이터를 포함한다.

마지막으로 생성된 렌더링 컨텍스트(`eglMakeCurrent()`)를 활성화하고 서피스 속성(`eglQuerySurface()`를 통해 조회한다)에 따라 디스플레이 뷰포트를 정의한다.

```
...
  mSurface = eglCreateWindowSurface(mDisplay, lConfig,
      mApplication->window, NULL);

  if (mSurface == EGL_NO_SURFACE) goto ERROR;

  mContext = eglCreateContext(mDisplay, lConfig, EGL_NO_CONTEXT,
      NULL);

  if (mContext == EGL_NO_CONTEXT) goto ERROR;

  packt_Log_debug("Activating the display.");

  if (!eglMakeCurrent(mDisplay, mSurface, mSurface, mContext)
    || !eglQuerySurface(mDisplay, mSurface, EGL_WIDTH, &mWidth)
    || !eglQuerySurface(mDisplay, mSurface, EGL_HEIGHT, &mHeight)
    || (mWidth <= 0) || (mHeight <= 0)) goto ERROR;

  glViewport(0, 0, mWidth, mHeight);

  return STATUS_OK;

ERROR:
  Log::error("Error while starting GraphicsService");
  stop();
```

```
    return STATUS_KO;
  }
...
```

5 GraphicsService.cpp 내에서 안드로이드 윈도우로부터 애플리케이션 바인딩을
풀고, 애플리케이션이 중단될 때 EGL 자원을 해제한다.

안드로이드 애플리케이션에서 OpenGL 컨텍스트는 자주 상실된다(홈 스크린을 벗어나거
나 홈 스크린으로 돌아가는 경우와 전화를 수신하는 경우 혹은 기기가 대기(sleep) 상태로
진입하는 경우 등). 상실된 컨텍스트는 사용할 수 없기 때문에 가능한 한 자원을 해제하는
것이 중요하다.

```
...
  void GraphicsService::stop() {

    // OpenGL 컨텍스트 제거
    if (mDisplay != EGL_NO_DISPLAY) {
      eglMakeCurrent(mDisplay, EGL_NO_SURFACE, EGL_NO_SURFACE,
          EGL_NO_CONTEXT);
      if (mContext != EGL_NO_CONTEXT) {
        eglDestroyContext(mDisplay, mContext);
        mContext = EGL_NO_CONTEXT;
      }
      if (mSurface != EGL_NO_SURFACE) {
        eglDestroySurface(mDisplay, mSurface);
        mSurface = EGL_NO_SURFACE;
      }
      eglTerminate(mDisplay);
      mDisplay = EGL_NO_DISPLAY;
    }
  }
...
```

6 마지막으로 eglSwpBuffers()를 통해 각 단계 동안 화면을 갱신하기 위한 최종 메소드 update()를 구현한다. 명시적인 시각적 피드백을 얻기 위해 glClearColor()를 통해 시간 단계에 따라 디스플레이 배경색을 점진적으로 변화시키고, glClear()를 이용해 프레임버퍼를 지운다. 내부적으로 렌더링은 사용자에게 보이는 동안 전면 버퍼front buffer에서 교환된 후면 버퍼back buffer에서 수행된다. 이때 전면 버퍼는 반대로 후면 버퍼(포인터가 전환된다)가 된다.

이 기술을 일반적인 용어로 페이지 플립핑(page flipping)이라고 한다. 전면과 후면 버퍼는 교환 체인을 형성한다. 드라이버(driver) 구현에 따라 3번째 버퍼로 확장될 수 있으며, 이 경우를 삼중 버퍼링(triple buffering)이라고 한다. 교환(swapping)은 흔히 이미지 테어링(tearing)을 피할 수 있게 화면 갱신율을 통해 동기화된다. 이를 VSync라고 한다.

```
...
status GraphicsService::update() {
    float lTimeStep = mTimeService->elapsed();

    // 배경 색상을 지운다.
    static float lClearColor = 0.0f;
    lClearColor += lTimeStep * 0.01f;
    glClearColor(lClearColor, lClearColor, lClearColor, 1.0f);
    glClear(GL_COLOR_BUFFER_BIT);

    if (eglSwapBuffers(mDisplay, mSurface) != EGL_TRUE) {
        Log::error("Error %d swapping buffers.", eglGetError());
        return STATUS_KO;
    }
    return STATUS_OK;
}
```

GraphicsService에 대한 작업을 마쳤고, 이를 최종 애플리케이션에 사용해
보자.

7 jni/Context.hpp의 Context 구조체에 GranphicsService를 추가한다.

```
...
namespace packt {
  class GraphicsService;
  class TimeService;

  struct Context {
    GraphicsService*  mGraphicsService;
    TimeService*      mTimeService;
  };
}
...
```

8 이제 멤버 변수로 GraphicsService를 인클루드할 수 있게 DroidBlaster.hpp를
수정한다. 5장에서 만든 mApplication과 mPosX, mPosY, mSize, mSpeed 멤버
변수와 clear(), drawCursor() 메소드를 제거할 수 있다.

```
#ifndef _PACKT_DROIDBLASTER_HPP_
#define _PACKT_DROIDBLASTER_HPP_

#include "ActivityHandler.hpp"
#include "Context.hpp"
#include "GraphicsService.hpp"
#include "TimeService.hpp"
#include "Types.hpp"

namespace dbs {

  class DroidBlaster : public packt::ActivityHandler {
  public:
    DroidBlaster(packt::Context* pContext);
    ...
```

```cpp
  private:
    packt::GraphicsService* mGraphicsService;
    packt::TimeService*     mTimeService;
  };
}
#endif
```

9 좀 더 구체적으로 jni/DroidBlaster.cpp를 재작성한다. onStep() 메소드는 완전히 재작성돼 DrawingUtil 혹은 ANativeWindow 잠금과 잠금 해제 기능을 더 이상 사용하지 않는다. 애플리케이션을 처음 만들었을 때 작성했던 부분이 이제 GraphicsService로 완전히 바뀌었다. TimeService에 대해서 동일하게 작업한다.

```cpp
#include "DroidBlaster.hpp"
#include "Log.hpp"

namespace dbs {
  DroidBlaster::DroidBlaster(packt::Context* pContext) :
      mGraphicsService(pContext->mGraphicsService),
      mTimeService(pContext->mTimeService) {
  }

  packt::status DroidBlaster::onActivate() {
    if (mGraphicsService->start() != packt::STATUS_OK) {
      return packt::STATUS_KO;
    }

    mTimeService->reset();
    return packt::STATUS_OK;
  }

  void DroidBlaster::onDeactivate() {
    mGraphicsService->stop();
  }
```

```
packt::status DroidBlaster::onStep() {
  mTimeService->update();

  if (mGraphicsService->update() != packt::STATUS_OK) {
    return packt::STATUS_KO;
  }

  return packt::STATUS_OK;
}

  ...
}
```

10 마지막으로 GraphicsService를 초기화할 수 있게 Main.cpp의 메인 루프를 수정한다.

```
#include "Context.hpp"
#include "DroidBlaster.hpp"
#include "EventLoop.hpp"
#include "GraphicsService.hpp"
#include "TimeService.hpp"

void android_main(android_app* pApplication) {
  packt::TimeService lTimeService;

  packt::GraphicsService lGraphicsService(pApplication,
      &lTimeService);

  packt::Context lContext = { &lGraphicsService, &lTimeService };

  packt::EventLoop lEventLoop(pApplication);
  dbs::DroidBlaster lDroidBlaster(&lContext);
  lEventLoop.run(&lDroidBlaster);
}
```

11 컴파일을 잊지 말자. 기기 초기화를 위한 libEGL과 드로잉 호출을 위한 libGLESv1_CM OpenGL ES 1.x 라이브러리가 인클루드돼야 한다.

```makefile
LOCAL_PATH := $(call my-dir)

include $(CLEAR_VARS)

LS_CPP=$(subst $(1)/,,$(wildcard $(1)/*.cpp))

LOCAL_MODULE      := droidblaster
LOCAL_SRC_FILES := $(call LS_CPP,$(LOCAL_PATH))
LOCAL_LDLIBS      := -landroid -llog -lEGL -lGLESv1_CM
LOCAL_STATIC_LIBRARIES := android_native_app_glue png

include $(BUILD_SHARED_LIBRARY)

$(call import-module,android/native_app_glue)
```


애플리케이션을 구동한다. 작업이 정상적이면 기기 화면이 검정색에서 흰색으로
점진적으로 변화할 것이다. 5장에서 살펴봤듯이 기본 memset()을 사용하거나 하
나씩 픽셀을 설정해 디스플레이를 정리clear하는 대신 효율적인 OpenGL ES 드로잉
기본형이 호출된다. 정리 색상은 정적 변수로 저장되는데, 정적 변수는 안드로이드
상에서 로컬과 자바 변수가 서로 다른 생명주기를 갖기 때문에(4장 참고) 효과는 애플
리케이션이 처음 시작했을 때에만 나타난다. 다시 효과가 나타나게 애플리케이션
을 강제 종료하고 디버그 모드로 다시 시작한다.

초기화하고 EGL를 통해 OpenGL ES와 안드로이드 네이티브 윈도우 시스템을 서
로 연결했다. 이 API 덕분에 예상과 맞는 디스플레이 설정을 물어보고 그에 따라
화면을 렌더링할 수 있게 프레임버퍼를 생성했다. OpenGL 컨텍스트가 모바일 시
스템상에서 빈번히 상실되기 때문에 애플리케이션이 비활성화될 때 자원을 해제하
게 주의를 기울였다. EGL은 OpenGL처럼 크로노스 그룹에 의해 정의된 표준 API
이지만, 종종 플랫폼별로 가변적인 내용(iOS에서 EAGL)을 구현해야 한다. 디스플레
이 윈도우 초기화가 클라이언트 애플리케이션의 책임으로 남아있기 때문에 사실상
이식성도 제한된다.

애셋 관리자로 PNG 텍스처 읽기

화면 색상을 바꾸는 것 이상의 작업을 원할 수도 있다! 이를 위해서는 애플리케이션에 멋진 그래픽을 뿌리기에 앞서 일부 외부 자원을 불러와야 한다.

이번 절에서는 NDK R5 이후로 제공되는 안드로이드 애셋 관리자 API를 이용해 OpenGL ES로 텍스처를 불러보겠다. 애셋 관리자는 프로그래머가 프로젝트 폴더의 assets 폴더에 저장된 모든 자원에 접근할 수 있게 해준다. 저장된 애셋은 애플리케이션 컴파일 과정 중에 최종 APK 압축 파일로 패키징된다. 애셋 자원은 애플리케이션에서 assets 폴더(assets/mydir/myfile에 있는 파일은 mydir/myfile 경로로 접근될 수 있다)를 기준으로, 파일 이름을 사용해 해석하거나 접근해야 하는 기본 바이너리 파일로 간주된다.

이미 자바 안드로이드 애플리케이션을 경험해봤다면 안드로이드 역시 컴파일 시간에 생성된 ID를 통해 res 프로젝트 폴더 내 자원에 접근할 수 있다는 사실을 알고 있을 것이다. 안드로이드 NDK상에서 직접 사용할 수는 없으며, JNI 브릿지를 사용할 준비가 안됐다면 애셋은 APK 내에 자원을 패키징할 수 있는 유일한 방법이다.

이번 절에서는 Portable Network Graphics, 흔히 PNG라고 불리는 최근 가장 인기 있는 사진 포맷으로 인코딩된 텍스처를 로드해본다. 이번 작업에 도움을 주기 위해 애셋에 추가돼 PNG를 해석하기 위한 용도로 libpng NDK를 통합해본다. 다음 그림은 결과 애플리케이션을 보여준다.

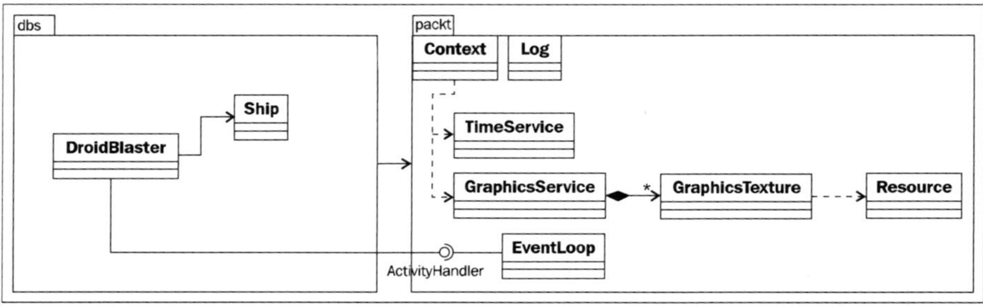

DroidBlaster_Part6-1 프로젝트는 이 절의 시작점으로 사용된다. 결과 프로젝트는 DroidBlaster_Par6-2를 참고한다.

실습 예제 | OpenGL ES에서 텍스처 로딩

PNG는 읽기 복잡한 포맷으로 돼 있다. 따라서 libpng 서드파티 라이브러리를 추가해보자.

1 libpng 웹사이트인 http://www.libpng.org/pub/png/libpng.html로 이동한 후 libpng 소스 패키지(이 책에서는 1.5.2)를 다운로드한다.

libpng 1.5.2 압축 파일은 이 책의 예제 코드 내 Chapter6/Resource 폴더에 lpng152.zip 으로 제공된다. 다음 단계에서 수정된 내용을 포함하고 있는 두 번째 압축 파일 lpng152_ndk.zip을 사용해도 좋다.

2 $ANDROID_NDK/sources/ 내에 libpng 폴더를 생성한다. libpng 패키지의 모든 파일을 이곳으로 이동한다.

3 libpng/scripts/pnglibconf.h.prebuilt 파일을 libpng 루트 폴더에 복사한 후 pnglibconf.h로 이름을 변경한다.

4 $ANDROID_NDK/sources 내에 Android.mk 파일을 다음과 같이 작성한다. 이 Makefile은 example.c와 pngtest.c를 제외한 libpng 폴더 내의 모든 C 파일(매크로 LS_C는 LOCAL_SRC_FILES 지시자에서 호출됨)을 컴파일한다. 이 라이브러리는 필수 라이브러리 libzip(옵션 -lz)과 링크돼 공유 라이브러리로 패키지된다. 클라이언트는 LOCAL_EXPORT_C_INCLUDES 지시자를 통해 모든 인클루드 파일을 사용할 수 있다.

폴더 $ANDROID_NDK/sources는 자동으로 모듈 폴더(재사용 가능한 라이브러리를 포함한다. 9장에서 자세히 살펴본다)로 간주되는 특별한 폴더다.

```
LOCAL_PATH:= $(call my-dir)

include $(CLEAR_VARS)

LS_C=$(subst $(1)/,,$(wildcard $(1)/*.c))

LOCAL_MODULE := png

LOCAL_SRC_FILES := \
    $(filter-out example.c pngtest.c,$(call LS_C,$(LOCAL_PATH)))

LOCAL_EXPORT_C_INCLUDES := $(LOCAL_PATH)
LOCAL_EXPORT_LDLIBS := -lz

include $(BUILD_STATIC_LIBRARY)
```

5 이제 DroidBlaster 내에 있는 jni/Android.mk 파일을 연다. `LOCAL_STATIC_LIBRARIES`와 `import-module` 지시자를 통해 libpng를 링크하고 모듈을 불러온다.

```
LOCAL_PATH := $(call my-dir)

include $(CLEAR_VARS)

LS_CPP=$(subst $(1)/,,$(wildcard $(1)/*.cpp))

LOCAL_MODULE     := droidblaster
LOCAL_SRC_FILES  := $(call LS_CPP,$(LOCAL_PATH))
LOCAL_LDLIBS     := -landroid -llog -lEGL -lGLESv1_CM

LOCAL_STATIC_LIBRARIES := android_native_app_glue png

include $(BUILD_SHARED_LIBRARY)
```

```
$(call import-module,android/native_app_glue)
$(call import-module,libpng)
```

6 Project ❯ Properties ❯ Path and Symbols ❯ Include 탭에 프로젝트 경로로
libpng 폴더인 ${env_var:ANDROID_NDK}/sources/libpng를 추가한다.

7 DroidBlaster를 컴파일해 모듈이 동작하는지 확인해본다. 모두 올바르게 동작한
다면 libpng 소스 파일이 컴파일돼야 한다(NDK는 이미 컴파일된 소스에 대해서는 다시
컴파일하지 않음에 유의하자). 몇 가지 경고가 나올 수도 있지만 무시해도 좋다.

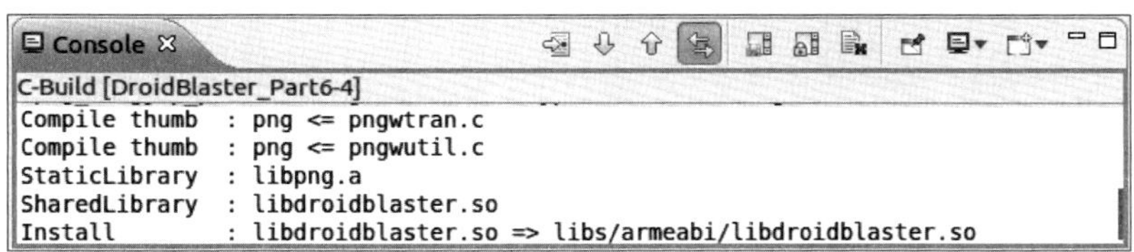

라이브러리 libpng는 프로젝트에 포함됐으니 이제 PNG 이미지 파일을 읽어보자.

8 우선 애셋 파일에 접근하기 위한 새로운 Resource 클래스를 jni/Resource.hpp에
만든다. 3가지 간단한 동작 open()과 close(), read()가 필요하다.

Resource는 네이티브 안드로이드 애셋 관리 API로의 호출을 캡슐화한다. 이
API는 android_native_app_glue.h 내에서 이미 인클루드하고 있는 android/asset_
manager.hpp에 정의돼 있다. 메인 진입점은 AAsetMAnager 오파크opaque 포인
터이며, 이를 통해 AAsset으로 표현된 애셋 파일에 접근할 수 있다.

```
#ifndef _PACKT_RESOURCE_HPP_
#define _PACKT_RESOURCE_HPP_

#include "Types.hpp"

#include <android_native_app_glue.h>

namespace packt {
  class Resource {
```

```cpp
public:
  Resource(android_app* pApplication, const char* pPath);

  status open();
  void close();
  status read(void* pBuffer, size_t pCount);

  const char* getPath();

private:
  const char* mPath;
  AAssetManager* mAssetManager;
  AAsset* mAsset;
};
}
#endif
```

jni/Resource.cpp에 `Resource` 클래스를 구현한다. 애셋 관리자는
`AAssetManager_open()`을 통해 애셋을 연다. 폴더를 목록화하는 것을 제외하
고는 애셋 관리자의 단독 책임이다. 애셋은 기본적으로 `AASSET_MODE_UNKNOWN`
모드로 열린다. 다른 조건은 다음과 같다.

- **ASSET_MODE_BUFFER** 빠르고 작은 읽기 작업을 수행한다.

- **ASSET_MODE_RANDOM** 데이터 청크를 앞뒤로 읽는다.

- **ASSET_MODE_STREAMING** 특정한 시점에 전진 탐색으로 데이터를 순차적으
  로 읽는다.

그다음 코드는 애셋 파일을 이용해 데이터를 읽기 위한 용도로 `AAsset_read()`
를 사용하고, 애셋을 종료하기 위한 용도로 `AAsset_close()`를 사용한다.

```cpp
#include "Resource.hpp"
#include "Log.hpp"

namespace packt {
```

```cpp
Resource::Resource(android_app* pApplication, const char*
    pPath) :
  mPath(pPath),
  mAssetManager(pApplication->activity->assetManager),
  mAsset(NULL)
{}

const char* Resource::getPath() {
  return mPath;
}

status Resource::open() {
  mAsset = AAssetManager_open(mAssetManager, mPath,
                             AASSET_MODE_UNKNOWN);

  return (mAsset != NULL) ? STATUS_OK : STATUS_KO;
}

void Resource::close() {
  if (mAsset != NULL) {
    AAsset_close(mAsset);
    mAsset = NULL;
  }
}

status Resource::read(void* pBuffer, size_t pCount) {
  int32_t lReadCount = AAsset_read(mAsset, pBuffer, pCount);
  return (lReadCount == pCount) ? STATUS_OK : STATUS_KO;
}
}
```

9 다음과 같이 jni/GraphicsTexture.hpp를 생성한다. OpenGL과 PNG 헤더 GLES/gl.h와 png.h를 인클루드한다. 텍스처는 `loadImage()`와 `callback_read()`를 통해 PNG 파일로부터 로드되며, `load()`를 이용해 OpenGL로 전달된 후 `unload()`를 통해 해제된다.

텍스처는 간단한 식별자를 통해 접근되며, 포맷(RGB와 RGBA 등)을 갖는다. 텍스처의 가로와 세로는 이미지가 파일로부터 로드될 때 저장돼야 한다.

```cpp
#ifndef _PACKT_GRAPHICSTEXTURE_HPP_
#define _PACKT_GRAPHICSTEXTURE_HPP_

#include "Context.hpp"
#include "Resource.hpp"
#include "Types.hpp"

#include <android_native_app_glue.h>
#include <GLES/gl.h>
#include <png.h>

namespace packt {
  class GraphicsTexture {

  public:
    GraphicsTexture(android_app* pApplication, const char* pPath);
    const char* getPath();
    int32_t getHeight();
    int32_t getWidth();

    status load();
    void unload();
    void apply();

  protected:
    uint8_t* loadImage();

  private:
    static void callback_read(png_structp pStruct,
        png_bytep pData, png_size_t pSize);

  private:
    Resource mResource;
    GLuint mTextureId;
```

```cpp
    int32_t mWidth, mHeight;
    GLint mFormat;
  };
}
#endif
```

10 C++ 소스의 중심인 jni/GraphicsTexture.cpp을 생성해 생성자와 소멸자, 게터
등을 포함시킨다.

```cpp
#include "Log.hpp"
#include "GraphicsTexture.hpp"

namespace packt {
  GraphicsTexture::GraphicsTexture(android_app* pApplication,
      const char* pPath) :
    mResource(pApplication, pPath),
    mTextureId(0),
    mWidth(0), mHeight(0)
  {}

  const char* GraphicsTexture::getPath() {
    return mResource.getPath();
  }

  int32_t GraphicsTexture::getHeight() {
    return mHeight;
  }

  int32_t GraphicsTexture::getWidth() {
    return mWidth;
  }
  ...
```

11 같은 파일에서 **PNG** 파일을 로드하기 위한 `loadImage()` 메소드를 구현한다.
제일 먼저 Resource 클래스를 통해 파일을 연 후 파일이 **PNG**인지 파일의 시그
니처signature(처음 8바이트)를 통해 확인한다(여전히 문제 발생 가능성이 있음에 유의하자).

```cpp
...
uint8_t* GraphicsTexture::loadImage() {
  Log::info("Loading texture %s", mResource.getPath());

  png_byte lHeader[8];
  png_structp lPngPtr = NULL; png_infop lInfoPtr = NULL;
  png_byte* lImageBuffer = NULL; png_bytep* lRowPtrs = NULL;
  png_int_32 lRowSize; bool lTransparency;

  if (mResource.open() != STATUS_OK) goto ERROR;
  packt_Log_debug("Checking signature.");
  if (mResource.read(lHeader, sizeof(lHeader)) != STATUS_OK)
    goto ERROR;
  if (png_sig_cmp(lHeader, 0, 8) != 0) goto ERROR;
...
```

12 같은 메소드 내에 **PNG** 이미지를 읽는 데 필요한 모든 구조체를 생성한다.

그후 Resource 리더를 통해 **libpng**로 `callback_read()`(잠시 후에 구현한다)를 제공할 수 있게 읽기 작업을 준비한다.

`setjmp()`를 통해 에러 관리를 설정한다. 이 메커니즘은 콜 스택을 통하는 대신 `goto`처럼 이동할 수 있게 해준다. 에러가 발생하면 제어 흐름은 `setjmp()`가 가장 처음 호출된 지점으로 복귀하지만, `if` 블록(여기서는 goto ERROR)으로 진입한다.

```cpp
...
  lPngPtr = png_create_read_struct(PNG_LIBPNG_VER_STRING,
      NULL, NULL, NULL);

  if (!lPngPtr) goto ERROR;

  lInfoPtr = png_create_info_struct(lPngPtr);

  if (!lInfoPtr) goto ERROR;

  png_set_read_fn(lPngPtr, &mResource, callback_read);
```

```
if (setjmp(png_jmpbuf(lPngPtr))) goto ERROR;
...
```

13 loadImage() 내에서 png_read_info()를 통해 **PNG** 파일 헤더를 읽기 시작하되 png_set_sig_bytes()로 파일 시그니처에 대한 첫 8바이트는 무시한다.

PNG 파일은 다양한 포맷(RGB와 RGBA, 팔레트를 포함하는 256색상, 그레이스케일 등)으로 인코딩될 수 있다. R, G, B 색상 채널은 16비트로 확장돼 인코딩될 수 있다. libpng는 변환 함수를 제공해 특이한 포맷을 좀 더 일반적인 **RGB**나 알파 채널을 포함하는, 혹은 알파 채널이 없는 채널당 8비트 휘도 포맷으로 디코딩할 수 있다. 변환은 png_read_update_info()를 통해 검증된다.

```
...
  png_set_sig_bytes(lPngPtr, 8);
  png_read_info(lPngPtr, lInfoPtr);

  png_int_32 lDepth, lColorType;
  png_uint_32 lWidth, lHeight;
  png_get_IHDR(lPngPtr, lInfoPtr, &lWidth, &lHeight,
      &lDepth, &lColorType, NULL, NULL, NULL);

  mWidth = lWidth; mHeight = lHeight;

  // 투명도가 팔레트 엔트리 배열 혹은 단일 투명 색상으로 인코딩돼 있다면
  // 전체 알파 채널을 생성한다.
  lTransparency = false;
  if (png_get_valid(lPngPtr, lInfoPtr, PNG_INFO_tRNS)) {
    png_set_tRNS_to_alpha(lPngPtr);
    lTransparency = true;
    goto ERROR;
  }

  // 채널당 8비트 이하의 PNG를 8비트로 확장한다.
  if (lDepth < 8) {
    png_set_packing (lPngPtr);
    // 색상 채널당 16비트를 갖는 PNG를 8비트로 줄인다.
```

```cpp
    } else if (lDepth == 16) {
      png_set_strip_16(lPngPtr);
    }

    // 필요할 경우 이미지를 RGBA로 변환할 필요가 있다.
    switch (lColorType) {
      case PNG_COLOR_TYPE_PALETTE:
        png_set_palette_to_rgb(lPngPtr);
        mFormat = lTransparency ? GL_RGBA : GL_RGB;
        break;
      case PNG_COLOR_TYPE_RGB:
        mFormat = lTransparency ? GL_RGBA : GL_RGB;
        break;
      case PNG_COLOR_TYPE_RGBA:
        mFormat = GL_RGBA;
        break;
      case PNG_COLOR_TYPE_GRAY:
        png_set_expand_gray_1_2_4_to_8(lPngPtr);
        mFormat = lTransparency ? GL_LUMINANCE_ALPHA:GL_LUMINANCE;
        break;
      case PNG_COLOR_TYPE_GA:
        png_set_expand_gray_1_2_4_to_8(lPngPtr);
        mFormat = GL_LUMINANCE_ALPHA;
        break;
    }
    png_read_update_info(lPngPtr, lInfoPtr);
    ...
```

14 이미지 데이터를 담는 데 필요한 임시 버퍼와 libpng를 위한 각 출력 이미지 행row의 주소를 담는 두 번째 버퍼를 할당한다. OpenGL은 PLG(좌측 상단이 첫 번째 픽셀)와 다른 좌표 시스템(첫 번째 픽셀은 좌측 하단이다)을 사용하기 때문에 행의 순서는 반대가 된다. 그다음 png_read_image()를 통해 실제적으로 이미지 내용을 읽기 시작한다.

```cpp
...
    lRowSize = png_get_rowbytes(lPngPtr, lInfoPtr);
    if (lRowSize <= 0) goto ERROR;
    // OpenGL에 전송될 이미지 버퍼를 만든다.
    lImageBuffer = new png_byte[lRowSize * lHeight];
    if (!lImageBuffer) goto ERROR;

    lRowPtrs = new png_bytep[lHeight];
    if (!lRowPtrs) goto ERROR;
    for (int32_t i = 0; i < lHeight; ++i) {
      lRowPtrs[lHeight - (i + 1)] = lImageBuffer + i * lRowSize;
    }

    png_read_image(lPngPtr, lRowPtrs);
...
```

15 마지막으로 자원(에러가 발생하든 안하든)을 해제하고 로드된 데이터를 반환한다.

```cpp
...
    mResource.close();
    png_destroy_read_struct(&lPngPtr, &lInfoPtr, NULL);
    delete[] lRowPtrs;
    return lImageBuffer;

  ERROR:
    Log::error("Error while reading PNG file");
    mResource.close();
    delete[] lRowPtrs; delete[] lImageBuffer;
    if (lPngPtr != NULL) {
      png_infop* lInfoPtrP = lInfoPtr != NULL ? &lInfoPtr: NULL;
      png_destroy_read_struct(&lPngPtr, lInfoPtrP, NULL);
    }
    return NULL;
  }
...
```

16 `loadImage()`와 관련된 작업을 거의 마쳤다. 거의라고 표현한 것은 libpng를 위해 여전히 `callback_read()`를 구현해야 하기 때문이다. 11단계에서 libpng로 전달된 이 콜백 메소드는 안드로이드 애셋 관리 API처럼 사용자 정의 읽기 동작을 통합할 목적으로 설계된 메커니즘이다. 애셋 파일은 11단계에서 형 정의되지 않은 포인터로 전달된 Resource 인스턴스를 통해 읽혀진다.

```
...
void GraphicsTexture::callback_read(png_structp pStruct,
  png_bytep pData, png_size_t pSize) {

    Resource* lResource = ((Resource*) png_get_io_ptr(pStruct));

    if (lResource->read(pData, pSize) != STATUS_OK) {
      lResource->close();
      png_error(pStruct, "Error while reading PNG file");
    }
}
...
```

17 PNG 로드가 끝났다! **GraphicsTexture.hpp** 내에서 `load` 메소드에 `loadImage()`를 통해 로드된 이미지 버퍼를 얻는다. 이미지 데이터가 메모리에 존재한다면 텍스처를 생성하는 것은 간단하다.

☐ `glGenTexture()`를 이용해 새로운 텍스처 **ID**를 생성한다.

☐ `glBindTexture()`로 새로운 텍스처상에 작업 중임을 **OpenGL**에 알린다.

☐ 텍스처 매개변수를 설정한다. 텍스처 매개변수는 텍스처가 생성될 때에만 설정돼야 한다. `GL_LINEAR` 부드러운 텍스처가 화면에 그려진다. 이는 텍스처를 스케일링하는 것이 아니라 최소한의 줌zoom 효과만 필요하므로 2D 게임에 필수적인 내용은 아니다. `GL_CLAMP_TO_EDGE`를 통해 텍스처가 반복되는 것을 막아준다.

☐ `glTexImage2D()`로 이미지 데이터를 현재의 **OpenGL** 텍스처로 밀어 넣는다.

☐ 그리고 당연하겠지만 임시 이미지 버퍼를 해제하는 것을 잊으면 안 된다.

```cpp
...
  status GraphicsTexture::load() {
    uint8_t* lImageBuffer = loadImage();
    if (lImageBuffer == NULL) {
      return STATUS_KO;
    }

    // 새로운 OpenGL 텍스처를 생성한다.
    GLenum lErrorResult;
    glGenTextures(1, &mTextureId);
    glBindTexture(GL_TEXTURE_2D, mTextureId);
    // 텍스처 속성을 설정한다.
    glTexParameteri(GL_TEXTURE_2D, GL_TEXTURE_MIN_FILTER,
                    GL_NEAREST);
    glTexParameteri(GL_TEXTURE_2D, GL_TEXTURE_MAG_FILTER,
                    GL_NEAREST);
    glTexParameteri(GL_TEXTURE_2D, GL_TEXTURE_WRAP_S,
                    GL_CLAMP_TO_EDGE);
    glTexParameteri(GL_TEXTURE_2D, GL_TEXTURE_WRAP_T,
                    GL_CLAMP_TO_EDGE);

    // 이미지 데이터를 OpenGL로 로드한다.
    glTexImage2D(GL_TEXTURE_2D, 0, mFormat, mWidth, mHeight, 0,
                 mFormat, GL_UNSIGNED_BYTE, lImageBuffer);
    delete[] lImageBuffer;
    if (glGetError() != GL_NO_ERROR) {
      Log::error("Error loading texture into OpenGL.");
      unload();
      return STATUS_KO;
    }
    return STATUS_OK;
  }
...
```

18 나머지 코드는 훨씬 더 간단하다. `unload()` 메소드는 애플리케이션이 `glDeleteTextures()`를 통해 빠져나갈 때 OpenGL 텍스처 자원을 해제한다.

```cpp
...
  void GraphicsTexture::unload() {
    if (mTextureId != 0) {
      glDeleteTextures(1, &mTextureId);
      mTextureId = 0;
    }
    mWidth = 0; mHeight = 0; mFormat = 0;
  }
...
```

19 마지막으로 화면을 갱신할 때 어떤 텍스처를 화면에 그릴지를 알려 줄 수 있게 `apply()` 메소드를 구현한다.

```cpp
...
  void GraphicsTexture::apply() {
    glActiveTexture( GL_TEXTURE0);
    glBindTexture(GL_TEXTURE_2D, mTextureId);
  }
}
```

올바르게 텍스처를 로드할 수 있는 코드가 마련됐다. `GraphicsService`에서 이 코드를 관리하게 해보자.

20 jni/GraphicsService.hpp를 연다. 소멸자를 추가하고 클라이언트가 애셋 경로를 전달해 새로운 텍스처를 생성할 수 있게 `registerTexture()` 메소드를 생성한다. 텍스처는 C++ 배열로 저장돼 `GraphicsService`를 시작(`loadResources()`를 통해)할 때 로드되고, 중단될 때 해제(`unloadResources()`를 통해)된다.

```cpp
#ifndef _PACKT_GRAPHICSSERVICE_HPP_
#define _PACKT_GRAPHICSSERVICE_HPP_

#include "GraphicsTexture.hpp"
```

```cpp
#include "TimeService.hpp"
#include "Types.hpp"

...

namespace packt {
  class GraphicsService {
  public:
    GraphicsService(android_app* pApplication,
                    TimeService* pTimeService);
    ~GraphicsService();

    ...

    status start();
    void stop();
    status update();

    GraphicsTexture* registerTexture(const char* pPath);

  protected:
    status loadResources();
    status unloadResources();

  private:
    ...

    GraphicsTexture* mTextures[32]; int32_t mTextureCount;
  };
}
#endif
```

21 다소 시시하지만 jni/GraphicsService.cpp 내에 생성자, 소멸자, `start()`, `stop()`
을 구현한다.

```cpp
...

namespace packt {
  GraphicsService::GraphicsService(android_app* pApplication,
```

```cpp
        TimeService* pTimeService) :
        ...,
        mTextures(), mTextureCount(0)
{}

GraphicsService::~GraphicsService() {
    for (int32_t i = 0; i < mTextureCount; ++i) {
        delete mTextures[i];
        mTextures[i] = NULL;
    }
    mTextureCount = 0;
}

...
status GraphicsService::start() {
    ...
    glViewport(0, 0, mWidth, mHeight);

    if (loadResources() != STATUS_OK) goto ERROR;
    return STATUS_OK;

ERROR:
    Log::error("Error while starting GraphicsService");
    stop();
    return STATUS_KO;
}

void GraphicsService::stop() {
    unloadResources();

    if (mDisplay != EGL_NO_DISPLAY) {
        ...
    }
...
```

22 jni/GraphicsService.cpp를 마칠 수 있게 텍스처 자원 관리를 위한 새로운 메소드를 추가한다. 특별히 복잡한 내용은 없다. 룩업lookup은 중복을 막고자 텍스처를 등록할 때 수행된다.

```cpp
...
status GraphicsService::loadResources() {
  for (int32_t i = 0; i < mTextureCount; ++i) {
    if (mTextures[i]->load() != STATUS_OK) {
      return STATUS_KO;
    }
  }
  return STATUS_OK;
}

status GraphicsService::unloadResources() {
  for (int32_t i = 0; i < mTextureCount; ++i) {
    mTextures[i]->unload();
  }
  return STATUS_OK;
}

GraphicsTexture* GraphicsService::registerTexture(
    const char* pPath) {
  for (int32_t i = 0; i < mTextureCount; ++i) {
    if (strcmp(pPath, mTextures[i]->getPath()) == 0) {
      return mTextures[i];
    }
  }

  GraphicsTexture* lTexture = new GraphicsTexture(
      mApplication, pPath);
  mTextures[mTextureCount++] = lTexture;
  return lTexture;
}
```

5장에서는 완전한 네이티브 애플리케이션을 작성하기 위해 기존 `NativeAppGlue`를 포함시켰다. 이번에는 libpng를 통합하기 위해 첫 번째 재사용 가능한 모듈을 만들어봤다. 안드로이드 애셋 관리자와 결합해 이제 애셋으로 패키지된 PNG 파일로부터 OpenGL 텍스처를 생성할 수 있다. 유일한 단점이라면 PNG가 16비트 RGB를 지원하지 않는다는 점이다.

애셋에 욕심을 부리지 말자.

애셋은 공간을 차지한다. 그것도 큰 공간을 말이다. 큰 APK를 설치하는 것은 SD 카드에 배포되더라도(안드로이드 매니페스트의 installLocation 옵션을 확인한다) 문제가 될 수 있다. 더욱이 1MB 이상의 애셋이나 압축된 애셋을 여는 것은 2.3 이전 버전 OS에서 문제가 있었다. 따라서 대용량의 자원을 처리할 경우 APK에 필수적인 애셋만을 유지하고 나머지 부분은 애플리케이션이 처음 실행될 때 SD 카드에 다운로드될 수 있게 하는 편이 좋다.

에러 없이 텍스처를 올바르게 로드하는지 확인하고 싶다면 jni/DroidBlaster.cpp에 다음과 같은 라인을 추가한다. 텍스처는 반드시 애셋 프로젝트 루트 폴더에 위치해야 한다.

로드되는 ship.png 파일은 Chapter6/Resource를 참고한다.

```
...
  packt::GraphicsTexture* lShipTex =
    mGraphicsService->registerTexture("ship.png");
...
```

텍스처를 처리할 때 기억해야 할 중요한 요구 사항은 OpenGL 텍스처는 반드시

2의 제곱 수(예를 들어 128이나 256픽셀)를 가져야 한다는 점이다. 예를 들어 이를 통해 같은 텍스처의 낮은 버전인 밉맵mipmaps 생성을 가능케 함으로써 렌더링된 객체 거리가 변할 때 성능을 향상시키고 아티팩트artifact 앨리어싱을 줄여준다. 다른 차원은 대부분의 기기에서 실패할 것이다. 뿐만 아니라 텍스처는 큰 메모리와 대역폭을 소비한다. 따라서 폭넓은 지원을 받을 수 있는 ETC1 같은 압축된 텍스처 포맷을 사용할 것을 고려하는 편이 좋다(하지만 네이티브에서 알파 채널을 처리할 수 없다). http://blog.tewdew.com/post/7362195285/the-android-texture-decision에서 텍스처 압축에 대한 흥미로운 기사를 참고해보기 바란다.

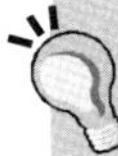 스프라이트 그리기

2D 게임의 기본은 화면을 구성하는 이미지 조각인 스프라이트sprite다. 스프라이트는 객체와 문자 애니메이션 등을 표현하며, 이미지의 알파 채널을 사용해 투명 효과로 화면을 나타낼 수 있다. 전형적으로 이미지는 하나의 스프라이트에 대해 여러 개의 프레임을 포함하며, 각 프레임은 서로 다른 애니메이션 단계 혹은 객체를 표현한다.

> **스프라이트 이미지 편집**
> 강력한 멀티플랫폼 이미지 편집기가 필요하다면 GIMP(GNU Image Manipulation Program) 사용을 고려해보기 바란다. 이 프로그램은 윈도우와 리눅스, 맥OS에서 사용 가능하며 강력한 기능을 발휘하고, 오픈소스로 제공된다. http://www.gimp.org/에서 다운로드할 수 있다.

스프라이트를 구현하기 위해서는 안드로이드 기기상에서 일반적으로 제공되는 OpenGL ES 익스텐션(GL_OES_draw_texture)에 의존해야 한다. 이를 통해 텍스처로부터 사진을 직접 화면에 그릴 수 있다. 2D 게임을 만들 때 가장 효율적인 기법 중 하나다.

실습 예제 | 우주선 스프라이트 그리기

우선 스프라이트를 처리하기 위해 필요한 코드를 작성해보자.

1 먼저 스프라이트 좌표를 포함하는 새로운 클래스가 필요하다. jni/Types.hpp를 수정해 새로운 `Location` 구조체를 정의한다.

```cpp
...
namespace packt {
  typedef int32_t status;

  const status STATUS_OK   = 0;
  const status STATUS_KO   = -1;
  const status STATUS_EXIT = -2;

  struct Location {
    Location(): mPosX(0.0f), mPosY(0.0f) {};

    void setPosition(float pPosX, float pPosY)
    { mPosX = pPosX; mPosY = pPosY; }

    void translate(float pAmountX, float pAmountY)
    { mPosX += pAmountX; mPosY += pAmountY; }

    float mPosX; float mPosY;
  };
}
...
```

2 jni 폴더에 GraphicsSprite.hpp를 만든다. 스프라이트는 `load()`를 사용해 `GraphicsService`를 시작할 때 로드되고, `draw()`를 사용해 화면이 갱신될 때

렌더링된다. setAnimation()을 사용해 애니메이션으로 설정함으로써 시간적
으로 연속적인 스프라이트 프레임을 그려 무한 반복하게(혹은 제한적으로) 재생할
수 있다.

스프라이트는 여러 속성을 필요로 한다.

□ 스프라이트 시트를 포함하는 텍스처(mTexture)

□ 화면에 그릴 위치(mLocation)

□ **스프라이트 프레임 관련 정보** mWidth와 mHeight, 프레임 가로(mFrameXCount),
  프레임 세로(mFrameYCound), 전체 프레임 수(mFrameCount)

□ **애니메이션 정보** 애니메이션의 첫 번째 프레임(mAnimStartFrame)과 전체 프레
  임(mAnimFrameCount), 애니메이션 속도(mAnimSpeed), 현재 보여주는 프레임
  (mAnimFrame), 루프 지시자(mAnimLoop)

```cpp
#ifndef _PACKT_GRAPHICSSPRITE_HPP_
#define _PACKT_GRAPHICSSPRITE_HPP_

#include "GraphicsTexture.hpp"
#include "TimeService.hpp"
#include "Types.hpp"

namespace packt {
  class GraphicsSprite {
  public:
    GraphicsSprite(GraphicsTexture* pImage,
    int32_t pHeight, int32_t pWidth, Location* pLocation);

    void load();
    void draw(float pTimeStep);

    void setAnimation(int32_t pStartFrame, int32_t pFrameCount,
        float pSpeed, bool pLoop);
    bool animationEnded();

  private:
```

```cpp
        GraphicsTexture* mTexture;
        Location* mLocation;
        // 프레임
        int32_t mHeight, mWidth;
        int32_t mFrameXCount, mFrameYCount, mFrameCount;
        // 애니메이션
        int32_t mAnimStartFrame, mAnimFrameCount;
        float mAnimSpeed, mAnimFrame;
        bool mAnimLoop;
    };
}
#endif
```

3 jni 폴더 내에 **GranphicsSprite.cpp** 파일을 작성한다. 텍스처 차원dimension은 로딩 시에만 알 수 있기 때문에 프레임 정보(가로, 세로, 전체 프레임 수)는 `load()` 내에서 재계산돼야 한다.

`setAnimation()`을 통해 애니메이션을 설정할 때 스프라이트 시트 내의 첫 번째 프레임 인덱스 `mAnimStartFrame`과 애니메이션 구성 이미지 수 `mAnimFrameCount`를 계산한다. 애니메이션 속도는 `mAnimSpeed`를 통해 설정되며, 현재의 애니메이션 프레임(각 단계에서 수정됨)은 `mAnimFrame`에 저장된다.

```cpp
#include "GraphicsSprite.hpp"
#include "Log.hpp"

#include <GLES/gl.h>
#include <GLES/glext.h>

namespace packt {
  GraphicsSprite::GraphicsSprite(GraphicsTexture* pTexture,
      int32_t pHeight, int32_t pWidth, Location* pLocation) :
      mTexture(pTexture), mLocation(pLocation),
      mHeight(pHeight), mWidth(pWidth),
      mFrameCount(0), mFrameXCount(0), mFrameYCount(0),
      mAnimStartFrame(0), mAnimFrameCount(0),
```

```
                mAnimSpeed(0), mAnimFrame(0), mAnimLoop(false)
    {}

    void GraphicsSprite::load() {
      mFrameXCount = mTexture->getWidth() / mWidth;
      mFrameYCount = mTexture->getHeight() / mHeight;
      mFrameCount = (mTexture->getHeight() / mHeight)
                      * (mTexture->getWidth() / mWidth);
    }

    void GraphicsSprite::setAnimation(int32_t pStartFrame,
        int32_t pFrameCount, float pSpeed, bool pLoop) {
      mAnimStartFrame = pStartFrame;
      mAnimFrame = 0.0f, mAnimSpeed = pSpeed, mAnimLoop = pLoop;

      int32_t lMaxFrameCount = mFrameCount - pStartFrame;
      if ((pFrameCount > -1) && (pFrameCount <= lMaxFrameCount)) {
        mAnimFrameCount = pFrameCount;
      } else {
        mAnimFrameCount = lMaxFrameCount;
      }
    }

    bool GraphicsSprite::animationEnded() {
      return mAnimFrame > (mAnimFrameCount - 1);
    }
    ...
```

4 GraphicsSprite.cpp 내에 최종 메소드 `draw()`를 구현한다. 우선 애니메이션 상태에 따라 화면에 표시할 수 있게 현재 프레임을 계산한 후 OpenGL에 그린다. 스프라이트를 그리는 데 필요한 주요 세 가지 단계가 있다.

- `apply()`를 이용해 **OpenGL**이 올바른 텍스처를 그렸는지 확인한다(즉, `glBindTexture()`).

- 필요한 스프라이트 프레임만 그릴 수 있게 `glTexParameteriv()`와

GL_TEXTURE_CROP_RECT_OES를 이용해 텍스처를 자른다.

□ 마지막으로 glDrawTexfOES()를 이용해 **OpenGL ES**에 그릴 순서를 보
  낸다.

```
...
void GraphicsSprite::draw(float pTimeStep) {
  int32_t lCurrentFrame, lCurrentFrameX, lCurrentFrameY;

  // 루프 모드에서 애니메이션을 업데이트한다.
  mAnimFrame += pTimeStep * mAnimSpeed;
  if (mAnimLoop) {
    lCurrentFrame = (mAnimStartFrame +
                     int32_t(mAnimFrame) % mAnimFrameCount);
  }
  // 원샷 모드에서 애니메이션을 업데이트한다.
  else {
    // 애니메이션이 종료됐다면
    if (animationEnded()) {
      lCurrentFrame = mAnimStartFrame + (mAnimFrameCount-1);
    } else {
      lCurrentFrame = mAnimStartFrame + int32_t(mAnimFrame);
    }
  }
  // 아이디를 통해 프레임 X와 Y 인덱스를 계산한다.
  lCurrentFrameX = lCurrentFrame % mFrameXCount;
  // lCurrentFrameY는 OpenGL 좌표에서 좌측 상단 좌표로 변환된다.
  lCurrentFrameY = mFrameYCount - 1
                   - (lCurrentFrame / mFrameXCount);

  // 선택된 프레임을 그린다.
  mTexture->apply();
  int32_t lCrop[] = {  lCurrentFrameX * mWidth,
                       lCurrentFrameY * mHeight,
                       mWidth, mHeight };
```

```
glTexParameteriv(GL_TEXTURE_2D,
                 GL_TEXTURE_CROP_RECT_OES,
                 lCrop);
glDrawTexfOES(mLocation->mPosX - (mWidth / 2),
              mLocation->mPosY - (mHeight / 2),
              0.0f, mWidth, mHeight);
    }
  }
```

스프라이트 렌더링에 필요한 코드가 준비됐고 이제 사용해보자.

5 스프라이트 자원을 관리할 수 있게 GraphicsService를 수정한다(앞 절의 텍스처 처리 방법처럼).

```
#ifndef _PACKT_GRAPHICSSERVICE_HPP_
#define _PACKT_GRAPHICSSERVICE_HPP_

#include "GraphicsSprite.hpp"
#include "GraphicsTexture.hpp"
...
namespace packt {
  class GraphicsService {
  public:
    ...
    GraphicsTexture* registerTexture(const char* pPath);
    GraphicsSprite* registerSprite(GraphicsTexture* pTexture,
        int32_t pHeight, int32_t pWidth, Location* pLocation);

  protected:
    status loadResources();
    status unloadResources();
    void setup();

  private:
    GraphicsTexture* mTextures[32]; int32_t mTextureCount;
    GraphicsSprite* mSprites[256]; int32_t mSpriteCount;
```

```
    };
  }
  #endif
```

6 GraphicsService.cpp를 수정해 동작 중 스프라이트를 그릴 버퍼를 생성한다.

```
  ...

  namespace packt {
    GraphicsService::GraphicsService(android_app* pApplication,
        TimeService* pTimeService) :
        ...,
        mTextures(), mTextureCount(0),
        mSprites(), mSpriteCount(0)
    {}

    GraphicsService::~GraphicsService() {

      for (int32_t i = 0; i < mSpriteCount; ++i) {
        delete mSprites[i];
        mSprites[i] = NULL;
      }

      mSpriteCount = 0;

      for (int32_t i = 0; i < mTextureCount; ++i) {
        delete mTextures[i];
        mTextures[i] = NULL;
      }
      mTextureCount = 0;
    }

    ...

    status GraphicsService::start() {
      ...

      if (loadResources() != STATUS_OK) goto ERROR;
```

```
    setup();
    return STATUS_OK;

ERROR:
    Log::error("Error while starting GraphicsService");
    stop();
    return STATUS_KO;
}
...
```

7 검정색으로 화면을 지우고 `update()` 메소드를 사용해 스프라이트상에 그린다. 지정된 공식에 따라 원본 텍스처 픽셀을 최종 프레임버퍼로 블렌딩blend하는 `glBlendFunc()` 메소드를 통해 투명도가 활성화된다. 여기서 원본 픽셀은 알파 채널(GL_SRC_ALPHA/GL_ONE_MINUS_SRC_ALPHA)에 따라 대상 픽셀에 영향을 준다. 이것을 일반적으로 알파 블렌딩alpha blending이라고 부른다.

```
...
status GraphicsService::update() {
    float lTimeStep = mTimeService->elapsed();

    glClearColor(0.0f, 0.0f, 0.0f, 1.0f);
    glClear(GL_COLOR_BUFFER_BIT);

    glEnable(GL_BLEND);
    glBlendFunc(GL_SRC_ALPHA, GL_ONE_MINUS_SRC_ALPHA);
    for (int32_t i = 0; i < mSpriteCount; ++i) {
        mSprites[i]->draw(lTimeStep);
    }
    glDisable(GL_BLEND);

    if (eglSwapBuffers(mDisplay, mSurface) != EGL_TRUE) {
        Log::error("Error %d swapping buffers.", eglGetError());
        return STATUS_KO;
    }
    return STATUS_OK;
```

```
}

status GraphicsService::loadResources() {
  for (int32_t i = 0; i < mTextureCount; ++i) {
    if (mTextures[i]->load() != STATUS_OK) {
      return STATUS_KO;
    }
  }
  for (int32_t i = 0; i < mSpriteCount; ++i) {
    mSprites[i]->load();
  }
  return STATUS_OK;
}
...
```

8 jni/GraphicsService.cpp를 마칠 수 있게 주요 OpenGL 설정을 초기화하기 위한
setup()을 구현한다. 여기서 텍스처를 활성화하고 간단한 2D 게임에는 불필요
한 Z 버퍼는 비활성화한다. glColor4f()를 이용해 스프라이트가 렌더링됐는
지(에뮬레이터를 위해) 확인한다.

```
...
void GraphicsService::setup() {

  glEnable(GL_TEXTURE_2D);
  glColor4f(1.0f, 1.0f, 1.0f, 1.0f);
  glDisable(GL_DEPTH_TEST);
}

...

GraphicsSprite* GraphicsService::registerSprite(
    GraphicsTexture* pTexture, int32_t pHeight,
    int32_t pWidth, Location* pLocation) {

  GraphicsSprite* lSprite = new GraphicsSprite(pTexture,
      pHeight, pWidth, pLocation);
```

```cpp
        mSprites[mSpriteCount++] = lSprite;
        return lSprite;
    }
}
```

9 **jni/Ship.hpp** 파일에 `Ship` 게임 객체를 생성한다.

```cpp
#ifndef _DBS_SHIP_HPP_
#define _DBS_SHIP_HPP_

#include "Context.hpp"
#include "GraphicsService.hpp"
#include "GraphicsSprite.hpp"
#include "Types.hpp"

namespace dbs {
  class Ship {

  public:
    Ship(packt::Context* pContext);

    void spawn();

  private:
    packt::GraphicsService* mGraphicsService;

    packt::GraphicsSprite* mSprite;
    packt::Location mLocation;
    float mAnimSpeed;
  };
}
#endif
```

10 `Ship` 클래스는 자신이 생성될 때 필요한 자원을 등록한다. 여기서 **ship.png**
스프라이트는 64×64 픽셀 프레임을 포함한다. `Ship` 클래스는 `spawn()` 내에서
화면 하단 1/4 지점으로 초기화되며, 8프레임 애니메이션을 사용한다.

ship.png 파일은 Chapter6/Resource 폴더에 있다.

```cpp
#include "Ship.hpp"
#include "Log.hpp"

namespace dbs {
  Ship::Ship(packt::Context* pContext) :
      mGraphicsService(pContext->mGraphicsService),
      mLocation(), mAnimSpeed(8.0f) {
    mSprite = pContext->mGraphicsService->registerSprite(
        mGraphicsService->registerTexture("ship.png"), 64, 64,
        &mLocation);
  }

  void Ship::spawn() {
    const int32_t FRAME_1 = 0; const int32_t FRAME_NB = 8;
    mSprite->setAnimation(FRAME_1, FRAME_NB, mAnimSpeed, true);
    mLocation.setPosition(mGraphicsService->getWidth() * 1 / 2,
                          mGraphicsService->getHeight() * 1 / 4);
  }
}
```

11 jni/DroidBlaster.hpp에 새로운 Ship 클래스를 추가한다.

```cpp
#ifndef _PACKT_DROIDBLASTER_HPP_
#define _PACKT_DROIDBLASTER_HPP_

#include "ActivityHandler.hpp"
#include "Context.hpp"
#include "GraphicsService.hpp"
#include "Ship.hpp"
#include "TimeService.hpp"
#include "Types.hpp"
```

```cpp
namespace dbs {
  class DroidBlaster : public packt::ActivityHandler {
    ...

  private:
    packt::GraphicsService* mGraphicsService;
    packt::TimeService* mTimeService;

    Ship mShip;
  };
}
#endif
```

12 jni/DroidBlaster.cpp을 다음과 같이 수정한다. 구현 사항은 단순하다.

```cpp
#include "DroidBlaster.hpp"
#include "Log.hpp"

namespace dbs {
  DroidBlaster::DroidBlaster(packt::Context* pContext) :
      mGraphicsService(pContext->mGraphicsService),
      mTimeService(pContext->mTimeService),
      mShip(pContext)
  {}

  ...

  packt::status DroidBlaster::onActivate() {
    packt::Log::info("Activating DroidBlaster");

    if (mGraphicsService->start() != packt::STATUS_OK) {
      return packt::STATUS_KO;
    }

    mShip.spawn();

    mTimeService->reset();
    return packt::STATUS_OK;
```

```
        }
    ...
    }
```


DroidBlaster를 실행하면 다음 그림처럼 8 FPS의 비율로 움직이는 우주선을 화면에서 볼 수 있다.

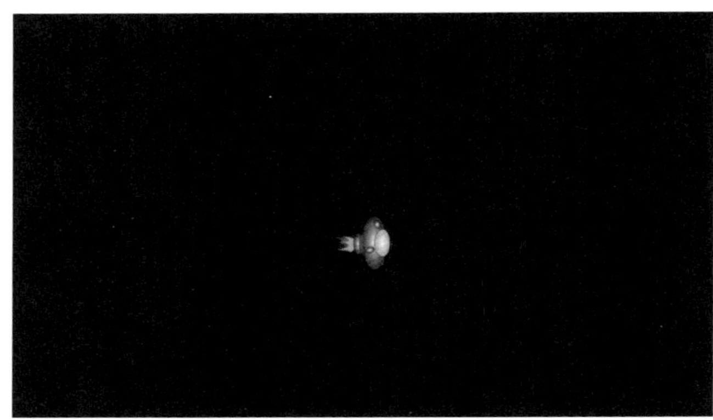

이번 절에서는 일반적인 OpenGL ES 익스텐션 `GL_OES_draw_texture`를 아용해 효율적으로 스프라이트를 그리는 방법을 살펴봤다. 이 기술은 사용하기에 간단하며 스프라이트를 렌더링하기 위한 일반적인 방법이지만, 폴리곤으로만 해결할 수 있는 몇 가지 문제를 지니고 있다.

- `glDrawTexfOES()`는 OpenGL ES 1.1에서 사용 가능하다. OpenGL ES 2.0과 일부 구식 기기는 지원하지 않는다.

- 스프라이트는 회전될 수 없다.

- 이 기술은 여러 가지의 많은 스프라이트를 그릴 때(배경 화면 같은) 많은 상태 변화를 가져와 성능에 영향을 미칠 수 있다.

OpenGL 프로그램에서 성능 저하의 가장 일반적인 원인은 상태 변화에 의존하는 데 있다. OpenGL 기기 상태를 변경(예를 들어 새로운 버퍼나 텍스처 바인딩, `glEnable()`을 통해 옵션을 변경하는 등)하는 것은 처리 비용이 크기 때문에 가능한 한 자제해 그리기 호출을 정렬하거나 꼭 필요한 상태 변화만 처리해야 한다. 예를 들어 바인딩하기 전에 현재의 텍스처 집합을 확인해 `Texture::apply()` 메소드를 개선할 수 있다.

http://developer.apple.com/library/IOS/#decumentation/3DDrawing/Conceptual/OpenGLES_ProgrammingGuide/ 애플 개발자 사이트를 방문하면 최고의 OpenGL ES 문서를 얻을 수 있다.

버텍스 버퍼 객체를 이용해 타일 맵 렌더링

맵 더 정확하게는 타일 맵 없이 2D 게임은 어떨까? 타일 맵은 작은 쿼드 폴리건 혹은 이미지 조각과 매핑되는 타일로 구성된 전체 크기의 맵이다. 타일은 반복적으로 옆에 붙여넣기 될 수 있게 만들어졌다.

이제 배경 화면을 그리기 위한 타일 맵을 구현해보자. 렌더링 기술은 안드로이드 게임 리플리카 아일랜드Replica Island (http://replicaisland.net)에서 영감을 받았으며, 버텍스vertex와 인덱스 버퍼 기반으로 몇 번의 OpenGL 호출만으로 타일 렌더링을 일괄 처리한다.

Tiled 맵 편집기

Tiled는 윈도우와 리눅스, 맥OS에서 사용자에게 친숙한 편집기를 통해 사용자 정의 타일 맵을 생성을 가능하게 해주는 공개 소스 프로그램이다. Tiled는 TMX 확장자로 XML 기반 파일을 내보낸다. http://www.mapeditor.org/에서 다운로드 가능하다.

이제 타일 맵을 구현해보자. 최종 애플리케이션은 다음 같이 구성된다.

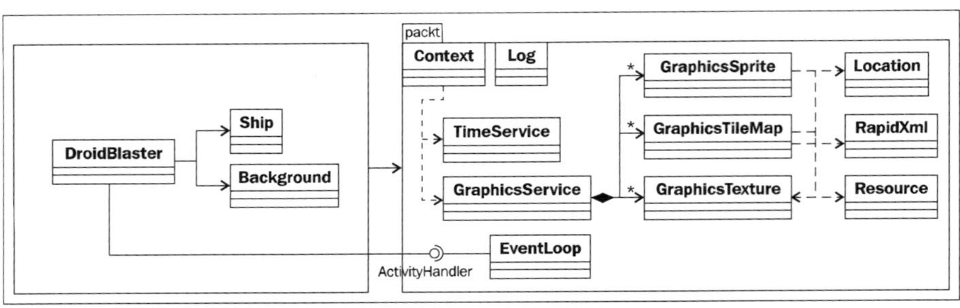

노트 DroidBlaster_Part6-3 프로젝트는 이 절의 시작점으로 사용된다. 결과 프로젝트는 DroidBlaster_Par6-4를 참고한다.

실습 예제 | 타일 기반의 배경 화면 그리기

우선 XML 파일을 읽을 수 있게 RapidXml 라이브러리를 추가해보자.

1 http://rapidxml.sourceforge.net/에서 RapidXml(이 책에서는 버전 1.1.13)을 다운로드 한다.

노트 RapidXml 압축 파일은 Chapter6/Resource 폴더에도 있다.

2 다운로드한 압축 파일에서 rapidxml.hpp를 찾아 jni 폴더로 복사한다.

3 기본적으로 RapidXml은 예외 처리가 가능하다. 이 책 후반부에서 예외 처리를 다룰 것이므로, 미리 정의된 매크로를 이용해 jni/Android.mk에서 예외를 비활 성화한다.

```
...
LS_CPP=$(subst $(1)/,,$(wildcard $(1)/*.cpp))
LOCAL_CFLAGS     := -DRAPIDXML_NO_EXCEPTIONS
LOCAL_MODULE     := droidblaster
LOCAL_SRC_FILES  := $(call LS_CPP,$(LOCAL_PATH))
LOCAL_LDLIBS     := -landroid -llog -lEGL -lGLESv1_CM
...
```

4 효율성을 위해 RapidXml은 전체 파일을 포함하는 메모리 버퍼로부터 직접 XML 파일을 읽는다. 따라서 Resource.hpp를 열어 애셋으로부터 완전한 버퍼를 얻기 위한 메소드(bufferize())와 그 길이를 얻는 메소드(getLength())를 추가한다.

```
...
namespace packt {
  class Resource {
  public:
    ...

    off_t getLength();
    const void* bufferize();

  private:
    ...
  };
}
```

5 애셋 관리 API는 앞서 추가한 메소드를 구현하는 데 필요한 모든 것을 제공한다.

```
...
namespace packt {
  ...

  off_t Resource::getLength() {
    return AAsset_getLength(mAsset);
  }
```

```cpp
const void* Resource::bufferize() {
  return AAsset_getBuffer(mAsset);
}
```

}

이제 간단한 TMX 타일 맵을 처리하는 데 필요한 코드를 작성해보자.

6 다음과 같이 새로운 jni/GraphicsTileMap.hpp 헤더 파일을 생성한다.
GraphicsTileMap이 처음 로드된 다음 화면이 갱신될 때 그려지고, 마지막으
로 언로드된다. 로딩 자체는 다음과 같은 3단계에 걸쳐 발생한다.

- **loadFile()** RapidXml을 이용해 Tiled TMX 파일을 로드한다.

- **loadVertices()** OpenGL 버텍스 버퍼 객체를 설정하고, 파일 데이터로부
  터 버텍스를 만든다.

- **loadIndexes()** 각 타일에 대한 두 개의 삼각 폴리곤을 가리키는 인덱스를
  이용해 인덱스 버퍼를 생성한다.

타일 맵은 다음을 필요로 한다.

- 스프라이트 시트를 포함하는 텍스처

- OpenGL 버텍스와 인덱스 버퍼를 가리키는 두 개의 자원 핸들과 포함하는
  요소의 수(mVertexCount, mIndexCount), 좌표 구성 요소의 수(mVertexComponent
  내 X/Y/Z와 U/V 좌표)

- 최종 맵의 타일 수 관련 정보(mWidth와 mHeight)

- 픽셀 내 타일 가로/세로 설정(mTileHeight와 mTileHeight)과 카운트(mTileCount
  와 mTileXCount)

```cpp
#ifndef _PACKT_GRAPHICSTEXTURE_HPP_
#define _PACKT_GRAPHICSTEXTURE_HPP_

#include "Context.hpp"
#include "Resource.hpp"
#include "Types.hpp"
```

```cpp
#include <android_native_app_glue.h>
#include <GLES/gl.h>
#include <png.h>

namespace packt {
  class GraphicsTexture {
  public:
    GraphicsTexture(android_app* pApplication, const char* pPath);

    const char* getPath();
    int32_t getHeight();
    int32_t getWidth();

    status load();
    void unload();
    void apply();

  protected:
    uint8_t* loadImage();

  private:
    static void callback_read(png_structp pStruct,
        png_bytep pData, png_size_t pSize);

  private:
    Resource mResource;
    GLuint mTextureId;
    int32_t mWidth, mHeight;
    GLint mFormat;
  };
}
#endif
```

7 jni/GraphicsTileMap.cpp 내에서 GraphicsTileMap 구현을 시작한다. 현재 프
로젝트에서 예외는 지원되지 않기 때문에 parse_error_handler() 메소드를
정의해 문제를 파싱 처리하게 한다. 설계로 인해 이 핸들더의 결과가 정의되지

않았다(즉, 크래시). 따라서 대신 libpng를 다룰 때 적용했던 것과 유사하게 대신 비지역 탈출non-local jump을 구현한다.

```cpp
#include "GraphicsTileMap.hpp"
#include "Log.hpp"

#include <GLES/gl.h>
#include <GLES/glext.h>

#include "rapidxml.hpp"

namespace rapidxml {
  static jmp_buf sJmpBuffer;

  void parse_error_handler(const char* pWhat, void* pWhere) {
    packt::Log::error("Error while parsing TMX file.");
    packt::Log::error(pWhat);
    longjmp(sJmpBuffer, 0);
  }
}

namespace packt {
  GraphicsTileMap::GraphicsTileMap(android_app* pApplication,
      const char* pPath, GraphicsTexture* pTexture,
      Location* pLocation) :
      mResource(pApplication, pPath), mLocation(pLocation),
      mTexture(pTexture), mVertexBuffer(0), mIndexBuffer(0),
      mVertexCount(0), mIndexCount(0), mVertexComponents(5),
      mHeight(0), mWidth(0),
      mTileHeight(0), mTileWidth(0), mTileCount(0), mTileXCount(0)
  {}
  ...
```

8 Tiled에 의해 내보내기 처리된 TMX 파일을 읽을 수 있는 코드를 작성하자. 애셋 파일은 자원과 함께 읽혀지며, 수정될 수 없는(bufferize()로 반환된 버퍼는 const로 플래그 처리된다) 임시 버퍼로 복사된다.

RapidXml은 xml_document 인스턴스를 통해 XML 파일을 파싱한다. 직접 제공된 버퍼상에서 동작하는데, 이 부분은 공간을 표준화하고 문자 엔티티를 해석하거나 문자열이 0으로 끝나게 수정해야 할지도 모른다.

이러한 기능 없이 비파괴non-destuctive 모드 또한 사용 가능하다. XML 노드와 애트리뷰트는 쉽게 조회될 수 있다.

```cpp
...
int32_t* GraphicsTileMap::loadFile() {
  using namespace rapidxml;
  xml_document<> lXmlDocument;
  xml_node<>* lXmlMap, *lXmlTileset, *lXmlLayer;
  xml_node<>* lXmlTile, *lXmlData;
  xml_attribute<>* lXmlTileWidth, *lXmlTileHeight;
  xml_attribute<>* lXmlWidth, *lXmlHeight, *lXmlGID;
  char* lFileBuffer = NULL; int32_t* lTiles = NULL;

  packt_Log_debug("Opening TMX file");
  if (mResource.open() != STATUS_OK) goto ERROR;
  {
    int32_t lLength = mResource.getLength();
    if (lLength <= 0) goto ERROR;
    const void* lFileBufferTmp = mResource.bufferize();
    if (lFileBufferTmp == NULL) goto ERROR;
    lFileBuffer = new char[lLength + 1];
    memcpy(lFileBuffer, lFileBufferTmp, lLength);
    lFileBuffer[lLength] = '\0';
    mResource.close();
  }
  // 문서를 파싱한다. 에러가 발생하면 다시 돌아간다.
  if (setjmp(sJmpBuffer)) goto ERROR;
  lXmlDocument.parse<parse_default>(lFileBuffer);

  // XML 태크를 읽는다.
  lXmlMap = lXmlDocument.first_node("map");
```

```cpp
    if (lXmlMap == NULL) goto ERROR;
    lXmlTileset = lXmlMap->first_node("tileset");
    if (lXmlTileset == NULL) goto ERROR;
    lXmlTileWidth = lXmlTileset->first_attribute("tilewidth");
    if (lXmlTileWidth == NULL) goto ERROR;
    lXmlTileHeight = lXmlTileset->first_attribute("tileheight");
    if (lXmlTileHeight == NULL) goto ERROR;

    lXmlLayer = lXmlMap->first_node("layer");
    if (lXmlLayer == NULL) goto ERROR;
    lXmlWidth = lXmlLayer->first_attribute("width");
    if (lXmlWidth == NULL) goto ERROR;
    lXmlHeight = lXmlLayer->first_attribute("height");
    if (lXmlHeight == NULL) goto ERROR;

    lXmlData = lXmlLayer->first_node("data");
    if (lXmlData == NULL) goto ERROR;
    ...
```

9 `loadFile()`에서 멤버 데이터를 초기화하게 구현을 계속한다. 그다음 각 타일 인덱스를 새로운 메모리 버퍼로 로드해 나중에 버텍스 버퍼를 생성하는 데 사용할 것이다. 수평 좌표는 TMX와 OpenGL 좌표 간에 전환돼 TMX 파일의 첫 타일 인덱스는 0이 아닌 1(따라서 `lTiles[]` 값이 설정될 때 -1을 사용한다)이 된다는 점을 기억해두자.

```cpp
    ...
    mWidth      = atoi(lXmlWidth->value());
    mHeight     = atoi(lXmlHeight->value());
    mTileWidth  = atoi(lXmlTileWidth->value());
    mTileHeight = atoi(lXmlTileHeight->value());
    if ((mWidth <= 0) || (mHeight <= 0)
        || (mTileWidth <= 0) || (mTileHeight <= 0)) goto ERROR;
    mTileXCount = mTexture->getWidth()/mTileWidth;
    mTileCount = mTexture->getHeight()/mTileHeight * mTileXCount;
```

```
    lTiles = new int32_t[mWidth * mHeight];
    lXmlTile = lXmlData->first_node("tile");
    for (int32_t lY = mHeight - 1; lY >= 0; --lY) {
      for (int32_t lX = 0; lX < mWidth; ++lX) {
        if (lXmlTile == NULL) goto ERROR;
        lXmlGID = lXmlTile->first_attribute("gid");
        lTiles[lX + (lY * mWidth)] = atoi(lXmlGID->value())-1;
        if (lTiles[lX + (lY * mWidth)] < 0) goto ERROR;
        lXmlTile = lXmlTile->next_sibling("tile");
      }
    }
    delete[] lFileBuffer;
    return lTiles;

ERROR:
  mResource.close();
  delete[] lFileBuffer; delete[] lTiles;
  mHeight = 0;       mWidth = 0;
  mTileHeight = 0;   mTileWidth = 0;
  return NULL;
}

  ...
```

10 이제 가장 큰 부분, 즉 버텍스를 통해 임시 메모리 버퍼를 생성하는
`loadVertices()`에 대해 살펴보자. 우선 버텍스의 전체 수와 같은 정보를 계
산해 그에 맞게 버퍼를 할당하고 버퍼에 타일당 5개의 `float` 구성 요소(X/Y/Z와
U/V)로 구성된 4개의 버텍스를 포함하게 해야 한다. 또한 텍셀texel의 크기, 즉
UV 좌표 내의 한 픽셀 크기를 알아야 한다. UV 좌표는 [0.1]의 경계를 갖고
있으며, 0은 텍스처 좌측 혹은 하단을 의미하며, 1은 텍스처 우측 혹은 하단을
의미한다.

그다음 각 타일에 대해 기본적인 루프를 돌고 버퍼의 우측 오프셋(즉, 위치)의 버텍
스 좌표(X/Y 위치와 UV 좌표)를 계산한다. UV 좌표는 특히 이중 선형 필터링bilinear

filtering을 사용할 때 블랜딩될 인접 타일 텍스처에 영향을 주어 타일 경계가 뭉개지는 문제를 피하기 위해 조금 시프트shift시킨다.

```cpp
...
  void GraphicsTileMap::loadVertices(int32_t* pTiles,
      uint8_t** pVertexBuffer, uint32_t* pVertexBufferSize) {
    mVertexCount = mHeight * mWidth * 4;
    *pVertexBufferSize = mVertexCount * mVertexComponents;
    GLfloat* lVBuffer = new GLfloat[*pVertexBufferSize];
    *pVertexBuffer = reinterpret_cast<uint8_t*>(lVBuffer);
    int32_t lRowStride = mWidth * 2;
    GLfloat lTexelWidth = 1.0f / mTexture->getWidth();
    GLfloat lTexelHeight = 1.0f / mTexture->getHeight();

    int32_t i;
    for (int32_t tileY = 0; tileY < mHeight; ++tileY) {
      for (int32_t tileX = 0; tileX < mWidth; ++tileX) {
        // 현재 타일 인덱스를 찾는다(첫 번째 타일은 0,
        // 이후부터 1씩 증가한다).
        int32_t lTileSprite = pTiles[tileY * mWidth + tileX]
                              % mTileCount;
        int32_t lTileSpriteX = (lTileSprite % mTileXCount)
                              * mTileWidth;
        int32_t lTileSpriteY = (lTileSprite / mTileXCount)
                              * mTileHeight;

        // 버퍼 내의 버텍스 오프셋을 계산하기 위한 값
        int32_t lOffsetX1 = tileX * 2;
        int32_t lOffsetX2 = tileX * 2 + 1;
        int32_t lOffsetY1 = (tileY * 2) * (mWidth * 2);
        int32_t lOffsetY2 = (tileY * 2 + 1) * (mWidth * 2);
        // 화면의 버텍스 위치
        GLfloat lPosX1 = tileX * mTileWidth;
        GLfloat lPosX2 = (tileX + 1) * mTileWidth;
        GLfloat lPosY1 = tileY * mTileHeight;
```

```cpp
GLfloat lPosY2 = (tileY + 1) * mTileHeight;
// 타일 UV 좌표(좌표 근원은 좌측 상단에서
// 좌측 하단 근원으로 변환돼야 한다)
GLfloat lU1 = (lTileSpriteX) * lTexelWidth;
GLfloat lU2 = lU1 + (mTileWidth * lTexelWidth);
GLfloat lV2 = 1.0f - (lTileSpriteY) * lTexelHeight;
GLfloat lV1 = lV2 - (mTileHeight * lTexelHeight);
// 경계 인공물을 제한하기 위한 작은 이동(텍셀의 1/4)
lU1 += lTexelWidth/4.0f;
lU2 -= lTexelWidth/4.0f;
lV1 += lTexelHeight/4.0f;
lV2 -= lTexelHeight/4.0f;

// 버텍스 버퍼 내 타일당 4개의 버텍스
i = mVertexComponents * (lOffsetY1 + lOffsetX1);
lVBuffer[i++] = lPosX1;
lVBuffer[i++] = lPosY1;
lVBuffer[i++] = 0.0f;
lVBuffer[i++] = lU1;
lVBuffer[i++] = lV1;
i = mVertexComponents * (lOffsetY1 + lOffsetX2);
lVBuffer[i++] = lPosX2;
lVBuffer[i++] = lPosY1;
lVBuffer[i++] = 0.0f;
lVBuffer[i++] = lU2;
lVBuffer[i++] = lV1;
i = mVertexComponents * (lOffsetY2 + lOffsetX1);
lVBuffer[i++] = lPosX1;
lVBuffer[i++] = lPosY2;
lVBuffer[i++] = 0.0f;
lVBuffer[i++] = lU1;
lVBuffer[i++] = lV2;
i = mVertexComponents * (lOffsetY2 + lOffsetX2);
lVBuffer[i++] = lPosX2;
```

```cpp
      lVBuffer[i++] = lPosY2;
      lVBuffer[i++] = 0.0f;
      lVBuffer[i++] = lU2;
      lVBuffer[i++] = lV2;
    }
  }
}
```

...

11 버텍스 버퍼는 인덱스 버퍼의 도움 없이는 거의 무용지물에 가깝다. 사각형quad 을 형성할 수 있게 타일당 두 개의 삼각 폴리곤(즉, 6 인덱스)을 갖게 만든다.

...

```cpp
void GraphicsTileMap::loadIndexes(uint8_t** pIndexBuffer,
    uint32_t* pIndexBufferSize) {
  mIndexCount = mHeight * mWidth * 6;
  *pIndexBufferSize = mIndexCount;
  GLushort* lIBuffer = new GLushort[*pIndexBufferSize];
  *pIndexBuffer = reinterpret_cast<uint8_t*>(lIBuffer);
  int32_t lRowStride = mWidth * 2;

  int32_t i = 0;
  for (int32_t tileY = 0; tileY < mHeight; tileY++) {
    int32_t lIndexY = tileY * 2;
    for (int32_t tileX = 0; tileX < mWidth; tileX++) {
      int32_t lIndexX = tileX * 2;

      // 버퍼 내의 버텍스 옵션을 계산하기 위한 값
      GLshort lVertIndexY1 = lIndexY * lRowStride;
      GLshort lVertIndexY2 = (lIndexY + 1) * lRowStride;
      GLshort lVertIndexX1 = lIndexX;
      GLshort lVertIndexX2 = lIndexX + 1;

      // 인덱스 버퍼 내의 타일당 2개의 삼각형
      lIBuffer[i++] = lVertIndexY1 + lVertIndexX1;
```

```
            lIBuffer[i++] = lVertIndexY1 + lVertIndexX2;
            lIBuffer[i++] = lVertIndexY2 + lVertIndexX1;

            lIBuffer[i++] = lVertIndexY2 + lVertIndexX1;
            lIBuffer[i++] = lVertIndexY1 + lVertIndexX2;
            lIBuffer[i++] = lVertIndexY2 + lVertIndexX2;
        }
    }
...
```

12 GraphicsTileMap.cpp 내에서 `glGenBuffers()`를 이용해 최종 버퍼를 생성해
`glBindBuffer()`로 바인딩(해당 버퍼에서 동작함을 가리키기 위해)함으로써 로드 관
련 코드를 마무리한다. 그다음 `glBufferData()`를 이용해 버텍스와 인덱스 버
퍼 데이터를 그래픽 메모리로 밀어 넣는다. 임시 버퍼는 이후 폐기된다.

```
...
  status GraphicsTileMap::load() {
    GLenum lErrorResult;
    uint8_t* lVertexBuffer = NULL, *lIndexBuffer = NULL;
    uint32_t lVertexBufferSize, lIndexBufferSize;

    // 타일을 로드하고 임시 버텍스/인덱스 버퍼를 생성한다.
    int32_t* lTiles = loadFile();
    if (lTiles == NULL) goto ERROR;
    loadVertices(lTiles, &lVertexBuffer, &lVertexBufferSize);
    if (lVertexBuffer == NULL) goto ERROR;
    loadIndexes(&lIndexBuffer, &lIndexBufferSize);
    if (lIndexBuffer == NULL) goto ERROR;

    // 새로운 버퍼 이름을 생성한다.
    glGenBuffers(1, &mVertexBuffer);
    glGenBuffers(1, &mIndexBuffer);
    glBindBuffer(GL_ARRAY_BUFFER, mVertexBuffer);
    glBindBuffer(GL_ELEMENT_ARRAY_BUFFER, mIndexBuffer);
```

```cpp
    // 버퍼를 OpenGL로 로드한다.
    glBufferData(GL_ARRAY_BUFFER, lVertexBufferSize *
                 sizeof(GLfloat), lVertexBuffer, GL_STATIC_DRAW);
    lErrorResult = glGetError();
    if (lErrorResult != GL_NO_ERROR) goto ERROR;

    glBufferData(GL_ELEMENT_ARRAY_BUFFER, lIndexBufferSize *
                 sizeof(GLushort), lIndexBuffer, GL_STATIC_DRAW);
    lErrorResult = glGetError();
    if (lErrorResult != GL_NO_ERROR) goto ERROR;

    // 버퍼 바인딩을 해제한다.
    glBindBuffer(GL_ARRAY_BUFFER, 0);
    glBindBuffer(GL_ELEMENT_ARRAY_BUFFER, 0);

    delete[] lTiles;
    delete[] lVertexBuffer; delete[] lIndexBuffer;
    return STATUS_OK;

ERROR:
    Log::error("Error loading tilemap");
    unload();
    delete[] lTiles;
    delete[] lVertexBuffer; delete[] lIndexBuffer;
    return STATUS_KO;
  }
...
```

13 자원 로딩을 마쳤다. unload()에서 조심스럽게 자원을 해제한다.

```cpp
...
  void GraphicsTileMap::unload() {
    mHeight     = 0, mWidth      = 0;
    mTileHeight = 0, mTileWidth  = 0;
    mTileCount  = 0, mTileXCount = 0;
```

```
    if (mVertexBuffer != 0) {
      glDeleteBuffers(1, &mVertexBuffer);
      mVertexBuffer = 0; mVertexCount = 0;
    }
    if (mIndexBuffer != 0) {
      glDeleteBuffers(1, &mIndexBuffer);
      mIndexBuffer = 0; mIndexCount = 0;
    }
  }
...
```

14 GraphicsTileMap.cpp를 마무리할 수 있게 타일 맵을 렌더링하기 위한 draw() 메소드를 작성한다.

□ 렌더링을 위한 타일 시트 텍스처를 바인딩한다.

□ 맵을 화면의 최종 좌표에 위치시킬 수 있게 glTranslatef()를 이용해 기하학 변형을 설정한다. 매트릭스는 계층 구조를 가지고 있기 때문에 프로젝션projection과 월드world 매트릭스의 최상단에 타일 맵 매트릭스를 올려두기 위해 미리 glPushMatrix()를 호출했다는 사실을 기억해두기 바란다. 좌표 위치는 렌더링 보정interpolation으로 인해 타일 사이에 나타나는 왜곡 현상을 피할 수 있게 반올림된다.

□ gEnableClientState()와 glVertextPointer(), glTexCoordPointer()를 이용해 활성화와 바인딩, 버텍스와 인덱스 버퍼 내용을 기술한다.

□ glDrawElements()를 통해 전체 맵 매시를 그릴 수 있게 렌더링 호출을 발생시킨다.

□ 완료됐을 때 OpenGL 머신 상태를 재설정한다.

```
...
void GraphicsTileMap::draw() {
  int32_t lVertexSize = mVertexComponents * sizeof(GLfloat);
  GLvoid* lPosOffset = (GLvoid*) 0;
  GLvoid* lUVOffset = (GLvoid*) (sizeof(GLfloat) * 3);
```

```cpp
    mTexture->apply();

    glPushMatrix();
    glTranslatef(int32_t(mLocation->mPosX + 0.5f),
                 int32_t(mLocation->mPosY + 0.5f), 0.0f);

    glEnableClientState(GL_VERTEX_ARRAY);
    glEnableClientState(GL_TEXTURE_COORD_ARRAY);
    glBindBuffer(GL_ARRAY_BUFFER, mVertexBuffer);
    glBindBuffer(GL_ELEMENT_ARRAY_BUFFER, mIndexBuffer);
    glVertexPointer(3, GL_FLOAT, lVertexSize, lPosOffset);
    glTexCoordPointer(2, GL_FLOAT, lVertexSize, lUVOffset);

    glDrawElements(GL_TRIANGLES, mIndexCount,
                   GL_UNSIGNED_SHORT, 0 * sizeof(GLushort));

    glBindBuffer(GL_ARRAY_BUFFER, 0);
    glBindBuffer(GL_ELEMENT_ARRAY_BUFFER, 0);
    glPopMatrix();
    glDisableClientState(GL_VERTEX_ARRAY);
    glDisableClientState(GL_TEXTURE_COORD_ARRAY);
  }
}
```

새로운 타일 맵 모듈을 애플리케이션에 추가해보자.

15 텍스처와 스프라이트처럼 GraphicsService에서 타일 맵을 관리하게 한다.

```cpp
#ifndef _PACKT_GRAPHICSSERVICE_HPP_
#define _PACKT_GRAPHICSSERVICE_HPP_

#include "GraphicsSprite.hpp"
#include "GraphicsTexture.hpp"
#include "GraphicsTileMap.hpp"
#include "TimeService.hpp"
#include "Types.hpp"
```

```cpp
#include <android_native_app_glue.h>
#include <EGL/egl.h>

namespace packt {
  class GraphicsService {
  public:
    ...
    GraphicsTexture* registerTexture(const char* pPath);
    GraphicsSprite* registerSprite(GraphicsTexture* pTexture,
        int32_t pHeight, int32_t pWidth, Location* pLocation);
    GraphicsTileMap* registerTileMap(const char* pPath,
        GraphicsTexture* pTexture, Location* pLocation);
    ...
  private:
    ...
    GraphicsTexture* mTextures[32]; int32_t mTextureCount;
    GraphicsSprite* mSprites[256]; int32_t mSpriteCount;
    GraphicsTileMap* mTileMaps[8]; int32_t mTileMapCount;
  };
}
#endif
```

16 jni/GraphicsService.cpp 내에서 registerTileMap()을 구현하고, 이전 스프
라이트 예제처럼 load()와 unload(), 클래스 소멸자를 수정한다.

setup()을 변경해 매트릭스 스택에 프로젝션과 모델뷰ModelView 매트릭스를 밀
어 넣는다.

□ 2D 게임은 원근perspective 효과가 필요 없으므로 프로젝션은 정사영
orthographics이다.

□ 모델뷰 매트릭스는 기본적으로 카메라의 위치와 방향을 설명한다. 여기서
카메라(즉, 전체 화면)는 이동하지 않고 오직 배경 화면 타일 맵만 스크롤링
효과를 시뮬레이션하기 위해 이동한다. 따라서 간단한 아이덴티티identity 매
트릭스로 충분하다.

그다음 효율적으로 타일 맵을 그릴 수 있게 update()를 수정한다.

```cpp
...
namespace packt {
  ...
  void GraphicsService::setup() {
    glEnable(GL_TEXTURE_2D);
    glDisable(GL_DEPTH_TEST);
    glColor4f(1.0f, 1.0f, 1.0f, 1.0f);

    glMatrixMode(GL_PROJECTION);
    glLoadIdentity();
    glOrthof(0.0f, mWidth, 0.0f, mHeight, 0.0f, 1.0f);

    glMatrixMode( GL_MODELVIEW);
    glLoadIdentity();
  }

  status GraphicsService::update() {
    float lTimeStep = mTimeService->elapsed();

    for (int32_t i = 0; i < mTileMapCount; ++i) {
      mTileMaps[i]->draw();
    }

    glEnable(GL_BLEND);
    glBlendFunc(GL_SRC_ALPHA, GL_ONE_MINUS_SRC_ALPHA);
    for (int32_t i = 0; i < mSpriteCount; ++i) {
      mSprites[i]->draw(lTimeStep);
    }
    glDisable(GL_BLEND);

    if (eglSwapBuffers(mDisplay, mSurface) != EGL_TRUE) {
      Log::error("Error %d swapping buffers.", eglGetError());
      return STATUS_KO;
    }
```

```
        return STATUS_OK;
    }
}
```

17 배경 화면 타일 맵을 그리는 데 필요한 게임 객체를 선언할 수 있도록
jni/Backgound.hpp를 작성한다.

```
#ifndef _DBS_BACKGROUND_HPP_
#define _DBS_BACKGROUND_HPP_

#include "Context.hpp"
#include "GraphicsService.hpp"
#include "GraphicsTileMap.hpp"
#include "Types.hpp"

namespace dbs {
  class Background {
  public:
    Background(packt::Context* pContext);

    void spawn();
    void update();

  private:
    packt::TimeService* mTimeService;
    packt::GraphicsService* mGraphicsService;

    packt::GraphicsTileMap* mTileMap;
    packt::Location mLocation; float mAnimSpeed;
  };
}
#endif
```

18 그다음 jni/Backgound.cpp에 다음 클래스를 구현한다. 타일 맵 tilemap.tmx(반
드시 asset 프로젝트 폴더에 복사돼 있어야 한다)를 등록한다.

```cpp
#include "Background.hpp"
#include "Log.hpp"

namespace dbs {
  Background::Background(packt::Context* pContext) :
      mTimeService(pContext->mTimeService),
      mGraphicsService(pContext->mGraphicsService),
      mLocation(), mAnimSpeed(8.0f) {
    mTileMap = mGraphicsService->registerTileMap("tilemap.tmx",
        mGraphicsService->registerTexture("tilemap.png"),
        &mLocation);
  }

  void Background::spawn() {
    mLocation.setPosition(0.0f, 0.0f);
  }

  void Background::update() {
    const float SCROLL_PER_SEC = -64.0f;
    float lScrolling = mTimeService->elapsed() * SCROLL_PER_SEC;
    mLocation.translate(0.0f, lScrolling);
  }
}
```

19 작업이 거의 완료됐다. jni/DroidBlaster.hpp에 Backgound 객체를 추가한다.

```cpp
#ifndef _PACKT_DROIDBLASTER_HPP_
#define _PACKT_DROIDBLASTER_HPP_

#include "ActivityHandler.hpp"
#include "Background.hpp"
#include "Context.hpp"
```

```cpp
#include "GraphicsService.hpp"
#include "Ship.hpp"
#include "TimeService.hpp"
#include "Types.hpp"

namespace dbs {
  class DroidBlaster : public packt::ActivityHandler {
    ...
    Background mBackground;
    Ship mShip;
  };
}
#endif
```

20 마지막으로 jni/DroudBlaster.cpp에서 Background 객체를 초기화하고 업데이
트한다.

```cpp
#include "DroidBlaster.hpp"
#include "Log.hpp"

namespace dbs {
  DroidBlaster::DroidBlaster(packt::Context* pContext) :
      mGraphicsService(pContext->mGraphicsService),
      mTimeService(pContext->mTimeService),
      mBackground(pContext), mShip(pContext)
  {}

  packt::status DroidBlaster::onActivate() {
    if (mGraphicsService->start() != packt::STATUS_OK) {
      return packt::STATUS_KO;
    }

    mBackground.spawn();
    mShip.spawn();

    mTimeService->reset();
```

```cpp
    return packt::STATUS_OK;
  }

  packt::status DroidBlaster::onStep() {
    mTimeService->update();

    mBackground.update();

    if (mGraphicsService->update() != packt::STATUS_OK) {
      return packt::STATUS_KO;
    }
    return packt::STATUS_OK;
  }
}
```


최종 결과는 다음과 같이 보일 것이다. 우주선 밑에 지형들이 스크롤링되고 있다.

인덱스 버퍼와 결합된 버텍스 버퍼 객체는 사전에 버텍스와 텍스처 좌표를 미리
계산해 단일 호출로 많은 폴리곤을 렌더링할 수 있는 정말로 효율적인 방법이다.
필요한 상태 변화의 수를 많이 줄여준다. 또한 버퍼 객체는 3D 렌더링 작업에 절대적인 방법이다. 하지만 이 기술은 많은 수의 타일을 렌더링해야 할 경우에만 효율적이지 몇 개의 타일로 구성된 배경 화면을 그리는 데 좋은 방법은 아니다. 이 경우에는 스프라이트를 사용하는 것이 더 좋은 방법이 될 수 있다는 점을 기억해두기 바란다.

하지만 이번 절에서 작업한 내용은 아직도 개선돼야 한 부분이 많이 남았다. 여기서의 타일 맵 렌더링 메소드는 효과적이지 않다. 시스템적으로 전체 버퍼를 그릴 뿐이다. 오늘날의 그래픽 드라이버는 보이지 않는 버텍스를 잘라내는 데 최적화돼 있어 여전에 좋은 성능을 제공한다. 하지만 알고리즘으로는 버텍스 버퍼의 시각적 위치에 대해서만 그리기draw 호출을 발생시킬 뿐이다.

이 타일 맵 기술은 다중 확장을 지원한다. 예를 들어 서로 다른 속도로 스크롤되는 다양한 타일 맵은 시차parallax 효과를 생성해 겹쳐질 수 있다. 물론 적절한 블렌딩 계층에 알파 블렌딩(16단계의 `GraphicsService::update()`)을 적용해야 한다. 이제 여러분의 상상력만이 남았다.

🌐 정리

OpenGL과 그래픽은 일반적으로 진정 거대한 영역이다. 책 한권으로 모든 것을 다룰 수는 없다. 하지만 텍스처와 버퍼 객체로 2D 그래픽을 그리는 작업은 훨씬 더 진보된 기능을 적용할 수 있는 문을 열어뒀다. 좀 더 구체적으로 얘기하면 OpenGL ES를 초기화하고 EGL을 통한 안드로이드 윈도우에 바인딩하는 방법을 살펴봤다. 또한 외부 라이브러리를 이용해 애셋으로 패키징된 PNG 텍스처를 로드해봤다. 그다음 OpenGL ES 확장 기능을 통해 스프라이트를 효율적으로 그려봤다. 이 기술은 많은 스프라이트를 그려야 할 경우라면 성능 저하에 영향을 줄 수 있으므로 함부로 사용해서는 안 된다. 마지막으로 버텍스와 인덱스 버퍼 내에 렌더링된 파일을 미리 계산해 타일 맵을 효율적으로 렌더링해봤다.

여기서 학습한 지식으로 OpenGL ES 2로의 경로에 한발 더 가까워졌다. 3D 그래픽에 목말라 있다면 9장과 10장에서 3D 엔진을 포함하는 방법을 살펴보자. 아직 기다릴 여유가 있다면 OpenSL ES를 통해 4차원과 음악에 도달하는 방법을 살펴보자.

7
OpenSL ES로 사운드 재생

멀티미디어는 그래픽뿐만 아니라 사운드와 음악도 포함한다. 멀티미디어 영역의 애플리케이션은 안드로이드 마켓에서 가장 대중적이다. 실제로 음악은 언제나 모바일 기기 판매에 있어 강력한 기능이자 음악 애호가들에게 있어 기기 선택의 기준이 돼 왔다. 안드로이드 같은 OS에서 음악 관련 기능을 제공할 수밖에 없는 이유이기도 하다.

안드로이드에서 사운드를 얘기할 때에는 자바와 네이티브 세계를 구별해야 한다. 실제로 양측은 서로 전혀 다른 API를 갖고 있다. 자바 측에서는 미디어플레이어(MediaPlayer), 사운드풀(SoundPool), 오디오트랙(AudioTrack), 제트플레이어(JetPlayer)를 갖고 있는 반면, 네이티브 측에서는 OpenSL ES(Open SL for Embedded Systems)를 갖고 있다.

- 미디어플레이어는 좀 더 고수준(high-level)이며, 사용법도 쉽다. 미디어플레이어는 음악뿐만 아니라 비디오도 처리할 수 있다. 간단한 파일 재생으로 충분한 경우라면 선택의 기준으로 삼아도 무방하다.

- 사운드풀과 오디오트랙은 좀 더 저수준(low-level)이며, 사운드 재생 시 낮은 지연시간을 보장한다. 오디오트랙은 가장 유연하지만 사용법은 복잡한 편이며, 실행 중 (수동으로) 사운드 버퍼 수정을 가능하게 한다.

- 제트플레이어는 MIDI 파일 재생에 적합하다. 이 API는 멀티미디어 애플리케이션이나 게임 (안드로이드 SDK에서 제공하는 JetBoy 예제를 참고한다) 내에서 동적인 신디사이저 음악에 유용하게 사용될 수 있다.

- OpenSL ES는 임베디드 시스템상에서 오디오를 관리하기 위한 크로스플랫폼 API를 제공하기 위한 목적으로 탄생했다. 다른 말로 얘기하면 OpenSL ES는 오디오를 위한 API다. GLES처럼 이 규약 역시 크로노스 그룹에 의해 관리된다. 안드로이드상에서 OpenSL ES는 실제로 AudioTrack API의 최상단에 구현된다.

OpenSL ES는 안드로이드 2.3 진저브레드에서 처음 발표됐다. 따라서 이전 버전(안드로이드 2.2나 그 이전 버전)에서는 사용할 수 없다. 자바에서는 다양한 API를 사용할 수 있는 반면, OpenSL ES는 오직 네이티브 측에만 제공되는 유일한 API이며, 네이티브에서만 배타적으로 사용 가능하다.

하지만 OpenSL ES는 아직 완전치 않다. OpenSL 규약은 불완전하게 지원되며, 일부 제약이 있다. 뿐만 아니라 OpenSL 규약은 1.1까지 발표된 상태지만 안드로이드용은 1.0.1으로 구현돼 있다. 따라서 OpenSL ES 구현은 아직 진행 중이며, 좀 더 발전할 필요가 있다. 차후의 변경 사항들은 훗날 지원될 것으로 보인다.

이러한 이유로 3D 오디오 기능은 OpenSL ES를 통해 안드로이드 2.3부터 사용 가능하지만 적절한 프로파일로 컴파일된 시스템을 가진 기기에 국한된다. 실제로 현재의 OpenSL ES 규약은 3가지 다른 프로파일, 즉 서로 다른 종류의 기기를 위한 게임과 음악, 전화기를 제공한다.

고려해야 할 다른 중요한 부분은 현재 안드로이드가 낮은 지연시간(low latency)에 적합하지 않다는 점이다! OpenSL ES API는 이러한 상황을 개선시키지 못한다. 이 문제는 시스템 자체에 관련된 문제일 뿐만 아니라 하드웨어 문제이기도 하다. 그리고 안드로이드 개발 팀과 제조사가 고려하기까지 아마도 수개월은 걸릴 것이다. 어쨌든 OpenSL ES와 저수준 자바 API, 사운드풀 , 오디오트랙이 훗날 낮은 지연시간을 지원하기를 기대해보자.

하지만 OpenSL ES의 품질은 만족스럽다. 우선, C/C++로 작성됐기 때문에 네이티브 애플리케이션 아키텍처와 쉽게 통합할 수 있다. 가비지 컬렉터를 뒤쪽으로 운반할 필요가 없다. 네이티브 코드는 해석되지 않고 어셈블리 코드(그리고 NEON 인스트럭션 셋)를 통해 깊이 있는 최적화가 가능하다. 이 밖에 고려해야 할 다양한 이유가 있다.

 OpenMax AL 저수준 멀티미디어 API는 NDK R7 이후 버전(완전히 지원되지는 않지만)에서도 사용 가능하다. 하지만 이 API는 비디오와 사운드 재생에 특화돼 사운드와 음악을 위한 Open SL ES보다 강력하지는 못하다. 자바 측의 android.media.MediaPlayer와 어느 정도는 비슷하다. 자세한 정보는 http://www.khronos.org/openmax/를 참고한다.

7장에서는 안드로이드 NDK를 기반으로 OpenSL ES의 음악 기능을 소개한다. 곧 다음 기능에 대한 학습을 시작할 것이다.

- 안드로이드에서 OpenSL ES 초기화
- 배경 음악 재생
- 사운드 버퍼 큐를 통한 사운드 재생
- 사운드 녹화 및 재생

 OpenSL ES 초기화

새로운 서비스에서 OpenSL ES를 초기화하는 것으로 가볍게 7장을 시작해보자. 이후부터는 이 서비스를 SoundService라 부르겠다(서비스란 용어는 설계상의 선택일 뿐 안드로이드 자바 서비스와 혼동하지 말자).

DroidBlaster_Part6-4 프로젝트는 이 절의 시작점으로 사용된다. 결과 프로젝트는 DroidBlaster_Par7-1을 참고한다.

제일 먼저 사운드를 관리하기 위해 새로운 클래스를 만들어보자.

1 DroidBlaster 프로젝트를 열어 새로운 jni/SoundService.hpp 파일을 생성한다.
우선 OpenSL ES 헤더, 즉 표준 헤더 OpenSLES.h와 OpenSLES_Android.h,
OpenSLES_AndroidConfiguration.h를 인클루드한다. 마지막 두 개의 헤더 파일
은 객체와 메소드를 정의하며, 안드로이드용으로 만들어졌다. 그다음 아래와 같
이 `SoundService` 클래스를 생성한다.

> □ `start()` 메소드를 이용해 OpenSL ES를 초기화한다.

> □ `stop()` 메소드를 이용해 사운드를 멈추고 OpenSL ES를 해제한다.

OpenSL ES 내에는 두 가지 종류의 주요 의사 객체pseudo-object 구조체가 있다(즉,
C++ 객체의 `this` 같이 구조체 자체에 적용된 함수 포인터를 포함한다).

> □ **Objects** `SLObjectItf`로 표현되며, 할당된 자원과 객체 인터페이스를 얻
> 기 위한 공용 메소드를 제공한다. 자바의 `Object`와 대충 비슷하다고 할 수
> 있다.

> □ **Interfaces** 객체 기능에 대한 접근을 제공한다. 하나의 객체에 여러 개의
> 인터페이스가 있을 수 있다. 호스트 기기에 따라 일부 인터페이스가 제한될
> 수 있다. 자바의 인터페이스와 아주 조금 비슷하다고 할 수 있다.

`SoundService` 내에 두 개의 `SLObjectItf` 인스턴스를 선언한다. 하나는
OpenSL ES 엔진용 인스턴스이고 다른 하나는 스피커용 인스턴스다. 엔진은
`SLEngileItf` 인터페이스를 통해 사용 가능하다.

```
#ifndef _PACKT_SOUNDSERVICE_HPP_
#define _PACKT_SOUNDSERVICE_HPP_

#include "Types.hpp"

#include <android_native_app_glue.h>
#include <SLES/OpenSLES.h>
```

```cpp
#include <SLES/OpenSLES_Android.h>
#include <SLES/OpenSLES_AndroidConfiguration.h>

namespace packt {
  class SoundService {
  public:
    SoundService(android_app* pApplication);

    status start();
    void stop();

  private:
    android_app* mApplication;

    SLObjectItf mEngineObj; SLEngineItf mEngine;
    SLObjectItf mOutputMixObj;
  };
}
#endif
```

2 jni/SoundService.cpp 내에 `SoudService`를 구현한다. `start()` 메소드를 작성한다.

- `slCreateEngile()` 메소드를 이용해 OpenSL ES 엔진 객체(즉, `SLObjectItf`의 기본형)을 초기화한다. OpenSL ES 객체를 생성할 때 앞으로 사용할 특정 인터페이스를 반드시 지시해야 한다. 여기서는 OpenSL ES API의 중심 객체가 될 엔진으로, Open ES 객체를 생성하기 위해 `SL_IID_ENGILE` 인터페이스를 강제로 요청한다.

안드로이드 OpenSL ES 구현은 그다지 엄격하지 않다. 필요한 인터페이스를 선언하지 않더라도 나중에 해당 인터페이스에 접근할 수는 있다.

□ 그다음 엔진 객체의 `Realize()`를 호출한다. 모든 **OpenSL ES** 객체는 사용
  전에 필요한 내부 자원을 할당하기 위해 실체화될 필요가 있다.

□ 마지막으로 `SLEngineItf` 특징적인 인터페이스를 가져온다.

□ 엔진 인터페이스는 `CreateOutputMix()` 메소드를 통해 오디오 출력 믹스
  에 대한 초기화를 가능하게 해준다. 여기서 선언된 오디오 출력 믹스는 기본
  스피커로 사운드를 전달한다. 다소 자율적(재생된 사운드는 자동으로 스피커로 전송
  된다)이므로 여기서 특정한 인터페이스를 요청할 필요는 없다.

```cpp
#include "SoundService.hpp"
#include "Log.hpp"

namespace packt {
  SoundService::SoundService(android_app* pApplication) :
      mApplication(pApplication),
      mEngineObj(NULL), mEngine(NULL),
      mOutputMixObj(NULL) {
    Log::info("Creating SoundService.");
  }

  status SoundService::start() {
    Log::info("Starting SoundService.");
    SLresult lRes;
    const SLuint32 lEngineMixIIDCount = 1;
    const SLInterfaceID lEngineMixIIDs[] = {SL_IID_ENGINE};
    const SLboolean lEngineMixReqs[] = {SL_BOOLEAN_TRUE};
    const SLuint32 lOutputMixIIDCount = 0;
    const SLInterfaceID lOutputMixIIDs[] = {};
    const SLboolean lOutputMixReqs[] = {};

    lRes = slCreateEngine(&mEngineObj, 0, NULL,
        lEngineMixIIDCount, lEngineMixIIDs, lEngineMixReqs);
    if (lRes != SL_RESULT_SUCCESS) goto ERROR;
    lRes = (*mEngineObj)->Realize(mEngineObj,SL_BOOLEAN_FALSE);
    if (lRes != SL_RESULT_SUCCESS) goto ERROR;
```

```cpp
    lRes = (*mEngineObj)->GetInterface(mEngineObj, SL_IID_ENGINE,
        &mEngine);
    if (lRes != SL_RESULT_SUCCESS) goto ERROR;

    lRes = (*mEngine)->CreateOutputMix(mEngine, &mOutputMixObj,
        lOutputMixIIDCount, lOutputMixIIDs, lOutputMixReqs);
    lRes = (*mOutputMixObj)->Realize(mOutputMixObj,
        SL_BOOLEAN_FALSE);

    return STATUS_OK;

ERROR:
    packt::Log::error("Error while starting SoundService");
    stop();
    return STATUS_KO;
}
...
```

3 start에서 생성한 내용을 파괴하기 위해 stop() 메소드를 작성한다.

```cpp
...
void SoundService::stop() {

    if (mOutputMixObj != NULL) {
        (*mOutputMixObj)->Destroy(mOutputMixObj);
        mOutputMixObj = NULL;
    }

    if (mEngineObj != NULL) {
        (*mEngineObj)->Destroy(mEngineObj);
        mEngineObj = NULL; mEngine = NULL;
    }
}
}
```

이제 새로운 서비스를 추가할 수 있다.

4 jni/Context.hpp 파일을 열어 SoundService를 위한 새로운 엔트리를 정의한다.

```cpp
#ifndef _PACKT_CONTEXT_HPP_
#define _PACKT_CONTEXT_HPP_

#include "Types.hpp"

namespace packt {
  class GraphicsService;
  class SoundService;
  class TimeService;

  struct Context {
    GraphicsService*  mGraphicsService;
    SoundService*     mSoundService;
    TimeService*      mTimeService;
  };
}
#endif
```

5 그다음 jni/DroidBlaster.hpp 내에 SoundService를 추가한다.

```cpp
#ifndef _PACKT_DROIDBLASTER_HPP_
#define _PACKT_DROIDBLASTER_HPP_

#include "ActivityHandler.hpp"
#include "Background.hpp"
#include "Context.hpp"
#include "GraphicsService.hpp"
#include "Ship.hpp"
#include "SoundService.hpp"
#include "TimeService.hpp"
#include "Types.hpp"

namespace dbs {
  class DroidBlaster : public packt::ActivityHandler {
    ...
```

```cpp
    private:
      packt::GraphicsService* mGraphicsService;
      packt::SoundService*    mSoundService;
      packt::TimeService*     mTimeService;

      Background mBackground;
      Ship mShip;
    };
  }
  #endif
```

6 jni/DroidBlaster.cpp 소스 파일에서 사운드 서비스를 생성하고 시작, 정지하기
위한 코드를 작성한다.

```cpp
#include "DroidBlaster.hpp"
#include "Log.hpp"

namespace dbs {
  DroidBlaster::DroidBlaster(packt::Context* pContext) :
      mGraphicsService(pContext->mGraphicsService),
      mSoundService(pContext->mSoundService),
      mTimeService(pContext->mTimeService),
      mBackground(pContext), mShip(pContext)
  {}

  packt::status DroidBlaster::onActivate() {
    if (mGraphicsService->start() != packt::STATUS_OK) {
      return packt::STATUS_KO;
    }
    if (mSoundService->start() != packt::STATUS_OK) {
      return packt::STATUS_KO;
    }

    mBackground.spawn();
    mShip.spawn();
```

```cpp
      mTimeService->reset();
      return packt::STATUS_OK;
    }

    void DroidBlaster::onDeactivate() {
      mGraphicsService->stop();
      mSoundService->stop();
    }
    ...
}
```

7 마지막으로 jni/Main.cpp에서 사운드 서비스를 초기화한다.

```cpp
#include "Context.hpp"
#include "DroidBlaster.hpp"
#include "EventLoop.hpp"
#include "GraphicsService.hpp"
#include "SoundService.hpp"
#include "TimeService.hpp"

void android_main(android_app* pApplication) {
  packt::TimeService lTimeService;
  packt::GraphicsService lGraphicsService(pApplication,
      &lTimeService);
  packt::SoundService lSoundService(pApplication);

  packt::Context lContext = { &lGraphicsService, &lSoundService,
      &lTimeService };

  packt::EventLoop lEventLoop(pApplication);
  dbs::DroidBlaster lDroidBlaster(&lContext);
  lEventLoop.run(&lDroidBlaster);
}
```

jni/Android.mk 파일에 libOpenSLES.so를 링크한다.

```
LOCAL_PATH := $(call my-dir)
```

```
include $(CLEAR_VARS)

LS_CPP=$(subst $(1)/,,$(wildcard $(1)/*.cpp))
LOCAL_CFLAGS      := -DRAPIDXML_NO_EXCEPTIONS
LOCAL_MODULE      := droidblaster
LOCAL_SRC_FILES := $(call LS_CPP,$(LOCAL_PATH))
LOCAL_LDLIBS      := -landroid -llog -lEGL -lGLESv1_CM -lOpenSLES

LOCAL_STATIC_LIBRARIES := android_native_app_glue png

include $(BUILD_SHARED_LIBRARY)

$(call import-module,android/native_app_glue)
$(call import-module,libpng)
```

보충 설명

애플리케이션을 실행해 특정한 로그 메시지에 에러가 없는지 확인한다. 효율적인
사운드 처리 기본형을 제공해주는 **OpenSL ES** 라이브러리를 네이티브 코드에서
직접 초기화했다. 현재의 코드는 초기화 외에는 아무것도 수행하지 않는다. 따라서
어떤 사운드도 스피커에 출력되지 않는다.

여기서 **OpenSL ES**의 진입점은 SLEngineItf이며, **OpenSL ES** 객체 팩토리factory
의 중심이라 할 수 있다. **SLEngineItf**는 출력 기기뿐만 아니라 사운드 재생기 혹은
녹음기(이 이상도 가능하다!)로의 채널을 생성할 수 있다. 이 내용에 대해서는 잠시 후
에 살펴본다.

SLOutputMixItf는 오디오 출력을 표현하는 객체다. 일반적으로 SLOutputMixItf
는 기기 스피커나 헤드셋이 될 수 있다. **OpenSL ES** 규약은 사용 가능한 출력 기기
(입력 기기도 가능)를 에뮬레이트할 수 있게 해주지만, **NDK** 구현은 적절한 인터페이스
(정보를 얻기 위해 사용하는 공식적인 SLAudioIODeviceCapabilititf 인터페이스)를 얻거나 선
택하기에는 충분하지 않은 상태다. 따라서 입/출력 기기 선택(녹음기를 위해서는 현재
오직 입력 기기만 지정 가능하다)을 처리하는 경우 기본 고정 값(OpenSLES.h에 정의된
SL_DEFAULTDEVICEID_AUDIOINPUT과 SL_DEFAULTDEVICEID_AUDIOOUTPUT)을 선호하는 편이다.

현재의 안드로이드 NDK 구현은 오직 애플리케이션당 하나의 엔진(문제가 되지는 않는다)과 최대 32개의 객체만을 허용한다. 하지만 객체 생성은 사용 가능한 시스템 자원에 따라 실패할 수 있다는 점은 기억해두자.

OpenSL ES 철학

OpenSL ES는 오랜 역사를 갖지 않았다는 점에서 그래픽 동료인 GLES와 차이가 있다. OpenSL ES는 객체와 인터페이스를 기반으로 하는 (많거나 적은) 객체지향 원칙으로 만들어졌다. 다음 정의는 공식 규약에서 발췌한 것이다.

- **객체**는 자원 집합의 추상적인 개념이며, 잘 정의된 태스크 집합과 태스크의 자원 상태를 관리한다. 객체는 생성 시 결정된 타입을 갖는다. 객체 타입은 객체가 수행할 수 있는 태스크 집합을 결정한다. C++의 클래스와 유사하게 고려될 수 있다.

- **인터페이스**는 특정 객체가 제공하는 연관 기능 집합의 추상적인 개념이다. 인터페이스는 인터페이스의 기능인 메소드 집합을 포함한다. 또한 인터페이스는 인터페이스의 정확한 메소드 집합을 결정하는 타입을 갖는다. 인터페이스 타입과 관련된 객체의 조합으로서 인터페이스 자체를 정의할 수 있다.

- **인터페이스** ID는 인터페이스 타입을 식별한다. 이 식별자는 인터페이스 타입을 참조하기 위한 소스 파일 내에서 사용된다.

OpenSL ES 객체는 다음과 같은 단계로 설정된다.

1. 빌드 메소드(대개 엔진에 속해있다)를 통해 초기화한다.

2. 필요한 자원을 할당하기 위해 객체를 실체화한다.

3. 객체 인터페이스를 가져온다. 기본 객체는 아주 한정된 일련의 동작(`Realize()`, `Resume()`, `Destroy()` 등)만을 갖고 있다. 인터페이스는 실제 객체 기능에 대한 접근을 제공하며, 객체상에서 어떤 동작이 수행 가능한지를 설명한다. 예를 들면 `Play` 인터페이스는 음악을 재생하거나 일시 정지할 수 있다.

모든 인터페이스가 요청 가능하지만, 오직 객체에서 지원하는 인터페이스에 한해서 성공적으로 조회가 가능하다. 즉, 오디오 플레이어에 대해서 녹음기 인터페이스를 가져올 수 없는데, 이는 녹음기 인터페이스가 `SL_RESULT_FEATURE_UNSUPPORTED`(에러 코드 12)를 반환(때때로는 성가시다)하기 때문이다. 기술적인 용어로 OpenSL ES 인터페이스는 구조체로서 C++ 객체와 `this`를 시뮬레이션하기 위해 `self` 매개변수를 갖는 함수 포인터(OpenSL ES 구현에 의해 초기화되는)를 포함한다. 예를 들면 다음과 같다.

```
struct SLObjectItf_ {
  SLresult (*Realize) (SLObjectItf self, SLboolean async);
  SLresult (*Resume) ( SLObjectItf self, SLboolean async);
  ...
}
```

여기서 `Realize()`와 `Resume` 등은 `SLObjectItf` 객체에 적용될 수 있는 객체 메소드다. 이러한 접근은 인터페이스에 이상적이다.

OpenSL ES가 제공하는 자세한 정보는 크로노스 웹사이트 http://www.khronos.org/opensles와 안드로이드 NDK의 docs 디렉토리 내에 있는 OpenSL ES 문서를 참고한다. 안드로이드 구현은 현재까지 규약을 완전히 따르고 있지는 못하다. 규약의 일부(특히 예제 코드)만 안드로이드에서 동작하더라도 실망하지 말자.

음악 파일 재생

OpenSL ES를 초기화했지만 스피커에 대한 내용은 아직 깜깜 무소식이다! 끝내주는 음악 조각(때때로 BGM이라 일컫는다)을 찾아 안드로이드 NDK를 통해 네이티브에서 재생해보는 건 어떨까? OpenSL ES는 MP3 같은 음악 파일을 읽는 데 충분한 기능들을 제공한다.

실습 예제 | 배경 음악 재생

MP3 파일을 읽고 재생할 수 있게 앞 절에서 작성한 코드를 개선해보자.

1 MP3 파일은 파일을 가리키는 POSIX 파일 디스크립터를 사용해 OpenSL ES에 의해 열린다. 새로운 구조체 ResourceDescriptor와 새로운 descript() 메소드를 추가해 6장에서 생성한 jni/ResourceManager.cpp를 개선해보자.

```
#ifndef _PACKT_RESOURCE_HPP_
#define _PACKT_RESOURCE_HPP_

#include "Types.hpp"

#include <android_native_app_glue.h>

namespace packt {
  struct ResourceDescriptor {
    int32_t mDescriptor;
    off_t mStart;
    off_t mLength;
  };

  class Resource {
  public:
    ...
    off_t getLength();
    const void* bufferize();

    ResourceDescriptor descript();

  private:
```

```
    ...
  };
}
#endif
```

2 물론 ResourceManager.cpp 내의 구현은 애셋 관리자 API를 사용해 디스크립터를 열고 `ResourceDescriptor` 구조체를 채운다.

```
...
namespace packt {
  ...
  ResourceDescriptor Resource::descript() {
    ResourceDescriptor lDescriptor = { -1, 0, 0 };
    AAsset* lAsset = AAssetManager_open(mAssetManager, mPath,
                                AASSET_MODE_UNKNOWN);
    if (lAsset != NULL) {
      lDescriptor.mDescriptor = AAsset_openFileDescriptor(
          lAsset, &lDescriptor.mStart, &lDescriptor.mLength);
      AAsset_close(lAsset);
    }
    return lDescriptor;
  }
}
```

3 다시 jni/SoundService.hpp로 돌아가 배경 음악을 재생하기 위한 `playBGM()`과 `stopBGM()` 두 가지 메소드를 정의한다.

또한 다음과 같은 인터페이스를 따르는 음악 재생기를 위한 OpenSL ES 객체를 정의한다.

☐ **SLPlayItf** 음악 파일을 재생하거나 멈춘다.

☐ **SLSeekItf** 위치와 반복을 제어한다.

```
...
namespace packt {
```

```
class SoundService {
public:

    ...

    status playBGM(const char* pPath);
    void stopBGM();

    ...

private:

    ...

    SLObjectItf mBGMPlayerObj; SLPlayItf mBGMPlayer;
    SLSeekItf mBGMPlayerSeek;

    };

}
#endif
```

4 jni/SoundService.cpp 구현을 시작한다. 애셋 파일 디스크립터로의 접근을 위해 Resource.hpp를 인클루드한다. 생성자에서 새로운 멤버를 초기화하고 배경 음악을 자동으로 중단(일부 사용자들은 오히려 불편해할 수도 있는 기능이다!)시킬 수 있게 stop()을 업데이트한다.

```
#include "SoundService.hpp"
#include "Resource.hpp"
#include "Log.hpp"

namespace packt {
  SoundService::SoundService(android_app* pApplication) :
      mApplication(pApplication),
      mEngineObj(NULL), mEngine(NULL),
      mOutputMixObj(NULL),
      mBGMPlayerObj(NULL), mBGMPlayer(NULL), mBGMPlayerSeek(NULL)
  {}

  ...
```

```
void SoundService::stop() {
  stopBGM();

  if (mOutputMixObj != NULL) {
    (*mOutputMixObj)->Destroy(mOutputMixObj);
    mOutputMixObj = NULL;
  }
  if (mEngineObj != NULL) {
    (*mEngineObj)->Destroy(mEngineObj);
    mEngineObj = NULL; mEngine = NULL;
  }
}
...
```

5 SoundService.cpp에 playBGM()을 구현해 재생 기능을 강화해보자. 먼저 두 가
지 주요 구조체 SLDataSource와 SLDataSink를 통해 오디오 설정을 기술해야
한다. SLDataSource는 오디오 입력 채널을, SLDataSink는 오디오 출력 채널
을 기술한다.

여기서 파일 디스크립터를 통해 자동으로 파일 타입을 찾을 수 있게 **MIME** 소스
로 데이터 소스를 설정한다. 물론 파일 디스크립터는 ResourceManager::
descript() 호출로 열린다.

데이터 싱크Data sink(즉, 대상 채널)는 7장의 첫 번째 절에서 생성한 OutputMix 객
체로 **OpenSL ES** 엔진을 초기화하는 동안 설정된다(기본 오디오 출력, 즉 스피커나 헤드
셋을 나타낸다).

```
...
  status SoundService::playBGM(const char* pPath) {
    SLresult lRes;

    Resource lResource(mApplication, pPath);
    ResourceDescriptor lDescriptor = lResource.descript();
    if (lDescriptor.mDescriptor < 0) {
      Log::info("Could not open BGM file");
```

```
    return STATUS_KO;
}

SLDataLocator_AndroidFD lDataLocatorIn;

lDataLocatorIn.locatorType  = SL_DATALOCATOR_ANDROIDFD;
lDataLocatorIn.fd           = lDescriptor.mDescriptor;
lDataLocatorIn.offset       = lDescriptor.mStart;
lDataLocatorIn.length       = lDescriptor.mLength;

SLDataFormat_MIME lDataFormat;

lDataFormat.formatType    = SL_DATAFORMAT_MIME;
lDataFormat.mimeType      = NULL;
lDataFormat.containerType = SL_CONTAINERTYPE_UNSPECIFIED;

SLDataSource lDataSource;

lDataSource.pLocator   = &lDataLocatorIn;
lDataSource.pFormat    = &lDataFormat;

SLDataLocator_OutputMix lDataLocatorOut;

lDataLocatorOut.locatorType = SL_DATALOCATOR_OUTPUTMIX;
lDataLocatorOut.outputMix   = mOutputMixObj;

SLDataSink lDataSink;

lDataSink.pLocator   = &lDataLocatorOut;
lDataSink.pFormat    = NULL;
...
```

6 그다음 OpenSL ES 오디오 플레이어를 생성한다. OpenSL ES 객체와 함께하는 동안은 언제나 엔진을 통해 초기화한 후 실체화한다. 반드시 필요한 두 가지 인터페이스로 `SL_IID_PLAY`와 `SL_IID_SEEK`가 있다.

```
...
const SLuint32 lBGMPlayerIIDCount = 2;
```

```
const SLInterfaceID lBGMPlayerIIDs[] =
    { SL_IID_PLAY, SL_IID_SEEK };
const SLboolean lBGMPlayerReqs[] =
    { SL_BOOLEAN_TRUE, SL_BOOLEAN_TRUE };

lRes = (*mEngine)->CreateAudioPlayer(mEngine,
    &mBGMPlayerObj, &lDataSource, &lDataSink,
    lBGMPlayerIIDCount, lBGMPlayerIIDs, lBGMPlayerReqs);
if (lRes != SL_RESULT_SUCCESS) goto ERROR;
lRes = (*mBGMPlayerObj)->Realize(mBGMPlayerObj,
    SL_BOOLEAN_FALSE);
if (lRes != SL_RESULT_SUCCESS) goto ERROR;

lRes = (*mBGMPlayerObj)->GetInterface(mBGMPlayerObj,
    SL_IID_PLAY, &mBGMPlayer);
if (lRes != SL_RESULT_SUCCESS) goto ERROR;
lRes = (*mBGMPlayerObj)->GetInterface(mBGMPlayerObj,
    SL_IID_SEEK, &mBGMPlayerSeek);
if (lRes != SL_RESULT_SUCCESS) goto ERROR;
...
```

7 마지막으로 재생과 탐색에 필요한 인터페이스를 사용해 트랙 시작(즉, 0ms)부터 종료 (SL_TIME_UNKNOWN)까지 반복 모드로 재생을 전환하고 재생을 시작(SL_PLAYSTATE_ PLAYING와 함께 SetPlayState())한다.

```
...
lRes = (*mBGMPlayerSeek)->SetLoop(mBGMPlayerSeek,
    SL_BOOLEAN_TRUE, 0, SL_TIME_UNKNOWN);
if (lRes != SL_RESULT_SUCCESS) goto ERROR;
lRes = (*mBGMPlayer)->SetPlayState(mBGMPlayer,
    SL_PLAYSTATE_PLAYING);
if (lRes != SL_RESULT_SUCCESS) goto ERROR;
...
```

8 마지막 stopBGM() 메소드는 짧다. 중단하고 플레이어를 파괴한다.

```cpp
...
void SoundService::stopBGM() {
  if (mBGMPlayer != NULL) {
    SLuint32 lBGMPlayerState;
    (*mBGMPlayerObj)->GetState(mBGMPlayerObj,
        &lBGMPlayerState);
    if (lBGMPlayerState == SL_OBJECT_STATE_REALIZED) {
      (*mBGMPlayer)->SetPlayState(mBGMPlayer,
          SL_PLAYSTATE_PAUSED);

      (*mBGMPlayerObj)->Destroy(mBGMPlayerObj);
      mBGMPlayerObj = NULL;
      mBGMPlayer = NULL; mBGMPlayerSeek = NULL;
    }
  }
}
```

9 MP3 파일을 assets 디렉토리로 복사한 후 파일 이름을 bgm.mp3로 변경한다.

bgm.mp3 파일은 Chapter7/Resource에 있다.

10 마지막으로 jni/DroidBlaster.cpp에서 SoundService가 시작된 직후에 음악 재생을 시작한다.

```cpp
#include "DroidBlaster.hpp"
#include "Log.hpp"

namespace dbs {
  ...
  packt::status DroidBlaster::onActivate() {
```

```cpp
      packt::Log::info("Activating DroidBlaster");

      if (mGraphicsService->start() != packt::STATUS_OK) {
        return packt::STATUS_KO;
      }
      if (mSoundService->start() != packt::STATUS_OK) {
        return packt::STATUS_KO;
      }

      mSoundService->playBGM("bgm.mp3");

      mBackground.spawn();
      mShip.spawn();

      mTimeService->reset();
      return packt::STATUS_OK;
    }
    ...
  }
```


MP3 파일에서 음악 클립을 재생하는 방법을 살펴봤다. 재생은 게임이 종료될 때
까지 반복된다. MIME 데이터 소스를 사용해 파일 타입을 자동으로 탐지한다. 현
재 진저브레이드에서 Wave PCM과 Wave alaw, Wave ulaw, MP3, Ogg Vorbis
등의 다수 포맷이 지원되지만, MIDI 재생은 현재 지원되지 않는다.

아마도 startBGM()과 stopBGM()이 오디오 플레이어를 재생성하고 파괴하는 것
을 보고 놀랐을지 모른다. 이는 현재 OpenSL ES AudioPlayer를 완전히 재생성하
는 것 외에 MINE 데이터 소스를 변경할 수 있는 방법이 없기 때문이다. 따라서
이 기술은 긴 클립을 플레이할 때는 문제가 없을지 몰라도 동적으로 짧은 사운드를
재생하는 데는 적합하지 못하다.

이번 예제 코드에서 제시한 방법은 전형적인 OpenSL ES의 동작 과정에 대한 것이

다. 객체 팩토리의 일종인 OpenSL ES 엔진은 `AudioPlayer` 객체를 생성하지만, 이 상태로는 많은 기능을 수행할 수 없다. 먼저 필요한 자원을 할당하기 위해 실체화해야 한다. 하지만 이것으로 충분하지 않다. 오디오 플레이어 상태를 재생/중지 상태로 변경할 수 있는 `SL_IID_PLAY` 인터페이스와 같이 올바른 인터페이스를 가져와야 한다. 그다음 OpenSL API는 효율적으로 사용될 수 있다.

이 부분은 상당한 작업이 필요하다. 결과 검증(모든 호출은 실패에 민감하기 때문)에 필요한 잡동사니 코드 작성을 고려해야 한다. API 내부를 분석해보는 작업은 여느 때보다 많은 시간을 필요로 하지만, 한 번 이해하면 이러한 개념이 좀 더 친숙하게 다가올 것이다.

사운드 재생

MIME 소스로부터 BGM을 재생하는 데 제시된 기술은 매우 실용적이지만, 안타깝게도 유연한 구조는 아니다. `AudioPlayer` 객체를 재생성할 필요 없이 매번 애셋 파일에 접근하는 것은 효율적인 관점에서 봤을 때 그리 좋은 방법이 아니다.

따라서 이벤트에 반응해 빨리 사운드를 재생하거나 동적으로 사운드를 생성하려고 한다면 사운드 버퍼 큐를 사용해야 한다. 각 사운드는 미리 로드되거나 메모리 버퍼로 생성해 재생이 요청됐을 때 큐로 옮겨진다. 실행 시간에 파일에 접근할 필요가 없다.

현재의 OpenSL ES 안드로이드 구현에서 사운드 버퍼는 PCM 데이터를 포함할 수 있다. 펄스 코드 모듈레이션PCM, Pulse Code Modulation을 의미하는 디지털 사운드 표현을 목적으로 하는 데이터 포맷이다. CD와 일부 Wave 파일에서 사용된다. CM은 모노(모든 스피커에서 같은 사운드) 혹은 스테레오(가능한 경우 좌/우 스피커에 서로 다른 사운드)가 될 수 있다.

PCM은 압축되지 않아 공간의 효율이 떨어진다(MP3 데이터 CD와 음악 CD를 비교해보면 알 수 있다). 하지만 이 포맷은 손실이 없으며 최고의 음질을 제공한다. 음질은 샘플링 비율rate에 따라 달라진다. 아날로그 사운드는 사운드 시그널의 측정(즉, 샘플)에 의해 디지털로 표현된다.

44100Hz(즉, 초당 44110 측정)의 사운드 샘플은 좀 더 나은 음질을 갖지만, 16000Hz로 샘플링된 사운드에 비해 공간을 많이 차지한다. 또한 각 측정은 대략 정밀한 10진 수 정확도(인코딩)로 표현될 수 있다. 현재의 안드로이드 구현은 다음을 지원한다.

- 사운드는 8000Hz와 11025Hz, 12000Hz, 16000Hz, 22050Hz, 24000Hz, 32000Hz, 44100Hz, 48000 Hz 샘플링을 사용할 수 있다.

- 샘플은 리틀 엔디언little-endian이나 빅 엔디언big-endian으로 8비트 부호 없는 형 unsigned이나 좀 더 정교한 16비트 부호형signed으로 인코딩될 수 있다.

다음의 단계별 실습 예제에서 리틀 엔디언의 16비트로 인코딩된 기본 PCM 파일을 사용해보자.

DroidBlaster_Part7-2 프로젝트는 이 절의 시작점으로 사용된다. 결과 프로젝트는 DroidBlaster_Par7-3을 참고한다.

실습 예제 | 사운드 버퍼 큐 생성과 재생

우선 사운드 버퍼를 유지하는 새로운 객체를 생성해보자.

1 jni/Sound.hpp에서 사운드 버퍼를 관리하기 위한 새로운 Sound 클래스를 생성한 다. Sound 클래스는 PCM 파일을 로드하기 위한 load() 메소드와 이를 해제하 기 위한 unload() 메소드를 갖는다.

```
#ifndef _PACKT_SOUND_HPP_
#define _PACKT_SOUND_HPP_

class SoundService;

#include "Context.hpp"
#include "Resource.hpp"
#include "Types.hpp"
```

```cpp
namespace packt {
  class Sound {
  public:
    Sound(android_app* pApplication, const char* pPath);

    const char* getPath();

    status load();
    status unload();

  private:
    friend class SoundService;

  private:
    Resource mResource;
    uint8_t* mBuffer; off_t mLength;
  };
}
#endif
```

2 사운드 로딩 구현은 아주 간단하다. PCM 파일과 같은 크기로 버퍼를 생성하고
모든 파일 항목을 버퍼로 로드한다.

```cpp
#include "Sound.hpp"
#include "Log.hpp"

#include <png.h>
#include <SLES/OpenSLES.h>
#include <SLES/OpenSLES_Android.h>
#include <SLES/OpenSLES_AndroidConfiguration.h>

namespace packt {
  Sound::Sound(android_app* pApplication, const char* pPath) :
      mResource(pApplication, pPath),
      mBuffer(NULL), mLength(0)
  {}
```

```cpp
const char* Sound::getPath() {
  return mResource.getPath();
}

status Sound::load() {
  status lRes;

  if (mResource.open() != STATUS_OK) {
    return STATUS_KO;
  }

  // 사운드 파일을 읽는다.
  mLength = mResource.getLength();
  mBuffer = new uint8_t[mLength];
  lRes = mResource.read(mBuffer, mLength);
  mResource.close();

  if (lRes != STATUS_OK) {
    Log::error("Error while reading PCM sound.");
    return STATUS_KO;
  } else {
    return STATUS_OK;
  }
}

status Sound::unload() {
  delete[] mBuffer;
  mBuffer = NULL; mLength = 0;

  return STATUS_OK;
}
```

전용 사운드 서비스 내에서 사운드 버퍼를 관리할 수 있다.

3 SoundService.hpp를 열어 다음과 같은 새로운 메소드를 생성한다.

□ 새로운 사운드 버퍼를 로드하고 관리하기 위한 `registerSound()`

□ 사운드 재생 큐로 사운드 버퍼를 전송하기 위한 `playSound()`

□ SoundService를 시작할 때 사운드 큐를 초기화하는 `startSoundPlayer()`

사운드 큐는 `SLPlayItf`와 `SLBufferQueueItf` 인터페이스를 통해 조작할 수 있다. 사운드 버퍼는 고정 크기의 C++ 배열로 저장된다.

```cpp
#ifndef _PACKT_SOUNDSERVICE_HPP_
#define _PACKT_SOUNDSERVICE_HPP_

#include "Sound.hpp"
#include "Types.hpp"

...

namespace packt {
  class SoundService {
  public:
    ...
    Sound* registerSound(const char* pPath);
    void playSound(Sound* pSound);

  private:
    status startSoundPlayer();

  private:
    ...
    SLObjectItf mPlayerObj; SLPlayItf mPlayer;
    SLBufferQueueItf mPlayerQueue;
    Sound* mSounds[32]; int32_t mSoundCount;
  };
}
#endif
```

4 이제 jni/SoundService.cpp 구현 파일을 연다. `startSoundPlayer()`를 호출하기 위해 `start()`를 업데이트하고, `registerSound()`를 통해 등록된 사운드 자

원을 로드한다. 또한 애플리케이션을 종료할 때 해당 자원을 해제하기 위한 소
멸자를 생성한다.

```cpp
...
namespace packt {
  SoundService::SoundService(android_app* pApplication) :
      ...,
      mPlayerObj(NULL), mPlayer(NULL), mPlayerQueue(NULL),
      mSounds(), mSoundCount(0)
  {}

  SoundService::~SoundService() {
    for (int32_t i = 0; i < mSoundCount; ++i) {
      delete mSounds[i];
      mSoundCount = 0;
    }
  }

  status SoundService::start() {
    ...

    if (startSoundPlayer() != STATUS_OK) goto ERROR;

    for (int32_t i = 0; i < mSoundCount; ++i) {
      if (mSounds[i]->load() != STATUS_OK) goto ERROR;
    }
    return STATUS_OK;

ERROR:
    packt::Log::error("Error while starting SoundService");
    stop();
    return STATUS_KO;
  }

  ...

  Sound* SoundService::registerSound(const char* pPath) {
```

```cpp
    for (int32_t i = 0; i < mSoundCount; ++i) {
      if (strcmp(pPath, mSounds[i]->getPath()) == 0) {
        return mSounds[i];
      }
    }

    Sound* lSound = new Sound(mApplication, pPath);
    mSounds[mSoundCount++] = lSound;
    return lSound;
  }
  ...
```

5 입/출력 채널을 기술하기 위한 `SLDataSource`와 `SLDataSink`로 시작하는
`startSoundPlayer()`를 작성한다. BGM 플레이어와 달리 데이터 포맷 구조
체는 `SLDataFormat_MIME`(MP3 파일을 열기 위한)이 아닌 `SLDataFormat_PCM`을
사용해 샘플링과 인코딩, 엔디안 정보 등을 처리한다. 사운드는 모노(즉, 양쪽 스피
커 모두에 동일한 사운드 채널)로 사용한다. 이 큐는 안드로이드 특징적인 익스텐션인
`SLDataLocator_AndroidSimpleBufferQueue()`를 통해 생성된다.

```cpp
  ...
  status SoundService::startSoundPlayer() {
    SLresult lRes;

    // 사운드와 오디오 소스를 설정한다.
    SLDataLocator_AndroidSimpleBufferQueue lDataLocatorIn;
    lDataLocatorIn.locatorType =
        SL_DATALOCATOR_ANDROIDSIMPLEBUFFERQUEUE;
    // 큐에는 하나의 버퍼만 사용 가능하다.
    lDataLocatorIn.numBuffers = 1;

    SLDataFormat_PCM lDataFormat;
    lDataFormat.formatType = SL_DATAFORMAT_PCM;
    lDataFormat.numChannels = 1; // 모노 사운드
    lDataFormat.samplesPerSec = SL_SAMPLINGRATE_44_1;
    lDataFormat.bitsPerSample = SL_PCMSAMPLEFORMAT_FIXED_16;
```

```
lDataFormat.containerSize = SL_PCMSAMPLEFORMAT_FIXED_16;
lDataFormat.channelMask = SL_SPEAKER_FRONT_CENTER;
lDataFormat.endianness = SL_BYTEORDER_LITTLEENDIAN;

SLDataSource lDataSource;
lDataSource.pLocator = &lDataLocatorIn;
lDataSource.pFormat = &lDataFormat;

SLDataLocator_OutputMix lDataLocatorOut;
lDataLocatorOut.locatorType = SL_DATALOCATOR_OUTPUTMIX;
lDataLocatorOut.outputMix = mOutputMixObj;

SLDataSink lDataSink;
lDataSink.pLocator = &lDataLocatorOut;
lDataSink.pFormat = NULL;
...
```

6 다음으로 startSoundPlayer() 내에서 사운드 플레이어를 생성하고 실제화
한다. SL_IID_PLAY와 SL_IID_BUFFERQUEUE 인터페이스를 사용해야 하며, 이
전 단계에서 설정한 데이터 로케이터 덕분에 지금 사용할 수 있다.

```
...
const SLuint32 lSoundPlayerIIDCount = 2;
const SLInterfaceID lSoundPlayerIIDs[] =
    { SL_IID_PLAY, SL_IID_BUFFERQUEUE };
const SLboolean lSoundPlayerReqs[] =
    { SL_BOOLEAN_TRUE, SL_BOOLEAN_TRUE };

lRes = (*mEngine)->CreateAudioPlayer(mEngine, &mPlayerObj,
    &lDataSource, &lDataSink, lSoundPlayerIIDCount,
    lSoundPlayerIIDs, lSoundPlayerReqs);
if (lRes != SL_RESULT_SUCCESS) goto ERROR;
lRes = (*mPlayerObj)->Realize(mPlayerObj, SL_BOOLEAN_FALSE);
if (lRes != SL_RESULT_SUCCESS) goto ERROR;

lRes = (*mPlayerObj)->GetInterface(mPlayerObj, SL_IID_PLAY,
```

```cpp
        &mPlayer);
    if (lRes != SL_RESULT_SUCCESS) goto ERROR;
    lRes = (*mPlayerObj)->GetInterface(mPlayerObj,
        SL_IID_BUFFERQUEUE, &mPlayerQueue);
    if (lRes != SL_RESULT_SUCCESS) goto ERROR;
...
```

7 startSoundPlayer()를 마치기 위해 재생 상태로 설정해 큐를 시작한다. 이는 실제적으로 사운드가 재생된다는 것을 의미하지는 않는다. 큐가 비어있어 불가능하다. 하지만 사운드가 큐에 들어오면 자동으로 재생된다.

```cpp
...
    lRes = (*mPlayer)->SetPlayState(mPlayer,
        SL_PLAYSTATE_PLAYING);
    if (lRes != SL_RESULT_SUCCESS) goto ERROR;
        return STATUS_OK;

ERROR:
    packt::Log::error("Error while starting SoundPlayer");
    return STATUS_KO;
}
...
```

8 사운드 플레이어를 파괴하고 사운드 버퍼를 해제하기 위해 stop() 메소드를 업데이트한다.

```cpp
...
void SoundService::stop() {
  stopBGM();

  if (mOutputMixObj != NULL) {
    (*mOutputMixObj)->Destroy(mOutputMixObj);
    mOutputMixObj = NULL;
  }

  if (mEngineObj != NULL) {
```

```cpp
        (*mEngineObj)->Destroy(mEngineObj);
        mEngineObj = NULL; mEngine = NULL;
    }

    if (mPlayerObj != NULL) {
      (*mPlayerObj)->Destroy(mPlayerObj);
      mPlayerObj = NULL; mPlayer = NULL; mPlayerQueue = NULL;
    }

    for (int32_t i = 0; i < mSoundCount; ++i) {
      mSounds[i]->unload();
    }
  }
...
```

9 제일 먼저 재생될 수 있는 모든 사운드를 멈춘 다음 재생하기 위한 새로운 사운
드 버퍼를 큐에 넣기 위한 playSound()를 작성하는 것으로 SoundService를
마친다.

```cpp
...
  void SoundService::playSound(Sound* pSound) {
    SLresult lRes;
    SLuint32 lPlayerState;
    (*mPlayerObj)->GetState(mPlayerObj, &lPlayerState);

    if (lPlayerState == SL_OBJECT_STATE_REALIZED) {
      int16_t* lBuffer = (int16_t*) pSound->mBuffer;
      off_t lLength = pSound->mLength;

      // 큐에서 모든 사운드를 제거한다.
      lRes = (*mPlayerQueue)->Clear(mPlayerQueue);
      if (lRes != SL_RESULT_SUCCESS) goto ERROR;

      // 새로운 사운드를 재생한다.

      lRes = (*mPlayerQueue)->Enqueue(mPlayerQueue, lBuffer,
```

```
        lLength);
      if (lRes != SL_RESULT_SUCCESS) goto ERROR;
    }
    return;

  ERROR:
    packt::Log::error("Error trying to play sound");
  }
}
```

이제 게임을 시작할 때 사운드 파일을 재생해보자.

10 jni/DroidBlaster.hpp 파일에서 사운드 버퍼 레퍼런스를 저장한다.

```
#ifndef _PACKT_DROIDBLASTER_HPP_
#define _PACKT_DROIDBLASTER_HPP_

#include "ActivityHandler.hpp"
#include "Background.hpp"
#include "Context.hpp"
#include "GraphicsService.hpp"
#include "Ship.hpp"
#include "Sound.hpp"
#include "SoundService.hpp"
#include "TimeService.hpp"
#include "Types.hpp"

namespace dbs {
  class DroidBlaster : public packt::ActivityHandler {
    ...

  private:
    ...

    Background mBackground;
    Ship mShip;
    packt::Sound* mStartSound;
  };
```

```
    }
    #endif
```

11 마지막으로 애플리케이션이 활성화됐을 때 jni/DroidBlaster.cpp 내에서 사운드
를 재생한다.

```cpp
#include "DroidBlaster.hpp"
#include "Log.hpp"

namespace dbs {
    DroidBlaster::DroidBlaster(packt::Context* pContext) :
        mGraphicsService(pContext->mGraphicsService),
        mSoundService(pContext->mSoundService),
        mTimeService(pContext->mTimeService),
        mBackground(pContext), mShip(pContext),
        mStartSound(mSoundService->registerSound("start.pcm"))
    {}

    packt::status DroidBlaster::onActivate() {
        ...
        mSoundService->playBGM("bgm.mp3");
        mSoundService->playSound(mStartSound);

        mBackground.spawn();
        mShip.spawn();
        ...
    }
}
```

보충 설명 |

지금까지 버퍼에 사운드를 미리 로드해 필요시 사운드를 재생하기 위한 방법을 살
펴봤다. 앞서 설명한 BGM과 사운드 재생 기술의 차이는 버퍼 큐를 사용하는 부분
에 있다. 버퍼 큐는 그 이름의 의미와 같다. FIFOFirst In, First Out(선입선출) 사운드

버퍼는 하나씩 순차적으로 재생한다. 버퍼는 모든 이전 버퍼가 플레이되고 재생을 위한 큐에 들어간다.

버퍼는 재활용될 수 있다. 이 기술은 두 개 이상의 버퍼가 채워지고, 큐에 전송되는 스트리밍 파일 처리 시에 필수적이다. 처음 버퍼가 플레이를 마치면 두 번째 큐는 첫 번째 버퍼에 새로운 데이터가 채워지는 동안 시작한다. 최대한 빨리 첫 번째 버퍼는 큐가 비워지기 전에 큐에 들어간다. 이 과정은 재생이 끝날 때까지 계속 반복한다. 추가적으로 버퍼는 기본 데이터이며, 따라서 즉시 처리되거나 필터링 가능하다. 이전 실습 예제에서 `DroidBlaster`가 한 번에 하나 이상의 사운드를 플레이할 필요가 없었기 때문에 스트리밍 형식은 필요하지 않으며, 버퍼 큐 크기는 간단히 하나의 버퍼로 설정했다(5단계에서 `lDataLocatorIn.numBuffers = 1;`). 게다가 이전 사운드가 재생되지 않게 사전 예방 차원에서 큐를 시스템적으로 지워 항상 새로운 사운드가 재생되게 했다. 물론 OpenSL ES 구조는 독자들의 필요에 맞게 적용돼야 한다. 연속적으로 여러 사운드를 플레이해야 한다면 오디오 플레이어(그리고 버퍼 큐)를 그 수에 맞게 생성해야 한다.

사운드 버퍼는 PCM 포맷으로 저장되며, 자신의 내부 포맷을 스스로 설명하지 않는다. 샘플링과 인코딩, 기타 포맷 정보는 애플리케이션 코드 내에서 선택돼야 한다. 대부분의 경우에 적합하지만, 충분히 유연한 구조가 아니라면 해결책으로 모든 필요한 헤더 정보를 포함하는 Wave 파일을 로드할 수도 있다.

PBM 재생에 대해 7장의 두 번째 절을 유심히 읽었다면 Wave를 포함한 서로 다른 종류의 사운드 파일을 로드하기 위해 MIME 데이터 소스를 사용했다는 점을 기억할 것이다. 그렇다면 MIME 소스를 사용하지 않고 PCM 소스를 사용하는 이유는 무엇일까? 이는 버퍼 큐가 오직 PCM 데이터와 함께 동작하기 때문이다. 훗날 개선될 수 있는 내용이지만, 오디오 파일 디코딩은 여전히 직접 수행할 수 있다. MIME 소스를 버퍼 큐로 연결하려는 시도는 `SL_RESULT_FEATURE_UNSUPPORTED` 에러를 발생시킨다.

OpenSL ES는 NDK R7까지 업데이트됐으며, 이제 MP3 파일과 같은 압축 파일을 PCM 버퍼로 디코딩 가능하다.

Audacity를 이용한 PCM 사운드 내보내기

사운드를 필터링하고 편집하기 위한 강력한 공개 소스 도구로 Audacity가 있다. Audacity를 이용해 샘플링 비율을 바꾸거나 채널(모노/스테레오)를 수정할 수 있다. Audacity는 또한 기본 PCM 데이터를 불러오거나 내보내기를 지원한다.

이벤트 콜백

콜백을 사용해 사운드 플레이가 종료됐을 때를 감지할 수 있다. 콜백은 다음 예외와 같이 큐에 대해 `RegisterCallback()` 메소드를 호출해 설정할 수 있다.

```
...

namespace packt {
  class SoundService {
    ...
  private:
    static void callback_sound(SLBufferQueueItf pObject,
        void* pContext);
    ...
  };
}
#endif
```

예를 들어 콜백은 this, 즉 필요한 경우 모든 컨텍스트 정보를 처리할 수 있게 해주는 SoundService 자신의 레퍼런스를 받을 수 있다. 선별적이긴 하지만 이벤트 마스크는 SL_PLAYEVENT_HEADATEND(플레이어가 버퍼 플레이를 종료했을 때) 이벤트가 트리거됐을 때에만 콜백이 호출되게 설정할 수 있다. OpenSLES.h에서 사용 가능한 다른 재생 이벤트를 확인할 수 있다.

```
...

namespace packt {
  ...
  status SoundService::startSoundPlayer() {
    ...
    // 사운드가 종료될 때 호출될 콜백을 등록한다.
    lResult = (*mPlayerQueue)->RegisterCallback(mPlayerQueue,
        callback_sound, this);
    slCheckErrorWithStatus(lResult, "Problem registering player
        callback (Error %d).", lResult);
    lResult = (*mPlayer)->SetCallbackEventsMask(mPlayer, SL_
        PLAYEVENT_HEADATEND);
    slCheckErrorWithStatus(lResult, "Problem registering player
        callback mask (Error %d).", lResult);
    // 사운드 플레이어를 시작한다.
    ...
  }

  void callback_sound(SLBufferQueueItf pBufferQueue, void *context)
  {
    // 컨텍스트는 오리지널 타입으로 다시 형 변환될 수 있다.
    SoundService& lService = *(SoundService*) context;
    ...
    Log::info("Ended playing sound.");
  }
  ...
}
```

이제 버퍼의 플레이를 마치면 메시지가 로깅된다. 예를 들어 새로운 버퍼(예, 스트리밍을 처리용)가 큐에 들어오는 등의 작업을 수행할 수 있다.

콜백은 시스템 인터럽트 혹은 애플리케이션 이벤트처럼 짧고 빠르게 처리돼야 한다. 고급 처리가 필요하다면 콜백 내에서 처리되기보다는 다른 스레드상에서 처리하는 편이 좋다. 네이티브 스레드라면 완벽한 후보라 할 수 있다.

실제로 콜백은 OpenSL ES 서비스를 요청하는 스레드와는 달리 시스템 스레드상에서 발생한다(즉, 예제에서는 네이티브 스레드다). 물론 스레드는 콜백으로부터 자신의 변수에 접근하는 경우 스레드 안전성 문제를 일으킨다. 뮤텍스를 사용한 방지 코드를 시도해볼 수 있지만, 스케줄링 중 뮤텍스 작용(우선순위 역전 현상)이 재생을 방해할 수 있기 때문에 항상 실시간 오디오와 호환되지 않는다. 콜백으로 통신하기 위한 잠금에 자유로운lock-free 큐와 같은 스레드 안전한 기술을 사용할 것을 권장한다.

사운드 녹음

안드로이드 기기는 상호작용이 전부다. 또한 상호작용은 터치와 센서뿐만 아니라 오디오 입력으로부터도 발생할 수 있다. 대부분의 안드로이드 기기는 사운드를 녹화할 수 있는 마이크를 제공해 안드로이드 데스크탑 검색 같은 애플리케이션을 통해 질의를 녹음함으로써 음성 기능을 제공한다.

사운드 입력이 가능한 경우 OpenSL ES는 네이티브로 사운드 녹음기로 접근을 제공한다. 사운드 녹음기는 입력 기기로부터 데이터를 받아 출력 사운드 버퍼를 채울 수 있게 버퍼 큐와 함께 동작한다. 데이터 소스와 데이터 싱크sink가 변경되는 것을 제외하고는 `AudioPlayer`에 수행했던 작업과 매우 비슷한 방식으로 설정 가능하다.

이 동작 과정을 확인하기 위해 다음 도전 과제에서 애플리케이션 시작 후 녹음을 마친 후 해당 사운드를 재생하는 내용을 살펴보자.

도전 과제 | 사운드 녹음과 재생

다음과 같은 네 단계를 통해 `SoundService`를 녹음기로 전환할 수 있다.

1. `status startSoundRecorder()`를 사용해 사운드 녹음기를 초기화한다.
   `startSoundPlayer()` 바로 다음 부분에서 호출한다.

2. `void recordSound()`를 이용해 기기의 마이크를 이용해 사운드 버퍼 녹음을
   시작한다. 애플리케이션이 배경 음악 재생을 시작한 후 `onActivate()`로 활성
   화될 때와 같이 특성 시점에 이 메소드를 호출한다.

3. 새로운 `static void callback_recorder(SLAndroidSimpleBufferQueueItf,
   void*)` 콜백을 이용해 녹음 큐 이벤트의 통지를 받게 한다. 녹음기 이벤트가
   발생할 때 트리거될 수 있게 이 콜백 메소드를 등록해야 한다. 여기서는 버퍼
   풀 이벤트, 즉 사운드 녹음이 끝나는 시점을 확인한다.

4. 녹음된 사운드를 플레이하기 위해 `void PlayRecordedSound()`를 사용한다. 사
   운드가 `callback_recorder()`에서 녹음을 마쳤을 때와 같이 특정 시점에 녹음
   사운드를 플레이한다. 잠재적인 경합 조건race condition이 발생할 소지가 있기 때문
   에 기술적으로 올바른 방법은 아니지만, 이해를 위한 것으로 생각하기 바란다.

추가 학습에 앞서 녹음은 올바른 안드로이드 기기(대화를 몰래 녹음하기 위한 애플리케이션
이 아닌지!)인지를 확인하기 위해 특정한 인증을 필요로 한다. 이러한 인증은 안드로
이드 매니페스트에서 추가할 수 있다.

```
<?xml version="1.0" encoding="utf-8"?>
<manifest xmlns:android="http://schemas.android.com/apk/res/android"
    package="com.packtpub.droidblaster" android:versionCode="1"
```

```
android:versionName="1.0">
    ...
    <uses-permission android:name="android.permission.RECORD_AUDIO"/>
</manifest>
```

사운드는 일반적으로 OpenSL ES 엔진을 통해 생성된 recorder 객체로 녹음된다.
recoder는 다음과 같은 두 가지 흥미로운 인터페이스를 제공한다.

- **SLRecordItf** 녹음을 시작하고 중지하기 위한 인터페이스로, 식별자는 SL_IID_
  RECORD다.

- **SLAndroidSImpleBufferQueueItf** 녹음기를 위한 사운드 큐를 관리한
  다. 현재의 OpenSL ES 1.0.1 규약은 큐를 대상으로 녹음을 지원하지는
  않으므로 NDK에서 제공하는 안드로이드 익스텐션이다. 식별자는 SL_IID_
  ANDROIDIMPLEBUFFERQUEUE다.

```
const SLuint32 lSoundRecorderIIDCount = 2;
const SLInterfaceID lSoundRecorderIIDs[] =
    { SL_IID_RECORD, SL_IID_ANDROIDSIMPLEBUFFERQUEUE };
const SLboolean lSoundRecorderReqs[] =
    { SL_BOOLEAN_TRUE, SL_BOOLEAN_TRUE };
SLObjectItf mRecorderObj;
(*mEngine)->CreateAudioRecorder(mEngine, &mRecorderObj,
    &lDataSource, &lDataSink,
    lSoundRecorderIIDCount, lSoundRecorderIIDs,
    lSoundRecorderReqs);
```

녹음기를 생성하기 위해 다음과 같이 오디오 소스와 싱크를 선언해야 한다. 데이터
소스는 사운드가 아니고 기본 녹음기(마이크와 같은)다. 반대로 데이터 싱크(즉, 출력
채널)은 스피커가 아니라 PCM 포맷(요청된 샘플링과 인코딩, 엔디안 정보를 갖는)의 사운드
버퍼다. 안드로이드 익스텐션 SLDataLocator_AndroidSimpleBufferQueue는
반드시 녹음기와 함께 사용해야 한다. 표준 OpenSL 버퍼 큐는 녹음기와 함께 사용
될 수 없다.

```cpp
SLDataLocator_AndroidSimpleBufferQueue lDataLocatorOut;
lDataLocatorOut.locatorType =
    SL_DATALOCATOR_ANDROIDSIMPLEBUFFERQUEUE;
lDataLocatorOut.numBuffers = 1;

SLDataFormat_PCM lDataFormat;
lDataFormat.formatType = SL_DATAFORMAT_PCM;
lDataFormat.numChannels = 1;
lDataFormat.samplesPerSec = SL_SAMPLINGRATE_44_1;
lDataFormat.bitsPerSample = SL_PCMSAMPLEFORMAT_FIXED_16;
lDataFormat.containerSize = SL_PCMSAMPLEFORMAT_FIXED_16;
lDataFormat.channelMask = SL_SPEAKER_FRONT_CENTER;
lDataFormat.endianness = SL_BYTEORDER_LITTLEENDIAN;

SLDataSink lDataSink;
lDataSink.pLocator = &lDataLocatorOut;
lDataSink.pFormat = &lDataFormat;

SLDataLocator_IODevice lDataLocatorIn;
lDataLocatorIn.locatorType = SL_DATALOCATOR_IODEVICE;
lDataLocatorIn.deviceType = SL_IODEVICE_AUDIOINPUT;
lDataLocatorIn.deviceID = SL_DEFAULTDEVICEID_AUDIOINPUT;
lDataLocatorIn.device = NULL;

SLDataSource lDataSource;
lDataSource.pLocator = &lDataLocatorIn;
lDataSource.pFormat = NULL;
```

사운드를 녹음하려면 녹음 기간에 따라 적절한 크기로 사운드 버퍼를 생성해야 한다. 크기는 샘플링 비율에 따라 다르다. 예를 들어 44100Hz의 샘플링 비율과 16비트 음질을 갖는 2초 동안의 녹음에 대해 사운드 버퍼 크기는 다음과 같이 사용할 수 있다.

```cpp
mRecordSize = 44100 * 2
mRecordBuffer = new int16_t[mRecordSize];
```

recordSound()에서 SLRecordItf를 통해 녹음 중이 아닌지를 확인해 녹음기를 중지하고 큐를 지울 수 있다. 애플리케이션을 빠져나갈 때도 같은 과정으로 녹음기를 파괴할 수 있다.

```
(*mRecorder)->SetRecordState(mRecorder, SL_RECORDSTATE_STOPPED);
(*mRecorderQueue)->Clear(mRecorderQueue);
```

그다음 새로운 버퍼를 큐에 넣고 녹음을 시작한다.

```
(*mRecorderQueue)->Enqueue(mRecorderQueue, mRecordBuffer,
    mRecordSize * sizeof(int16_t));
(*mRecorder)->SetRecordState(mRecorder,SL_RECORDSTATE_RECORDING);
```

물론 현재 진행 중인 녹음이 끝났을 때 처리될 수 있게(예를 들어 연속적인 녹음 체인을 생성하기 위해) 단순히 새로운 사운드를 큐에 넣는 것도 가능할 것이다. 이 경우 큐에 들어간 사운드는 잠재적으로 나중에 처리돼야 할 것이다. 모든 것은 필요에 따라 달라질 수 있다.

사운드 버퍼가 녹음을 마친 시점을 알고 싶다면 recoder 이벤트가 발생할 때(예를 들어 버퍼가 채워질 때) 트리거될 콜백을 등록해야 한다. 버퍼가 채워질 때(SL_RECORDEVENT_BUFFER_FULL)에만 콜백을 받을 수 있게 이벤트 마스크를 설정할 수 있다. OpenSLES.h에 사용 가능한 다른 이벤트 콜백이 있지만, 일부는 (SL_RECORDEVENT_HEADATLIMIT 등) 지원되지 않는다.

```
(*mRecorderQueue)->RegisterCallback(mRecorderQueue,
    callback_recorder, this);
(*mRecorder)->SetCallbackEventMask(mRecorder,
    SL_RECORDEVENT_BUFFER_FULL);
```

마지막으로 callback_recorder()가 트리거될 때 단순히 녹음을 중지하고 playRecordedSound()를 통해 녹음된 버퍼를 플레이한다. 녹음된 버퍼는 재생을 위해 오디오 플레이어 큐에 들어가야 한다.

```
(*mPlayerQueue)->Enqueue(mPlayerQueue, mRecordBuffer,
    mRecordSize * sizeof(int16_t));
```

>
> 빠르고 간단한 테스트를 수행하기 위해 콜백을 통해 녹음된 사운드를 직접 플레이하는 편이 좋을 수 있다. 하지만 이러한 메커니즘을 올바르기 구현하려면 좀 더 고급의 스레드 안전한 기술(잠금에 자유로운)이 필요하다.

사실상 이번 예제에서 SoundService 소멸자(콜백에서 사용된 큐를 파괴하는)에 경쟁 조건의 위험이 있었다.

정리

7장에서는 출력 채널로 연결된 OpenSL ES 엔진을 생성하고 실체화하는 방법을 살펴봤다. 인코딩된 파일로부터 음악을 재생해 인코딩된 파일이 버퍼에 로드되지 않음을 확인했다.

또한 사운드 큐의 사운드 버퍼를 재생해봤다. 버퍼는 큐에 덧붙여져 지연시간을 갖은 채 재생되거나 이전 사운드를 대체한 후 삽입돼 즉각 재생될 수 있다. 마지막으로 버퍼에 녹음된 사운드를 담아 이를 재생해봤다.

자바 API로 OpenSL ES를 사용하고 싶은가? 정답은 없다. 기기는 안드로이드 자체보다 훨씬 더 조용한 속도로 진화한다. 따라서 애플리케이션이 광범위한 호환성을 목적으로 한다면, 즉 안드로이드 2.2 혹은 그 이하에서 자바 API는 유일한 해결책이다. 반대로 향후 릴리즈를 계획하고 있다면 OpenSL ES는 고려돼야 할 선택 사항이며, 대부분의 기기가 진저브레이드로 옮겨지기를 기도해야 할 것이다. 하지만 가능한 한 미래 진화에 드는 비용을 지원할 준비가 돼 있어야 한다.

멋진 고수준 API만 필요하다면 자바 API가 오히려 요구 사항에 더 맞을지도 모른다. 성능 좋은 재생이나 녹음 제어 등이 필요하다면 저수준 자바 API와 OpenSL ES 사이에 두드러진 차이는 없다. 이 경우의 선택은 구조에 따라 달라질 것이다.

코드가 자바에 중점을 두고 있다면 아마도 자바로 상호 호환성을 유지하는 방향으로 진행할 것이다. 기존 사운드 관련 라이브러리를 재사용하고 싶다거나, 성능을 개선하고 실시간으로 사운드를 필터링하는 등의 강도 높은 연산을 수행해야 한다면 OpenSL ES가 아마도 올바른 선택이 될 것이다. 가비지 컬렉터 오버헤드가 없으며 좀 더 공격적인 최적화는 네이티브 코드에서 다뤄진다.

선택이 무엇이 되든 안드로이드 NDK는 많은 기능을 제공하고 있음을 확인했다. Open GL ES로 그래픽을 렌더링한 후 OpenSL ES로 사운드를 재생해봤다. 8장에서는 키보드와 터치, 센서 등의 입력을 네이티브에서 처리하는 내용을 다룬다.

입력 기기와 센서 처리

안드로이드는 상호작용(interaction)이 전부라 말할 수 있다. 상호작용이란 그래픽과 오디오, 진동을 통한 피드백을 의미한다. 하지만 입력 없이는 상호작용도 없다. 오늘날의 스마트폰의 성공 근원은 스마트폰의 다양한 기능과 현재의 다양한 입력 기능, 즉 터치스크린과 키보드, 마우스, GPS, 가속도 센서, 조도 센서, 녹음기 등에 있다. 이런 기능을 결합하고 잘 처리하는 것은 애플리케이션을 성공으로 이끄는 열쇠가 될 것이다.

안드로이드가 다양한 입력 장치를 처리할 수 있지만, 안드로이드 NDK는 이런 입력 장치 지원에 매우 오랜 기간 제한적이었으며, R5 릴리즈까지 거의 무용지물에 가까웠다! 이제 네이티브 API를 통해 직접 입력 장치에 접근할 수 있다. 가능한 기기의 예는 다음과 같다.

- 물리적인(슬라이드 타입 키보드) 키보드 혹은 가상 키보드(화면에 나타나는)

- 방향 키패드(상, 하, 좌, 우와 액션 버튼), 줄여서 D패드라고 부른다.

- 트랙볼(광학 트랙볼 포함)

- 현대 스마트폰의 성공을 만든 터치스크린

- 마우스 혹은 트랙 패드(NDK R5 이후로 허니컴 기기만 사용 가능)

또한 다음과 같은 하드웨어 센서에 접근할 수 있다.

- 기기에 전용된 선형 가속도를 측정하는 가속도 센서accelerometer

- 각속도의 시간적 변화를 측정하는 자이로스코프gyroscope로, 방향을 정확하고 빠르게 계산하기 위해 지자기 센서magnetometer와 함께 사용되는 경우가 많다. 자이로스코프는 소개된 지 얼마 되지 않아 아직까지는 일부 기기에서만 사용할 수 있다.

- 지자기 센서는 주변 자성 필드를 제공해 (문제가 없는 한) 방위각 방향을 알 수 있게 해준다.

- 조도 센서는 예를 들어 자동으로 화면 밝기를 맞출 수 있게 해준다.

- 근접 센서는 예를 들어 통화 중 귀와의 거리를 알 수 있게 해준다.

하드웨어 센서와 더불어 '소프트웨어 센서'가 진저브레드에서 소개됐다. 소프트웨어 센서는 하드웨어 센서의 데이터로부터 파생됐다.

- 중력Gravity 센서는 중력 방향과 그 규모를 측정한다.

- 선형 가속도 센서는 중력을 제외한 기기의 '이동'을 측정한다.

- 회전rotation 벡터는 공간에서의 기기 방향을 가리킨다.

중력 센서와 선형 가속도 센서는 가속도 센서로부터 파생됐다. 반면 회전 벡터는 지자기 센서와 가속도 센서로부터 파생됐다. 이러한 센서들은 일반적으로 연산에 시간이 필요하기 때문에 최신 값을 얻는 데 약간의 지연시간을 유발할 수 있다.

입력 기기와 센서를 좀 더 자세히 살펴보기 위해 8장에서는 다음 내용을 학습한다.

- 화면 터치 처리

- 키보드와 D패드, 트랙볼 이벤트 탐지

- 조이패드joypad로 가속도 센서를 바꿔보기

안드로이드와의 상호작용

오늘날의 스마트 폰에 있어서 가장 전형적인 변화는 터치 화면에 있으며, 터치 화면은 이제 낡은 마우스를 대체했다. 터치 화면은 이름에서 알 수 있듯이 손가락이나 스타일러스로 발생한 터치를 탐지한다. 화면에 따라 다양한 터치(안드로이드에서는 커서라고 부른다)를 처리할 수 있으며, 상호작용 가능성을 줄여줄 수 있다.

이제 9장의 시작으로 DroidBlaster 내의 터치 이벤트를 처리해보자. 예제를 간결하게 하기 위해 오직 하나의 터치만 처리해본다. 목표는 터치 방향으로 우주선을 이동시키는 것이다. 터치를 하면 할수록 우주선은 더 빠르게 이동할 것이다. 미리 정의된 범위를 초과하면 우주선의 속도는 가장 높은 속도에 도달한다.

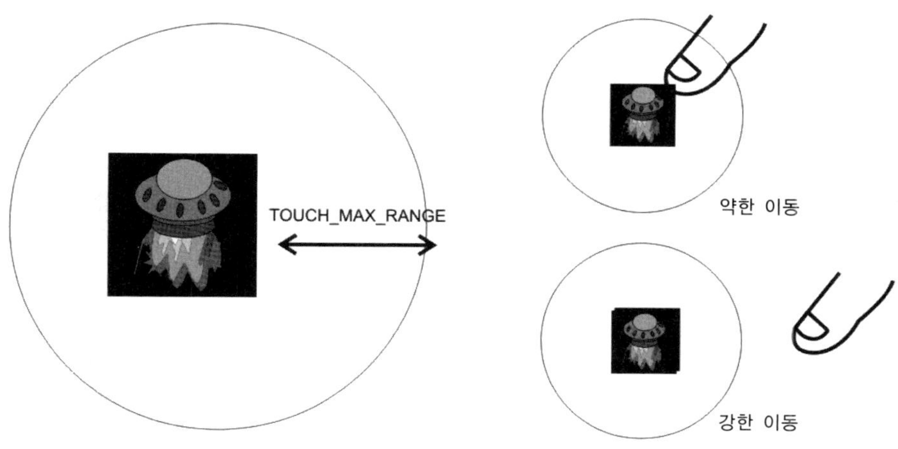

최종 프로젝트 구조는 다음 도표와 같다.

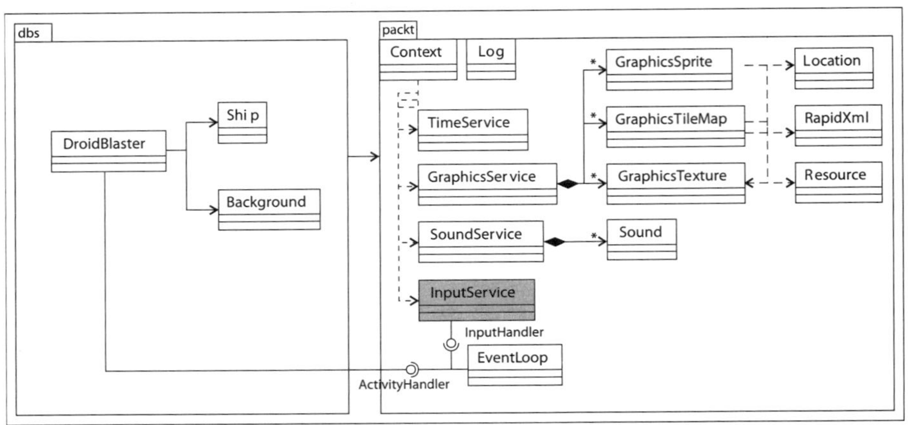

DroidBlaster_Part7-3 프로젝트는 이 절의 시작점으로 사용된다. 결과 프로젝트는
DroidBlaster_Par8-1을 참고한다.

실습 예제 | 터치 이벤트 처리

우선 안드로이드 입력 이벤트를 애플리케이션으로 연결 작업을 시작해보자.

1 5장에서 애플리케이션 이벤트를 처리하기 위해 `ActivityHandler`를 생성했던 것과 동일한 방법으로 `InputHandler` 클래스를 생성하고, 입력 이벤트를 처리할 수 있게 새로운 파일인 jni/InputHandler.cpp를 생성한다. 입력API는 android/input.h에 선언돼 있다.

2 터치 이벤트를 처리하기 위해 `onTouchEvent()`를 생성한다. 터치 이벤트는 안드로이드 인클루드 파일에 정의된 `AInputEvent` 구조체에 포함돼 있다. 다른 입력 장치는 8장 후반부에 살펴본다.

```
#ifndef _PACKT_INPUTHANDLER_HPP_
#define _PACKT_INPUTHANDLER_HPP_

#include <android/input.h>
```

```cpp
namespace packt {
  class InputHandler {
  public:
    virtual ~InputHandler() {};

    virtual bool onTouchEvent(AInputEvent* pEvent) = 0;
    virtual bool onKeyboardEvent(AInputEvent* pEvent) = 0;
    virtual bool onTrackballEvent(AInputEvent* pEvent) = 0;
  };
}
#endif
```

3 InputHandler 인스턴스를 포함해 처리할 수 있게 **jni/EventLoop.hpp** 헤더 파일을 수정한다. 액티비티 이벤트처럼 callback_input() 정적 콜백을 발생시키는triggering 내부 메소드 processInputEvent()를 선언한다.

```cpp
#ifndef _PACKT_EVENTLOOP_HPP_
#define _PACKT_EVENTLOOP_HPP_

#include "ActivityHandler.hpp"
#include "InputHandler.hpp"
#include "Types.hpp"

#include <android_native_app_glue.h>

namespace packt {
  class EventLoop {
  public:
    EventLoop(android_app* pApplication);
    void run(ActivityHandler* pActivityHandler,
        InputHandler* pInputHandler);

  protected:
    ...
    void processAppEvent(int32_t pCommand);
    int32_t processInputEvent(AInputEvent* pEvent);
```

```cpp
    void processSensorEvent();

  private:
    ...
    static void callback_event(android_app* pApplication,
        int32_t pCommand);
    static int32_t callback_input(android_app* pApplication,
        AInputEvent* pEvent);

  private:
    ...
    android_app* mApplication;
    ActivityHandler* mActivityHandler;
    InputHandler* mInputHandler;
  };
}
#endif
```

4 jni/EventLoop.cpp 소스 파일 내에서 입력 이벤트를 처리하고 관련 `InputHandler` 에 통지해야 한다.

먼저 안드로이드 입력 큐를 `callback_input()`으로 연결한다. `EventLoop` 자체(즉, `this`)는 `android_app` 구조체의 `userData` 멤버를 통해 임의로 전달된다. 이 방법에서 콜백은 입력 처리를 우리 자신의 프로젝트, 즉 `processInputEvent()`로 위임할 수 있다.

터치 화면 이벤트는 `MotionEvent`(키 이벤트와 다르다) 타입으로 구성되며, 안드로이드 네이티브 입력 API(여기서는 `AInputEvent_getSource()`)를 통해 자신의 소스 (`AINPUT_SOURCE_TOUCHSCREEN`)에 따라 식별 가능하다.

```cpp
#include "EventLoop.hpp"
#include "Log.hpp"

namespace packt {
  EventLoop::EventLoop(android_app* pApplication) :
      mEnabled(false), mQuit(false),
      mApplication(pApplication),
      mActivityHandler(NULL), mInputHandler(NULL) {
    mApplication->userData = this;
    mApplication->onAppCmd = callback_event;
    mApplication->onInputEvent = callback_input;
  }

  void EventLoop::run(ActivityHandler* pActivityHandler,
      InputHandler* pInputHandler) {
    int32_t lResult;
    int32_t lEvents;
    android_poll_source* lSource;

    // 네이티브 glue는 링커에 의해 스크립되지 않음에 유의한다.
    app_dummy();
    mActivityHandler  = pActivityHandler;
    mInputHandler     = pInputHandler;

    packt::Log::info("Starting event loop");
    while (true) {
      // 이벤트 처리 루프
```

```cpp
    ...
  }


  ...
  int32_t EventLoop::processInputEvent(AInputEvent* pEvent) {
    int32_t lEventType = AInputEvent_getType(pEvent);
    switch (lEventType) {
      case AINPUT_EVENT_TYPE_MOTION:
        switch (AInputEvent_getSource(pEvent)) {
          case AINPUT_SOURCE_TOUCHSCREEN:
            return mInputHandler->onTouchEvent(pEvent);
            break;
        }
        break;
    }
    return 0;
  }

  int32_t EventLoop::callback_input(android_app* pApplication,
      AInputEvent* pEvent) {
    EventLoop& lEventLoop = *(EventLoop*) pApplication->userData;
    return lEventLoop.processInputEvent(pEvent);
  }
}
```

이제 연결 작업을 마쳤고, 이벤트를 구체적으로 처리해보자.

5 터치 이벤트를 분석하기 위해 `InputHandler`를 구현할 수 있게 `InputService` 클래스를 jni/InputService.hpp에 만든다. `InputService`는 초기화에 필요한 내용을 시작하는 `start()` 메소드와 `onTouchEvent()` 구현을 포함한다.

흥미롭게도 `InputService`는 가상 조이패드 방향을 의미하는 `getHorizontal()` 과 `getVertical()` 메소드를 제공한다. 방향은 터치 지점과 참조 지점(ship에서 사용) 사이에 정의된다.

또한 좌표 변환을 처리하기 위해 윈도우의 높이와 너비(GraphicsService로부터의 참조 값)를 알아야 한다.

```cpp
#ifndef _PACKT_INPUTSERVICE_HPP_
#define _PACKT_INPUTSERVICE_HPP_

#include "Context.hpp"
#include "InputHandler.hpp"
#include "Types.hpp"

#include <android_native_app_glue.h>

namespace packt {
  class InputService : public InputHandler {
  public:
    InputService(android_app* pApplication,
        const int32_t& pWidth, const int32_t& pHeight);

    float getHorizontal();
    float getVertical();
    void setRefPoint(Location* pTouchReference);

    status start();

  public:
    bool onTouchEvent(AInputEvent* pEvent);

  private:
    android_app* mApplication;

    float mHorizontal, mVertical;

    Location* mRefPoint;
    const int32_t& mWidth, &mHeight;
  };
}
#endif
```

6 이제 좀 더 흥미로운 부분인 jni/InputService.cpp로 넘어가보자. 먼저 생성자와 소멸자, 게터, 세터를 정의한다.

InputService는 상태 멤버를 초기화하기 위한 start() 메소드를 필요로 한다.

```cpp
#include "InputService.hpp"
#include "Log.hpp"

#include <android_native_app_glue.h>
#include <cmath>

namespace packt {
  InputService::InputService(android_app* pApplication,
      const int32_t& pWidth, const int32_t& pHeight) :
      mApplication(pApplication),
      mHorizontal(0.0f), mVertical(0.0f),
      mRefPoint(NULL), mWidth(pWidth), mHeight(pHeight)
  {}

  float InputService::getHorizontal() {
    return mHorizontal;
  }

  float InputService::getVertical() {
    return mVertical;
  }

  void InputService::setRefPoint(Location* pTouchReference) {
    mRefPoint = pTouchReference;
  }

  status InputService::start() {
    Log::info("Starting InputService.");

    mHorizontal = 0.0f, mVertical = 0.0f;
    if ((mWidth == 0) || (mHeight == 0)) {
      return STATUS_KO;
```

```
    }
    return STATUS_OK;
}
```

onTouchEvent()에서 효율적인 이벤트 처리 관련 내용을 확인할 수 있다. 수평과 수직 방향은 참조 지점과 터치 지점 사이의 거리에 따라 계산된다. 이 거리는 TOUCH_MAX_RANGE에 의해 65픽셀의 임의의 범위로 제한된다. 따라서 참조에서 터치 지점 거리가 TOUCH_RANGE_RANGE 픽셀을 초과할 때 우주선의 속도가 최대가 된다. 터치 좌표는 손가락을 움직일 때 AMotionEvent_getX()와 AMotionEvent_getY()를 통해 반환된다. 방향 벡터는 더 이상 터치가 탐지되지 않을 때 0으로 재설정된다.

기기 간 터치 이벤트 발생 방법에 차이가 있음을 알아두자. 예를 들어 어떤 기기는 손가락이 눌렸을 때 이벤트를 연속적으로 발생시키는 반면 다른 기기는 손가락이 이동할 때에만 이벤트를 발생시킨다. 예제에서는 이벤트 발생 시 처리하는 대신 좀 더 예측 가능한 행위를 얻을 수 있게 프레임별 이동을 재계산할 수 있다.

```
...
  bool InputService::onTouchEvent(AInputEvent* pEvent) {
    const float TOUCH_MAX_RANGE = 65.0f; // 픽셀 안

    if (mRefPoint != NULL) {
      if (AMotionEvent_getAction(pEvent)
          == AMOTION_EVENT_ACTION_MOVE) {
        // 적절한 좌표로 변환해야 한다(좌측 하단으로 기준).
        // lMoveY에만 적용된다.
        float lMoveX = AMotionEvent_getX(pEvent, 0)
                    - mRefPoint->mPosX;
        float lMoveY = mHeight - AMotionEvent_getY(pEvent, 0)
                    - mRefPoint->mPosY;
```

```cpp
      float lMoveRange = sqrt((lMoveX * lMoveX)
                            + (lMoveY * lMoveY));

      if (lMoveRange > TOUCH_MAX_RANGE) {
        float lCropFactor = TOUCH_MAX_RANGE / lMoveRange;
        lMoveX *= lCropFactor; lMoveY *= lCropFactor;
      }

      mHorizontal = lMoveX / TOUCH_MAX_RANGE;
      mVertical = lMoveY / TOUCH_MAX_RANGE;
    } else {
      mHorizontal = 0.0f; mVertical = 0.0f;
    }
  }
  return true;
}
```

7 **jni/Context.hpp**의 `Context` 구조체에 `InputService`를 추가한다.

```cpp
#ifndef _PACKT_CONTEXT_HPP_
#define _PACKT_CONTEXT_HPP_

#include "Types.hpp"

namespace packt {
  class GraphicsService;
  class InputService;
  class SoundService;
  class TimeService;

  struct Context {
    GraphicsService*  mGraphicsService;
    InputService*     mInputService;
    SoundService*     mSoundService;
    TimeService*      mTimeService;
```

```
  };
}
#endif
```

이제 게임 자체에서 터치 이벤트에 반응해보자.

8 jni/DroidBlaster.hpp의 `InputService`를 다시 얻어와 보자.

```
#ifndef _PACKT_DROIDBLASTER_HPP_
#define _PACKT_DROIDBLASTER_HPP_

#include "ActivityHandler.hpp"
#include "Background.hpp"
#include "Context.hpp"
#include "GraphicsService.hpp"
#include "InputService.hpp"
#include "Ship.hpp"
...

namespace dbs {
  class DroidBlaster : public packt::ActivityHandler {
  public:
    ...

  private:
    packt::InputService*    mInputService;
    packt::GraphicsService* mGraphicsService;
    packt::SoundService*    mSoundService;
    packt::TimeService*     mTimeService;
    ...
  };
}
#endif
```

9 `InputService`는 액티비티가 활성화될 때 jni/DroidBlaster.cpp에서 시작된다.
창 높이와 너비를 얻어오기 위해 `ANativeWindow_lock()`을 호출하기 때문에

InputService는 데드락을 피할 수 있게 GraphicsService 이전에 시작돼야
한다.

```cpp
#include "DroidBlaster.hpp"
#include "Log.hpp"

namespace dbs {
  DroidBlaster::DroidBlaster(packt::Context* pContext) :
      mInputService(pContext->mInputService),
      mGraphicsService(pContext->mGraphicsService),
      mSoundService(pContext->mSoundService),
      ...
  {}

  packt::status DroidBlaster::onActivate() {
    if (mGraphicsService->start() != packt::STATUS_OK) {
      return packt::STATUS_KO;
    }

    if (mInputService->start() != packt::STATUS_OK) {
      return packt::STATUS_KO;
    }
    ...

}

...

packt::status DroidBlaster::onStep() {
  mTimeService->update();

  mBackground.update();
  mShip.update();

  // 서비스를 업데이트한다.
  if (mGraphicsService->update() != packt::STATUS_OK) {
    ...
```

        }
    }

10 InputService는 좌표를 바꾸기 위해 Ship 클래스에 의해 사용된다. jni/**Ship.hpp**를 열어 InputService와 TimeService를 추가한다. 우주선의 좌표는 새로운 update() 메소드 내에서 사용자의 입력과 시간 단계에 따라 이동하게 된다.

```cpp
#ifndef _DBS_SHIP_HPP_
#define _DBS_SHIP_HPP_

#include "Context.hpp"
#include "InputService.hpp"
#include "GraphicsService.hpp"
#include "GraphicsSprite.hpp"
#include "Types.hpp"

namespace dbs {
  class Ship {
  public:
    Ship(packt::Context* pContext);

    void spawn();
    void update();

  private:
    packt::InputService* mInputService;
    packt::GraphicsService* mGraphicsService;
    packt::TimeService* mTimeService;

    packt::GraphicsSprite* mSprite;
    packt::Location mLocation;
    float mAnimSpeed;
  };
}
#endif
```

11 터치된 거리로부터 얻어진 참조 지점이 계산되고, 우주선의 위치로 초기화된다. 갱신 중에 `InputService` 클래스에서 계산된 시간 단계와 방향에 따라 우주선은 터치 지점을 향해 이동한다.

```cpp
#include "Ship.hpp"
#include "Log.hpp"

namespace dbs {
  Ship::Ship(packt::Context* pContext) :
      mInputService(pContext->mInputService),
      mGraphicsService(pContext->mGraphicsService),
      mTimeService(pContext->mTimeService),
      mLocation(), mAnimSpeed(8.0f) {
    mSprite = pContext->mGraphicsService->registerSprite(
        mGraphicsService->registerTexture("ship.png"), 64, 64,
        &mLocation);
    mInputService->setRefPoint(&mLocation);
  }
  ...

  void Ship::update() {
    const float SPEED_PERSEC = 400.0f;
    float lSpeed = SPEED_PERSEC * mTimeService->elapsed();

    // 우주선을 이동시킨다.
    mLocation.translate(mInputService->getHorizontal() * lSpeed,
                        mInputService->getVertical() * lSpeed);
  }
}
```

12 마지막으로 jni/Main.cpp의 `android_main()` 메소드를 수정해 `InputService`의 인스턴스를 만들어 이벤트 처리 루프로 전달한다.

```cpp
#include "Context.hpp"
#include "DroidBlaster.hpp"
```

```cpp
#include "EventLoop.hpp"
#include "GraphicsService.hpp"
#include "InputService.hpp"
#include "SoundService.hpp"
#include "TimeService.hpp"

void android_main(android_app* pApplication) {
  packt::TimeService lTimeService;
  packt::GraphicsService lGraphicsService(pApplication,
      &lTimeService);
  packt::InputService lInputService(pApplication,
      lGraphicsService.getWidth(), lGraphicsService.getHeight());
  packt::SoundService lSoundService(pApplication);

  packt::Context lContext = { &lGraphicsService, &lInputService,
      &lSoundService, &lTimeService };

  packt::EventLoop lEventLoop(pApplication);
  dbs::DroidBlaster lDroidBlaster(&lContext);
  lEventLoop.run(&lDroidBlaster, &lInputService);
}
```

보충 설명

지금까지 터치 이벤트를 기초로 간단한 입력 시스템 예제를 생성해봤다. 우주선은 터치 거리에 따라 터치 지점을 향해 항해한다. 아직까지 스크린의 밀도와 크기를 고려해 한 지점을 향해 가게 하는 등의 여러 가지 개선 사항이 남아있다.

터치스크린 이벤트는 절대 좌표다. 화면 좌측 상단(반대로 OpenGL는 좌측 하단이다)이 시작점이다. 화면 방향은 애플리케이션에 의해 권한을 부여받으며, 화면이 가로 모드이건 세로 모드이건 항상 좌측 상단이 시작점이 된다.

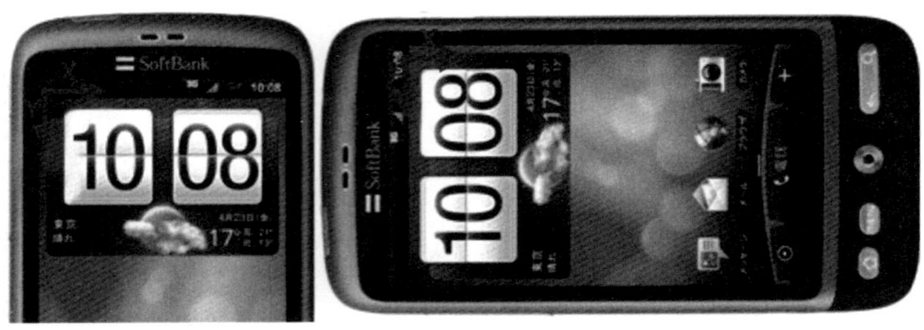

구현을 위해 이벤트 루프를 native_app_glue 모듈에서 제공하는 입력 이벤트 큐와 연결했다. 이 큐는 내부적으로 액티비티 이벤트 큐처럼 유닉스 파이프로써 표현된다. 터치스크린 이벤트는 AInputEvent 내에 포함돼 다른 종류의 입력 이벤트로 저장한다. 입력 이벤트는 android/input.h에 선언된 함수와 함께 처리될 수 있다. 입력 이벤트 종류는 AInputEvent_getType()과 AInputEvent_getSource() (AInputEvent_로 시작한다는 사실을 기억하자) 메소드를 사용해 식별할 수 있다. 터치 이벤트와 관련된 메소드는 AMotionEvent_로 시작한다.

터치 API는 다소 풍부하게 제공된다. 자세한 정보는 다음을 참고한다(다음 표가 기능의 전부는 아니다).

AMotionEvent_getAction()	화면에 손가락 입력 시작/끝/서피스 이동 등을 탐지한다. 결과는 이벤트 타입(1바이트, 예를 들어 AMOTION_EVENT_ ACTION_DOWN으로 구성된 정수형 값이다)과 지점 인덱스 (2바이트, 참조하고자 하는 손가락 이벤트를 알기 위해)다.
AMotionEvent_getX() AMotionEvent_getY()	화면상의 터치 좌표를 얻어오기 위해 사용하며, float(서브 픽셀 값도 가능) type의 픽셀로 표현된다.
AMotionEvent_getDownTime() AMotionEvent_getEventTime()	화면에 손가락이 얼마나 오래 눌려 있었는지를 얻어오며, 이 벤트 발생 시간을 10억분의 1초(nanosecond)로 얻어온다.
AMotionEvent_getPressure() AMotionEvent_getSize()	사용자가 터치를 얼마나 조심스럽게 누르는지를 확인한다. 값은 보통 0.0에서 1.0(초과할 수 도 있다)이다. 일반적으로 크기와 압력은 매우 밀접한 관계에 있다. 동작은 매우 다양할 수 있으며, 하드웨어에 따라 영향을 받을 수 있다.

| AMotionEvent_getHistorySize()
AMotionEvent_getHistoricalX()
AMotionEvent_getHistoricalY()
... | AMOTION_EVENT_ACTION_MOVE 타입의 터치 이벤트는 효율성을 목적으로 서로 그룹지어질 수 있다. 이전 이벤트와 현재 이벤트 사이에 발생한 '기록 지점'에 접근할 수 있게 해준다. |

방대한 메소드 목록은 android/input.h에서 찾아볼 수 있다.

AMotionEvent API에 대해 좀 더 자세히 살펴보면 일부 이벤트가 두 번째 매개변수 pointer_index를 가지며, 0에서 활성화 포인트 수를 표현한다는 사실을 알 수 있다. 실제 오늘날의 대부분 터치스크린은 멀티터치다. 화면을 누른 2개 이상의 손가락(하드웨어가 지원하는 경우)이 안드로이드에서 2개 이상의 포인터로 해석된다. 관련 내용은 다음 표를 참고한다.

| AMotionEvent_getPointerCount() | 스크린을 터치한 손가락 수를 알아낸다. |
| AMotionEvent_getPointerId() | 포인터 인덱스로부터 포인트의 고유한 식별자를 알아낸다. 손가락이 화면을 터치하거나 터치를 떼는 경우 고유 인덱스가 변하기 때문에 일정한 시간 동안 특정한 포인터(즉, 손가락)를 추적하기 위한 유일한 방법으로 사용된다. |

하드웨어에 의존하지 말자

넥서스 원(이젠 고전이다!) 사용자라면 넥서스 원에 하드웨어적인 결함이 있다는 사실을 알고 있을 것이다. 포인트의 좌표 교환 문제로 종종 엉뚱한 곳으로 이동한다. 따라서 하드웨어 상세 정보나 이상 동작하는 하드웨어를 처리할 수 있게 준비해야 한다.

🔘 키보드와 D패드, 트랙볼 이벤트 탐지

모든 대부분의 공통적인 입력 기기는 키보드일 것이다. 안드로이드에서도 마찬가지다. 안드로이드의 키보드는 기기 전면(블랙베리처럼) 혹은 화면 뒤로 접히는 슬라이드 타입의 물리적인 키보드를 지원한다. 하지만 화면상에 적지 않은 공간을 차지하는 가상 키보드 형태가 될 수도 있다. 키보드 자체 외에 모든 안드로이드는 메뉴와 홈, 검색 등 같은 몇 가지 물리적인 버튼(때때로 화면에 나타나는)을 포함해야 한다.

가장 일반적이지 않은 입력 기기는 방향 패드Directianl-Pad다. D패드는 상/하/좌/우로 이동하기 위한 물리적인 버튼과 특정한 동작/확인 버튼으로 구성된다. 최신 전화기와 태블릿에서는 거의 찾아보기 힘들게 됐지만, 여전히 D패드는 텍스트와 UI 위젯을 이동하기 위한 가장 편리한 방법을 제공하는 수단으로 남아있다. D패드는 트랙볼도 대체되기도 한다. 트랙볼은 마우스(볼이 내부에 있다)와 유사하게 동작하지만, 마우스가 반대로 뒤집혀 있는 형태다. 트랙볼은 대부분 아날로그지만, 일부(예를 들어 광학 트랙볼)는 D패드처럼 동작한다(즉, 전부 있거나 아예 없거나).

동작 과정을 살펴볼 수 있게 이러한 입력 기기를 사용해 DroidBlaster의 우주선을 이동시켜보자. 안드로이드 NDK는 네이티브 측에서 모든 입력 기기를 처리할 수 있게 해준다. 시작해보자!

DroidBlaster_Part8-1 프로젝트는 이 절의 시작점으로 사용된다. 결과 프로젝트는 DroidBlaster_Par8-2를 참고한다.

우선 키보드와 트랙볼 이벤트를 처리해보자.

1 Jni/InputHandler.hpp를 열어 키보드와 트래볼 이벤트 핸들러를 추가한다.

```cpp
#ifndef _PACKT_INPUTHANDLER_HPP_
#define _PACKT_INPUTHANDLER_HPP_

#include <android/input.h>

namespace packt {
  class InputHandler {
  public:
    virtual ~InputHandler() {};

    virtual bool onTouchEvent(AInputEvent* pEvent) = 0;
    virtual bool onKeyboardEvent(AInputEvent* pEvent) = 0;
    virtual bool onTrackballEvent(AInputEvent* pEvent) = 0;
  };
}
#endif
```

2 기존 **jni/EventLoop.cpp** 내부에 있는 `processInputEvent()` 메소드를 수정해 키보드와 트랙볼 이벤트를 `InputHanlder`로 전달한다.

트랙볼과 터치 이벤트는 모션 이벤트 정보를 기초로 동작되며 자신의 근원source에 따라 식별될 수 있다. 반면 키 이벤트는 키 타입에 따라 식별될 수 있다. 실제로 `MotionEvents`(트랙볼과 터치 이벤트에 대해서 동일하게 사용됨)와 `KeyEvents`(키보드나 D패드 등에 대해 동일하게 사용됨)를 위한 두 가지 전용 API가 있다.

```cpp
#include "EventLoop.hpp"
#include "Log.hpp"

namespace packt {
  ...
```

```cpp
int32_t EventLoop::processInputEvent(AInputEvent* pEvent) {
    int32_t lEventType = AInputEvent_getType(pEvent);
    switch (lEventType) {
      case AINPUT_EVENT_TYPE_MOTION:
        switch (AInputEvent_getSource(pEvent)) {
          case AINPUT_SOURCE_TOUCHSCREEN:
            return mInputHandler->onTouchEvent(pEvent);
            break;

          case AINPUT_SOURCE_TRACKBALL:
            return mInputHandler->onTrackballEvent(pEvent);
            break;
        }
        break;

      case AINPUT_EVENT_TYPE_KEY:
        return mInputHandler->onKeyboardEvent(pEvent);
        break;
    }
    return 0;
  }
  ...
}
```

3 이제 jni/InputService.hpp 파일을 수정해 입력된 키에 반응하는 새로운 메소드를 재정의하고, 입력된 키에 반응할 수 있게 update() 메소드도 정의한다. 여기서는 애플리케이션을 종료할 수 있게 메뉴 버튼의 처리에 집중한다.

```cpp
#ifndef _PACKT_INPUTSERVICE_HPP_
#define _PACKT_INPUTSERVICE_HPP_

...

namespace packt {
  class InputService : public InputHandler {
  public:
```

```cpp
    ...
    status start();
    status update();

  public:
    bool onTouchEvent(AInputEvent* pEvent);
    bool onKeyboardEvent(AInputEvent* pEvent);
    bool onTrackballEvent(AInputEvent* pEvent);

  private:
    ...
    Location* mRefPoint;

    bool mMenuKey;
  };
}
#endif
```

4 이제 jni/InputService.cpp 클래스 생성자를 수정하고, 메뉴 버튼을 눌렀을 때 종료할 수 있게 update() 메소드를 구현한다.

```cpp
#include "InputService.hpp"
#include "Log.hpp"

#include <android_native_app_glue.h>
#include <cmath>

namespace packt {
  InputService::InputService(android_app* pApplication,
      const int32_t& pWidth, const int32_t& pHeight) :
      mApplication(pApplication),
      mHorizontal(0.0f), mVertical(0.0f),
      mRefPoint(NULL), mWidth(pWidth), mHeight(pHeight),
      mMenuKey(false)
  {}

  ...
```

```
status InputService::update() {
  if (mMenuKey) {
    return STATUS_EXIT;
  }
  return STATUS_OK;
}
...
```

5 계속해서 InputService.cpp에 있는 onKeyboardEvent()에서 키보드 이벤트를 처리한다. 다음과 같이 사용한다.

  □ AKeyEvent_getAction()을 사용해 이벤트 타입을 얻는다(즉, 입력됐는지 아닌지).

  □ AKeyEvent_getKeyCode()를 사용해 버튼 식별자를 얻는다.

다음 코드에서 상/하/좌/우 버튼이 눌려졌을 때 InputService는 일치하는 방향을 앞 절에서 정의된 mHorizontal과 mVertical 필드로 계산한다. 이동은 버튼을 눌렀을 때 시작하고 버튼을 뗄 때 멈춘다.

여기서 버튼 눌림 상태가 해제될 때 메뉴 버튼도 처리한다.

이 코드는 D패드가 장착된 기기에서만 동작하며 에뮬레이터도 가능하다. 하지만 안드로이드의 단편화(fragmentation) 때문에 반응은 하드웨어에 따라 다를 수 있다는 점에 유의하기 바란다.

```
...
bool InputService::onKeyboardEvent(AInputEvent* pEvent) {
  const float ORTHOGONAL_MOVE = 1.0f;

  if (AKeyEvent_getAction(pEvent) == AKEY_EVENT_ACTION_DOWN) {
    switch (AKeyEvent_getKeyCode(pEvent)) {
      case AKEYCODE_DPAD_LEFT:
```

```cpp
        mHorizontal = -ORTHOGONAL_MOVE;
        break;
      case AKEYCODE_DPAD_RIGHT:
        mHorizontal = ORTHOGONAL_MOVE;
        break;
      case AKEYCODE_DPAD_DOWN:
        mVertical = -ORTHOGONAL_MOVE;
        break;
      case AKEYCODE_DPAD_UP:
        mVertical = ORTHOGONAL_MOVE;
        break;
      case AKEYCODE_BACK:
        return false;
    }
  } else {
    switch (AKeyEvent_getKeyCode(pEvent)) {
      case AKEYCODE_DPAD_LEFT:
      case AKEYCODE_DPAD_RIGHT:
        mHorizontal = 0.0f;
        break;
      case AKEYCODE_DPAD_DOWN:
      case AKEYCODE_DPAD_UP:
        mVertical = 0.0f;
        break;
      case AKEYCODE_MENU:
        mMenuKey = true;
        break;
      case AKEYCODE_BACK:
        return false;
    }
  }
  return true;
}
...
```

6 유사한 방식으로 새로운 메소드 `onTrackballEvent()`에서 트랙볼 이벤트를 처리한다. 트랙볼 규모는 `AMotionEvent_getX()`와 `AMotionEvent_getY()`를 이용해 가져온다. 일부 트랙볼은 단계적 규모를 제공하지 않으므로, 이동은 일반적인 상수로 수량화한다. 임의의 트리거 한계 값threshold을 이용해 가능한 잡음noise을 무시한다.

이러한 방법으로 트랙볼을 사용하면 우주선은 '방향 전환'(예를 들어 왼쪽으로 이동할 때 오른쪽으로 이동 요청하는 것)에 도달하거나 액션 버튼이 눌렸을 때(마지막 else절)까지 이동을 지속한다.

다양한 애플리케이션을 위해 아날로그 트랙볼의 단계적 값과 같이 하드웨어 기능과 상세 기능을 처리할 수 있게 코드가 적용돼야 한다.

```
...
bool InputService::onTrackballEvent(AInputEvent* pEvent) {
  const float ORTHOGONAL_MOVE = 1.0f;
  const float DIAGONAL_MOVE = 0.707f;
  const float THRESHOLD = (1/100.0f);

  if (AMotionEvent_getAction(pEvent)
        == AMOTION_EVENT_ACTION_MOVE) {
    float lDirectionX = AMotionEvent_getX(pEvent, 0);
    float lDirectionY = AMotionEvent_getY(pEvent, 0);
    float lHorizontal, lVertical;

    if (lDirectionX < -THRESHOLD) {
      if (lDirectionY < -THRESHOLD) {
        lHorizontal = -DIAGONAL_MOVE;
        lVertical = DIAGONAL_MOVE;
      } else if (lDirectionY > THRESHOLD) {
        lHorizontal = -DIAGONAL_MOVE;
```

```
        lVertical = -DIAGONAL_MOVE;
      } else {
        lHorizontal = -ORTHOGONAL_MOVE;
        lVertical = 0.0f;
      }
    } else if (lDirectionX > THRESHOLD) {
      if (lDirectionY < -THRESHOLD) {
        lHorizontal = DIAGONAL_MOVE;
        lVertical = DIAGONAL_MOVE;
      } else if (lDirectionY > THRESHOLD) {
        lHorizontal = DIAGONAL_MOVE;
        lVertical = -DIAGONAL_MOVE;
      } else {
        lHorizontal = ORTHOGONAL_MOVE;
        lVertical = 0.0f;
      }
    } else if (lDirectionY < -THRESHOLD) {
      lHorizontal = 0.0f;
      lVertical = ORTHOGONAL_MOVE;
    } else if (lDirectionY > THRESHOLD) {
      lHorizontal = 0.0f;
      lVertical = -ORTHOGONAL_MOVE;
    }

    // 방향 전환이 있을 때 이동을 마친다.
    if ((lHorizontal < 0.0f) && (mHorizontal > 0.0f)) {
      mHorizontal = 0.0f;
    } else if ((lHorizontal > 0.0f) && (mHorizontal < 0.0f)) {
      mHorizontal = 0.0f;
    } else {
      mHorizontal = lHorizontal;
    }

    if ((lVertical < 0.0f) && (mVertical > 0.0f)) {
```

```cpp
      mVertical = 0.0f;
    } else if ((lVertical > 0.0f) && (mVertical < 0.0f)) {
      mVertical = 0.0f;
    } else {
      mVertical = lVertical;
    }
  } else {
    mHorizontal = 0.0f; mVertical = 0.0f;
  }
  return true;
  }
}
...
```

게임 자체를 마칠 때까지 약간의 변경만 남았다.

7 마지막으로 onStep을 호출할 때마다 InputService를 갱신할 수 있게
DroidBlaster.cpp를 수정한다.

```cpp
#include "DroidBlaster.hpp"
#include "Log.hpp"

namespace dbs {
  ...
  packt::status DroidBlaster::onStep() {
    mTimeService->update();
    mBackground.update();
    mShip.update();

    if (mGraphicsService->update() != packt::STATUS_OK) {
      return packt::STATUS_KO;
    }
    if (mInputService->update() != packt::STATUS_OK) {
      return packt::STATUS_KO;
    }
    return packt::STATUS_OK;
```

```
    }

    ...

}
```


지금까지 키보드와 D패드, 트랙볼 이벤트를 처리하기 위한 입력 시스템을 확장해봤다. D패드는 키보드의 확장 기능으로 고려될 수 있으며, 동일한 방법으로 처리된다. 실제로 D패드와 키보드 이벤트는 동일한 구조체(AInputEvent)로 전달되며, 같은 API(AKeyEvent로 시작하는)에 의해 처리된다. 다음 테이블 목록은 주요 키 이벤트 메소드를 보여준다.

AKeyEvent_getAction()	버튼이 눌렸는지(AKEY_EVENT_ACTION_DOWN) 떼졌는지(AKEY_EVENT_ACTION_UP) 알려준다. 다중 키 액션은 배치(AKEY_EVENT_ACTION_MULTIPLE)에서 확인할 수 있음을 기억하자.
AKeyEvent_getKeyCode()	실제 눌린 버튼(android/keycodes.h에 정의되어 있음)을 가져온다. 예를 들어 왼쪽 버튼은 AKEYCODE_DPAD_LEFT다.
AKeyEvent_getFlags()	키 이벤트는 하나 이상의 플래그와 연관돼 가상 키보드에서 발생한 이벤트에 대해 AKEY_EVENT_LONG_PRESS와 AKEY_EVENT_FLAG_SOFT_KEYBOARD 같은 이벤트상의 다양한 정보를 제공해준다.
AKeyEvent_getScanCode()	기본 키 ID라는 점을 제외하고는 키 코드와 유사하며, 기기에 따라 종속적이며 기기별로 다르다.
AKeyEvent_getMetaState()	메타 상태는 플래그로서 Alt나 Shift 같은 한정(modifier) 키가 연속적으로 눌렸는지 확인할 수 있다(예를 들어 AMETA_SHIFT_ON과 AMETA_NONE 등).
AKeyEvent_getRepeatCount()	일반적으로 버튼을 누르고 뗄 때 발생한 버튼 이벤트 횟수를 알려준다.
AKeyEvent_getDownTime()	버튼이 눌린 시점을 알고 싶을 때 사용한다.

대부분(특히 광학 장치)은 D패드처럼 동작하지만, 트랙볼은 동일한 API를 사용하지 않는다. 실제로 트랙볼은 AMotionEvent API(터치 이벤트처럼)를 통해 처리된다. 물론 터치 이벤트로 제공되는 일부 정보가 트랙볼에서 항상 사용 가능한 것은 아니다. 살펴볼 대부분의 중요 함수는 다음과 같다.

AMotionEvent_getAction()	이벤트가 이동 액션(누름 액션과 반대 개념)을 표현하는지 확인하기 위해 사용한다.
AMotionEvent_getX() AMotionEvent_getY()	트랙볼 이동을 얻기 위해 사용한다.
AKeyEvent_getDownTime()	트랙볼이 눌렸는지(D패드의 액션 버튼처럼)를 확인하기 위해 사용한다. 현재 대부분의 트랙볼은 눌림 이벤트를 확인하기 위해 전부인지 제로인지를 따르는 압력을 사용한다.

트랙볼을 다룰 때 성가신 부분(처음엔 이해가 안 될 수 있다)은 트랙볼 이동이 끝날 때를 알 수 있는 버튼 떨어짐 이벤트도 없다는 점이다. 더욱이 트랙볼 이벤트는 연속(대량으로)으로 발생해 이동이 끝났을 때를 탐지하기가 어렵다. 수동 타이머를 하용하거나 일정 시간 동안 이벤트 발생이 없을 때를 규칙적으로 확인하는 것보다 쉬운 방법은 없다.

반복하지만, 예측 가능한 동작에 의존하지 말자!
주변장치가 모든 전화기에서 정확하게 같은 동작을 수행하리라 기대해서는 안 된다. 트랙볼은 아주 좋은 예다. 트랙볼은 아날로그 패드에서의 방향 혹은 D패드(예를 들어 광학 트랙볼)처럼 직접 방향을 가리킬 수 있다. 사용 가능한 API를 통해 기기의 특성을 구별할 방법은 현재로서는 없다. 오직 유일한 해결책은 기기를 보정(calibrate)해 동작 중에 설정을 하거나 기기 종류를 데이터베이스에 저장하는 것이다.

안드로이드 **NDK**를 사용하는 데 있어 놀라운 문제는 `NativeActivity`로는 가상 키보드를 나타낼 수 있는 쉬운 방법이 없다는 점이다. 물론 가상 키보드 없이 어떠한 키도 입력할 수 없다. 3장과 4장에서 학습한 **JNI** 기술을 통해 이 문제를 해결할 수 있다.

키보드를 보이게 하거나 숨기기 위한 자바 코드는 다음과 같이 구성할 수 있다.

```
InputMethodManager mgr = (InputMethodManager)
    myActivity.getSystemService(Context.INPUT_METHOD_SERVICE);
mgr.showSoftInput(pActivity.getWindow().getDecorView(), 0);
...
mgr.hideSoftInput(pActivity.getWindow().getDecorView(), 0);
```

동일한 **JNI** 코드는 다음과 같은 네 단계로 구성된다.

1. 먼저 **JNI** 도우미 클래스를 다음과 같이 생성한다.

    □ `android_app` 인스턴스를 가져와 생성 중인 `JavaVM`으로 연결한다. `JavaVM`은 `android_app`의 `activity->vm` 멤버를 통해 제공된다.

    □ 클래스가 파괴될 때 `JavaVM`을 분리한다.

    □ 4장에서 구현한 것처럼 전역 레퍼런스를 생성하고 삭제하기 위한 도우미 메소드를 제공한다(`makeGlobalRef()`와 `deleteGlobalRef()`).

    □ VM 연결상에 캐시된 `JNIEnv`와 `android_app`의 `activity->clazz` 멤버로 제공되는 `NativeActivity` 인스턴스의 게터를 제공한다.

2. 다음 매개변수로 **JNI** 인스턴스를 닫는 `Keyboard` 클래스를 작성하고 앞서 설명한 자바 코드를 실행하는 데 필요한 모든 `jclass`와 `jmethodID`, `jfieldID`를 캐시한다. 이 과정은 4장의 `StoreWatcher`와 유사하지만, C++이라는 점만 다르다.

    다음 동작을 위한 메소드를 정의한다.

□ JNI 요소를 캐시해 `InputService`가 에러 종류를 올바르게 처리하고 상태를 알려줄 수 있게 초기화될 때 호출한다.

□ 애플리케이션이 비활성화될 때 전역 레퍼런스를 해제한다.

□ 앞서 캐시한 JNI 메소드를 호출해 키보드를 보이게 하거나 숨긴다.

3. `android_main()` 메소드에서 JNI와 `Keyboard` 클래스 모두를 초기화한 다음 `InputService`에 전달한다.

4. 게임을 빠져나가지 말고 메뉴 키가 눌렸을 때 가상 키보드를 연다. 마지막으로 가상 키보드를 통해 눌린 키를 탐지한다. 예를 들어 `AKEYCODE_E` 키가 탐지되면 게임을 종료하게 할 수 있다.

최종 프로젝트는 DroidBlaster_Part8-2-Keyboard에서 확인할 수 있다.

기기 센서 검증

입력 기기를 처리하는 것은 모든 애플리케이션에 있어 필수적이지만, 센서를 검증하는 것은 스마트한 동작을 위해 중요하다. 안드로이드 게임 애플리케이션에 가장 광범위하게 퍼져있는 센서는 가속도 센서다.

가속도 센서는 이름에서 알 수 있듯이 기기에 적용된 선형 가속도를 측정한다. 기기가 상/하/좌/우로 이동할 때 가속도 센서가 반응해 3D 공간상의 가속도 벡터를 알려준다. 벡터는 화면의 기본 방향과 상대적으로 표현된다. 좌표 시스템은 기기의 기본 방향과 상대적이다.

- X축은 왼쪽을 가리킨다.

- Y는 위쪽을 가리킨다.

- Z는 뒤쪽에서 앞쪽을 가리킨다.

기기가 회전했을 때 축은 반대가 된다(예를 들어 기기가 시계 방향으로 90도 회전하면 Y는 왼쪽을 가리킨다).

가속도 센서의 매우 흥미로운 기능은 일정한 가속도(즉, 중력,가속도 9.8m/s2)로 반응한 다는 점이다. 예를 들어 테이블에 접시를 눕히면 가속도 벡터는 Z축을 −9.8로 가리 킨다. 똑바로 세우면 Y축과 같은 값을 가리킨다. 따라서 기기의 위치가 고정돼 있 다고 가정하면 공간 내의 두 가지 축상의 기기 방향은 중력 가속도 벡터로부터 추론 될 수 있다. 여전히 지자기 센서는 3D 공간의 전체 기기 방향을 얻는 데 필요하다.

가속도 센서는 선형 가속도로 동작함을 기억하자. 가속도 센서는 기기가 회전하지 않을 때의 변화와 기기가 고정돼 있을 때의 부분 방향을 탐지할 수 있게 해준다. 두 가지 이동은 지자기 센서나 자이로스코프 없이 함께 사용될 수 없다.

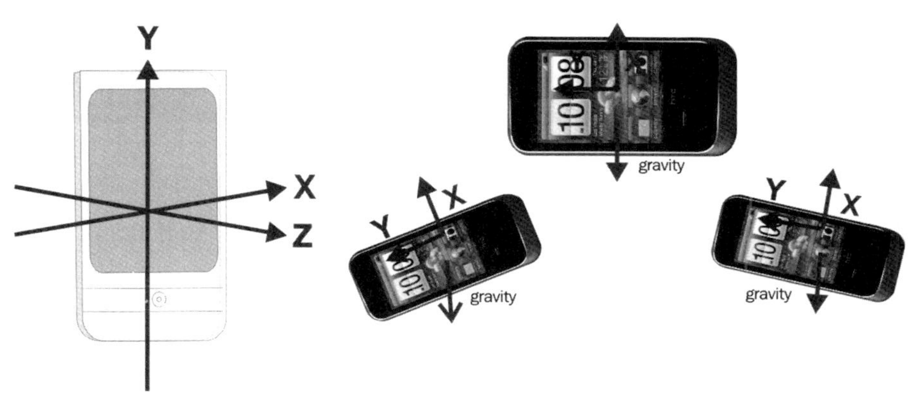

최종 프로젝트 구조는 다음 그림에서 확인할 수 있다.

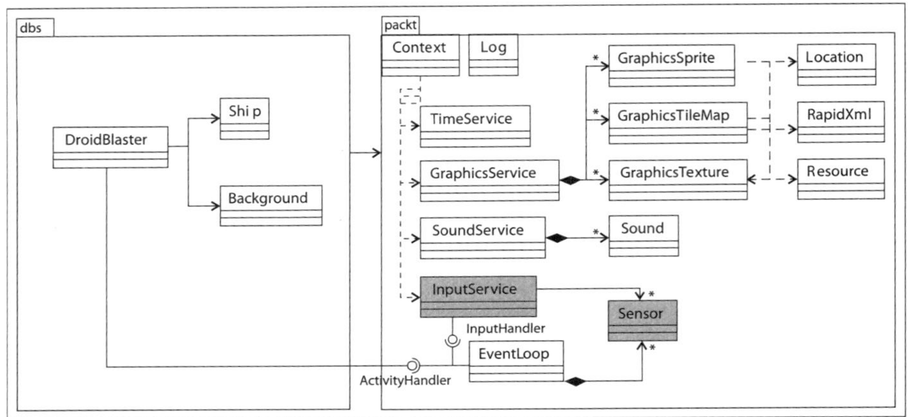

노트 DroidBlaster_Part8-2 프로젝트는 이 절의 시작점으로 사용된다. 결과 프로젝트는 DroidBlaster_Par8-3을 참고한다.

실습 예제 | 기기를 조이패드로 변경

먼저 이벤트 루프에서 센서 이벤트를 처리해야 한다.

1 **InputHander.hpp**를 열어 새로운 `onAccelerometerEvent()` 메소드를 추가한다. 센서를 위한 공식 헤더 **android/sensor.h**를 인클루드한다.

```
#ifndef _PACKT_INPUTHANDLER_HPP_
#define _PACKT_INPUTHANDLER_HPP_

#include <android/input.h>
#include <android/sensor.h>

namespace packt {
  class InputHandler {
  public:
    virtual ~InputHandler() {};
```

```cpp
    virtual bool onTouchEvent(AInputEvent* pEvent) = 0;
    virtual bool onKeyboardEvent(AInputEvent* pEvent) = 0;
    virtual bool onTrackballEvent(AInputEvent* pEvent) = 0;
    virtual bool onAccelerometerEvent(ASensorEvent* pEvent) = 0;
  };
}
#endif
```

2 jni/EventLoop.hpp를 수정해 센서 전용 정적 콜백 `classback_sensor()`를 추가한다. 이 메소드는 이벤트를 `InputHandler` 인스턴스로 재분배하는 `processSensorEvent()` 멤버 메소드의 처리를 대신한다.

센서 이벤트 큐는 `ASensorManager` 오파크 구조체에 의해 표현된다. 액티비티와 입력 이벤트 큐와는 반대로 센서 큐는 `native_app_glue` 모듈(5장에서 살펴봤다)에 의해 관리되지 않는다. `ASensorEventQueue`와 `android_poll_source`를 직접 설정해야 한다.

```cpp
#ifndef _PACKT_EVENTLOOP_HPP_
#define _PACKT_EVENTLOOP_HPP_
...

namespace packt {
  class EventLoop {
    ...
  protected:
    ...

    void processAppEvent(int32_t pCommand);
    int32_t processInputEvent(AInputEvent* pEvent);
    void processSensorEvent();

  private:
    friend class Sensor;

    static void callback_event(android_app* pApplication,
        int32_t pCommand);
```

```cpp
static int32_t callback_input(android_app* pApplication,
    AInputEvent* pEvent);
static void callback_sensor(android_app* pApplication,
    android_poll_source* pSource);

private:
    ...
    ActivityHandler* mActivityHandler;
    InputHandler* mInputHandler;

    ASensorManager* mSensorManager;
    ASensorEventQueue* mSensorEventQueue;
    android_poll_source mSensorPollSource;
};
}
#endif
```

3 우선 jni/EventLoop.cpp의 생성자 부분을 수정한다.

```cpp
#include "EventLoop.hpp"
#include "Log.hpp"

namespace packt {
  EventLoop::EventLoop(android_app* pApplication) :
      mEnabled(false), mQuit(false),
      mApplication(pApplication),
      mActivityHandler(NULL), mInputHandler(NULL),
      mSensorPollSource(), mSensorManager(NULL),
      mSensorEventQueue(NULL) {
    mApplication->userData = this;
    mApplication->onAppCmd = callback_event;
    mApplication->onInputEvent = callback_input;
  }

  ...
```

4 activate() 내에서 EventLoop를 시작할 때 새로운 센서 큐를 생성하고 ASensorManager_createEventQueue()에 연결해 액티비티와 입력 이벤트 큐를 통해 폴링을 받을 수 있게 한다. LOOPER_ID_USER는 native_app_glue 내부에 정의된 슬롯으로 사용자 정의 큐를 내부 글루glue Looper로 연결하기 위해 사용된다. 글루 Looper는 이미 두 개의 내부 슬롯(투명하게 처리된 LOOPER_ID_MAIN과 LOOPER_ID_INPUT)을 갖고 있다. ASensorManager_getInstance()를 사용해 얻어올 수 있는 핵심 ASensorManager 관리자를 통해 센서가 관리된다.

```
...
  void EventLoop::activate() {
    if ((!mEnabled) && (mApplication->window != NULL)) {
      mSensorPollSource.id = LOOPER_ID_USER;
      mSensorPollSource.app = mApplication;
      mSensorPollSource.process = callback_sensor;
      mSensorManager = ASensorManager_getInstance();
      if (mSensorManager != NULL) {
        mSensorEventQueue = ASensorManager_createEventQueue(
            mSensorManager, mApplication->looper,
            LOOPER_ID_USER, NULL, &mSensorPollSource);
        if (mSensorEventQueue == NULL) goto ERROR;
      }

      mQuit = false; mEnabled = true;
      if (mActivityHandler->onActivate() != STATUS_OK) {
        goto ERROR;
      }
    }
    return;

  ERROR:
    mQuit = true;
    deactivate();
```

```cpp
      ANativeActivity_finish(mApplication->activity);
    }

    void EventLoop::deactivate() {
      if (mEnabled) {
        mActivityHandler->onDeactivate();
        mEnabled = false;

        if (mSensorEventQueue != NULL) {
          ASensorManager_destroyEventQueue(mSensorManager,
              mSensorEventQueue);
          mSensorEventQueue = NULL;
        }
        mSensorManager = NULL;
      }
    }
    ...
```

5 마지막으로 센서 이벤트를 `processSensorEvent()` 내의 핸들러로 전달한다.
센서 이벤트는 `ASensorEvent` 구조체에 감싸져있다. 이 구조체는 `type` 필드를
포함해 센서 이벤트가 어디서 왔는지를 확인한다(여기서는 가속도 센서 이벤트를 유지
하기 위해 사용된다).

```cpp
    ...

    void EventLoop::processSensorEvent() {
      ASensorEvent lEvent;
      while (ASensorEventQueue_getEvents(mSensorEventQueue,
          &lEvent, 1) > 0) {

        switch (lEvent.type) {
          case ASENSOR_TYPE_ACCELEROMETER:
            mInputHandler->onAccelerometerEvent(&lEvent);

            break;
        }
```

```
        }
    }

    void EventLoop::callback_sensor(android_app* pApplication,
        android_poll_source* pSource) {

      EventLoop& lEventLoop = *(EventLoop*) pApplication->userData;

      lEventLoop.processSensorEvent();

    }
  }
```

6 다음과 같이 새로운 파일 **jni/Sensor.hpp**를 생성한다. `Sensor` 클래스는 센서의
활성화(`enable()`로)와 비활성화(`disable()`로)를 담당한다. `toggle()` 메소드는 센
서 상태를 전환하기 위한 레퍼wrapper다.

이 클래스는 센서 메시지를 처리하는 `EventLoop`와 밀접하게 동작한다(실제로 이
코드는 `EventLoop` 자체와 통합돼 있다). 센서는 `ASensor` 오파크 구조체로 감싸여져
있으며, 하나의 타입(**android.hardware.Sensor**의 상수와 동일하게 **android/sensor.h**에 정의
된 상수)을 갖는다.

```cpp
#ifndef _PACKT_SENSOR_HPP_
#define _PACKT_SENSOR_HPP_

#include "Types.hpp"

#include <android/sensor.h>

namespace packt {
  class EventLoop;

  class Sensor {
  public:
    Sensor(EventLoop& pEventLoop, int32_t pSensorType);

    status toggle();
    status enable();
```

```cpp
      status disable();

    private:
      EventLoop& mEventLoop;
      const ASensor* mSensor;
      int32_t mSensorType;
    };
  }

  #endif
```

7 jni/**Sensor.cpp**에서 `Sensor`를 구현하고 다음과 같은 세 가지 단계로 `enable()`을 작성한다.

- `ASensorManager_getDefaultSensor()`를 이용해 특정한 타입의 센서를 얻어온다.

- 그다음 `ASensorEventQueue_enableSensor()`를 통해 활성화함으로써 이벤트 큐가 관련 이벤트를 수신하게 한다.

- `ASensorEventQueue_setEventRate()`를 이용해 원하는 이벤트 비율rate을 설정한다. 일반적으로 게임은 실시간에 가까운 측정을 필요로 한다. 최소 지연시간은 `ASensor_getMinDelay()`를 통해 쿼리가 가능하며, 실패 시 낮은 값으로 설정한다.

분명하게 센서 이벤트 큐가 준비가 됐을 때에만 이런 설정 과정을 수행해야 한다. 센서는 앞서 가져온 센서 인스턴스 덕분에 `ASensorEventQueue_disableSensor()`와 함께 `disable()`을 호출해 비활성화된다.

```cpp
#include "Sensor.hpp"
#include "EventLoop.hpp"
#include "Log.hpp"

namespace packt {
  Sensor::Sensor(EventLoop& pEventLoop, int32_t pSensorType):
    mEventLoop(pEventLoop),
```

```cpp
      mSensor(NULL),
      mSensorType(pSensorType)
{}

status Sensor::toggle() {
  return (mSensor != NULL) ? disable() : enable();
}

status Sensor::enable() {

  if (mEventLoop.mEnabled) {
    mSensor = ASensorManager_getDefaultSensor(
        mEventLoop.mSensorManager, mSensorType);

    if (mSensor != NULL) {
      if (ASensorEventQueue_enableSensor(
          mEventLoop.mSensorEventQueue, mSensor) < 0) {
        goto ERROR;
      }

      int32_t lMinDelay = ASensor_getMinDelay(mSensor);

      if (ASensorEventQueue_setEventRate(mEventLoop
          .mSensorEventQueue, mSensor, lMinDelay) < 0) {
        goto ERROR;
      }

    } else {
        packt::Log::error("No sensor type %d", mSensorType);
    }
  }
  return STATUS_OK;

ERROR:
  Log::error("Error while activating sensor.");
  disable();
  return STATUS_KO;
```

```cpp
    }

    status Sensor::disable() {
        if ((mEventLoop.mEnabled) && (mSensor != NULL)) {

            if (ASensorEventQueue_disableSensor(
                    mEventLoop.mSensorEventQueue, mSensor) < 0) {
                goto ERROR;
            }

            mSensor = NULL;
        }

        return STATUS_OK;

    ERROR:
        Log::error("Error while deactivating sensor.");
        return STATUS_KO;
    }
}
```

센서가 이벤트 루프와 연결됐다. 입력 서비스에서 센서 이벤트를 처리해보자.

8 jni/InputService.hpp의 가속도 센서를 관리해보자. 서비스가 중지될 때 센서를 비활성화할 수 있게 stop() 메소드를 추가한다.

```cpp
#ifndef _PACKT_INPUTSERVICE_HPP_
#define _PACKT_INPUTSERVICE_HPP_

#include "Context.hpp"
#include "InputHandler.hpp"
#include "Sensor.hpp"
#include "Types.hpp"

#include <android_native_app_glue.h>

namespace packt {
    class InputService : public InputHandler {
```

```cpp
public:
    InputService(android_app* pApplication,
        Sensor* pAccelerometer,
        const int32_t& pWidth, const int32_t& pHeight);

    status start();
    status update();
    void stop();
    ...

public:
    bool onTouchEvent(AInputEvent* pEvent);
    bool onKeyboardEvent(AInputEvent* pEvent);
    bool onTrackballEvent(AInputEvent* pEvent);
    bool onAccelerometerEvent(ASensorEvent* pEvent);

private:
    ...
    bool mMenuKey;

    Sensor* mAccelerometer;
    };
}

#endif
```

9 메뉴 버튼이 눌려졌을 때(애플리케이션을 나가지 않고) 가속도 센서를 토글_{toggle}할
수 있게 update()를 재작성한다. 애플리케이션이 중단될 때 센서를 비활성화
할 수 있게(또한 배터리 소모를 줄이기 위해) stop()을 구현한다.

```cpp
...
namespace packt {
    InputService::InputService(android_app* pApplication,
        Sensor* pAccelerometer, const int32_t& pWidth,
        const int32_t& pHeight) :
        mApplication(pApplication),
```

```
      mHorizontal(0.0f), mVertical(0.0f),
      mRefPoint(NULL), mWidth(pWidth), mHeight(pHeight),
      mMenuKey(false),
      mAccelerometer(pAccelerometer)
  {}

  ...

  status InputService::update() {

    if (mMenuKey) {

      if (mAccelerometer->toggle() != STATUS_OK) {
        return STATUS_KO;
      }
    }

    mMenuKey = false;
    return STATUS_OK;
  }

  void InputService::stop() {
    mAccelerometer->disable();
  }
  ...
```

10 이 부분은 가속도 센서에서 얻은 값을 통해 방향을 계산하는 핵심 코드다. 다음 코드에서 X와 Z축은 롤roll과 피치pitch를 표현한다. 기기가 중립 방향(즉, CENTER_*)에 있는지 반전돼야 할 최댓값(MIN_*과 (MAX_*).Z으로 기울어져 있는지 롤과 피치를 확인한다.

```
...

bool InputService::onAccelerometerEvent(ASensorEvent* pEvent) {
  const float GRAVITY = ASENSOR_STANDARD_GRAVITY / 2.0f;
  const float MIN_X = -1.0f; const float MAX_X = 1.0f;
  const float MIN_Y = 0.0f; const float MAX_Y = 2.0f;
  const float CENTER_X = (MAX_X + MIN_X) / 2.0f;
  const float CENTER_Y = (MAX_Y + MIN_Y) / 2.0f;

  float lRawHorizontal = pEvent->vector.x / GRAVITY;

  if (lRawHorizontal > MAX_X) {
    lRawHorizontal = MAX_X;
  } else if (lRawHorizontal < MIN_X) {
    lRawHorizontal = MIN_X;
  }
  mHorizontal = CENTER_X - lRawHorizontal;

  float lRawVertical = pEvent->vector.z / GRAVITY;

  if (lRawVertical > MAX_Y) {
    lRawVertical = MAX_Y;
  } else if (lRawVertical < MIN_Y) {
    lRawVertical = MIN_Y;
  }
  mVertical = lRawVertical - CENTER_Y;

  return true;
}
```

        }

11 jni/DroidBlaster.cpp에서 센서가 비활성화됐는지 확인하기 위해 stop()을 호
출한다.

```cpp
#include "DroidBlaster.hpp"
#include "Log.hpp"

namespace dbs {
  ...
  void DroidBlaster::onDeactivate() {
    packt::Log::info("Deactivating DroidBlaster");

    mGraphicsService->stop();
    mInputService->stop();
    mSoundService->stop();
  }
  ...
}
```

모든 수정을 마친 후 입력 서비스를 올바르게 초기화해본다.

12 마지막으로 jni/Main.hpp의 가속도 센서를 초기화한다. 이벤트 루프와 가속도
센서가 매우 밀접하게 연관돼 있으므로 EventLoop 초기화 라인을 상단으로
이동한다.

```cpp
#include "Context.hpp"
#include "DroidBlaster.hpp"
#include "EventLoop.hpp"
#include "GraphicsService.hpp"
#include "InputService.hpp"

#include "Sensor.hpp"
#include "SoundService.hpp"
#include "TimeService.hpp"
#include "Log.hpp"
```

```cpp
void android_main(android_app* pApplication) {
    packt::EventLoop lEventLoop(pApplication);

    packt::Sensor lAccelerometer(lEventLoop,
        ASENSOR_TYPE_ACCELEROMETER);

    packt::TimeService lTimeService;
    packt::GraphicsService lGraphicsService(pApplication,
        &lTimeService);

    packt::InputService lInputService(pApplication, &lAccelerometer,
        lGraphicsService.getWidth(), lGraphicsService.getHeight());

    packt::SoundService lSoundService(pApplication);

    packt::Context lContext = { &lGraphicsService, &lInputService,
        &lSoundService, &lTimeService };

    dbs::DroidBlaster lDroidBlaster(&lContext);
    lEventLoop.run(&lDroidBlaster, &lInputService);
}
```

보충 설명

지금까지 센서 이벤트를 감시하는 이벤트 큐를 생성해봤다. 이벤트는 android/sensor.h에 정의된 ASensorEvent 구조체로 감싸져있다. 이 구조체는 다음과 같은 정보를 제공한다.

- 센서 이벤트 근원, 즉 센서 이벤트가 만들어진 곳

- 센서 이벤트 발생 시간

- 센서 출력 값으로, 이 값은 union 구조체로 저장돼, 즉 내부 구조체(여기서는 acceleration 벡터에 집중한다) 중 하나를 사용할 수 있다.

모든 안드로이드 센서는 동일한 ASensorEvent를 사용할 수 있다.

```c
typedef struct ASensorEvent {
  int32_t version;
  int32_t sensor;
  int32_t type;
  int32_t reserved0;
  int64_t timestamp;

  union {
    float        data[16];
    ASensorVector vector;
    ASensorVector acceleration;
    ASensorVector magnetic;
    float        temperature;
    float        distance;
    float        light;
    float        pressure;
  };

  int32_t reserved1[4];
} ASensorEvent;

typedef struct ASensorVector {

  union {
    float v[3];
    struct {
      float x;
      float y;
      float z;
    };

    struct {
      float azimuth;
      float pitch;
      float roll;
    };
```

```
};
int8_t status;
uint8_t reserved[3];
} ASensorVector;
```

예제에서 가속도 센서를 가능한 가장 낮은 이벤트 비율로 설정했다(기기별로 상이할 수 있다). 센서 이벤트 비율은 배터리 소모에 직접적인 영향을 미친다는 중요한 사실을 기억해두자! 따라서 애플리케이션에 충분한 비율을 사용하는 것이 좋다. ASensor_ API는 가능한 센서와 센서 기능에 대한 쿼리를 위해 몇 가지 메소드를 제공한다(`ASensor_getName()`, `ASensor_getVendor()`, `ASensor_getMinDelay()` 등).

센서는 android/sensor.h에 정의된 고유 식별자(`ASENSOR_TYPE_ACCELEROMETER`, `ASENSOR_TYPE_MAGNETIC_FIELD`, `ASENSOR_TYPE_GYRISCOPE`, `ASENSOR_TYPE_LIGHT`, `ASENSOR_TYPE_PROXIMITY`)를 갖고 있으며, 모든 안드로이드 기기에서 동일하다. 다른 부가적인 센서가 있을 수 있으며, android/sensor.h 헤더에 정의돼 있지 않더라도 사용하는 데에 문제는 없다. 진저브레드에서는 중력 센서와 선형 가속도 센서, 회전 벡터는 식별자로 각기 9, 10, 11을 갖는다.

방향 센서

현재 거의 사라진 방향 벡터를 계승하는 회전 벡터 센서는 증강현실(Augmented Reality) 애플리케이션에서 필수적이다. 회전 벡터 센서는 3D 공간에서의 기기 방향을 제공한다. GPS에 함께 사용돼 기기의 눈을 통해 모든 사물의 위치를 알 수 있게 해준다. 회전 센서는 android.hardware.SensorManager 클래스(소스코드 참조) 덕분에 OpenGL 뷰 매트릭스로 해석될 수 있는 데이터 벡터를 제공한다. 예제는 DroidBlaster_Part8-3-Orientation을 참고한다.

안타깝게도 네이티브 API로 화면 기본 방향과 상대적인 기기 회전을 얻을 수 있는 방법은 없다. 따라서 JNI에 의존해 현재의 회전을 올바르게 가져와야 한다. 화면 회전을 탐지하는 자바 코드는 다음과 같다.

```
WindowManager mgr = (InputMethodManager)
    myActivity.getSystemService(Context.WINDOW_SERVICE);
int rotation = mgr.getDefaultDisplay().getRotation();
```

회전 값은 ROTATION_0, ROTATION_90, ROTATION_180, ROTATION_270(Surface 자바 클래스에서 제공한다) 중 하나가 될 수 있다. 다음 네 가지 단계를 통해 동일한 JNI 코드를 작성한다.

1. 생성자 매개변수에서 android_app을 받는 Configuration 클래스를 생성하며, 회전 값을 제공하기 위한 목적으로만 사용한다.

2. Configuration 생성자에서 JavaVM을 연결하고 회전 값을 받은 후 VM을 분리한다.

3. android_main() 메소드에서 Configuration 클래스를 초기화한 후 회전 값을 얻기 위해 InputService에 전달한다.

4. 기준이 되는 센서 좌표(즉, 기본 화면 참조)를 화면 좌표로 변환하기 위한 toScreenCoord() 유틸리티 메소드를 작성한다.

```
void InputService::toScreenCoord(screen_rot pRotation,
    ASensorVector* pCanonical, ASensorVector* pScreen) {
  struct AxisSwap {
    int8_t mNegX;    int8_t mNegY;
    int8_t mXSrc;    int8_t mYSrc;
  };
  static const AxisSwap lAxisSwaps[] = {
    { 1, -1, 0, 1},    // ROTATION_0
    { -1, -1, 1, 0},   // ROTATION_90
```

```cpp
    { -1, 1, 0, 1},    // ROTATION_180
    { 1, 1, 1, 0}};    // ROTATION_270
    const AxisSwap& lSwap = lAxisSwaps[pRotation];

    pScreen->v[0] = lSwap.mNegX * pCanonical->v[lSwap.mXSrc];
    pScreen->v[1] = lSwap.mNegY * pCanonical->v[lSwap.mYSrc];
    pScreen->v[2] = pCanonical->v[2];
  }
}
```

이 코드의 출처는 Nvidia 개발자 사이트 중 센서에 관한 흥미로운 문서 http://developer.download.nvidia.com/tegra/docs/tegra_android_accelerometer_ v5f.pdf다.

5. 마지막으로 현재 화면 회전에 따라 가속도 센서 축을 전환할 수 있게 onAccelerometerEvent()를 수정한다. 간단히 유틸리티 메소드를 호출해 결 과 X/Y축을 사용하면 된다.

최종 프로젝트는 DroidBlaster_Pact8-3-Keyboard를 확인한다.

🌐 정리

8장에서는 입력과 센서를 사용해 안드로이드와 네이티브 간 상호작용을 위한 다양한 방법을 학습했다. 또한 터치 이벤트를 처리하는 방법도 살펴봤으며, 키보드와 D패드로부터 키 이벤트를 읽을 수 있었으며, 트랙볼 모션 이벤트를 처리해봤다. 마지막으로 가속도 센서를 조이패드로 바꿔보기도 했다. 안드로이드 단편화 때문에 입력 기기 동작의 특수성을 예상하고 그에 맞는 코드를 준비해봤다.

안드로이드 구조와 그래픽, 사운드, 입력, 센서 등의 관점에서 안드로이드 NDK의 기능에 대한 많은 부분을 살펴봤다. 하지만 바퀴를 바꾸는 것만이 해결책은 아니다. 9장에서는 기존 라이브러리를 포팅해 안드로이드의 진정한 강력함을 발휘해본다.

9

안드로이드에 기존 라이브러리 포팅

안드로이드 NDK에 관심을 갖는 이유는 첫째 성능, 둘째 이식성에 있다. 앞서 효율성을 목적으로 네이티브 코드에서 주요 네이티브 안드로이드 API에 접근하는 방법을 살펴봤다. 9장에서는 완전한 C/C++ 생태계를 안드로이드로 가져올 것이다. 물론 이 작업에 있어 수십 년 동안의 C/C++ 개발을 모바일 기기의 제한된 메모리에 맞추는 일이 쉽지 않을 것임은 자명하다. 실제로 C와 C++은 여전히 오늘날 가장 광범위하게 사용되는 프로그래밍 언어로 남아 있다.

이전 NDK 릴리즈에서 특히 예외와 런타임 타입 정보(RTTI, 자바에서의 instanceof와 같이 런타임 시에 데이터 타입을 얻기 위한 기본적인 C++ 리플렉션 메커니즘)에서 C++를 부분적으로 지원하는 한계가 있었다. 이들을 필요로 하는 모든 라이브러리는 코드를 수정하거나 사용자 정의 NDK 설치(Crystax NDK는 공식 소스를 기반으로 커뮤니티에 의해 다시 만들어졌으며, http://www.crystax.net/에서 이용 가능하다) 없이는 포팅이 불가능했다. 다행히 이러한 제약의 대부분은 NDK R5에서 지원(와이드 문자 지원을 제외하고)된다.

9장에서는 기존 코드를 안드로이드에 포팅할 수 있게 다음 내용을 학습한다.

- 표준 템플릿 라이브러리Standard Template Library와 부스트Boost 프레임워크를 활성화하는 방법

- 예외와 런타임 타입 정보RTTI 사용 방법

- 두 가지 오픈소스 라이브러리(Box2D와 Irrlicht)를 컴파일하는 방법

- 모듈 컴파일을 위한 Makefile을 작성하는 방법

9장을 학습함으로써 네이티브 빌드 프로세스를 이해하고 Makefile을 올바르게 사용하는 방법을 이해할 수 있을 것이다.

표준 템플릿 라이브러리를 이용한 개발

표준 템플릿 라이브러리STL, Standard Template Library는 컨테이너와 반복자iterator, 알고리즘, 도우미 클래스를 포함하는 정규 라이브러리로서 동적 배열과 연관associative 배열, 문자열, 정렬 등의 대부분 공용 프로그램 작업을 쉽게 해준다. STL은 수년간 개발자들 사이에서 검증됐으며 광범위하게 퍼져있다. STL 없이 C++로 개발하는 것은 불리한 조건으로 코딩하고 있음을 의미한다.

NDK R5까지는 STL을 지원하지 않았다. 완전한 C++ 생태계는 단계를 밟아 진행 중이지만 아직은 더딘 상태다. 노력한다면 STL 구현(예를 들어 STLport)을 컴파일하는 것은 가능하겠지만, 빌드한 코드에 예외 처리와 RTTI 같은 기능이 없어야 (Crystax NDK로 빌드하지 않은 경우) 가능하다. 어쨌든 악몽은 끝나고 STL와 예외 처리는 이제 공식적으로 지원된다. 두 가지 구현 중 하나를 선택할 수 있다.

- 가장 이식성 있는 구현으로 손꼽히며 오픈소스 프로젝트 기반인 STLport(다중 플랫폼 STL)

- 공식적인 GCC STL인 GNU STL(흔히 libstdc++로 불린다)

NDK R5에 포함된 STLport 버전은 예외 처리를 지원하지 않지만(NDK R7에서 RTTI는

지원함), 공유 라이브러리나 정적 라이브러리로 사용될 수 있다. 반면 GNU STL은 예외 처리를 지원하지만, 현재 정적 라이브러리로만 사용할 수 있다.

첫 번째 절에서 컬렉션 관리를 용이하기 할 수 있게 DroidBlaster에 STLport를 추가해보자.

DroidBlaster_Part8-3 프로젝트는 이 절의 시작점으로 사용된다. 결과 프로젝트는 DroidBlaster_Par9-1을 참고한다.

실습 예제 | DroidBlaster에 GNU STL 추가

1 jni/Android.mk가 있는 경로에 jni/Application.mk를 생성해 다음 항목을 작성한다. 그것이 전부다. 단 한 줄로 애플리케이션에서 STL을 사용할 수 있게 됐다.

```
APP_STL = stlport_static
```

물론 코드에서 실제로 사용하지 않고 STL을 활성화하는 것은 쓸모없는 일이다. 이 기회에 애셋 파일을 외부 파일(SD 카드나 내장 메모리)로 전환해보자.

2 기존 jni/Resource.hpp 파일을 열고 다음 내용을 추가한다.

　□ 파일을 읽기 위한 `fstream` STL 헤더를 포함한다.

　□ 애셋 관리 멤버를 `ifstream` 객체(즉, 입력 파일 스트림)로 바꾼다. `bufferize()` 메소드를 위한 하나의 버퍼도 필요하다.

　□ `descript()` 메소드와 `ResourceDescriptor` 클래스를 제거한다. 디스크 립터는 Asset API로만 동작한다.

```
#ifndef _PACKT_RESOURCE_HPP_
#define _PACKT_RESOURCE_HPP_

#include "Types.hpp"
```

```cpp
#include <fstream>

namespace packt {
    ...

    class Resource {
        ...

    private:
        const char* mPath;
        std::ifstream mInputStream;
        char* mBuffer;
    };
}
#endif
```

3 관련 구현 파일 jni/Resource.cpp를 연다. STL 스트림을 이용한 애셋 관리 API를 기반으로 이전 구현을 변경한다. 파일은 바이너리 모드(메모리에 직접 버퍼링될 타일 맵 XML 파일도 마찬가지다)로 열린다. 파일의 길이를 읽기 위해 기본 POSIX stat()를 사용할 수 있다. bufferize() 메소드는 임시 버퍼를 만든다.

```cpp
#include "Resource.hpp"
#include "Log.hpp"

#include <sys/stat.h>

namespace packt {
    Resource::Resource(android_app* pApplication, const char* pPath):
        mPath(pPath), mInputStream(), mBuffer(NULL)
    {}

    status Resource::open() {
        mInputStream.open(mPath, std::ios::in | std::ios::binary);
        return mInputStream ? STATUS_OK : STATUS_KO;
    }

    void Resource::close() {
```

```cpp
    mInputStream.close();
    delete[] mBuffer; mBuffer = NULL;
  }

status Resource::read(void* pBuffer, size_t pCount) {
    mInputStream.read((char*)pBuffer, pCount);
    return (!mInputStream.fail()) ? STATUS_OK : STATUS_KO;
  }

const char* Resource::getPath() {
    return mPath;
  }

off_t Resource::getLength() {
    struct stat filestatus;
    if (stat(mPath, &filestatus) >= 0) {
      return filestatus.st_size;
    } else {
      return -1;
    }
  }

const void* Resource::bufferize() {
    off_t lSize = getLength();
    if (lSize <= 0) return NULL;

    mBuffer = new char[lSize];
    mInputStream.read(mBuffer, lSize);
    if (!mInputStream.fail()) {
      return mBuffer;
    } else {
      return NULL;
    }
  }
}
```

시스템 정보를 읽기 위한 모든 변경은 투명해야 한다. 하나는 예외로 한다.

4 이전에 배경 음악은 애셋 디스크립터를 통해 재생됐다. 이제 실제 파일을 제공하기 때문에 jni/SoundService.cpp에서 데이터 소스를 SLDataLocator_AndroidFD 구조체에서 SLDataLocation_URI로 변경한다.

sdcard에 있는 파일 위치는 file://로 시작해야 한다(예를 들어 파일이 서버에 있다면 http://처럼 사용할 수도 있다). 최종 URI 생성을 돕기 위해 STL 문자열을 사용해 접두어prefix와 파일 경로를 연결concatenate한다. MP3 파일이 그대로 사용되므로 데이터 포맷은 변경하지 않는다.

```cpp
#include "SoundService.hpp"
#include "Resource.hpp"
#include "Log.hpp"

#include <string>

namespace packt {
  ...

  status SoundService::playBGM(const char* pPath) {
    SLresult lRes;
    Log::info("Opening BGM %s", pPath);

    // BGM 오디오 소스를 설정한다.
    SLDataLocator_URI lDataLocatorIn;
    std::string lPath = std::string("file://") + pPath;
    lDataLocatorIn.locatorType = SL_DATALOCATOR_URI;
    lDataLocatorIn.URI = (SLchar*) lPath.c_str();

    SLDataFormat_MIME lDataFormat;
    lDataFormat.formatType = SL_DATAFORMAT_MIME;
    ...

    return STATUS_OK;

  ERROR:
```

```
        return STATUS_KO;
    }

    ...

}
```

5 애셋 디렉토리 내 자원을 `sdcard`(혹은 내장 메모리) 내에 있는 `droidblaster`(예를 들어 /sdcar/droidblaster)로 복사한다.

거의 대부분의 안드로이드 기기는 /sdcard 디렉토리로 마운팅된 부가적인 저장 위치에 파일을 저장할 수 있다. '거의'라는 단어의 의미를 되새겨 볼 필요가 있다. 첫 번째 안드로이드 G1 이후로 'sdcard'의 의미는 변화돼 왔다. 최신 기기 중에는 실제로 기기 내부에 있는(예를 들어 태블릿의 플래시 메모리) 외부 저장소를 갖고 있으며, 일부 기기는 두 번째 저장소 위치를 갖기도 한다(대부분의 경우 두 번째 저장소는 /sdcard 내부로 마운트된다). 게다가 /sdcard 경로를 어딘가에 새겨놓지도 않는다.

추가 저장소 위치를 안전하게 알아내기 위한 유일한 해결책은 JNI를 통해 android. Environment.getExternalStorageDirectory()를 호출하는 것이다. getExternalStorageState() 를 사용해 저장소를 사용할 수 있는지를 확인할 수도 있다. API 메소드 이름의 'External' 은 역사적인 이유로 붙여진 이름이므로 유념하기 바란다.

각 파일에서 자원을 경로로 대체(필요하다면 경로를 변경한다)한다.

- [ ] jni/Background.cpp의 /sdcard/droidblaster.tilemap.png

- [ ] jni/Background.cpp의 /sdcard/droidblaster.tilemap.tmx

- [ ] jni/DroidBlaster.cpp의 /sdcard/droidblaster.start.pcm

- [ ] jni/DroidBlaster.cpp의 /sdcard/droidblaster/bgm.mp3

- [ ] jni/Ship.cpp의 /sdcard/droidblaster/ship.png

6 애플리케이션을 실행한다. 눈치 챘는가? 모든 것이 이전처럼 동작한다. 이제 STL를 활용해 몇몇 회사에 우리의 외로운 우주선을 제공해보자.

7 우선 기존 jni/Type.hpp 파일에 간단한 무작위randomization 도우미 매크로를 만든다.

```
#ifndef _PACKT_TYPES_HPP_
#define _PACKT_TYPES_HPP_

#include <stdint.h>
#include <cstdlib>

namespace packt {
  ...
}

#define RAND(pMax) (float(pMax) * float(rand()) / float(RAND_MAX))

#endif
```

8 가장 먼저 시드seed를 이용해 랜덤 값 발생기generator를 초기화해야 한다. 가능한 해결책은 시드 값을 jni/TimeService.cpp의 현재 시간으로 설정하는 것이다.

```
#include "TimeService.hpp"
#include "Log.hpp"

#include <cstdlib>

namespace packt {
  TimeService::TimeService() :
      mElapsed(0.0f),
      mLastTime(0.0f) {
    srand(time(NULL));
  }
  ...
}
```

9 Ship 게임 객체에 사용했던 방식과 유사하게 위험하고 무시무시한 소행성을 표현할 수 있게 새로운 jni/Asteroid.hpp 헤더 파일을 생성한다.

```
#ifndef _DBS_ASTEROID_HPP_
```

```cpp
#define _DBS_ASTEROID_HPP_

#include "Context.hpp"
#include "GraphicsService.hpp"
#include "GraphicsSprite.hpp"
#include "Types.hpp"

namespace dbs {
  class Asteroid {
  public:
    Asteroid(packt::Context* pContext);

    void spawn();
    void update();

  private:
    packt::GraphicsService* mGraphicsService;
    packt::TimeService* mTimeService;

    packt::GraphicsSprite* mSprite;
    packt::Location mLocation;
    float mSpeed;
  };
}
#endif
```

10 jni/Asteroid.cpp에 Asteroid 클래스를 구현한다. 소행성은 생성 시간에 로드된 스프라이트를 통해 표현된다.

Asteroid 게임 객체 자체는 spawn()에서 초기화돼 화면 최상단(초기에 숨겨져 있다)에 위치한다. 소행성은 화면의 가로 크기 중 임의의 위치에 놓으며, 임의의 애니메이션과 이동 속력을 갖는다.

update()에서 프레임을 처리하는 동안 소행성은 속력에 따라 위에서 아래로 떨어진다. 가장 바닥 위치에 도달하면 재생성된다.

```cpp
#include "Asteroid.hpp"
#include "Log.hpp"

namespace dbs {
  Asteroid::Asteroid(packt::Context* pContext) :
      mTimeService(pContext->mTimeService),
      mGraphicsService(pContext->mGraphicsService),
      mLocation(), mSpeed(0.0f) {
    mSprite = pContext->mGraphicsService->registerSprite(
        mGraphicsService->registerTexture(
            "/sdcard/droidblaster/asteroid.png"),
            64, 64, &mLocation);
  }

  void Asteroid::spawn() {
    const float MIN_SPEED = 4.0f;
    const float MIN_ANIM_SPEED = 8.0f, ANIM_SPEED_RANGE = 16.0f;

    mSpeed = -RAND(mGraphicsService->getHeight()) - MIN_SPEED;
    float lPosX = RAND(mGraphicsService->getWidth());
    float lPosY = RAND(mGraphicsService->getHeight())
                + mGraphicsService->getHeight();
    mLocation.setPosition(lPosX, lPosY);

    float lAnimSpeed = MIN_ANIM_SPEED + RAND(ANIM_SPEED_RANGE);
    mSprite->setAnimation(8, -1, lAnimSpeed, true);
  }

  void Asteroid::update() {
    mLocation.translate(0.0f, mTimeService->elapsed() * mSpeed);
    if (mLocation.mPosY <= 0) {
      spawn();
    }
  }
}
```

11 jni/DroidBlaster.hpp 헤더 파일을 열어 C 배열을 캡슐화하는 대부분의 공용 STL 컨테이너인 vector 헤더를 포함한다. 그다음 소행성 벡터를 포인터로 선언(std 네임스페이스 이름으로 시작함)한다.

```cpp
#ifndef _PACKT_DROIDBLASTER_HPP_
#define _PACKT_DROIDBLASTER_HPP_

#include "ActivityHandler.hpp"
#include "Asteroid.hpp"
#include "Background.hpp"
#include "Context.hpp"
...
#include "Types.hpp"

#include <vector>

namespace dbs {
  class DroidBlaster : public packt::ActivityHandler
  {
    ...
  private:
    ...

    Background mBackground;
    Ship mShip;
    std::vector<Asteroid*> mAsteroids;
    packt::Sound* mStartSound;
  };
}
#endif
```

12 마지막으로 jni/DroidBlaster.cpp를 열어 생성자 초기화 목록에 이 새로운 컨테이너를 포함하고, push_back() 메소드를 갖는 Asteroid 인스턴스를 삽입한다.

그다음 소멸자에서 모든 벡터 엔트리를 해제하기 위해 iterator를 사용해 벡터를 반복할 수 있다. 문법은 다소 복잡하지만 많은 유연성을 제공한다.

```cpp
#include "DroidBlaster.hpp"
#include "Log.hpp"

namespace dbs {
    DroidBlaster::DroidBlaster(packt::Context* pContext) :
        mGraphicsService(pContext->mGraphicsService),
        mInputService(pContext->mInputService),
        mSoundService(pContext->mSoundService),
        mTimeService(pContext->mTimeService),
        mBackground(pContext), mShip(pContext), mAsteroids(),
        mStartSound(mSoundService->registerSound(
            "/sdcard/droidblaster/start.pcm")) {
      packt::Log::info("Creating DroidBlaster");

      // 소행성을 생성한다.
      for (int i = 0; i < 16; ++i) {
        mAsteroids.push_back(new Asteroid(pContext));
      }
    }

    DroidBlaster::~DroidBlaster() {
      std::vector<Asteroid*>::iterator iAsteroid =
          mAsteroids.begin();
      for (; iAsteroid < mAsteroids.end() ; ++iAsteroid) {
        delete *iAsteroid;
      }
      mAsteroids.clear();
    }
    ...
```

13 계속해서 jni/DroidBlaster.cpp에서 동일한 반복 기술을 적용해 소행성 게임 객체(onActivate() 내)를 초기화하고 각 프레임(onStep() 내)을 반복한다.

```cpp
    ...
    packt::status DroidBlaster::onActivate() {
```

```cpp
    ...
    mBackground.spawn();
    mShip.spawn();
    std::vector<Asteroid*>::iterator iAsteroid =
        mAsteroids.begin();
    for (; iAsteroid < mAsteroids.end() ; ++iAsteroid) {
      (*iAsteroid)->spawn();
    }

    mTimeService->reset();
    return packt::STATUS_OK;
  }
  ...

packt::status DroidBlaster::onStep() {
  mTimeService->update();

  mBackground.update();
  mShip.update();
  std::vector<Asteroid*>::iterator iAsteroid =
      mAsteroids.begin();
  for (; iAsteroid < mAsteroids.end(); ++iAsteroid) {
    (*iAsteroid)->update();
  }

  // 서비스를 갱신한다.
  ...
  return packt::STATUS_OK;
  }
  ...
}
```

14 asteroid.png 스프라이트 시트를 자신의 droidblaster 저장 디렉토리로 복사한다.

asteroid.png 파일은 Chapter9/Resource에 있다.

보충 설명

지금까지 STL 스트림을 통해 SD 카드에 위치한 바이너리 파일에 접근하는 방법을 살펴봤다. 모든 애셋 파일은 저장 매체에서는 단순한 파일로 존재한다. 서로 다른 로케이터를 필요로 하는 OpenSL ES MIME 플레이어의 예외 처리에 있어 대부분 투명하게 변경된다. 또한 STL 문자열 조작 방법과 복잡한 C 문자열 조작 기본형을 회피하는 방법도 살펴봤다.

마지막으로 C 기본 배열 대신 STL 컨테이너 vector로 관리되는 일련의 Asteroid 게임 객체를 구현했다. STL 컨테이너는 자동으로 메모리 관리(배열 크기 변경 작업 등)를 처리한다. 파일 접근은 모든 유닉스 파일 시스템처럼 동작해 SD 카드는 마운드 포인트(일반적으로 그렇지만 항상 /sdcard에 위치하는 것은 아니다)로부터 사용가능하다.

SD 카드 저장소는 무거운 자원 파일을 갖는 애플리케이션에 있어서는 신중하게 고려돼야 한다. 실제로 무거운 APK를 설치하면 메모리가 제한된 기기에 문제를 유발할 수 있다.

안드로이드와 엔디안

플랫폼과 외부 파일을 갖는 파일 엔디안을 알아야 한다. 모든 공식 안드로이드 기기는 리틀 엔디안이지만, 이 또한 항상 진실이 아닐 수 있다(예를 들어 다른 CPU 구조를 사용하는 안드로이드에 일부 비공식적인 요소가 포팅돼 있을 수 있다). ARM은 리틀 엔디안과 빅 엔디안 인코딩을 지원하는 반면 x86(NDK R6 이후로 사용 가능)은 리틀 엔디안만 지원한다. 엔디안 인코딩은 endian.h에 선언된 POSIX 기본형을 사용해 쉽게 변환할 수 있다.

416

지금까지 STLport를 정적 라이브러리로 연결했다. 하지만 동적으로 연결하거나 GNU STL로 연결할 수도 있다. 필요에 따라 선택이 달라질 수 있다.

- 예외 처리와 필요한 RTTI가 없지만, 여러 라이브러리에 의해 STL이 필요하다. STL 기능 중 일부 주요 기능이 필요하다면 `stlport_shared`를 사용한다.

- 예외 처리와 필요한 RIIT는 없고, STL이 단일 라이브러리에 의해 사용되거나 혹은 작은 부분 요소만 필요하다. 메모리 사용이 낮아질 수 있게 `stlport_static`을 사용한다.

- 예외 처리와 RTTI가 필요하다. `gnustl_static`을 연결한다.

NDK R7 이후로 STLport에 의해 RTTI는 지원되지만 예외는 지원되지 않는다.

STL은 반복적이며 에러를 유발하기 쉬운 코드를 피할 수 있도록 실로 엄청나게 개선됐다. 많은 오픈소스 라이브러리에서는 STL를 사용하며, 이제 특별한 어려움 없이 포팅할 수 있다. 이에 관한 자세한 정보는 http://www.cplusplus.com/reference/stl 문서와 SGI 웹사이트(처음 STL을 만든) http://www.sgi.com/tech/stl을 참고한다.

정적과 공유

공유 라이브러리는 런타임에 수동으로 로드돼야 한다는 사실을 기억하자. 공유 라이브러리를 로드하지 않으면 의존 라이브러리(혹은 애플리케이션)가 로드되는 즉시 에러가 발생한다. 사전에 어떠한 함수가 호출될지 예측하는 것은 불가능하기 때문에 대부분의 항목이 사용되지 않더라도 공유 라이브러리 전체가 메모리에 로드된다.

한편 정적 라이브러리는 사실상 의존 라이브러리와 함께 로드된다. 실제로 정적 라이브러리는 존재하지 않는다. 정적 라이브러리는 링킹linking 중 의존 라이브러리로 복사된다. 단점은 바이너리 코드가 각 라이브러리에 중복될 수 있어 메모리가 낭비될 수 있다는 점이다. 하지만, 링커linker는 포함하는 코드로부터 호출된 라이브러리를 정확하게 알고 있으며, 필요한 경우에만 복사해 컴파일한 후 제한된 크기를 갖게 된다.

또한 자바 애플리케이션은 공유 라이브러리로만(공유 라이브러리 자신이 다른 공유 라이브러리 혹은 정적 라이브러리로 연결될 수 있다) 로드된다는 사실을 기억하자. 네이티브 액티비티에서 주요 공유 라이브러리는 애플리케이션 매니페스트의 `android.app.lib_name` 속성으로 지정된다. 다른 라이브러리에서 참조된 라이브러리는 반드시 미리 수동으로 로드돼야 한다. NDK가 자체적으로 이를 수행하지 않는다.

공유 라이브러리는 JNI 애플리케이션에서 `System.loadLibrary()`를 사용해 쉽게 로드될 수 있다. 하지만 `NativeActivity`는 투명하다. 따라서 공유 라이브러리를 사용하기로 맘먹었다면 유일한 해결책은 `NativeActivity`를 상속받아 적절한 `loadLibrary()` 지시자를 호출하게 자신만의 자바 액티비티를 작성하는 것이다. 예를 들어 다음 코드는 `stlport_shared`를 사용할 경우 `DroidBlaster` 액티비티의 모습이 어떠할지를 보여준다.

```
package com.packtpub.droidblaster

import android.app.NativeActivity

public class MyNativeActivity extends NativeActivity {
  static {
    System.loadLibrary("stlport_shared");
    System.loadLibrary("droidblaster");
  }
}
```

STL 성능

성능에 주된 관점을 두고 개발한다면 특히 메모리 관리와 할당에 있어서 표준 STL 컨테이너가 항상 최선의 선택이 되지는 않는다. 실제로 STL은 공통적인 경우를 위해 작성된 범용 라이브러리다. 성능이 매우 중요한 코드라면 다른 라이브러리를 고려해야 한다. 그 예는 다음과 같다.

- **EASTL** Electronic Arts에 의해 개발된 STL 대체 라이브러리로 게임을 염두에 두고 개발됐다. 프로젝트의 50% 정도 릴리즈됐음에도 (EA 오픈소스 프로그램의 일부로) 큰 관심을 받고 있다. 결과물은 https://github.com/paulhodge/EASTL 리포지터리repository를 통해 확인할 수 있다. 반드시 읽어봐야 할 EASTL 기술 상세 문서는 공개 표준 웹사이트 http://www.open-std.org/jtc1/sc22/wg21/docs/papers/2007/n2271.html을 참고한다.

- **RDESTL** EASTL 코드를 릴리즈하기 수년 전에 공개된 EASTL 기술 문서를 기초로 한 STL의 일부 오픈소스다. 코드 리포지터리는 http://code.google/com/p/rdestl이다.

- **구글 SparseHash** 연관 배열 라이브러리의 고성능(RDESTL도 좋은 성능을 갖는다)을 위해 개발됐다.

완벽한 내용은 아니므로 정확한 요구 사항을 정의해 적절한 선택을 해야 한다.

안드로이드에서 부스트 컴파일

STL이 C++ 프로그램에서 가장 공통적인 프레임워크라면 부스트Boost는 그다음 가는 프레임워크라고 할 수 있다. 진정한 스위스 군용 칼처럼 이 툴킷은 대부분의 공통 필요 사항 혹은 그 이상을 처리할 수 있는 다양한 유틸리티를 포함하고 있다! 부스트의 가장 인기 있는 기능은 스마트 포인터로서, 메모리 할당을 처리하기 위한 참조 카운팅 클래스 내에 기본 포인터를 캡슐화해 자동으로 할당을 해제한다. 따라서 처리 비용 없이 대부분의 메모리 누수나 포인터 오사용을 피할 수 있게 해준다.

STL처럼 부스트는 대부분의 모듈 사용에 있어 컴파일이 필요 없는 주요 템플릿 라이브러리다. 예를 들어 스마트 포인터 헤더 파일을 포함하는 것만으로도 사용에 문제가 없다. 하지만 일부 모듈은 먼저 라이브러리로 컴파일돼야 한다(예를 들어 스레딩 모듈).

이제 안드로이드 NDK에서 부스트를 빌드하기 위한 방법을 살펴보고 기본적인 관리되지 않는 포인터를 스마트 포인터로 바꿔보자.

노트 DroidBlaster_Part9-1 프로젝트는 이 절의 시작점으로 사용된다. 결과 프로젝트는
DroidBlaster_Par9-2를 참고한다.

실습 예제 | DroidBlaster에 부스트 포함

1 http://www.boost.org/(이 책에서는 버전 1.47.0)에서 부스트를 다운로드한다.

노트 부스트 1.47.0 압축 파일은 Chapter09/Library에 있다.

2 압축 파일을 ${ANDROID_NDK}/sources에 해제하고, 디렉토리 이름을 boost로
한다.

3 커맨드라인 창을 열어 boost 디렉토리로 이동한다. 윈도우에서는 bootstrap.bat
을 실행하고, 리눅스나 맥OS X에서는 ./bootstrap.sh 스크립트를 실행해 b2를
빌드한다. 이 프로그램은 과거에 BJam이라는 이름으로 사용된 Make와 유사한
사용자 정의 빌드 도구다.

4 boost/tools/build/v2/user-config.jam 파일을 연다. 이 파일은 이름을 보면 알
수 있듯이 부스트 컴파일을 사용자 정의하기 위한 설정 파일이다.

```
Update user-config.jam. Initial content contains only comments
and can be erased:
import os ;
if [ os.name ] = CYGWIN || [ os.name ] = NT {
  androidPlatform = windows ;
}
else if [ os.name ] = LINUX {
```

```
    androidPlatform = linux-x86 ;
  }
  else if [ os.name ] = MACOSX {
    androidPlatform = darwin-x86 ;
  }
  ...
```

5 컴파일은 정적으로 수행된다. BZip은 기본적으로 안드로이드에서 사용이 불가
능(하지만 개별적으로 컴파일할 수는 있다)하기 때문에 비활성화돼 있다.

```
  ...
  modules.poke : NO_BZIP2 : 1 ;
  ...
```

6 컴파일러는 정적 모드(정적 라이브러리 생성을 담당하는 ar 아카이버achiver)로 NDK GCC
툴체인(g++, ar, ranlib)을 사용해 재설정할 수 있다. sysroot 지시자는 컴파일과
링크 대상 안드로이드 API 릴리즈를 가리킨다. 지정된 디렉토리는 NDK에 위치
해 해당 릴리즈에 특정한 인클루드 파일과 라이브러리를 포함한다.

```
  ...
  ANDROID_NDK = ../.. ;

  using gcc : android4.4.3 :
      $(ANDROID_NDK)/toolchains/arm-linux-androideabi-4.4.3/
  prebuilt/$(androidPlatform)/bin/arm-linux-androideabi-g++ :
      <archiver>$(ANDROID_NDK)/toolchains/arm-linuxandroideabi-
  4.4.3/prebuilt/$(androidPlatform)/bin/arm-linuxandroideabi-ar
      <ranlib>$(ANDROID_NDK)/toolchains/arm-linux-androideabi-4.4.3/
  prebuilt/$(androidPlatform)/bin/arm-linux-androideabi-ranlib

      <compileflags>--sysroot=$(ANDROID_NDK)/platforms/android-9/
  arch-arm
      <compileflags>-I$(ANDROID_NDK)/sources/cxx-stl/gnu-libstdc++/
  include
      <compileflags>-I$(ANDROID_NDK)/sources/cxx-stl/gnu-libstdc++/
```

```
libs/armeabi/include
...
```

7 부스트 컴파일을 사용하기 위해 정의돼야 하는 몇 가지 선택 사항이 있다.

- □ 디버그 모드를 비활성화하기 위한 NDEBUG

- □ 와이드 문자를 지원하지 않게 지시하는 BOOST_NO_INTRINSIC_WCHAR

- □ BOOST_FILESYSTEM_VERSION을 2로 설정한다. 부스트 파일 시스템 모듈의 최신 버전 3은 와이프 문자와 관련해 변경이 호환되지 않는다.

- □ 타입 앨리어싱aliasing 관련 최적화를 해제하기 위한 no-strict-aliasing

- □ 최적화 레벨을 -02로 설정한다.

```
...
<compileflags>-DNDEBUG
<compileflags>-D__GLIBC__
<compileflags>-DBOOST_NO_INTRINSIC_WCHAR_T
<compileflags>-DBOOST_FILESYSTEM_VERSION=2
<compileflags>-lstdc++
<compileflags>-mthumb
<compileflags>-fno-strict-aliasing
<compileflags>-02
    ;
```

8 앞서 열어놓은 터미널을 이용해 boost 디렉토리에서 다음 커맨드라인을 사용해 컴파일을 실행한다. NDK과 무관한 두 가지 모듈은 제거한다.

- □ 와이드 문자에 필요한 Serialization 모듈(아직까지 공식 NDK에서 지원하지 않는다)

- □ 기본적으로 NDK에서 사용할 수 없는 다른 라이브러리를 필요로 하는 파이썬

```
b2 --without-python --without-serialization toolset=gccandroid4.4.3
link=static runtime-link=static target-os=linux
--stagedir=android
```

9 컴파일에 상당한 시간이 필요하지만, 사실상 실패할 것이다! 첫 번째 수천 라인에 숨겨진 에러 메시지를 찾기 위해 두 번째 컴파일을 수행한다. `::statvfs has not been declared…` 메시지를 볼 수 있을 것이다. 이 문제는 boost/libs/filesystem/v2/src/v2_operations.cpp와 관련돼 있다. 이 파일은 정상적으로 62라인에서 sys/statvfs.h 시스템 헤더를 포함한다. 하지만 안드로이드 NDK는 대신 sys/vfs.h를 제공한다. 따라서 v2_operation.cpp에 sys/vfs.h를 인클루드해야 한다.

안드로이드는 자신만의 특징을 갖는 리눅스(이상이거나 이하이거나)다. 라이브러리가 이 부분을 고려하지 않는다면 빈번히 이러한 종류의 골칫거리를 접하게 될 것이다.

```
...
# else // BOOST_POSIX_API
#    include <sys/types.h>
#    if !defined(__APPLE__) && !defined(__OpenBSD__) \
                        && !defined(__ANDROID__)
#      include <sys/statvfs.h>
#      define BOOST_STATVFS statvfs
#      define BOOST_STATVFS_F_FRSIZE vfs.f_frsize
#    else
#ifdef __OpenBSD__
#      include <sys/param.h>
#elif defined(__ANDROID__)
#      include <sys/vfs.h>
#endif
#      include <sys/mount.h>
#      define BOOST_STATVFS statfs
...
```

10 다시 컴파일한다. ···failed updating X targets··· 같은 메시지는 이번에 나타나면 안 된다. 라이브러리는 ${ANDROID_NDK}/boost/android/lib에서 컴파일된다.

11 부스트의 다양한 모듈을 사용할 경우 여러 비호환 요소들을 접할 수 있다. 예를 들어 부스트로 임의 값을 만들기 위해 boost/random.hpp를 포함하면 엔디안 관련 컴파일 에러를 접하게 된다. 이를 해결하기 위해 boost/boost/detail/endian.hpp의 34라인에 안드로이드를 위한 정의를 추가한다.

```
...

#if defined (__GLIBC__) || defined(__ANDROID__)
# include <endian.h>
# if (__BYTE_ORDER == __LITTLE_ENDIAN)
#   define BOOST_LITTLE_ENDIAN

...
```

이전 단계에 적용된 패치와 컴파일된 바이너리는 Chapter09/Library/boost_1_47_0_android에 있다.

12 계속해서 boost 디렉토리에서 안드로이드 모듈로 새롭게 컴파일된 라이브러리를 선언하기 위해 새로운 Android.mk 파일을 생성한다. 모듈당 하나의 모듈 선언을 포함해야 한다. 예를 들어 android/lib/libboost_thread.a 정적 라이브러리를 참조하는 하나의 boost_thread 라이브러리를 정의한다. LOCAL_EXPORT_C_INCLUDES는 프로그램에서 참조될 때 자동으로 부스트를 인클루드하기 위해 사용되는 중요한 변수다.

```
LOCAL_PATH:= $(call my-dir)

include $(CLEAR_VARS)

LOCAL_MODULE:= boost_thread
```

```
LOCAL_SRC_FILES:= android/lib/libboost_thread.a
LOCAL_EXPORT_C_INCLUDES := $(LOCAL_PATH)

include $(PREBUILT_STATIC_LIBRARY)
```

같은 파일에 여러 모듈에 대해서 같은 방식으로 선언할 수 있다(예를 들어 `boost_iostream` 등).

Android.mk는 Chapter09/Library/boost_1_47_0_android를 참고한다.

이제 프로젝트에서 부스트를 사용해보자.

13 DroidBlaster 프로젝트로 다시 돌아가자. 애플리케이션에서 부스트를 포함시키기 위해 예외 처리를 지원하는 STL 구현을 연결해야 한다. 따라서 STLPort를 GNU STL(정적 라이브러리만 가능)로 변경해 예외 처리를 활성화해야 한다.

```
APP_STL := gnustl_static
APP_CPPFLAGS := -fexceptions
```

14 마지막으로 Android.mk를 열어 동작이 올바른지를 확인할 수 있게 부스트 모듈을 인클루드한다. 예를 들어 부스트 스레드 모듈에 대해서는 다음 코드를 참고한다.

```
LOCAL_PATH := $(call my-dir)

include $(CLEAR_VARS)

LS_CPP=$(subst $(1)/,,$(wildcard $(1)/*.cpp))
LOCAL_MODULE := droidblaster
LOCAL_SRC_FILES := $(call LS_CPP,$(LOCAL_PATH))
LOCAL_LDLIBS := -landroid -llog -lEGL -lGLESv1_CM -lOpenSLES
LOCAL_STATIC_LIBRARIES := android_native_app_glue png boost_thread

include $(BUILD_SHARED_LIBRARY)
```

```
$(call import-module,android/native_app_glue)
$(call import-module,libpng)
$(call import-module,boost)
```

15 jni/GraphicsTilemap.cpp를 편집한다. RapidXML 에러 처리 블록을 제거하고,
setjmp() 호출을 C++ try/catch로 대체해 parse_error 예외 처리를 처리
하게 한다.

```
...
namespace packt {

  ...
  int32_t* GraphicsTileMap::loadFile() {

    ...
    mResource.close();

  }
  try {
    lXmlDocument.parse<parse_default>(lFileBuffer);
  } catch (rapidxml::parse_error& parseException) {
    packt::Log::error("Error while parsing TMX file.");
    packt::Log::error(parseException.what());
    goto ERROR;
  }

  ...
  }
}
```

이제 메모리 할당/해제를 자동으로 관리하기 위해 스마트 포인터를 사용할 수
있다.

16 부스트와 STL은 가독성이 떨어지는 정의를 확산하는 경향이 있다. 이제
jni/Asteroid.hpp에 typedef 키워드를 사용해 사용자 정의 스마트 포인터와 벡
터 타입을 정의해 이러한 정의를 간소화해보자. 벡터 타입은 기본 포인터 대신
스마트 포인터를 포함한다.

```cpp
#ifndef _DBS_ASTEROID_HPP_
#define _DBS_ASTEROID_HPP_

#include "Context.hpp"
#include "GraphicsService.hpp"
#include "GraphicsSprite.hpp"
#include "Types.hpp"

#include <boost/shared_ptr.hpp>
#include <vector>

namespace dbs {
  class Asteroid {
  ...

  public:
    typedef boost::shared_ptr<Asteroid> ptr;
    typedef std::vector<ptr> vec;
    typedef vec::iterator vec_it;

  }
}
#endif
```

17 jni/DroidBlaster.hpp를 열고 vector 헤더의 include문(이제 jni/Asteroid.hpp에서 인클루드된다)을 제거한다. 새롭게 정의된 Android::vec 타입을 사용한다.

```cpp
...
namespace dbs {
  class DroidBlaster : public packt::ActivityHandler {
    ...
  private:
    ...
    Background mBackground;
    Ship mShip;
    Asteroid::vec mAsteroids;
    packt::Sound* mStartSound;
```

```cpp
    };
  }
  #endif
```

18 소행성을 수반하는 모든 `iterator` 선언은 이제 새롭게 '사용자 정의된' 타입
으로 바뀌어야 한다. 코드는 한 가지를 제외하고 크게 다르지 않다. 주의 깊게
살펴보자. 이제 소멸자가 비어있다! 모든 포인터는 부스트에 의해 자동으로 해
제된다.

```cpp
#include "DroidBlaster.hpp"
#include "Log.hpp"

namespace dbs {
  DroidBlaster::DroidBlaster(packt::Context* pContext) :
      ... {
    for (int i = 0; i < 16; ++i) {
      Asteroid::ptr lAsteroid(new Asteroid(pContext));
      mAsteroids.push_back(lAsteroid);
    }
  }

  DroidBlaster::~DroidBlaster()
  {}

  packt::status DroidBlaster::onActivate() {
    ...
    mBackground.spawn();
    mShip.spawn();

    Asteroid::vec_it iAsteroid = mAsteroids.begin();
    for (; iAsteroid < mAsteroids.end() ; ++iAsteroid) {
      (*iAsteroid)->spawn();
    }

    mTimeService->reset();
    return packt::STATUS_OK;
```

```
    }
  }

  ...

packt::status DroidBlaster::onStep() {
  mTimeService->update();

  mShip.update();

  Asteroid::vec_it iAsteroid = mAsteroids.begin();
  for (; iAsteroid < mAsteroids.end(); ++iAsteroid) {
    (*iAsteroid)->update();
  }

  if (mGraphicsService->update() != packt::STATUS_OK) {
    ...
    return packt::STATUS_KO;
  }
}
```

보충 설명 |

지금까지 부스크 코드를 이용할 때 발생하는 사소한 문제를 해결했고, 이를 컴파일
할 수 있게 올바르게 설정해봤다. 마지막으로 부스트의 가장 유명한(그리고 유용한)
기능인 스마트 포인트에 대해서도 살펴봤다. 하지만 부스트는 훨씬 더 많은 기능을
제공한다. 부스트의 풍부한 기능을 맛보고 싶다면 http://www.boost.org/doc/libs에
서 제공하는 문서를 참고한다. 버그 트래커tracker에서 안드로이드 문제점에 대한
정보도 확인할 수 있다.

부스트의 전용 빌드 툴인 b2를 사용해 수동으로 부스트를 컴파일하고 NDK 툴체인
을 사용할 수 있게 설정을 변경해봤다. 그다음 이미 빌드된 정적 라이브러리는
Android.mk를 통해 생성돼 NDK import-module 지시자를 통해 최종 애플리케이
션으로 포함된다. 부스트가 갱신되거나 수정이 발생할 때마다 코드는 다시 수동으

로 b2를 통해 컴파일돼야 한다. 최종 이미 빌드된 라이브러리는 PREBUILT_
STATIC_LIBRARY 지시자(공유 라이브러리는 PREBUILT_SHARED_LIBRARY)를 통해서만 클라
이언트 애플리케이션으로 포함된다. 반면 BUILD_STATIC_LIBRARY와 BUILD_
SHARED_LIBRARY는 새로운 클라이언트 애플리케이션이 가져오거나 자신의 컴파일
설정을 변경할 때 전체 모듈을 다시 컴파일한다(예를 들어 Application.mk의 APP_OPTIM을
디버그에서 릴리즈로 변경할 때).

부스트를 동작시키게 현재 예외 처리를 지원하기 위한 유일한 방법으로 STLport
에서 GNU STL로 바꿨다. 이 변경은 Appilication.mk에서 stlport_static을
gnustl_static으로 대체하는 것으로 적용된다. 예외 처리와 RTTI는 동일 파일
내의 APP_CPPFLAGS 지시자나 고려하는 라이브러리의 LOCAL_CPPFLAG에 각기
-fexception과 -frtti를 추가하는 것으로 쉽게 활성화할 수 있다. 기본적으로
안드로이드는 -fno-exceptions와 -fno-rtti 플래그로 컴파일한다.

문제? 정리하자!

특히 하나의 STL을 다른 것으로 전환할 때 라이브러리 컴파일이 안 되는 경우가 종종
발생한다. 슬프게도 그 결과는 다소 이상하고 모호한 정의되지 않은 링크 에러로 나타난
다. 의심스럽다면 이클립스 메뉴 Project ❯ Clean…이나 애플리케이션 루트 디렉토리에서
ndk-build clean 명령으로 프로젝트를 정리(clean)해보자.

예외 처리는 컴파일된 코드를 더욱 크게, 그리고 효율은 떨어지게 만든다고 알려졌
다. 예외 처리는 컴파일러가 똑똑한 최적화를 수행하는 것을 방해한다. 하지만 예
외 처리가 에러 체크나 아무런 에러 체크가 없는 것보다 심각하다는 점은 커다란
논란의 여지가 있는 질문이다. 실제로 GCC 3.x에서 ARM 프로세서에 대한 예외
처리가 미약했기 때문에 구글 엔지니어는 첫 릴리즈에 예외 처리를 적용하지 않았
다. 하지만 빌드 체인은 이제 GCC 4.x를 사용하며, 이러한 결함으로 인해 고생하
지 않아도 된다. 수동으로 에러를 확인 것과 예외적인 경우를 처리하는 것을 비교해
봤을 때의 손실은, 예외적인 경우만 처리한다고 가정할 경우 대부분의 경우 크게

의미를 갖지 않는다. 따라서 예외 처리를 사용할지에 대한 선택은 여러분(그리고 참조
라이브러리)에 달려있다.

C++에서 예외를 처리하는 것은 쉽지 않고 엄격한 원칙을 따라야 한다. 반드시 예외적인
경우에만 제한적으로 사용돼야 하며, 코드도 조심스럽게 설계돼야 한다. 예외를 올바르게
처리하기 위한 RAII(Resource Acquistion Is Initialization) 관용어를 새겨보기 바란다.

도전 과제 | 부스트로 스레드 이용

DroidBlaster는 스마트 포인터 덕분에 이제 다소 안전해졌다. 하지만 스마트 포인터
는 템플릿 파일 기반이다. 스마트 포인터를 사용하는 데 부스트 모듈에 연결할 필요
는 없다. 따라서 동작을 확인하기 위해 DroidBlaster 클래스를 수정해 배경 화면
의 소행성을 갱신하는 Boost 스레드를 구동한다. 스레드는 반드시 분리된 메소드
(예를 들어 updateBackground())에서 수행돼야 한다. onStep()에서 스레드 자체를 구
동하고 GraphicsService가 내용을 그리기 전에 스레드를 조인(즉, 임무를 완료 할
때까지 스레드를 대기)할 수 있다.

```
...
  #include <boost/thread.hpp>
...

  void DroidBlaster::updateThread() {
    Asteroid::vec_it iAsteroid = mAsteroids.begin();
    for (; iAsteroid < mAsteroids.end(); ++iAsteroid) {
      (*iAsteroid)->update();
    }
  }

packt::status DroidBlaster::onStep() {
  mTimeService->update();
```

```cpp
boost::thread lThread(&DroidBlaster::updateThread, this);
mBackground.update();
mShip.update();
lThread.join();

if (mGraphicsService->update() != packt::STATUS_OK) {
    ...
}
...
```

최종 결과 프로젝트는 DroidBlaster_Part9-2-Thread를 참고한다.

스레드에 대해 경험이 있다면 이 코드는 여러분을 가만히 앉아있게 하지는 않을
것이다. 실제로 이 코드는 스레드에 적용하지 말아야 할 최고의 예제이기도 하다.
그 이유는 다음과 같다.

- 기능적 분리(예를 들어 자신의 스레드 내에 하나의 서비스)는 일반적으로 스레드를 효율적
  으로 만드는 최고의 방법이 아니다.

- 멀티코어는 아직까지 대중화되지 않은 모바일 프로세서(물론 세상은 빠르게 변하고
  있다)다. 따라서 단일 프로세서상에서 스레드를 생성하는 것은 I/O와 같은 블록킹
  동작을 제외하고 성능을 개선해주지 못한다.

- 멀티코어는 코드 2개 이상일 수 있다! 해결하기 위한 문제에 따라 코어만큼의
  스레드를 갖는 것은 좋은 아이디어가 될 수 있다.

- 요청 시 스레드를 만드는 것은 비효율적이다. 스레드 풀이 더 올바른 접근이다.

스레딩은 정말 복잡한 문제이기 때문에 설계할 때 미리 고려해야 한다. 인텔 개발자 웹사이트(http://software.intel.com/)는 스레드에 대한 많은 흥미로운 자원과 설계 관점에서 좋은 참고 자료가 되는 스레딩 빌딩 블록(Threading Building Block)이라는 이름의 라이브러리를 제공한다(아직까지 안드로이드로 포팅되지 않았지만, 포팅이 진행 중이다).

안드로이드에 서드파티 라이브러리 포팅

표준 템플릿 라이브러리와 부스트를 이용한 경험을 바탕으로 거의 모든 라이브러리를 안드로이드로 포팅할 수 있는 준비를 마쳤다. 실제로 다수의 서드파티 라이브러리는 이미 포팅됐으며, 점점 더 많아지고 있다. 하지만 어떠한 것도 이용할 수 없다면 스스로 라이브러리를 포팅할 수 있는 스킬에 의존해야만 한다. 이번 절에서는 다음 두 라이브러리를 컴파일해본다.

- **Box2D** 매우 인기 있는 오픈소스 물리 시뮬레이션 엔진으로 앵그리버드(꽤 좋은 예이다!) 같은 2D 게임에 다수 적용돼 있다. 자바를 포함한 여러 언어를 지원한다. 하지만 기본 언어는 C++이다.

- **Irrlicht** 실시간 오픈소스 3D 엔진이다. 크로스플랫폼이며, DirectX와 OpenGL, GLES 바인딩을 제공한다.

DroidBlaster 물리 계층을 구현하고 그래픽을 3차원으로 이끌기 위해 10장에서 이 두 라이브러리를 사용한다.

DroidBlaster_Part9-2 프로젝트는 이 절의 시작점으로 사용된다. 결과 프로젝트는 DroidBlaster_Par9-3을 참고한다.

실습 예제 | NDK를 이용해 Box2D와 Irrlicht 컴파일

먼저 안드로이드 NDK에 Box2D를 포팅한다.

Box2D 2.2.1 압축 파일은 Chapter09/Library 디렉토리를 참고한다.

1 http://www.box2d.org/로 이동해 Box2D 소스 압축 파일(이 책은 2.2.1을 기준으로 한다)을 다운로드한다. ${ANDROID_NDK}/sources/에 압축을 해제하고 디렉토리 이름을 box2d로 지정한다.

2 box2d 디렉토리 루트에서 Android.mk 파일을 생성한 후 연다. `LOCAL_PATH` 변수 내에 현재 디렉토리를 저장한다. NDK 빌드 시스템은 컴파일 중 언제든지 다른 디렉토리로 전환할 수도 있기 때문에 이 단계는 언제나 필요하다.

```
LOCAL_PATH:= $(call my-dir)
...
```

3 그다음 컴파일할 모든 Box2D 소스 파일을 나열한다. 여기서는 ${ANDROID}/sources/box2d/Box2D/Box2D에 위치한 소스 파일에만 관심이 있다. `LS_CPP` 도우미 함수를 사용하면 각 파일을 복사하지 않아도 된다.

```
...
LS_CPP=$(subst $(1)/,,$(wildcard $(1)/$(2)/*.cpp))
BOX2D_CPP:= $(call LS_CPP,$(LOCAL_PATH),Box2D/Collision) \
            $(call LS_CPP,$(LOCAL_PATH),Box2D/Collision/Shapes) \
            $(call LS_CPP,$(LOCAL_PATH),Box2D/Common) \
            $(call LS_CPP,$(LOCAL_PATH),Box2D/Dynamics) \
            $(call LS_CPP,$(LOCAL_PATH),Box2D/Dynamics/Contacts) \
            $(call LS_CPP,$(LOCAL_PATH),Box2D/Dynamics/Joints) \
            $(call LS_CPP,$(LOCAL_PATH),Box2D/Rope)
...
```

4 Box2D 모듈 정의를 정적 라이브러리로 작성한다. 먼저 $(CLEAR_VARS) 스크립트를 호출한다. 이 스크립트는 다른 모듈에 의한 잠재적인 변화를 제거하고 원치 않는 부작용을 피하기 위해 모듈 정의 전에 미리 포함돼 있어야 한다. 그후 다음 설정을 정의한다.

- LOCAL_MODULE에 모듈 이름을 지정한다. 직후에 정의할 공유 버전과 이름 충돌을 피할 수 있게 모듈 이름은 _static으로 끝나게 한다.

- LOCAL_SRC_FILES에 모듈 소스 파일을 지정한다(이전에 정의한 BOX2D_CPP를 사용한다).

- LOCAL_EXPORT_C_INCLUDES 내에 클라이언트로 제공되는 인클루드 파일 디렉토리를 지정한다.

- LOCAL_C_INCLUDES에 모듈 컴파일을 위해 내부적으로 사용되는 인클루드 파일을 지정한다. 여기서 클라이언트 인클루드 파일과 컴파일 인클루드 파일은 동일(때때로 다른 라이브러리 내의 파일 이름과도 동일하다)하기 때문에 앞서 정의한 LOCAL_EXPORT_C_INCLUDES를 재사용한다.

```
...
include $(CLEAR_VARS)

LOCAL_MODULE:= box2d_static
LOCAL_SRC_FILES:= $(BOX2D_CPP)
LOCAL_EXPORT_C_INCLUDES := $(LOCAL_PATH)
LOCAL_C_INCLUDES := $(LOCAL_EXPORT_C_INCLUDES)
...
```

5 마지막으로 Box2D 모듈 컴파일을 다음과 같이 정적 라이브러리로 요청한다.

```
...
include $(BUILD_STATIC_LIBRARY)

...
```

6 공유 라이브러리를 빌드하기 위해 다른 모듈 이름을 선택하거나 대신 ${BUILD_SHARED_LIBRARY}를 호출해 같은 과정을 반복하면 된다.

```
...

include $(CLEAR_VARS)

LOCAL_MODULE:= box2d_shared
LOCAL_SRC_FILES:= $(BOX2D_CPP)
LOCAL_EXPORT_C_INCLUDES := $(LOCAL_PATH)
LOCAL_C_INCLUDES := $(LOCAL_EXPORT_C_INCLUDES)

include $(BUILD_SHARED_LIBRARY)
```

> Android.mk는 Chapter09/Library/Box2D_v2.2.1_android를 참고한다.

7 DroidBlaster Android.mk를 열고 `LOCAL_STATIC_LIBRARIES`에 `box2d_static`을 추가 연결한다. `box2d_static`의 디렉토리는 `import-module` 지시지를 통해 제공한다. 모듈은 기본적으로 `${ANDROID_NDK}/sources`를 가리키는 `NDK_MODULE_PATH` 변수를 이용해 쉽게 찾을 수 있음을 기억해두자.

```
LOCAL_PATH := $(call my-dir)

include $(CLLS_CPP=$(subst $(1)/,,$(wildcard $(1)/*.cpp))

LOCAL_MODULE := droidblaster
LOCAL_SRC_FILES := $(call LS_CPP,$(LOCAL_PATH))
LOCAL_LDLIBS := -landroid -llog -lEGL -lGLESv1_CM -lOpenSLES
LOCAL_STATIC_LIBRARIES:=android_native_app_glue png boost_thread \
                        box2d_static
include $(BUILD_SHARED_LIBRARY)

$(call import-module,android/native_app_glue)
$(call import-module,libpng)
$(call import-module,boost)
$(call import-module,box2d)EAR_VARS)
```

8 선택적으로 Box2D를 위한 인클루드 파일 정의를 활성화한다(2장에서 살펴봤다). 이를 위해 이클립스의 Project properties에서 C/C++ General/Paths and Symbols 섹션으로 이동한 후 Include 탭에서 Box2d 디렉토리 ${env_var: ANDROID_NDK}/sources/box2d를 추가한다.

9 DroidBlaster 컴파일을 실행한다. Box2D는 에러 없이 컴파일된다.

이제 Irrlicht를 컴파일해보자. Irrlicht는 현재 공식 브랜치에서 안드로이드를 지원하지 않는다. OpenGL ES 드라이버를 구현한 아이폰 버전은 여전히 개별 브랜치로 남아있다(역시 안드로이드를 지원하지 않는다). 하지만 이 브랜치를 안드로이드에서 사용할 수 있게 맞출 수는 있다(숙련된 프로그래머라면 몇 시간 내로 가능하다).

하지만 다른 해결책이 있다. IOPixels(http://www.iopixels.com/을 참고한다)의 개발자가 만든 안드로이드 버전을 사용하면 된다. NDK 컴파일과 최적화가 준비돼 있다. 매우 잘 동작하지만, 아이폰 브랜치만큼 자주 업데이트되지는 않는다.

10 Gitorious에서 안드로이드 리포지터리를 위한 Irrlicht를 체크아웃한다. 이 리포지터리는 http://girotious.org/irrlichtandroid/irrlichtandroid에서 찾을 수 있다. 이를 위해 GIT(리눅스에서는 git 패키지)를 설치하고 다음 명령을 실행한다.

```
>git clone git://gitorious/org/irrlichtandroid/irrlichtandroid.git
```

Irrlicht 압축 파일은 Chapter09/Library 예제 코드 디렉토리를 참고한다.

11 디스크에 만들어진 리포지터리를 ${ANDROID_NDK}/sources로 이동하고 이름을 irrlicht로 지정한다.

12 메인 디렉토리는 JNI를 사용해 네이티브 측에서 Irrlicht와 통신하는 준비된 안드로이드 프로젝트를 포함한다. 대신 NDK R5 네이티브 액티비티를 사용하기 위해 이 패키지를 변경할 것이다.

13 ${ANDROID_NDK}/sources/irrlicht/project/jni로 이동해 Android.mk를 연다.

14 반복하지만 makefile은 현재 경로를 정하기 위한 $(call my-dir) 지시자와 이미 존재하는 값을 지우기 위한 $(CLEAR_VARS) 지시자로 시작한다.

```
LOCAL_PATH := $(call my-dir)

include $(CLEAR_VARS)

...
```

15 그다음 컴파일할 모든 소스 파일을 정의한다. 정의할 파일의 양이 상당하다! Android 변수 외에는 수정할 필요가 없다. 실제로 이번 Irrlicht 포팅은 JNI를 통해 자바 애플리케이션과 통신하며, 자신만의 시뮬레이션 코드를 추가하기 위한 위치를 제공한다.

하지만 목적은 Irrlicht를 모듈로 컴파일하는 것이다. 따라서 불필요한 JNI 바인딩을 제거하고, EGL 초기화를 위한 클라이언트 애플리케이션에만 의존한다. ANDROID 지시자는 다음 내용만을 유지하게 업데이트한다.

- 동적으로 GLES 런타임에 바인딩할 수 있는 옵션을 제공하는 importg1.cpp

- 비어있는 스텁 코드인 CIrrDeviceAndroid.cpp. CIrrDeviceAndroid.cpp는 EGL 초기화를 클라이언트로 위임한다. 예제에서는 GraphicsService에 의해 수행된다.

```
...
IRRMESHLOADER = CBSPMeshFileLoader.cpp CMD2MeshFileLoader.cpp ...
...
ANDROID = importgl.cpp CIrrDeviceAndroid.cpp
...
```

16 모듈 정의가 남았다. LOCAL_ARM_MODE 변수는 제거될 수 있다. 애플리케이션 내의 Application.mk 파일을 통해 전역적으로 설정할 수 있기 때문이다. 물론 필요할 때 사용자 정의 설정을 사용하는 것이 금기사항은 아니다.

```
...
LOCAL_MODULE := irrlicht

#LOCAL_ARM_MODE := arm
...
```

17 원본 파일의 `LOCAL_CFLAGS`에서 `-O3` 플래그를 제거한다. 이 옵션은 최적화 레벨을 지정(여기서는 과감하게)한다. 하지만 애플리케이션 레벨에서 설정될 수 있다.

`ANDROID_NDK` 플래그는 이번 Irrlicht 포팅에 특징적이며, OpenGL 설정 시에 필요하다. `ANDROID_NDK` 플래그는 런타임에 OpenGL ES 시스템 라이브러리 동적 로딩을 해제하는 `DISABLE_IMPORTGL`과 함께 동작한다. 사용자가 런타임에 렌더러를 선택(예를 들어 GLES2.0 렌더러를 선택할 수 있게 허용하기 위해)할 수 있게 한다면 유용하게 사용될 수 있다. 이 경우 GLES 1 시스템 라이브러리는 쓸모없이 로드되지 않게 된다.

```
...
LOCAL_CFLAGS := -DANDROID_NDK -DDISABLE_IMPORTGL
LOCAL_SRC_FILES := $(IRRLICHT_CPP)
...
```

18 라이브러리 컴파일에 사용할 인클루드 디렉토리와 클라이언트 애플리케이션이 필요로 하는 라이브러리를 가리키는 `LOCAL_EXPORT_C_INCLUDES`와 `LOCAL_C_INCLUDES`를 추가한다. 연결된 라이브러리(`LOCAL_EXPORT_LDLIBS`와 `LOCAL_LDLIBS`)에도 같은 방식이 적용된다. GLESv1_CM만 유지한다. Irrlicht 컴파일 중에만 필요한 인클루드 파일을 포함하는 Irrlicht 소스 폴더는 export 플래그에 추가되지 않는다.

```
...
LOCAL_EXPORT_C_INCLUDES := $(LOCAL_PATH)/../include \
                           $(LOCAL_PATH)/libpng
LOCAL_C_INCLUDES := $(LOCAL_EXPORT_C_INCLUDES) $(LOCAL_PATH)
LOCAL_EXPORT_LDLIBS := -lGLESv1_CM -lz -ldl -llog
LOCAL_LDLIBS := $(LOCAL_EXPORT_LDLIBS)
```

. . .

19 마지막으로 정적 라이브러리로 컴파일할 수 있게 Irrlicht를 수정한다. 공유 라이브러리로 컴파일할 수도 있다. 하지만 컴파일 후 Irrlicht의 크기 때문에 정적 모듈을 권장한다. 추가적으로 DroidBlaster.so에만 연결을 해보겠다.

```
. . .
include $(BUILD_STATIC_LIBRARY)
```

Android.mk는 Chapter09/Library/irrlicht_android에서 제공한다.

20 이제 유지해야 할 Irrlicht 부분과 불필요한 부분을 설정해야 한다. 실제로 모바일 개발에서 크기는 중요한 문제이며, 실제로 기본 Irrlicht 라이브러리는 30MB 이상이다.

기본적으로 OBJ 메시와 PNG 파일을 읽어 GLES1.1로 이들을 화면에 나타낼 것이기 때문에 다른 부분은 비활성화될 수 있다. 이를 위해 ${ANDROID_NDK}/irrlicht/project/include/IrrCompileConfig.h에 #undef 지시자를 사용해 필요한 경우에만 #define을 유지하게 한다.

☐ GLES1만을 위한 대상 안드로이드(GLES2와 소프트웨어 렌더러가 없는)

DroidBlaster는 파일 시스템으로부터 압축되지 않는 파일 읽기만을 필요로 한다.

```
#define _IRR_COMPILE_WITH_ANDROID_DEVICE_
#define _IRR_COMPILE_WITH_OGLES1_
#define _IRR_OGLES1_USE_EXTPOINTER_
#define _IRR_MATERIAL_MAX_TEXTURES_ 4
#define __IRR_COMPILE_WITH_MOUNT_ARCHIVE_LOADER_
```

☐ Irrlicht는 libpng와 lijpeg 같은 일부 라이브러리만 포함한다.

```
#define _IRR_COMPILE_WITH_OBJ_WRITER_

#define _IRR_COMPILE_WITH_OBJ_LOADER_

#define _IRR_COMPILE_WITH_PNG_LOADER_

#define _IRR_COMPILE_WITH_PNG_WRITER_

#define _IRR_COMPILE_WITH_LIBPNG_

#define _IRR_USE_NON_SYSTEM_LIB_PNG_


#define _IRR_COMPILE_WITH_ZLIB_

#define _IRR_USE_NON_SYSTEM_ZLIB_

#define _IRR_COMPILE_WITH_ZIP_ENCRYPTION_

#define _IRR_COMPILE_WITH_BZIP2_

#define _IRR_USE_NON_SYSTEM_BZLIB_

#define _IRR_COMPILE_WITH_LZMA_
```

□ 디버그 모드는 애플리케이션이 해제될 때 정의 해제undef될 수 있다.

```
#define _DEBUG
```

노트 수정된 IrrCompleConfig.h는 Chapter09/Library/irrlicht_android 예제 디렉토리를 참
고한다.

21 마지막으로 DroidBlaster에 Irrlicht 라이브러리를 추가한다. DroidBlaster는 컴
파일한 라이브러리(Irrlicht에 사용하기에는 너무 최신이다) 대신 Irrlicht의 libpng를 사
용할 것이기 때문에 LOCAL_LBLIBS에서 **libpng**를 제거해야 한다.

```
...
LOCAL_STATIC_LIBRARIES:=android_native_app_glue png boost_thread \
                        box2d_static irrlicht
include $(BUILD_SHARED_LIBRARY)

$(call import-module,android/native_app_glue)
$(call import-module,libpng)
$(call import-module,boost)
```

```
$(call import-module,box2d)
$(call import-module,irrlicht/project/jni)
```

22 선택적으로 Irrlicht를 위한 인클루드 파일 정의를 활성화한다(앞서 Box2D에서 살펴 봤듯이). 디렉토리는 ${env_var:ANDROID_NDK}/sources/irrlicht이다.

23 컴파일을 실행하고 Irrlicht가 컴파일되는지 확인한다. 시간이 좀 걸릴 수 있다!

보충 설명

지금까지 안드로이드 NDK를 이용해 커뮤니티를 통해 이미 다양한 모듈을 재사용 하는 두 가지 오픈소스 라이브러리를 컴파일해봤다. 10장에서는 이 두 가지 라이브 러리를 이용해 코드를 개발하는 방법을 학습한다. 안드로이드에 라이브러리를 포 팅할 때 다음과 같은 두 가지 주요 단계가 있다.

1. 필요하다면 라이브러리 코드를 안드로이드로 적용한다.

2. NDK 툴체인으로 코드를 컴파일할 수 있게 빌드 스크립트(즉, makefile)를 작성한다.

첫 번째 임무는 일반적으로 OpenGL ES를 이용하는 Irrlicht처럼 시스템 라이브러 리에 접근하는 라이브러리에 필요하다. 분명히 이런 작업은 어렵고 대부분 중대한 작업이다. 이 경우라면 다음을 항상 고려해야 한다.

- 필요한 라이브러리가 존재하는지 확인한다. 없다면 미리 라이브러리를 포팅한 다. 예를 들어 메인 Irrlicht 브랜치는 렌더러가 오직 DirextX와 OpenGL(ES가 아님) 뿐이기 때문에 안드로이드에서 사용할 수 없다. 아이폰 브랜치만 GLES 렌더러 를 제공한다.

- 주요 설정 인클루드 파일을 찾는다. 설정 인클루드 파일은 보통 제공되며(Irrlicht에 대한 IrrCompleConfig.h처럼), 기능 활성화/비활성화 수정과 원치 않는 참조를 제거하 기 위한 좋은 위치다.

- 코드로 변경하는 첫 장소 중의 하나인 시스템 관련 매크로(즉, `$ifdef _LNIX …`)를 관심 있게 살펴본다. 일반적으로 _ANDROID_ 같은 매크로를 정의해야 하며, 매크

로를 필요한 곳에 적절히 삽입한다.

- 불필요한 코드는 주석 처리한다. 적어도 라이브러리가 컴파일 가능한지, 그리고 핵심 기능이 동작하는지를 확인해야 한다.

두 번째 작업은 성가시긴 하지만 다소 쉬운 빌드 스크립트 처리다. 부스트로 작업했던 이미 빌드된 라이브러리와 달리 애플리케이션을 컴파일할 때 동적으로 참조 모듈을 빌드할지 선택해야 한다. 실제로 요청 시 컴파일은 메인 Application.mk 프로젝트 파일에서 인클루드한 모든 라이브러리상에 컴파일 플래그를 수정 가능하게(최적화 플래그나 ARM 모드처럼) 해준다.

이미 빌드된 라이브러리는 코드 전달 없이 바이너리를 분배하거나 사용자 정의 빌드 시스템을 사용하는 데 관심이 있다. 후자의 경우라면 NDK 툴체인은 안드로이드 NDK 문서에 상세히 설명돼 있는 소위 독립standalone 모드(즉, 혼자 모든 일을 다 하는 모드!)에서 사용된다. 하지만 물론 기본적인 ndk-build 명령은 미래 변화를 단순하게 만들 좀 더 나은 연습을 필요로 한다.

라이브러리는 <PROJECT_DIR>/libs로 생성된다. 중재mediate 바이너리 파일은 <PROJECT_DIR>/obj에서 확인 가능하다. <PROJECT_DIR>/obj의 모듈 크기는 꽤 공격적이다. NDK 툴체인이 최종 APK를 만들 때 이 파일을 스트리핑stripping하지 않으면 보이지 않게 된다. 스트리핑은 바이너리로부터 불필요한 심볼을 제거하는 과정이다. 정적 링크와 결합돼 DroidBlaster의 크기를 60MB에서 단지 3MB로 줄여준다.

GCC 최적화 레벨

GCC에는 다음과 같은 다섯 가지 주요 최적화 레벨이 있다.

1. -O0 모든 최적화를 비활성화한다. APP_OPTIM을 debug로 설정할 때 자동으로 NDK에 의해 설정된다.

2. -O1 컴파일 속도에 너무 많은 시간이 증가되지 않게 기본적인 최적화만 허용한다. 최적화는 어떠한 시간과 공간 트레이드오프trade off가 발생하지 않는다. 이

는 실행 파일 크기의 증가 없이 빠른 코드를 만들 수 있음을 의미한다.

3. **-O2** 진화된 최적화(-O1 포함)를 허용하지만, 컴파일 시간의 비용이 발생한다. -O1과 같이 최적화는 시간과 공간 트레이드오프를 발생시키지 않는다. -O2는 APP_OPTIM이 release 옵션으로 설정되고, 애플리케이션을 릴리즈할 때 기본 레벨이다.

4. **-O3** 공격적인 최적화(-O2 포함)를 수행한다. 함수 인라이닝function inlining처럼 실행 파일 크기를 증가시킬 수 있다. 일반적으로 이익이 있지만, 때때로 역효과(예를 들어 메모리 사용 증가는 캐시 손실을 증가시킬 수 있다)를 낳는다.

5. **-Os** 시간보다 컴파일된 코드 크기(-O2의 부분 집합)를 최적화하기 위해 사용한다.

-O2는 일반적으로 릴리즈 모드로 향하는 방법이지만, -O3는 성능에 민감하게 영향을 미치는 코드에도 고려될 수 있다. 다양한 GCC 최적화 플래그를 위해 단순한 바로 가기로 존재하는 -O 플래그와 -O2를 적용하고 부가적인 플래그(예를 들어 -finline- functions) 이용하는 것은 선택 사항이다. 어쨌든 최고의 선택을 발견하기 위한 최고의 방법은 지속적으로 벤치마킹하는 것이다! 다양한 GCC 최적화 옵션에 대한 자세한 정보는 http://gcc.gnu.org를 참고한다.

Makefile 마스터

안드로이드 makefile은 NDK 빌드 과정에 필수적인 조각이다. 따라서 프로젝트를 올바르게 빌드하고 관리하기 위해 동작 방법을 이해하는 것이 중요하다.

Makefile 변수

컴파일 설정은 미리 정의된 일련의 NDK 변수를 통해 정의된다. LOCAL_PATH와 LOCAL_MODULE, LOCAL_SRC_FILE 등 가장 중요한 3가지 변수를 이미 살펴봤다. 하지만 더 많은 변수가 있다. 변수의 4가지 타입을 LOCAL_, APP_, NDK_, PRIVATE_ 등의 서로 다른 접두어를 갖게 구별할 수 있다.

- APP_ 변수는 애플리케이션 범위의 옵션을 일컬으며 Application.mk에서 설정된다.

- LOCAL_ 변수는 개별 모듈 컴파일 전용으로 사용하며, Android.mk 파일에서 정의된다.

- NDK_는 대개 환경 변수를 참조하는 내부 변수다(예를 들어 NDK_ROOT, NDK_APP_CFLAGS, NDK_APP_CPPFLAGS).

- PRIVATE_으로 시작하는 변수는 NDK 내부적으로만 사용한다.

다음은 거의 대부분의 변수 목록을 보여준다.

LOCAL_PATH	루트 위치의 소스 파일을 지정한다. 반드시 include $(CLEAR_VARS) 전에 정의해야 한다.
LOCAL_MODULE	모듈 이름을 정의한다.
LOCAL_MODULE_FILENAME	컴파일된 모듈의 기본 이름을 재정의한다. 즉, 공유 라이브에 대해서는 lib〈모듈 이름〉.so를, 정적 라이브러리에 대해서는 lib〈모듈 이름〉.a를 지정하고, 사용자 정의 파일 확장자는 지정할 수 없으며, .so나 .a만 추가할 수 있다.
LOCAL_SRC_FILES	컴파일할 소스 파일을 정의한다. 각 파일은 공백으로 구분되며 LOCAL_PATH와 상대 경로를 갖는다.
LOCAL_C_INCLUDES	C와 C++ 언어에 대한 헤더 파일 디렉토리를 지정한다. 디렉토리는 ${ANDROID_NDK} 디렉토리와 상대 경로로 지정될 수 있지만, 특정 NDK 파일을 포함할 필요가 없다면 절대 경로($(LOCAL_PATH)와 같은 Makefile 변수를 통해 빌드될 수 있는)를 사용할 것을 권장한다.
LOCAL_CPP_EXTENSION	기본 C++ 파일 확장자, 즉 .cpp를 변경(예를 들어 cc나 cxx)하기 위해 사용한다. 확장자는 GCC에서 언어에 따라 파일을 구별하기 위해 필수적으로 요구된다.
LOCAL_CFLAGS, LOCAL_CPPFLAGS, LOCAL_LDLIBS	컴파일과 링크를 위한 옵션 또는 플래그, 매크로 정의를 지정한다. LOCAL_CFLAGS는 C/C++ 모두에 사용될 수 있으며, LOCAL_CPPFLAG는 C++만 지원하며, LOCAL_LDLIBS는 링커를 위해 사용한다.
LOCAL_SHARED_LIBRARIES, LOCAL_STATIC_LIBRARIES	각기 공유 모듈과 정적 모듈 등 다른 모듈과의 의존 관계를 선언한다.

| LOCAL_ARM_MODE,
LOCAL_ARM_NEON,
LOCAL_DISABLE_NO_EXECUTE,
LOCAL_FILTER_ASM | 프로세서와 어셈블러/바이너리 코드 생성을 처리하는 고급 변수다. 대부분의 프로그램에 필요하지 않다. |
| LOCAL_EXPORT_CFLAGS,
LOCAL_EXPORT_CPPFLAGS,
LOCAL_EXPORT_LDLIBS | 클라이언트 옵션에 추가돼야 하는 참조 모듈의 부가적인 옵션이나 플래그를 정의한다. 예를 들어 모듈 A에서 LOCAL_EXPORT_LDLIBS := -llog를 정의한다면 안드로이드 로그 모듈을 필요로 하기 때문에 A가 의존하는 모듈 B는 자동으로 -llog로 연결된다. LOCAL_EXPORT_변수는 노출하는 모듈을 컴파일할 때는 사용되지 않는다. 필요하다면 그에 맞는 LOCAL 관계를 지정해야 한다. |

Makefile 명령

이러한 고급 기능은 거의 사용되지 않지만, Makefile은 프로그래밍 명령과 함수를 가진 진정한 언어다. 먼저 makefile은 다양한 부분 makefile로 분리될 수 있으며, `include` 명령으로 포함될 수 있다.

변수 초기화는 두 가지로 분류할 수 있다.

- **단순 대입** 초기화될 때 변수를 확장한다.

- **재귀 대입** 호출될 때마다 영향을 미치는 표현을 재평가한다.

`Ifdef/endif`, `ifeq/endif`, `ifndef/endif`, `for..in/do/done` 등의 조건 지시자와 반복 지시자를 사용할 수 있다. 예를 들어 변수가 정의될 때에 한해 메시지를 표기하기 위해 다음과 같이 사용할 수 있다.

```
ifdef my_var
  # 작업 내용...
endif
```

함수적인 `if`, `and`, `or` 같은 좀 더 진보된 기능은 여러분의 몫이지만, 거의 사용되지 않는다. **Make**는 다음과 같은 유용한 내장 함수도 제공한다.

$(info 〈메시지〉)	프린트 메시지를 표준 출력으로 보낼 수 있게 해준다. Makefile을 작성할 때 가장 필수적인 도구다! 정보 메시지에 변수를 허용한다.
$(warning 〈메시지〉), $(error 〈메시지〉)	컴파일을 중지시키는 경고나 치명적인 에러를 프린트할 수 있게 해준다. 이 메시지는 이클립스에서 분석될 수 있다.
$(foreach 〈변수〉,〈목록〉,〈동작〉)	변수 목록 동작을 수행하기 위해 사용한다. 동작 수행 전에 목록의 각 요소는 첫 번째 변수 인자로 확장된다.
$(shell 〈명령〉)	Make의 범위를 벗어나는 명령을 실행한다. 유닉스 셸의 모든 강력함을 Makefile에서 이용할 수 있지만, 시스템에 매우 의존적이다. 가능한 한 사용을 자제하기 바란다.
$(wildcard 〈패턴〉)	패턴에 따라 파일과 디렉토리 이름을 선택한다.
$(call 〈함수〉)	함수나 매크로 검증을 허용한다. 이미 살펴봤던 하나의 매크로는 my-dir이며, 최근 실행된 Makefile의 디렉토리 경로를 반환한다. 현재의 Makefile 디렉토리를 저장하기 위해 LOCAL_PATH := $(call my-dir)을 모든 Android.mk 파일 시작부에 시스템적으로 작성했던 이유이기도 하다.

call 지시자와 함께 사용자 정의 함수를 쉽게 작성할 수 있다. 사용자 정의 함수는 재귀적으로 영향을 받는 변수와 유사한 듯 보이지만 인자가 정의될 수 있다는 점이 다르다. 첫 번째 인자에 대해서 $(1)로, 두 번째 인자에 대해서 $(2) 등으로 사용할 수 있다. 함수 호출은 한 줄로 수행할 수 있다.

```
my_function=$(<do_something> ${1},${2})
$(call my_function,myparam)
```

문자열과 파일 처리 함수도 사용할 수 있다.

$(join 〈문자열1〉, 〈문자열2〉)	두 문자열을 합친다.
$(subst 〈찾을 문자열〉,〈변경할 문자열〉,〈대상 문자열〉) $(patsubst 〈패턴〉,〈변경할 문자열〉,〈대상문자열〉)	찾을 문자열을 발견할 때마다 문자열을 변경할 문자열로 대체한다. patsubst는 패턴(반드시 '%'로 시작해야 한다)을 사용할 수 있기 때문에 더욱 강력하다.
$(filter 〈패턴〉,〈텍스트〉) $(filter-out 〈패턴〉,〈텍스트〉)	일치하는 텍스트 패턴을 통해 문자열을 필터링한다. 파일을 필터링할 때 유용하다. 예를 들어 다음 줄은 모든 C 파일을 필터링한다. $(filter %.c, $(my_source_list))
$(strip 〈문자열〉)	불필요한 모든 공백을 제거한다.
$(addprefix 〈접두어〉,〈목록〉) $(addsuffix 〈접미어〉,〈목록〉),	목록의 각 요소에 접두어나 접미어를 추가한다. 각 요소는 공백으로 구별된다.
$(basename 〈경로1〉,〈경로2〉,…)	파일 확장자가 제거된 문자열을 반환한다.
$(dir 〈경로1〉,〈경로2〉) $(notdir 〈경로1〉,〈경로2〉)	경로 내의 디렉토리나 파일 이름을 추출한다.
$(realpath 〈경로1〉,〈경로2〉, …) $(abspath 〈경로1〉,〈경로2〉, …)	각 경로 요소의 표준 경로를 반환하지만, abspath는 심볼링 링크에 대해서는 사용할 수 없다.

이 내용은 Makefile의 능력에 대한 대략적인 안내에 불과하다. 자세한 정보는 완전한 Makefile 문서인 http://www.gnu.org/software/make/manual/make.html을 참고한다. Makefile 사용에 거부감이 있다면 CMake를 살펴보기 바란다. CMake는 간소화된 Make 시스템으로, 이미 시장에 다수의 오픈소스 라이브러리가 만들어져 있다. 안드로이드에 CMake를 포팅하려면 http://code.google.com/p/android-cmake를 참고한다.

다양한 방법으로 Makefile을 다룰 수 있다.

- 대입 연산자를 시도해보자. 예를 들어 **Android.mk** 파일에 = 연산자를 사용하는 다음 코드를 작성할 수 있다.

```
my_value := Android
my_message := I am an $(my_value)
$(info $(my_message))
my_value := Android eating an apple
$(info $(my_message))
```

- 컴파일 시 결과를 지켜본다. 그다음 =.Print를 사용하는 것과 같게 현재의 최적화 모드를 출력한다. APP_OPTIM과 내부 변수, NDK_APP_CFLAGS를 사용해 릴리즈와 디버그 모드 간 차이를 관찰한다.

```
$(info Optimization Level: $(APP_OPTIM) $(NDK_APP_CFLAGS))
```

- 변수가 올바르게 정의됐는지 확인한다. 그 예는 다음과 같다.

```
ifndef LOCAL_PATH
  $(error What a terrible failure! LOCAL_PATH not defined…)
endif
```

- 프로젝트 루트 디렉토리와 jni 폴더 내에 존재하는 모든 파일과 디렉토리를 프린트하기 위해 foreach 명령을 사용해본다(재귀적 대입을 사용할 수 있어야 한다).

```
ls = $(wildcard $(var_dir))
dir_list := . ./jni
files := $(foreach var_dir, $(dir_list), $(ls))
```

- 메시지를 시간 정보와 함께 표준 출력으로 로그를 남기는 매크로를 생성해본다.

```
log=$(info $(shell date +'%D %R'): $(1))
$(call log,My message)
```

- `LOCAL_PATH :=$(call my-dir)`을 모든 Android.mk 시작부에 시스템적으로 작성한 이유를 이해할 수 있게 `my-dir` 매크로의 동작을 테스트해본다.

```
$(info MY_DIR =$(call my-dir))
include $(CLEAR_VARS)
$(info MY_DIR =$(call my-dir))
```

정리

9장에서는 NDK의 본질인 이식성을 소개했다. 최근 빌드 툴체인의 개선으로 안드로이드 NDK는 이제 거대한 C/C++ 생태계의 장점을 취할 수 있게 됐다. 효율적으로 새로운 최첨단 애플리케이션 작성을 목표로 코드가 다른 플랫폼과 공유되는 생산적인 환경의 문을 열게 됐다. 좀 더 구체적으로 얘기하면 지금까지 STL과 부스트 적용과 포함, 컴파일 방법을 살펴봤으며, 코드에서 직접 사용해봤다. 또한 예외와 RTTI를 적용해 적절한 STL 구현을 선택해봤다. 그다음 오픈소스 라이브러리를 안드로이드로 포팅해봤다. 마지막으로 고급 명령과 기능을 사용한 makefile 작성 방법을 살펴봤다.

10장에서는 이러한 기초 학습을 바탕으로 충돌 시스템을 통합하고, 새로운 3D 그래픽 시스템을 개발해본다.

10

전문 게임 개발

9장에서 서드파티 라이브러리를 안드로이드로 포팅하는 방법을 살펴봤다. 좀 더 구체적으로 얘기하면 Box2D와 Irrlicht를 컴파일해봤다. 10장에서는 구체적으로 DroidBlaster 예제 애플리케이션에 두 가지 라이브러리를 구현해 한 단계 진화할 수 있는 계기로 삼고자 한다. 이것은 모든 노력의 결과이자 지금까지 학습한 전부이기도 하다. 10장은 자신의 애플리케이션에 구체적인 깨달음을 향한 경로에 불을 밝힐 것이다. 물론 여전히 갈 길이 멀고 경사가 심하지만, 가야 할 길은 분명하게 정해져 있다.

10장을 마치면 다음 내용을 숙지하게 된다.

- Box2D를 이용해 물리적인 현상을 시뮬레이션하고 충돌collision을 처리한다.
- Irrlicht를 사용해 3D 그래픽을 나타낸다.

Box2D를 이용한 물리 시뮬레이션

지금까지 대의명분을 가지고 충돌이나 물리적인 현상을 처리해봤다! 이 내용은 수학과 수치 적분numerical integration, 소프트웨어 최적화 등이 수반되는 다소 복잡한 주제다. 이러한 복잡함을 해결하기 위해 3D 엔진 모델을 대상으로 물리 엔진이 발명됐으며, Box2D는 그 중 하나다. 2006년, 에린 카토Erin Catto에 의해 시작된 이 오픈소스 엔진은 2D 환경에서 그리드grid 바디 이동과 충돌을 위한 시뮬레이션을 제공한다. 바디는 Box2D의 핵심 요소이며, 다음과 같은 특징을 갖는다.

- 기하학적 모형shape(폴리곤과 원 등)

- 물리 속성(밀도와 마찰, 복원력 등)

- 이동 상수와 조인트joint(바디를 서로 연결해 이동을 제한하기 위해)

월드world 내부는 이런 모든 바디로 조직돼 있으며, 시간에 따라 시뮬레이션 단계를 밟아나간다. 9장에서는 `GraphicsService`, `SoundService`, `InputService`를 생성해봤다. 이번 시간에는 Box2D를 이용해 `PhysicsService`를 구현해보자.

> **노트** DroidBlaster_Part9-3 프로젝트는 이 절의 시작점으로 사용된다. 결과 프로젝트는 DroidBlaster_Par10-Box2D를 참고한다.

실습 예제 | Box2D를 이용한 물리 시뮬레이션

제일 먼저 전용 서비스 내에 Box2D 시뮬레이션을 캡슐화해보자.

1 먼저 jni/PhysicsObject.hpp를 생성해 Box2D의 주요 인클루드 파일을 추가한다. `PhysicsObject` 클래스는 위치와 충돌 플래그를 `public`으로 노출하며, 물리 엔티티를 정의하는 다양한 Box2D 속성을 유지한다.

  ☐ 바디를 시뮬레이션하는 방법을 정의하기 위한 재사용 가능한 바디 정의

☐ 시뮬레이션된 월드에 바디 인스턴스를 표현하기 위한 바디

☐ 충돌을 탐지하기 위한 셰이프로, 여기서는 원circle 셰이프를 사용한다.

☐ 셰이프를 바디로 바인딩하고 몇 가지 물리 속성을 정의하기 위한 픽스쳐
fixture

PhysicsObject 클래스는 initialize()를 통해 설정되며, 각 시뮬레이션 단계 이후 update()로 갱신된다. createTarget() 메소드는 우주선을 위한 조인트를 생성하는 데 도움을 준다.

```cpp
#ifndef PACKT_PHYSICSOBJECT_HPP
#define PACKT_PHYSICSOBJECT_HPP

#include "PhysicsTarget.hpp"
#include "Types.hpp"

#include <boost/smart_ptr.hpp>
#include <Box2D/Box2D.h>
#include <vector>

namespace packt {
  class PhysicsObject {
  public:
    typedef boost::shared_ptr<PhysicsObject> ptr;
    typedef std::vector<ptr> vec; typedef vec::iterator vec_it;

  public:
    PhysicsObject(uint16 pCategory, uint16 pMask,
        int32_t pDiameter, float pRestitution, b2World* pWorld);
    PhysicsTarget::ptr createTarget(float pFactor);

    void initialize(float pX, float pY,
        float pVelocityX, float pVelocityY);
    void update();

    bool mCollide;
```

```
    Location mLocation;

  private:
    b2World* mWorld;
    b2BodyDef mBodyDef; b2Body* mBodyObj;
    b2CircleShape mShapeDef; b2FixtureDef mFixtureDef;
  };
}
#endif
```

2 모든 Box2D 속성을 초기화하기 위해 **jni/PhysicsObject.cpp** 생성자를 구현한다. 바디 정의는 동적 바디(정적 바디와 반대되는)와 깨어남awake(즉, Box2D에 의한 시뮬레이션 활성화), 회전 고정(폴리곤 셰이프에 중요해 사용되는 속성으로, 항상 윗면을 가리키게 한다) 등을 설명한다.

또한 나중에 **Box2D** 콜백 내부에서 접근해 사용할 수 있게 `userData` 필드에 `PhysicsObject` 셀프 레퍼런스를 저장하는 방법도 잘 기억해두자.

3 박스에 근사한 바디 셰이프를 정의한다. **Box2D**는 객체의 중심에서 경계까지 반 차원half dimension을 필요로 한다.

```
#include "PhysicsObject.hpp"
#include "Log.hpp"

namespace packt {
  PhysicsObject::PhysicsObject(uint16 pCategory, uint16 pMask,
      int32_t pDiameter, float pRestitution, b2World* pWorld) :
      mLocation(), mCollide(false), mWorld(pWorld),
      mBodyDef(), mBodyObj(NULL), mShapeDef(), mFixtureDef() {
    mBodyDef.type = b2_dynamicBody;
    mBodyDef.userData = this;
    mBodyDef.awake = true;
    mBodyDef.fixedRotation = true;

    mShapeDef.m_p = b2Vec2_zero;
    mShapeDef.m_radius = pDiameter / (2.0f * SCALE_FACTOR);
```

...

4 바디 픽스쳐는 바디 정의와 셰이프, 물리 속성을 함께 연결하는 접합체glue다. 또한 바디 범주category와 마스크를 설정하기 위해 사용돼, 범주에 따라 객체 간 충돌을 필터링할 수 있다(예를 들면 소행성은 우주선과 반드시 충돌해야 하지만 소행성 간 충돌은 발생하지 않는다). 비트당 하나의 범주가 존재한다. 최종적으로 각 Box2D 물리 월드 내부의 바디를 초기화한다.

```
    ...
        mFixtureDef.shape = &mShapeDef;
        mFixtureDef.density = 1.0f;
        mFixtureDef.friction = 0.0f;
        mFixtureDef.restitution = pRestitution;
        mFixtureDef.filter.categoryBits = pCategory;
        mFixtureDef.filter.maskBits = pMask;
        mFixtureDef.userData = this;

        mBodyObj = mWorld->CreateBody(&mBodyDef);
        mBodyObj->CreateFixture(&mFixtureDef);
        mBodyObj->SetUserData(this);
    }
    ...
```

5 그다음 `createTarget()`의 마우스 조인트 생성을 다뤄보자.

`PhysicsObject()`가 초기화되면 `DroidBlaster`의 좌표 참조가 Box2D의 좌표로 변환된다. 실제로 Box2D는 작은 좌표 범위에서 더욱 잘 동작한다.

Box2D 시뮬레이션을 종료할 때 각 `PhysicsObject` 인스턴스는 Box2D에 의해 계산된 좌표를 다시 `DroidBlaster` 좌표 참조로 변환한다.

```
    ...
    PhysicsTarget::ptr PhysicsObject::createTarget(float pFactor) {
      return PhysicsTarget::ptr(
          new PhysicsTarget(mWorld, mBodyObj, mLocation, pFactor));
    }
```

```cpp
void PhysicsObject::initialize(float pX, float pY,
    float pVelocityX, float pVelocityY) {
  mLocation.setPosition(pX, pY);
  b2Vec2 lPosition(pX / SCALE_FACTOR, pY / SCALE_FACTOR);
  mBodyObj->SetTransform(lPosition, 0.0f);
  mBodyObj->SetLinearVelocity(b2Vec2(pVelocityX, pVelocityY));
}

void PhysicsObject::update() {
  mLocation.setPosition(
      mBodyObj->GetPosition().x * SCALE_FACTOR,
      mBodyObj->GetPosition().y * SCALE_FACTOR);
}
}
```

6 이제 jni/PhysicsService.hpp 헤더 파일을 생성하고, 다시 Box2D 인클루드 파일을 추가한다. PhysicsService가 b2ContactLister를 상속하게 한다. 컨택트 리스너는 시뮬레이션을 갱신할 때마다 새로운 충돌에 대해 통지를 받는다. PhysicsService는 컨택트 리스너 메소드 중 하나인 BeginContact()를 물려받는다.

상수와 멤버 변수를 정의한다. 반복 상수는 시뮬레이션의 정확도를 결정한다. mWorld 변수는 앞으로 생성할 모든 물리 바디를 포함하는 전체 Box2D 시뮬레이션을 나타낸다.

```cpp
#ifndef PACKT_PHYSICSSERVICE_HPP
#define PACKT_PHYSICSSERVICE_HPP

#include "PhysicsObject.hpp"
#include "TimeService.hpp"
#include "Types.hpp"

#include <Box2D/Box2D.h>

namespace packt {
```

```cpp
class PhysicsService : private b2ContactListener {
public:
    PhysicsService(TimeService* pTimeService);

    PhysicsObject::ptr registerEntity(uint16 pCategory,
        uint16 pMask, int32_t pDiameter, float pRestitution);
    status update();

private:
    void BeginContact(b2Contact* pContact);

private:
    TimeService* mTimeService;
    PhysicsObject::vec mColliders;
    b2World mWorld;

    static const int32_t VELOCITY_ITER = 6;
    static const int32_t POSITION_ITER = 2;
};
}
#endif
```

7 jni/PhysicsService.cpp 소스 파일에 PhysicsService 생성자를 작성한다. 첫 번째 매개변수를 제로 벡터(b2vec 타입)로 설정해 월드를 초기화한다. 제로 벡터는 중력 값을 나타내며 DroidBlaster에서는 사용되지 않는다. 마지막으로 서비스를 컨택트/충돌 이벤트의 리스너로 등록한다. 이 방법으로 시뮬레이션 단계별로 PhysicsService는 콜백을 통해 통지 메시지를 받는다.

소멸자에서 Box2D 자원을 파괴한다. Box2D는 자신 만의 내부 할당자와 할당 해제를 사용한다.

또한 물리 객체 생성을 캡슐화할 수 있게 registerEntity()를 구현한다.

```cpp
#include "PhysicsService.hpp"
#include "Log.hpp"

namespace packt {
```

```cpp
PhysicsService::PhysicsService(TimeService* pTimeService) :
    mTimeService(pTimeService),
    mColliders(), mWorld(b2Vec2_zero) {
  Log::info("Creating PhysicsService.");
  mWorld.SetContactListener(this);
}

PhysicsObject::ptr PhysicsService::registerEntity(
    uint16 pCategory, uint16 pMask, int32_t pDiameter,
    float pRestitution) {
  PhysicsObject::ptr lCollider(new PhysicsObject(pCategory,
    pMask, pDiameter, pRestitution, &mWorld));
  mColliders.push_back(lCollider);
  return mColliders.back();
}
...
```

8 update() 메소드를 작성한다. 우선 이전 반복 동안 BeginContact()로 버퍼링된 충돌 플래그를 초기화한다. 이후 시간 간격에 따른 Stop() 호출로 시뮬레이션이 수행되며, 반복 상수는 시뮬레이션 정확도를 정의한다. 최종적으로 PhysicsObject는 시뮬레이션 결과에 따라 갱신된다(즉, Box2D에서 Location 객체로 추출된 위치). **Box2D**는 주요 충돌과 간단한 이동을 처리할 것이다. 따라서 속도(velocity)와 위치 반복을 각기 6과 2로 고정하는 것으로 충분하다.

```cpp
...
status PhysicsService::update() {

  // 충돌 플래그를 초기화한다.
  PhysicsObject::vec_it iCollider = mColliders.begin();

  for (; iCollider < mColliders.end() ; ++iCollider) {
    (*iCollider)->mCollide = false;
  }

  // 시뮬레이션을 갱신한다.
```

```cpp
    float lTimeStep = mTimeService->elapsed();
    mWorld.Step(lTimeStep, VELOCITY_ITER, POSITION_ITER);

    // 새로운 상태를 캐시한다.
    iCollider = mColliders.begin();
    for (; iCollider < mColliders.end() ; ++iCollider) {
      (*iCollider)->update();
    }
    return STATUS_OK;
  }
  ...
```

9 BeginContact() 메소드는 b2ContactListerner를 통해 상속된 콜백으로, 한 번에 두(A와 B의 이름으로) 바디 사이의 새로운 충돌에 대해 통지한다. 이벤트 정보는 b2contact 구조체에 저장돼 마찰과 반발 같은 다양한 속성과 픽스쳐를 통해 만들어진 두 개의 바디를 포함한다. 여기서 바디는 자신의 PhysicsObject (GraphicsObject에서 설정된 UserData 속성)에 대한 레퍼런스를 담고 있다. **Box2D**가 충돌을 탐지할 때 PhysicsObject 충돌 플래그를 전환하기 위해 이 링크를 사용할 수 있다.

```cpp
  ...
  void PhysicsService::BeginContact(b2Contact* pContact) {
    void* lUserDataA = pContact->GetFixtureA()->GetUserData();
    if (lUserDataA != NULL) {
      ((PhysicsObject*)(lUserDataA))->mCollide = true;
    }
    void* lUserDataB = pContact->GetFixtureB()->GetUserData();
    if (lUserDataB != NULL) {
      ((PhysicsObject*)(lUserDataB))->mCollide = true;
    }
  }
```

10 최종적으로 Box2D 마우스 조인트를 캡슐화하기 위한 jni/PhysicsTarget.hpp
를 생성한다. 우주선은 `setTarget()`에 기술된 방향을 따라간다. 이를 위해
입력 서비스 출력 벡터로부터 목표 지점을 시뮬레이션하기 위해 곱셈기
(`mFactor`)가 필요하다.

마우스 조인트는 일반적으로 오래 걸리는 노력이나 테스트 목적의 시뮬레이션에 적합하
다. 사용하기엔 쉽지만 정확한 동작을 구현하는 일은 다소 어렵다.

```cpp
#ifndef PACKT_PHYSICSTARGET_HPP
#define PACKT_PHYSICSTARGET_HPP

#include "Types.hpp"
#include <boost/smart_ptr.hpp>
#include <Box2D/Box2D.h>

namespace packt {
  class PhysicsTarget {
  public:
    typedef boost::shared_ptr<PhysicsTarget> ptr;

  public:
    PhysicsTarget(b2World* pWorld, b2Body* pBodyObj,
        Location& pTarget, float pFactor);
    void setTarget(float pX, float pY);

  private:
    b2MouseJoint* mMouseJoint;
    float mFactor; Location& mTarget;
  };
}
#endif
```

11 Box2D 마우스 조인트를 캡슐화하기 위한 소스 중심부는 jni/PhysicsTarget. cpp다. 우주선은 프레임별로 `setTarget()`에서 정의된 방향을 따라갈 것이다.

```cpp
#include "PhysicsTarget.hpp"
#include "Log.hpp"

namespace packt {
  PhysicsTarget::PhysicsTarget(b2World* pWorld, b2Body* pBodyObj,
      Location& pTarget, float pFactor):
      mFactor(pFactor), mTarget(pTarget) {
    b2BodyDef lEmptyBodyDef;
    b2Body* lEmptyBody = pWorld->CreateBody(&lEmptyBodyDef);

    b2MouseJointDef lMouseJointDef;
    lMouseJointDef.bodyA = lEmptyBody;
    lMouseJointDef.bodyB = pBodyObj;
    lMouseJointDef.target = b2Vec2(0.0f, 0.0f);
    lMouseJointDef.maxForce = 50.0f * pBodyObj->GetMass();
    lMouseJointDef.dampingRatio = 1.0f;
    lMouseJointDef.frequencyHz = 3.5f;
    mMouseJoint = (b2MouseJoint*)
        pWorld->CreateJoint(&lMouseJointDef);
  }

  void PhysicsTarget::setTarget(float pX, float pY) {
    b2Vec2 lTarget((mTarget.mPosX + pX * mFactor) / SCALE_FACTOR,
        (mTarget.mPosY + pY * mFactor) / SCALE_FACTOR);
    mMouseJoint->SetTarget(lTarget);
  }
}
```

12 최종적으로 9장에서 생성한 다른 모든 서비스 생성 방법과 동일하게 jni/Context.hpp에 `PhysicsService`를 추가한다.

이제 소행성으로 다시 돌아가 새로운 물리 서비스를 통해 시뮬레이션을 해보자.

13 `PhysicsObject` 인스턴스를 통해 위치와 속도를 jni/Asteroid.hpp에 위치시킨다.

```cpp
...
#include "PhysicsService.hpp"
#include "PhysicsObject.hpp"
...
namespace dbs {
  class Asteroid {
    ...
  private:
    ...
    packt::GraphicsSprite* mSprite;
    packt::PhysicsObject::ptr mPhysics;
  };
}
```

14 jni/Asteroid.cpp 소스 파일에 이 새로운 물리 객체를 사용한다. 물리 속성은 범위와 마스크로 등록된다. 여기서 소행성은 범주 1(16진수로 0X1)에 속하게 선언됐고, 그룹 2(16진수로 0X2)의 바디는 오직 충돌을 검증할 때 사용된다.

소행성을 만들기 위해 속력을 속도velocity 표현(m/s로 표현됨)으로 바꾼다. 소행성 방향은 충돌이 발생할 때 변경될 것이므로, 소행성은 중심부를 벗어날 때 update()를 통해 만들어진다.

```cpp
#include "Asteroid.hpp"
#include "Log.hpp"

namespace dbs {
  Asteroid::Asteroid(packt::Context* pContext) :
      mTimeService(pContext->mTimeService),
      mGraphicsService(pContext->mGraphicsService) {
    mPhysics = pContext->mPhysicsService->registerEntity(
        0X1, 0x2, 64, 1.0f);
```

```cpp
    mSprite = pContext->mGraphicsService->registerSprite(
        mGraphicsService->registerTexture(
            "/sdcard/droidblaster/asteroid.png"),
        64, 64, &mPhysics->mLocation);
}

void Asteroid::spawn() {
    const float MIN_VELOCITY = 1.0f, VELOCITY_RANGE = 19.0f;
    const float MIN_ANIM_SPEED = 8.0f, ANIM_SPEED_RANGE = 16.0f;

    float lVelocity = -(RAND(VELOCITY_RANGE) + MIN_VELOCITY);
    float lPosX = RAND(mGraphicsService->getWidth());
    float lPosY = RAND(mGraphicsService->getHeight())
                + mGraphicsService->getHeight();
    mPhysics->initialize(lPosX, lPosY, 0.0f, lVelocity);

    float lAnimSpeed = MIN_ANIM_SPEED + RAND(ANIM_SPEED_RANGE);
    mSprite->setAnimation(8, -1, lAnimSpeed, true);
}

void Asteroid::update() {
    if ((mPhysics->mLocation.mPosX < 0.0f) ||
        (mPhysics->mLocation.mPosX > mGraphicsService->getWidth()) ||
        (mPhysics->mLocation.mPosY < 0.0f) ||
        (mPhysics->mLocation.mPosY >
            mGraphicsService->getHeight() * 2)) {
        spawn();
    }
}
}
```

15 소행성과 같은 방법으로 jni/Ship.hpp 헤더 파일을 수정한다.

```cpp
...
#include "PhysicsService.hpp"
#include "PhysicsObject.hpp"
```

```cpp
#include "PhysicsTarget.hpp"
...
namespace dbs {
  class Ship {
    ...
  private:
    ...
    packt::GraphicsSprite* mSprite;
    packt::PhysicsObject::ptr mPhysics;
    packt::PhysicsTarget::ptr mTarget;
  };
}
```

16 새로운 `PhysicsObject`를 이용해 jni/Ship.cpp를 재작성한다. 우주선은 범주 2로 추가됐으며, 충돌은 범주 1(즉 소행성)에만 마스킹돼 있다. 속력과 이동은 전적으로 Box2D를 통해 관리된다. 이제 소행성이 충돌했는지는 `update()`로 확인할 수 있다.

```cpp
#include "Ship.hpp"
#include "Log.hpp"

namespace dbs {
  Ship::Ship(packt::Context* pContext) :
      mInputService(pContext->mInputService),
      mGraphicsService(pContext->mGraphicsService),
      mTimeService(pContext->mTimeService) {
    mPhysics = pContext->mPhysicsService->registerEntity(
        0x2, 0x1, 64, 0.0f);
    mTarget = mPhysics->createTarget(50.0f);
    mSprite = pContext->mGraphicsService->registerSprite(
        mGraphicsService->registerTexture(
            "/sdcard/droidblaster/ship.png"),
        64, 64, &mPhysics->mLocation);
    mInputService->setRefPoint(&mPhysics->mLocation);
```

```cpp
    }

    void Ship::spawn() {
      const int32_t FRAME_1 = 0; const int32_t FRAME_NB = 8;
      mSprite->setAnimation(FRAME_1, FRAME_NB, 8.0f, true);
      mPhysics->initialize(mGraphicsService->getWidth() * 1 / 2,
          mGraphicsService->getHeight() * 1 / 4, 0.0f, 0.0f);
    }

    void Ship::update() {
      mTarget->setTarget(mInputService->getHorizontal(),
          mInputService->getVertical());
      if (mPhysics->mCollide) {
        packt::Log::info("Ship has been touched");
      }
    }
  }
```

최종적으로 물리 서비스를 초기화하고 구동해보자.

17 PhysicsService 인스턴스를 담게 jni/DroidBlaster.hpp를 수정한다.

```cpp
...
#include "PhysicsService.hpp"
...
namespace dbs {
  class DroidBlaster : public packt::ActivityHandler {
    ...
  private:
    packt::GraphicsService* mGraphicsService;
    packt::InputService* mInputService;
    packt::PhysicsService* mPhysicsService;
    packt::SoundService* mSoundService;
    ...
  };
}
```

18 게임이 진행되는 단계마다 `PhysicsService`를 갱신한다.

```
namespace dbs {
  ...

  packt::status DroidBlaster::onStep()
  {
    ...
    if (mInputService->update() != packt::STATUS_OK) {
      return packt::STATUS_KO;
    }
    if (mPhysicsService->update() != packt::STATUS_OK) {
      return packt::STATUS_KO;
    }
    return packt::STATUS_OK;
  }
  ...
}
```

19 최종적으로 애플리케이션의 `main` 메소드에서 `PhysicsService`를 초기화한다.

```
...
#include "PhysicsService.hpp"
...
void android_main(android_app* pApplication) {
  ...
  packt::PhysicsService lPhysicsService(&lTimeService);
  packt::SoundService lSoundService(pApplication);
  packt::Context lContext = { &lGraphicsService, &lInputService,
      &lPhysicsService, &lSoundService, &lTimeService };
  ...
}
```

지금까지 Box2D 물리 엔진을 사용해 물리 시뮬레이션을 만들어보면서 다음과 같은 작업을 수행하기 위한 방법을 살펴봤다.

- 엔티티 물리 표현 정의(우주선과 소행성)

- 시뮬레이션을 단계별로 진행하면서 엔티티 간 충돌 탐지/필터링

- 그래픽 표현을 위해 추출된 시뮬레이션 상태(즉, 좌표)

Box2D 접근의 중심점은 시뮬레이션을 위한 바디 집합을 저장하는 `b2World`다. Box2D는 다음 요소로 구성된다.

- **b2BodyDef** 바디 타입(`b2_staticBody`와 `b2_dynamicBody` 등)과 위치와 각(라디안) 등의 초기 속성을 정의한다.

- **b2Shape** 충돌 탐지와 밀도로부터 바디 크기로부터 바디 질량을 얻어내기 위해 사용되며, `b2PolygonShape`와 `b2CircleShape` 등이 될 수 있다.

- **b2FixtureDef** 바디 셰이프와 바디 정의, 밀도 같은 물리 속성을 함께 연결한다.

- **b2Body** 월드(즉, 게임 객체상)의 바디 인스턴스로 바디 밀도와 셰이프, 픽스쳐를 통해 생성된다.

바디는 다음과 같은 물리 속성으로 구별된다.

- **셰이프** 폴리곤이나 박스에 사용될 수 있으며, `DroidBlaster`에서는 원을 나타낸다.

- **밀도** 바디 셰이프와 크기에 따라 바디 질량을 계산하기 위해 사용되며, 단위는 kg/m^2이다.

- **마찰** 바디가 다른 바디와의 미끄러짐의 정도(예를 들어 도로 위의 자동차 혹은 빙판 길 위의 자동차)를 나타낸다. 일반적으로 마찰 값은 0.0에서 1.0 사이에 있으며, 0은 마찰이 없음을, 1.0은 강한 마찰을 의미한다.

- **반발** 바디가 충돌에 반응하는 정도(예를 들어 튀기는 볼)를 나타낸다. 0.0 값은 반발이 없음을, 1.0은 강한 반발을 의미한다.

달릴 때 바디는 다음과 같은 것을 필요로 한다.

- **힘(Forces)** 바디가 선형으로 이동할 수 있게 해준다.

- **토크(Torques)** 바디에 적용된 회전 힘을 나타낸다.

- **감쇠(damping)** 마찰과 유사하지만 바디가 다른 바디와 접촉하고 있을 때에는 발생하지 않는다. 바디의 속도를 늦추는 공기 마찰의 효과로 간주될 수 있다.

Box2D는 0.1에서 10(미터 단위)까지의 규모scale로 객체를 포함하는 월드를 위해 사용된다. 이 범위를 벗어나서 사용되는 경우 다시 수치적 근사치가 부정확한 시뮬레이션의 원인이 될 수 있다. 따라서 객체가 (대략) [0.1, 10] 범위를 유지해야 하는 게임이나 직접 그래픽을 참조하는 경우에 Box2D 참조로부터 좌표 계산 과정이 필수적이다.

Box2D 메모리 관리

Box2D는 메모리 관리 효율을 위해 자신만의 할당자를 사용한다. 따라서 Box2D 객체를 생성하거나 파괴하기 위해 제공되는 팩토리 메소드(CreateX()와 DestroyX())를 시스템적으로 사용해야 한다. 대부분의 시간 동안 Box2D는 자동으로 메모리를 관리해준다. 객체가 파괴되면 모든 관련 자식 객체도 파괴된다(예를 들어 월드가 파괴되면 바디도 파괴된다). 하지만 객체를 미리 제거하고 싶다면 직접 파괴한다.

충돌 탐지

충돌을 탐지하고 처리하기 위한 다양한 방법은 Box2D에 존재한다. 대부분의 기본적인 방법은 갱신된 후 월드 혹은 바디 내에 저장된 모든 컨택트를 확인하는 것이다. 하지만 이 방법은 Box2D 내부 반복 동안 의도치 않게 컨택트가 누락될 수 있다.

컨택트를 탐지하기 위해 살펴봤던 개선된 방법은 b2ContactListener이며, world 객체에 등록될 수 있다. 네 가지 콜백을 재정의override할 수 있다.

- **BeginContact(b2Contact)** 두 개의 바디가 충돌에 진입했을 때를 탐지한다.

- **EndContact(b2Contact)** BeginContact()의 중심부이며 바디가 더 이상 충돌 상황에 있지 않을 경우를 가리킨다. BeginContact() 호출은 항상 EndContact()를 동반한다.

- **PreSolve(b2Contact, b2Manifold)** 충돌이 탐지되고, 충돌 해상도, 즉 충돌로부터 충격량이 계산되기 전에 호출된다. b2Manifold 구조체는 단일 장소에서의 접근 지점과 일반적인 내용 등에 대한 정보를 유지한다.

- **PostSolve(b2Contact, b2ContactImpulse)** Box2D에 의해 실제 충격량이 계산된 후에 호출된다.

처음 두 개의 콜백은 게임 로직(예를 들어 엔티티 파괴)을 발생시키는 데 적합하다. 나머지 두 개의 콜백은 연산이나 좀 더 정확하고 상세한 정보는 얻는 도중에 물리 시뮬레이션을 변경(좀 더 구체적으로 얘기하면 접근을 비활성화해 이후의 충돌을 무시하는 등)하고자 할 때 적합하다. 예를 들어 PreSolve()를 사용해 위에서 아래로 떨어질 때에만 충돌(아래에서 점프하지 않는 경우)하는 한쪽짜리 플랫폼을 만들 수 있다. PoseSolve()를 사용해 충돌 강도를 탐지하고 그에 따른 손상을 계산할 수 있다.

PreSolve()와 PostSolve() 메소드는 BeginContact()와 EndContact() 사이에서 여러 번 호출될 수 있으며, 하나의 세계가 갱신되는 동안 0에서 수차례 호출될 수 있다. 컨택트는 한 시뮬레이션 단계 동안 시작하고 이후 여러 단계를 종료할 수 있다. 이 경우 해결solving 이벤트 콜백은 각 단계 사이 동안 연속적으로 발생할 것이다. 시뮬레이션 단계 동안 많은 충돌이 발생할 수 있기 때문에 콜백 역시 여러 번 호출될 수 있으니 가능한 한 효율적으로 사용될 수 있어야 한다.

BeginContact() 콜백 내부에서 충돌을 분석할 때 충돌 플래그를 버퍼링했다. Box2D는 콜백이 발생했을 때 전달된 b2Contact 매개변수를 사용하기 때문에 충돌 플래그flag가 필요하다. 게다가 이런 콜백은 시뮬레이션 계산 동안 호출되기 때문에 물리 바디는 이 시점에 파괴될 수 없으며, 오직 시뮬레이션 단계가 끝났을 때에만 가능하다. 따라서 나중 처리(예를 들어 엔티티를 파괴하기 위한)를 위해 수집된 모든 정보를 복사해 둘 것을 강력하게 권장한다.

충돌 모드

나는 Box2D가 다음과 같이 불리언 멤버를 사용해 바디 정의상에서 활성화될 수 있는 소위 불릿bullet 모드를 제공한다는 점을 언급하고 싶다.

```
mBodyDef.bullet = true;
```

이 모드는 총알처럼 빨리 이동하는 객체에 필요하다! 기본적으로 Box2D는 충돌 탐지를 위해 바디가 최종 위치에 있는지를 주시하는 이산 충돌 탐지DCD, Discrete Collision Detection를 사용해 초기 위치와 최종 위치 사이에 위치한 모든 바디를 누락시킨다. 하지만 따르게 이동하는 바디에 대해서 진행된 전제 경로가 고려돼야 한다. 이를 공식적으로 연속적인 충돌 탐지CCD, Continuous Collision Detection라고 한다. 일반적으로 CCD는 처리 비용이 비싸기 때문에 꼭 필요할 때만 사용해야 한다.

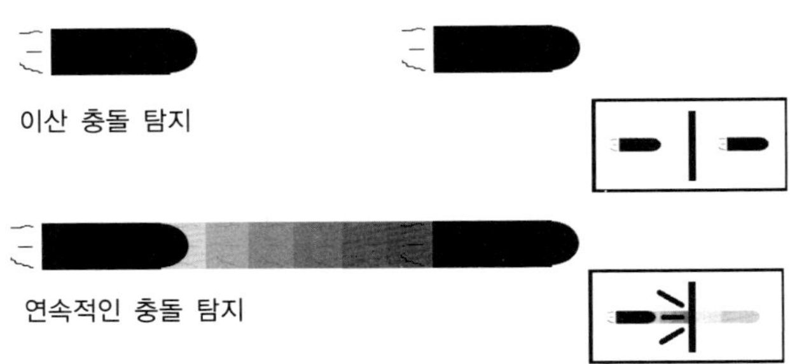

때때로 바디가 충돌 없이(자동차가 결승 라인에 도달하는 것과 같이) 중첩될 때를 탐지하고 싶을 수 있다. 이를 센서sensor라고 한다. 센서는 픽스처의 isSensor 불리언 멤버를 true로 설정해 쉽게 적용할 수 있다.

```
mFixtureDef.isSensor = true;
```

센서는 `BeginContact()`, `EndContact()`, `b2Contact` 클래스의 `IsTouching()`
바로가기를 사용해 리스너를 통해 얻어올 수 있다.

충돌 필터링

충돌에 대한 또 다른 중요한 면은 단순한 충돌이 아니라 더 정확하게 얘기해 충돌을
필터링한다는 점이다. 컨택트를 비활성화해 `PreSolve()`로 필터링을 수행할 수 있
다. 이 점은 가장 유연하고 강력한 해결책인 반면 복잡하기도 하다.

하지만 이미 살펴봤듯이 필터링은 범주와 마스크 기술을 사용해 좀 더 간단한 방법
으로 수행할 수 있다. 모든 바디(각 바디는 `short integer` 타입의 `categoryBits` 멤버로,
한 비트로 표현된다)는 하나 이상의 범주와 충돌할 수 있는 바디 범주를 설명하는 하나
의 마스크(`maskBits` 멤버를 통해 비트를 0으로 설정해 필터링된 각 범주를 표현할 수 있다)로 할당
될 수 있다.

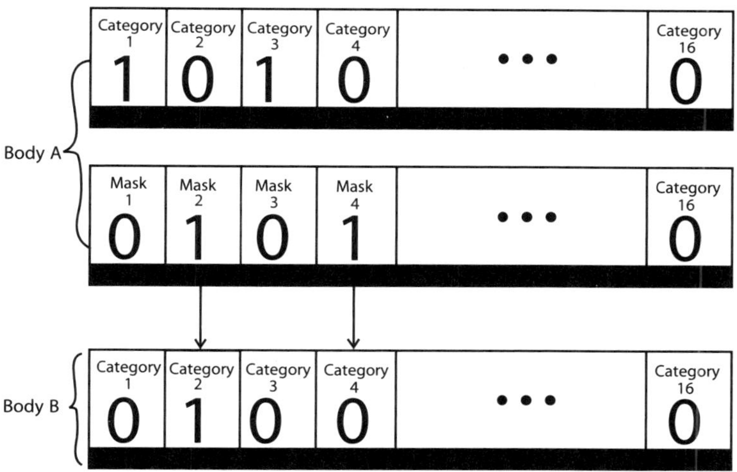

그림에서 바디 A는 범주 1과 3에 있으며, 범주 2와 4의 버디와 충돌하며, 바디 B의
마스크가 바디 A 범주(즉, 1과 3)가 충돌을 필터링하지 않으면 여기서 바디 B는 쓸모
없게 된다. 다른 말로 바디 A와 바디 B는 반드시 충돌에 동의해야 한다!

또한 Box2D는 충돌 그룹 표현을 갖고 있다. 바디는 다음과 같은 값으로 설정된
충돌 그룹을 갖는다.

- **양수** 동일한 충돌 그룹 값을 갖는 다른 바디는 충돌할 수 있음을 의미한다.
- **음수** 동일한 충돌 그룹 값을 갖는 다른 바디는 필터링됐음을 의미한다.

범주와 마스크를 이용한 방법에 비해 유연하지는 않지만 DroidBlaster의 소행성
간 충돌을 회피하기 위한 해결책으로 사용할 수 있다. 범주 이전에 그룹이 필터링돼
야 함에 유의한다.

범주/그룹 필터보다 더욱 유연한 해결책은 b2ContactFilter 클래스다. 이 클래스는
자신만의 필터링을 수행할 수 있게 사용자 정의 가능한 ShoudCollide(b2Fixture,
b2Fixture) 메소드를 갖고 있다. 실제로 범주/그룹 필터링은 이러한 방법으로 구
현된 예다.

Box2D 자원

Box2D를 간단히 소개했지만, 실제 훨씬 더 많은 기능을 제공한다. 그림자 뒤에
숨겨진 다음 기능을 살펴보자.

- **조인트** 두 개의 바디를 서로 연결한다.
- **레이캐스팅(raycasting)** 물리 월드에 질의(예를 들어 총구를 겨눌 방향)하기 위해 사
  용한다.
- **컨택트 속성** 일반, 충격량, 매니폴드manifold 등

Box2D는 정말로 훌륭하고 매우 유용한 정보를 제공하는 문서를 제공한다.
http://www.box2d.org/manual.html을 참고한다. 또한 Box2D는 테스트 배드test bed
디렉토리(Box2D/Testbed/Tests 내)로 패키징돼 다수의 유스케이스use case를 제공한다.
기능에 대해 좀 더 심도 깊게 이해하는 시간을 가져보기 바란다. 물리 시뮬레이션은
때때로 처리하기 성가신 부분일 수도 있는 부분이므로, Box2D 포럼 http://www.
box2d.org/forum/에서 제공하는 다양한 정보를 활용해 용기를 얻기 바란다.

 ## 안드로이드에서 3D 엔진 구동

DroidBlaster는 이제 좋고 빛나는 물리 엔진을 갖게 됐다. 이제 2002년, 게임 개발자인 니콜라우스 게바트Nikolaus Gebhardt가 만든 **Irrlicht** 엔진을 실행해보자. 이 엔진은 다양한 기능을 제공한다.

- OpenGL ES 1과 Open GL ES 2의 부분적 지원

- 2D 그래픽 기능

- 다수의 이미지 포맷과 메시mesh 파일 포맷(PNG와 JPEG, OBJ, 3DS 등) 지원

- BSP 포맷으로 퀘이크quake 레벨 불러오기

- 뼈대bone를 이용한 메시 변형과 애니메이션을 위한 스키닝skinning

- 터레인terrain 렌더링

- 충돌 처리

- GUI 시스템

이 외에도 많다. 이제 고정 렌더링 파이프라인으로 Irrlicht GLES 1.1 렌더러를 구동해 DroidBlaster에 새로운 차원을 추가해보자.

실습 예제 | Irrlicht를 이용한 3D 그래픽 렌더링

1 먼저 불필요한 모든 것을 제거하자. jni 폴더의 GraphicsSprite와 GraphicsTexture, GraphicsTileMap, Background 등 헤더와 소스 파일을 제거한다.

코드를 정리하고 그래픽 서비스를 다시 작성해야 한다.

2 Irrlicht.h 헤더를 포함하는 새로운 jni/GraphicsObject.hpp 파일을 생성한다.

GraphcisObject는 **Irrlicht** 장면scene 노드, 즉 3D 월드의 객체를 캡슐화한다. 노드는 계층 구조를 형성할 수 있으며, 자식 노드는 부모에 따라 이동(예를 들어 탱크상의 터렛)하며, 부모 속성(예를 들어 가시성)을 상속받는다.

또한 좌표 포맷(Box2D PhysicsService로부터 온) 내의 위치에 대한 참조와 메시 이름, 텍스처 자원이 필요하다.

```cpp
#ifndef PACKT_GRAPHICSOBJECT_HPP
#define PACKT_GRAPHICSOBJECT_HPP

#include "Types.hpp"

#include <boost/shared_ptr.hpp>
#include <irrlicht.h>
#include <vector>

namespace packt {
  class GraphicsObject {
  public:
    typedef boost::shared_ptr<GraphicsObject> ptr;
    typedef std::vector<ptr> vec;
    typedef vec::iterator vec_it;

  public:
    GraphicsObject(const char* pTexture, const char* pMesh,
        Location* pLocation);

    void spin(float pX, float pY, float pZ);

    void initialize(irr::scene::ISceneManager* pSceneManager);
    void update();

  private:
    Location* mLocation;
    irr::scene::ISceneNode* mNode;
```

```
    irr::io::path mTexture; irr::io::path mMesh;
  };
}
#endif
```

3 jni/GraphicsObject.cpp에 클래스 생성자를 작성한다.

계속 회전하는 소행성 애니메이션을 위해 사용할 spin() 메소드를 생성한다. 먼저 모든 애니메이션 관련 잠재 요소를 제거한다. 그다음 Irrlicht 노드에 적용된 회전 애니메이터를 만든다. 최종적으로 애니메이터 자원을 해제한다(Drop() 사용).

```cpp
#include "GraphicsObject.hpp"
#include "Log.hpp"

namespace packt {
  GraphicsObject::GraphicsObject(const char* pTexture,
      const char* pMesh, Location* pLocation) :
      mLocation(pLocation), mNode(NULL),
      mTexture(pTexture), mMesh(pMesh)
  {}

  void GraphicsObject::spin(float pX, float pY, float pZ) {
    mNode->removeAnimators();
    irr::scene::ISceneNodeAnimator* lAnimator =
        mNode->getSceneManager()->createRotationAnimator(
            irr::core::vector3df(pX, pY, pZ));
    mNode->addAnimator(lAnimator);
    lAnimator->drop();
  }
  ...
```

4 initialize() 메소드에서 Irrlicht 자원을 초기화 한다. 먼저 디스크상의 해당 경로와 일치하는 요청된 3D 메시와 텍스처를 로드한다. 자원이 이미 로드돼 있다면 Irrlicht에서는 자원을 재사용하게 된다. 그다음 3D 세계로 연결된 장면 노드를 생성한다. 장면 노드는 반드시 자신의 서피스상에 새롭게 로드된 텍스처와

함께 새롭게 로드된 3D 메시를 포함해야 한다. 강제 사항은 아니지만 메시는 동적으로 밝혀질 것(EMF_LIGHTING 플래그)이다. 라이트는 나중에 설정할 것이다.

마지막으로 `DroidBlaster` 참조에서 **Irrlicht** 참조로 좌표를 변환하기 위해 `update()` 메소드가 필요하다. 거의 대부분은 좌표가 동일(둘 다 동일한 크기를 갖는 객체 센터를 가리킨다)하지만, **Irrlicht**는 세 번째 차원이 필요하기 때문에 항상 동일한 것은 아니다. 사실상 어디서든 **Irrlicht** 좌표를 사용할 수 있다.

```
...
    void GraphicsObject::initialize(
        irr::scene::ISceneManager* pSceneManager) {
      irr::scene::IAnimatedMesh* lMesh =
          pSceneManager->getMesh(mMesh);
      irr::video::ITexture* lTexture = pSceneManager->
          getVideoDriver()->getTexture(mTexture);

      mNode = pSceneManager->addMeshSceneNode(lMesh);
      mNode->setMaterialTexture(0, lTexture);
      mNode->setMaterialFlag(irr::video::EMF_LIGHTING, true);
    }

    void GraphicsObject::update() {
      mNode->setPosition(irr::core::vector3df(
          mLocation->mPosX, 0.0f, mLocation->mPosY));
    }
  }
```

5 기존 **jni/GraphicsService.hpp** 파일을 열어 예전 코드를 **Irrlicht**로 변경한다. `GraphicsService`에는 꽤 많은 변경이 필요하다! `GraphicsSprite`와 `GraphicsTexture`, `GraphicsTimeMap`, `TimeService` 관련 코드를 지운다.

그다음 9장에서 사용한 그래픽 헤더에 **Irrlicht**의 주요 인클루드 파일을 삽입한다.

이전 등록 메소드를 `PhysicsService`에 만든 것과 유사한 `registerObject()`로 바꾼다. `registerObject()`는 메시와 텍스처 파일을 매개변수로 받아 다음과 같이 정의된 GraphicsObject를 반환한다.

```cpp
#ifndef _PACKT_GRAPHICSSERVICE_HPP_
#define _PACKT_GRAPHICSSERVICE_HPP_

#include "GraphicsObject.hpp"
#include "TimeService.hpp"
#include "Types.hpp"

#include <android_native_app_glue.h>
#include <irrlicht.h>
#include <EGL/egl.h>

namespace packt {
  class GraphicsService {
  public:
    ...
    GraphicsObject::ptr registerObject(const char* pTexture,
        const char* pMesh, Location* pLocation);
  protected:
    ...
...
```

6 Irrlicht 관련 멤버 변수와 화면에 표시될 모든 GraphicsObject를 저장하는 벡터를 선언한다. Irrlicht 중심 클래스는 모든 Irrlicht 기능 접근을 제공하는 IrrlichtDevice다. IvideoDriver 역시 2D/3D 그래픽 관련 동작과 자원 관리를 추상화하는 중요한 클래스다. ISceneManager는 시뮬레이션된 3D 월드를 처리한다.

```cpp
...
  private:
    ...
    EGLContext mContext;

    irr::IrrlichtDevice* mDevice;
    irr::video::IVideoDriver* mDriver;
```

```cpp
    irr::scene::ISceneManager* mSceneManager;

    GraphicsObject::vec mObjects;
  };
}
#endif
```

7 jni/GraphicsService.cpp 소스 파일에서 클래스 생성자를 수정하고 EGL 설정은 이전과 같이 유지한다. 실제로 Irrlicht와 안드로이드 연결 코드(CirrDeviceAndroid)는 텅빈 스텁 코드다. 초기화는 start() 내의 네이티브 코드에 의해 수행되는 클라이언트(자바 측)의 몫이다.

따라서 이번 절에서는 변경이 많지 않다. 단지 3D 객체를 적절히 블랜딩하기 위한 깊이depth 버퍼를 요청하고, 이제 Irrlicht에서 관리하므로 불필요한 loadResources()는 제거한다.

애플리케이션이 중단되면 Drop() 호출로 Irrlicht 자원을 해제한다.

```cpp
...
namespace packt {
  GraphicsService::GraphicsService(android_app* pApplication,
                              TimeService* pTimeService) :
     ...
     mContext(EGL_NO_SURFACE),
     mDevice(NULL), mObjects()
  {}
  ...

  status GraphicsService::start() {
    ...
    const EGLint lAttributes[] = {
      EGL_RENDERABLE_TYPE, EGL_OPENGL_ES_BIT,
      EGL_BLUE_SIZE, 5, EGL_GREEN_SIZE, 6, EGL_RED_SIZE, 5,
      EGL_DEPTH_SIZE, 16, EGL_SURFACE_TYPE, EGL_WINDOW_BIT,
      EGL_NONE
```

```
  };

  ...

  }

void GraphicsService::stop() {
  mDevice->drop();

  if (mDisplay != EGL_NO_DISPLAY) {
    ...
  }
...
```

8 이제 재미있는 `setup()` 절로 넘어왔다. 먼저 `createDevice()` 팩토리 메소드
를 호출해 Irrlicht를 초기화한다. `EDT_OGLES1`은 렌더링을 위해 사용하는 렌더
러를 가리키는 중요한 매개변수다. 추가적인 매개변수는 윈도우 속성(차원, 비트
깊이 등)을 설명한다.

그다음 /sdcard/droidblaster 디렉토리와 상대되는 파일(자원은 압축될 수도 있다)에 접
근할 수 있게 **Irrlicht**를 설정한다. 마지막으로 앞으로 자주 사용하게 될 비디오
드라이버와 장면 관리자를 가져온다.

```
void GraphicsService::setup() {
  // Irrlicht 초기화
  mDevice = irr::createDevice(irr::video::EDT_OGLES1,
      irr::core::dimension2d<irr::u32>(mWidth, mHeight), 32,
      false, false, false, 0);
  mDevice->getFileSystem()->addFolderFileArchive(
      "/sdcard/droidblaster/");
  mDriver = mDevice->getVideoDriver();
  mSceneManager = mDevice->getSceneManager();
  ...
```

9 `setup()`에서 동적 메시 라이팅(라이트 범위로 존재하는 마지막 매개변수)을 위해 라이
트 장면, 그리고 최상단 뷰(경험에 의한 값)를 시뮬레이션하기 위해 위치가 지정된
카메라를 준비한다. 이미 알고 있겠지만, 3D 월드의 모든 객체는 장면 관리자

내에서 노드로서 간주되며, 라이트뿐만 아니라 카메라 등의 다른 것 또한 마찬가
지다.

```
...
    mSceneManager->setAmbientLight(
        irr::video::SColorf(0.85f,0.85f,0.85f));

    mSceneManager->addLightSceneNode(NULL,
        irr::core::vector3df(-150, 200, -50),
        irr::video::SColorf(1.0f, 1.0f, 1.0f), 4000.0f);

    irr::scene::ICameraSceneNode* lCamera =
        mSceneManager->addCameraSceneNode();
    lCamera->setTarget(
        irr::core::vector3df(mWidth/2, 0.0f, mHeight/2));
    lCamera->setUpVector(
        irr::core::vector3df(0.0f, 0.0f, 1.0f));
    lCamera->setPosition(
        irr::core::vector3df(mWidth/2, mHeight*3/4, mHeight/2));
...
```

10 타일 탭 대신 배경 화면별 필드를 시뮬레이션하기 위해 입자particle를 만들자.
이를 위해 화면 상단에 위치한 가상virtual 박스로부터 입자를 임의로 나타내는
새로운 입자 시스템 노드를 만든다. 선택된 비율에 따라 입자를 더 많게 혹은
더 적게 나타낸다. 생명주기는 입자가 나타난 지점으로부터 화면 상단에서 하
단을 가로지르기 위한 충분한 시간 동안 남아있게 된다. 입자는 여러 크기(1.0에
서 8.0까지)를 가질 수 있다. 입자 방사체emitter 설정을 마쳤다면 drop()을 이용
해 이를 해제할 수 있다.

```
...
    irr::scene::IParticleSystemSceneNode* lParticleSystem =
        mSceneManager->addParticleSystemSceneNode(false);
    irr::scene::IParticleEmitter* lEmitter =
        lParticleSystem->createBoxEmitter(
```

```
    // 첫 번째와 두 번째 코너의 X, Y, Z.
    irr::core::aabbox3d<irr::f32>(
        -mWidth * 0.1f, -300, mHeight * 1.2f,
        mWidth * 1.1f, -100, mHeight * 1.1f),
    // 방향과 출현 빈도
    irr::core::vector3df(0.0f,0.0f,-0.25f), 10.0f, 40.0f,
    // 가장 어두운 색과 가장 밝은 색
    irr::video::SColor(0,255,255,255),
    irr::video::SColor(0,255,255,255),
    // 최소 생명주기, 최대 생명주기, 각도
    8000.0f, 8000.0f, 0.0f,
    // 최소 크기, 최대 크기
    irr::core::dimension2df(1.f,1.f),
    irr::core::dimension2df(8.f,8.f));
lParticleSystem->setEmitter(lEmitter);
lEmitter->drop();
    ...
```

11 별 필드를 마칠 수 있게 입자 텍스처(여기서는 start.png)와 그래픽 속성(투명도는 필요하지만, Z 버퍼와 라이팅은 필요 없다)를 설정한다. 모든 준비를 마쳤다면 게임 객체에 의해 참조된 모든 `GraphicsObjects`를 초기화할 수 있다.

```
    ...
    lParticleSystem->setMaterialTexture(0,
        mDriver->getTexture("star.png"));
    lParticleSystem->setMaterialType(
        irr::video::EMT_TRANSPARENT_VERTEX_ALPHA);
    lParticleSystem->setMaterialFlag(
        irr::video::EMF_LIGHTING, false);
    lParticleSystem->setMaterialFlag(
        irr::video::EMF_ZWRITE_ENABLE, false);

GraphicsObject::vec_it iObject = mObjects.begin();
for (; iObject < mObjects.end() ; ++iObject) {
```

```
    (*iObject)->initialize(mSceneManager);
  }
}

...
```

12 GraphicsService의 중요 메소드는 update()다. 우선 **Irrlicht** 참조 내 자신의 위치를 갱신하기 위해 각 GraphicsObject를 수정한다.

그런 다음 기기를 실행해 노드를 처리한다(예를 들어 입자 방사). 그 후 beingScene()(여기서는 배경 색상을 검정으로 설정한다) 호출과 endScene() 호출 사이의 장면을 그린다. 장면 그리기는 장면 관리자와 그 내부 노드에 의해 수행된다.

마지막으로 렌더링된 장면은 일반적으로 화면에 그려질 수 있다.

```
...
  status GraphicsService::update() {
    GraphicsObject::vec_it iObject = mObjects.begin();
    for (; iObject < mObjects.end() ; ++iObject) {
      (*iObject)->update();
    }

    if (!mDevice->run()) return STATUS_KO;
    mDriver->beginScene(true, true, irr::video::SColor(0,0,0,0));
    mSceneManager->drawAll();
    mDriver->endScene();

    if (eglSwapBuffers(mDisplay, mSurface) != EGL_TRUE) {
      ...
    }
...
```

GraphicsService를 마칠 수 있게 registerObject() 메소드를 구현한다.

```
...
  GraphicsObject::ptr GraphicsService::registerObject(
      const char* pTexture, const char* pMesh, Location* pLocation)
```

```cpp
    {
      GraphicsObject::ptr lObject(new GraphicsObject(pTexture,
          pMesh, pLocation));
      mObjects.push_back(lObject);
      return mObjects.back();
    }
  }
```

이제 그래픽 모듈은 Irrlicht로 장면을 렌더링한다. 이제 올바르게 게임 엔티티를
수정해보자.

13 jni/Asteroid.hpp를 수정해 스프라이트 대신 GraphicsObject를 참조하게 한다.

```cpp
...
#include "GraphicsService.hpp"
#include "GraphicsObject.hpp"
#include "PhysicsService.hpp"
...
namespace dbs {
  class Asteroid {
    ...
  private:
    packt::GraphicsService* mGraphicsService;
    packt::TimeService* mTimeService;

    packt::GraphicsObject::ptr mMesh;
    packt::PhysicsObject::ptr mPhysics;
  };
}
#endif
```

14 GraphicsObject를 등록하기 위한 중심부 jni/Asteroid.cpp를 편집한다.

소행성이 재생성되면 소행성의 회전은 관련 메소드를 통해 갱신된다. 애니메이
션 속력은 더 이상 필요하지 않다.

```cpp
...
namespace dbs {
  Asteroid::Asteroid(packt::Context* pContext) :
      mTimeService(pContext->mTimeService),
      mGraphicsService(pContext->mGraphicsService) {
    mPhysics = pContext->mPhysicsService->registerEntity(
        0X1, 0x2, 64, 1.0f);
    mMesh = pContext->mGraphicsService->registerObject(
        "rock.png", "asteroid.obj", &mPhysics->mLocation);
  }

  void Asteroid::spawn() {
    const float MIN_VELOCITY = 1.0f, VELOCITY_RANGE = 19.0f;
    const float MIN_SPIN_SPEED = 0.001f, SPIN_SPEED_RANGE = 3.0f;

    float lVelocity = -(RAND(VELOCITY_RANGE) + MIN_VELOCITY);
    float lPosX = RAND(mGraphicsService->getWidth());
    float lPosY = RAND(mGraphicsService->getHeight())
                + mGraphicsService->getHeight();
    mPhysics->initialize(lPosX, lPosY, 0.0f, lVelocity);

    float lSpinSpeed = MIN_SPIN_SPEED + RAND(SPIN_SPEED_RANGE);
    mMesh->spin(0.0f, lSpinSpeed, 0.0f);
  }
  ...
}
```

15 jni/Ship.hpp 헤더 파일도 소행성에서 했던 작업과 같이 갱신한다.

```cpp
...
#include "GraphicsService.hpp"
#include "GraphicsObject.hpp"
#include "PhysicsService.hpp"
...
namespace dbs {
  class Ship {
```

```
      ...
  private:
      ...
    packt::TimeService* mTimeService;
    packt::GraphicsObject::ptr mMesh;
    packt::PhysicsObject::ptr mPhysics;
    packt::PhysicsTarget::ptr mTarget;
  };
}
#endif
```

16 Ship.cpp를 수정해 정적 메시를 등록한다. Spawn() 내의 애니메이션 관련 내용을 제거한다.

```
...
namespace dbs {
  Ship::Ship(packt::Context* pContext) :
  ... {
    mPhysics = pContext->mPhysicsService->registerEntity(
        0x2, 0x1, 64, 0.0f);
    mTarget = mPhysics->createTarget(50.0f);
    mMesh = pContext->mGraphicsService->registerObject(
        "metal.png", "ship.obj", &mPhysics->mLocation);
    mInputService->setRefPoint(&mPhysics->mLocation);
  }

  void Ship::spawn() {
    mPhysics->initialize(mGraphicsService->getWidth() * 1 / 2,
        mGraphicsService->getHeight() * 1 / 4, 0.0f, 0.0f);
  }
  ...
}
```

이제 거의 끝났다. DroidBlaster 클래스의 배경에 대한 참조를 제거하는 것을 잊지 말자.

17 애플리케이션 실행에 앞서 3D 메시와 텍스처는 8단계에 Irrlicht에서 사용한 SD 카드의 /sdcard/droidblaster 디렉토리로 복사돼 있어야 한다. 이 경로는 자신의 기기의 SD 카드 마운트 지점(9장에서 설명했듯이)에 따라 변경될 수도 있다.

자원 파일은 Chapter10/Resource에 있다.

보충 설명

지금까지 안드로이드 애플리케이션으로 3D 그래픽을 나타내기 위해 3D 엔진을 추가하고 재사용하는 방법을 살펴봤다. 안드로이드 기기에서 `DroidBlaster`를 실행하면 다음 결과를 확인할 수 있다. 소행성은 3D로 멋지게 보이고, 별 필드는 단순하면서 멋진 깊이 있는 영감을 준다.

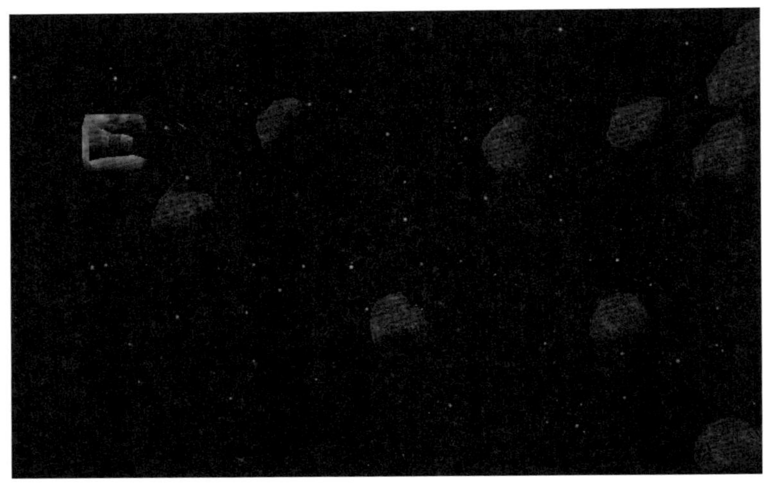

Irrlicht의 주요 진입점은 `IrrlichtDevice` 클래스이며, 이를 통해 다음과 같이 엔진에 자유롭게 접근할 수 있었다.

486

- `IVideoDriver`는 그래픽 렌더러 관련 셀이며, 텍스처 같은 그래픽 자원을 관리한다.

- `ISceneManager`는 노드의 계층 구조를 통해 장면을 관리한다.

달리 말하면 비디오 드라이버를 사용해 장면을 디스플레이하고 장면 관리자(노드를 통한 3D 월드를 관리하는)를 통해 화면에 나타낼 엔티티와 그 위치, 속성을 가리킬 수 있다.

Irrlicht의 메모리 관리
내부적으로 Irrlicht는 객체 생명주기를 올바르게 관리할 수 있게 참조 카운팅을 사용한다. 규칙은 간단하다. 팩토리 메소드 이름에 create(예를 들어 createDevice())를 포함한다면 반드시 자원을 해제하기 위해 drop()을 호출해야 한다.

더욱 구체적으로 얘기하면 배와 소행성을 디스플레이하기 위해 메시 노드를 사용했으며, 이후 애니메이터를 통해 움직이게 만들었다. 간단한 회전 애니메이션을 사용했지만, 더욱 풍부한 애니메이션(충돌의 경우 객체가 경로를 뛰어넘어 움직이는 등)을 구성할 수 있다.

블렌더(Blender)를 이용한 3D 모델링
현재 가장 최고의 오픈소스 3D 저작 도구는 블렌더다. 블렌더는 메시 모델링과 텍스처, 내보내기(export) 기능을 제공하며, 라이트맵 생성 등 다양한 기능을 지원한다. 프로그램에 대한 자세한 정보는 http://wwww.blender.org/를 참고한다.

Irrlicht 장면 관리

Irrlicht의 중요한 부분인 장면 관리자에 대해 좀 더 살펴보자. 단계별 예제에서 살펴봤듯이 노드는 기본적으로 3D 세계의 객체를 표현하지만, 항상 가시적으로 보이는 것은 아니다. Irrlicht는 다양한 종류의 사용자 정의 노드 기능을 제공한다.

- **IAnimatedMeshSceneNode** 가장 기본적인 노드다. 하나 이상의 텍스처(멀티텍스처를 위해)에 연결된 3D 메시를 렌더링한다. 이름이 제시하듯이 이러한 노드는 키 프레임과 뼈대(예를 들어 퀘이크 .md2 포맷을 사용할 경우)와 함께 애니메이션될 수 있다.

- **IBillboardSceneNode** 3D 월드 내부의 스프라이트를 디스플레이한다(즉, 항상 카메라와 바라보는 텍스처된 플레인textured plain).

- **ICameraSceneNode** 3D 월드를 볼 수 있게 해주는 노드이며, 따라서 보이지 않는 노드다.

- **ILightSceneNode** 월드 객체에 라이트를 설정할 수 있다. 여기서는 프레임당 메시상에서 계산된 동적 라이팅에 대해 얘기한다. 이 과정은 처리 비용이 크기 때문에 반드시 필요한 경우에만 활성화해야 한다. 라이트 매핑은 처리 비용이 큰 라이트 연산을 피할 수 있는 흥미로운 기술이다.

- **IPerticleSceneNode** 별 필드를 시뮬레이션했듯이 입자particle를 나타낸다.

- **ITerrainSceneNode** Heightmap으로부터 외부의 지형(언덕, 산 등)을 렌더링한다. 지형 청크의 거리에 따라 자동 상세 레벨LOD, Level of Detail 처리를 제공한다.

노드는 계층 구조를 가지며, 부모에 연결될 수 있다. 또한 Irrlicht는 옥트리Octree(옥트리는 하나의 중간 노드가 여덟 개의 자식 노드를 갖는 트리 자료 구조를 의미한다 - 옮긴이)나 BSP 같은 부분적 공간적 인덱싱(메시를 빠르게 컬링하기 위한)을 제공해 복잡한 장면 내의 메시를 컬링한다. Irrlicht는 풍부한 엔진이며, 나는 http://irrlicht.sourceforge.net/에서 제공하는 문서를 살펴볼 것을 권장한다. 이 포럼은 꽤 활성화돼 있으며, 유용한 도움을 받을 수 있을 것이다.

정리

10장에서는 안드로이드 NDK에서 제공하는 재사용 가능성을 실습해봤다. 이제 빠르게 변하는 모바일 세계에서 필수적인 생산성이라는 무기를 들고 전문 애플리케이션을 개발할 수 있다.

더 구체적으로 얘기하면 Box2D를 포팅해 물리 월드를 시뮬레이션하는 방법과 기존 엔진, 즉 Irrlicht를 이용해 3D 그래픽을 디스플레이하는 방법을 살펴봤다. 지렛대로서 NDK를 사용해 전문 애플리케이션 개발로 향하는 길에 불을 밝혀 놓았다. 하지만 모든 C/C++ 라이브러리를 쉽게 포팅할 수 있다고 기대해서는 안 된다.

이제 우리가 가야 할 최종 목적지에 도달했다. 11장에서는 NDK 애플리케이션 디버깅과 문제 해결에 관한 고급 기술을 소개하는 것으로 안드로이드 개발의 완전한 준비를 마치고자 한다.

11

디버깅과 문제 해결

디버깅과 문제 해결 같은 고급 주제를 논하지 않고서는 안드로이드 NDK를 완전히 소개했다고 볼 수 없다. 나는 거짓말을 하지 않겠다. NDK 디버깅 기능은 어쩌면 아직까지는 형편없는 수준이다. 물론 간단한 로그 메시지를 볼 때는 빠르고 실용적이긴 하다. 11장에서 디버깅에 대해 다루는 이유이기도 하다. 하지만 여전히 디버거는 복잡한 프로그램이지만 좀 더 심하게는 충돌이 발생하는 프로그램에서 꽤 많은 시간을 줄여줄 수 있다! 하지만 이 경우에도 대체해서 사용할 수 있는 해결책들이 있다.

11장에서는 다음과 같은 내용을 다룬다.

- GDB를 이용한 네이티브 코드 디버깅

- 스택 트레이스Stack trace 덤프 해석

- GProf를 이용한 프로그램 성능 분석

GDB를 이용한 디버깅

안드로이드 NDK는 GCC 툴체인 기반이기 때문에 안드로이드 NDK는 GNU 디버거인 GDB를 포함해 프로그램 시작과 일시 정지, 시험, 변경을 가능하게 해준다. 안드로이드, 좀 더 구체적으로 얘기하면 일반적인 임베디드 기기상에서 GDB는 클라이언트/서버 모드로 설정된다. 프로그램은 기기상에서 서버와 원격 클라이언트로 실행됨으로써 개발자 워크스테이션이 이에 연결해 로컬 애플리케이션을 위한 것으로 디버깅 명령을 전송한다.

GDB 자체는 커맨드라인 유틸리티이며, 수동으로 사용하기에 번거로울 수 있다. 다행히 GDB는 대부분의 IDE, 그리고 특히 CDT에 의해 처리된다. 따라서 미리 올바르게 설정했다면 이클립스를 통해 직접 중단점breakpoint을 지정해 프로그램을 검사할 수 있다!

실제로 이클립스는 텍스트 편집기의 왼쪽 세로 라인에 마우스 클릭으로 쉽게 자바와 C/C++ 소스 파일에 중단점을 삽입할 수 있다. 자바 중단점은 안드로이드 디버그 브리지ADB를 통해 디버깅을 관리하는 ADT 플러그인 덕분에 독립적으로 동작한다. CDT가 안드로이드를 알지 못한다는 것은 사실이 아니다. 따라서 NDK의 GDB를 사용하기 위한 CDT 설정 관리 없이 단순히 중단점을 추가하는 것만으로는 아무것도 수행할 수 없으며, 디버깅을 위한 네이티브 안드로이드 애플리케이션에 바인딩돼야 한다.

디버거 지원은 NDK 릴리즈가 진행돼 오면서 개선(예를 들어 순수한 네이티브 스레드 디버깅은 이전에 동작하지 않았다)됐다. NDK R5(그리고 R6에서도)에서 사용할 만한 기능은 많아졌지만 아직 완벽하지 못하다. 하지만 여전히 도움을 줄 수 있다! 이제 네이티브 애플리케이션 디버깅 방법을 구체적으로 살펴보자.

먼저 애플리케이션에 디버깅 모드를 활성화하자.

1 가장 중요하지만 깜박하기 쉬운 것은 안드로이드 프로젝트에 디버깅 플래그를 설정하는 것이다. 이 작업은 AndroidManifest.xml 애플리케이션 매니페스트에서 가능하다. 네이티브 코드를 위한 적절한 SDK 버전을 사용하는 것도 잊지 말자.

```xml
<?xml version="1.0" encoding="utf-8"?>
<manifest ...>
  <uses-sdk android:minSdkVersion="10"/>
  <application ...
    android:debuggable="true">
    ...
```

2 매니페스트에 디버그 플래그를 적용하면 자동으로 네이티브 코드에 디버그 모드를 활성화한다. 하지만 APP_OPTIM 플래그 또한 디버그 모드를 제어한다. **Android.mk**에 수동으로 설정했다면 그 값을 debug(release가 아님)로 설정하거나 간단히 제거했는지 확인한다.

```
APP_OPTIM := debug
```

먼저 기기로 연결할 GDB 클라이언트를 설정해보자.

3 프로젝트를 다시 컴파일한다. 기기를 연결하거나 에뮬레이터를 구동한다. 애플리케이션을 실행한 채로 둔다. 애플리케이션이 로드됐는데, 애플리케이션의 PID를 통해 확인한다. 다음 명령을 사용해 프로세스 목록을 확인할 수 있다. 반환되는 결과는 한 줄로 나타난다.

```
$ adb shell ps |grep packtpub
```

4 터미널 창을 열어 프로젝트 디렉토리로 이동한다. ndk-gdb 명령($ANDROID_NDK 폴더에 위치해 있으며, $PATH에 적용돼 있어야 한다)을 실행한다.

```
$ ndk-gdb
```

이 명령은 아무런 메시지도 보여주지 않고, obj/local/armeabi에 다음과 같은 세 개의 파일을 생성한다.

- **gdb.setup** GDB 클라이언트를 위해 생성된 설정 파일이다.

- **app_process** 기기에서 직접 가져온 파일이다. 이 파일은 시스템 구동 후 새로운 애플리케이션을 시작하기 위해 분기forked될 때 구동되는 시스템 실행 파일(즉, Zygote이다. 2장을 참고한다)이다. GDB는 마스크를 찾기 위해 이 참조 파일을 필요로 한다. 애플리케이션의 바이너리 진입 지점을 위한 여러 가지 방법 중 하나다.

- **libc.so** 역시 기기로부터 가져온 파일이다. 이 파일은 런타임 중 생성된 모든 네이티브 스레드를 추적하기 위해 GDB에서 사용되는 안드로이드 표준 C 라이브러리(보통 bionic이라고 불림)다.

ndk-gdb가 제공하는 자세한 피드백을 얻고 싶다면 -verbose 플래그를 추가한다. ndk-gdb에서 이미 디버그 세션이 구동 중이라고 알려준다면 ndk-gdb를 -force 플래그로 다시 실행한다. 일부 기기(특히 HTC)는 사용자 롬(예를 들어 설치 중단 에러 반환)으로 루팅되지 않으면 디버그 모드로 작업할 수 없음에 유의한다.

5 프로젝트 디렉토리에서 obj/local/armeabi/gdb.setup을 복사해 이름을 gdb2.setup으로 지정한다. 이 파일을 열어 GDB 클라이언트가 기기상에서 구동 중인 GDB 서버 연결을 요청하는 다음 라인을 제거한다(이클립스 자체에서 수행할 수 있게).

```
target remote :5039
```

6 이클립스 메인 메뉴에서 Run ❯ Debug Configurations…로 이동한 후 C/C++ Application 항목에 `DroidBlaster_JNI`로 새로운 디버그 설정을 생성한다. 이 설정은 컴퓨터상에서 GDB 클라이언트를 시작하고 기기상에서 실행 중인 GDB 서버로 연결하게 된다.

7 Main 탭에서 다음과 같이 설정한다.

- ☐ Project에 자신의 프로젝트 디렉토리(예를 들어 DroidBalster_Part8-3)를 지정한다.

- ☐ C/C++ Application에 Browse 버튼을 사용해 obj/local/armeabi/app_process 로 지정한다(절대 경로나 상대 경로 모두 가능하다).

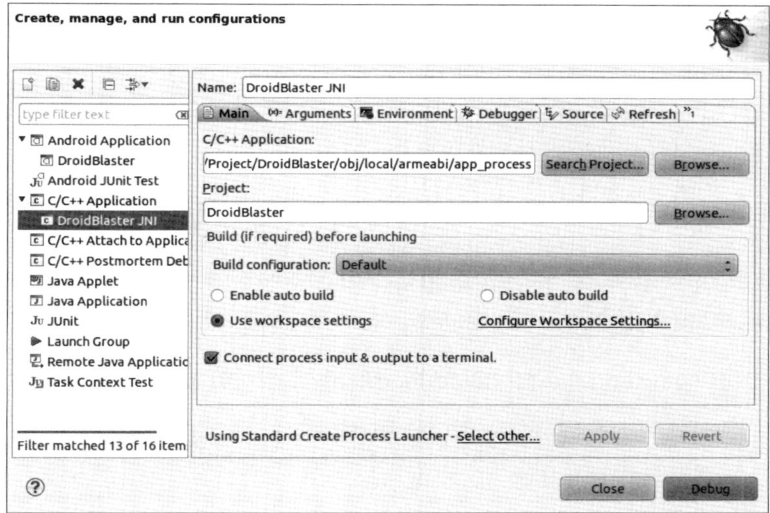

8 화면 하단의 Select other… 링크를 사용해 런처 타입을 Standard Create Process Launcher로 전환한다.

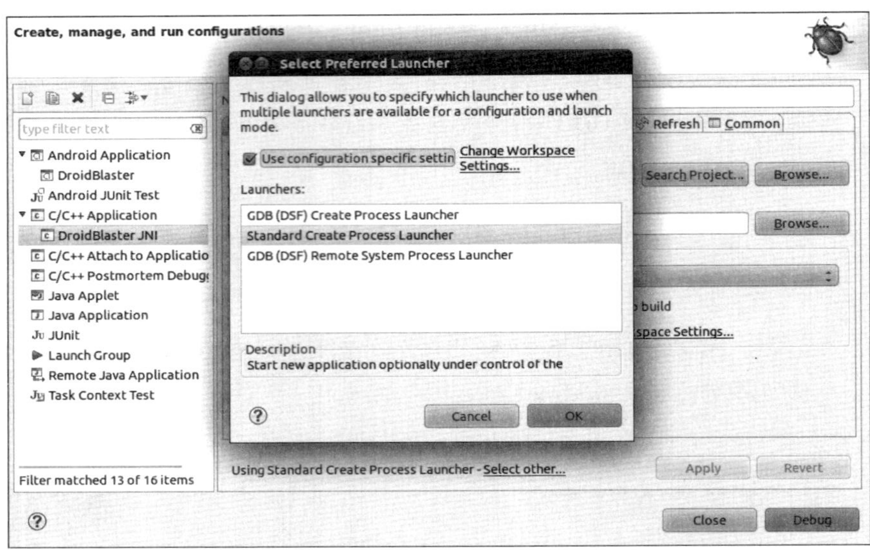

9 디버거 파일로 이동해 다음을 설정한다.

□ Debugger 타입을 gdbserver로 설정한다.

□ GDB debugger를 ${ANDROID_NDK}/toolchains/arm-linux-androideabi-4.4.3/prebuilt/linux-x86/bin/arm-linux-androideabi-gdb로 설정한다.

□ GDB command file을 obj/local/armeabi/에 위치한 gdb2.setup 파일로 지정한다(절대 경로나 상대 경로 모두 가능하다).

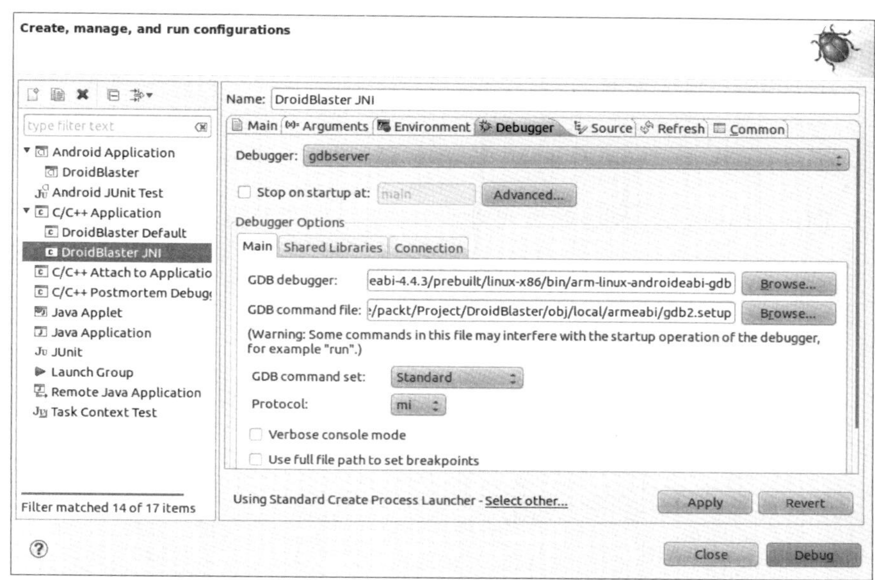

10 Connection 탭에서 Type을 TCP로 설정한다. Host name or IP address와 Port number에 대한 기본 값(localhost와 5039)은 그대로 유지한다.

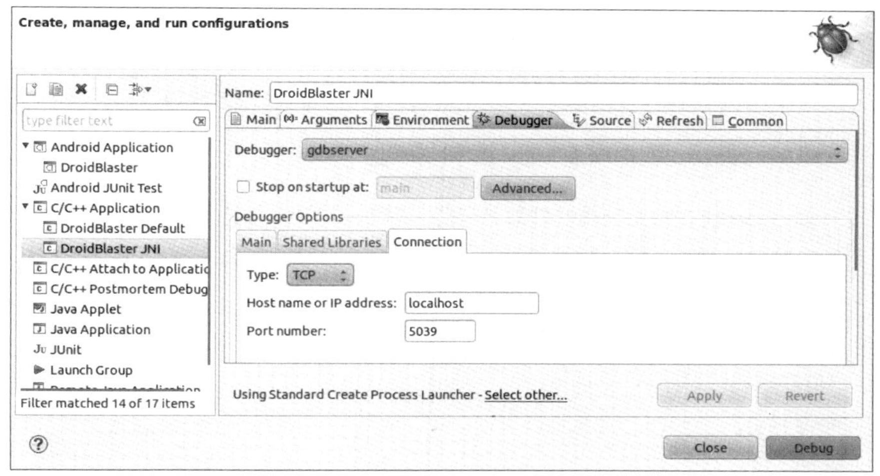

이제 기기상의 GDB 서버를 구동하기 위한 이클립스 설정을 진행해보자.

11 $ANDROID_NDK/ndk-gdb를 복사하고 텍스트 편집기로 복사한 파일을 연다.

다음 라인을 찾는다.

```
$GDBCLIENT -x `native_path $GDBSETUP`
```

GDB 클라이언트는 이클립스 자체에서 구동되게 주석 처리한다.

```
#$GDBCLIENT -x `native_path $GDBSETUP`
```

12 이클립스 메인 메뉴에서 Run ➤ External Tools ➤ External Tools Configurations…으로 이동하고 새로운 DroidBlaster_GDB 설정을 생성한다. 이 설정은 기기상에서 GDB 서버를 구동하게 된다.

13 Main 탭에서 다음을 설정한다.

- Location은 $ANDROID_NDK에서 수정된 ndk-gdb로 지정한다. 좀 더 일반적인 방법으로 Variables… 버튼을 사용해 안드로이드 NDK 위치를 정의할 수 있다(즉, ${env_var:ANDROID_NDK}/ndk-gdb).

- Working directory는 애플리케이션 디렉토리 위치로 설정한다(예를 들어 ${workspace_loc:/DroidBlaster_Part8-3}).

- 선택적으로 다음을 통해 Arguments 텍스트박스를 설정한다.

    - **--verbose** 이클립스 콘솔에 나타나는 상세 정보를 보기 위해 사용한다.

    - **-force** 모든 이전 세션을 자동으로 종료kill하기 위해 사용한다.

    - **-start** 애플리케이션을 시작한 후 연결하는 대신 GDB 서버가 애플리케이션을 시작할 수 있게 한다. 이 옵션은 자바가 아닌 네이티브 코드만 디버깅할 때 유용하며, 에뮬레이터를 사용할 때는 문제(뒤로 가기 버튼이 사라지지 않는 등)가 될 수도 있다.

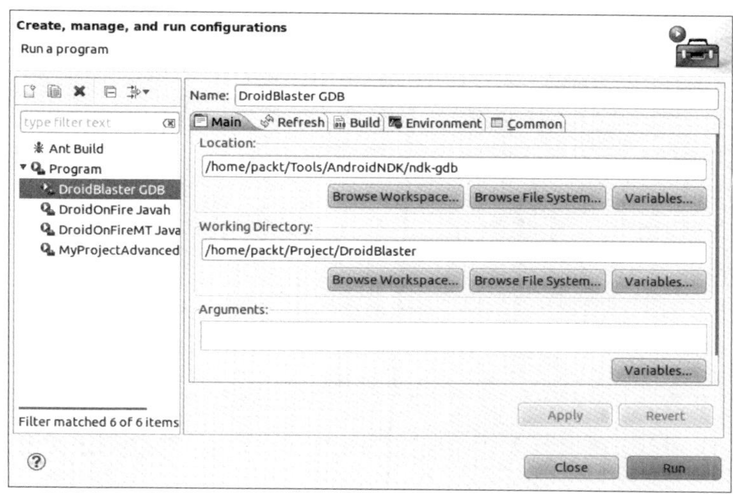

설정을 마쳤다.

14 이제 평소처럼(2장에서 봤듯이) 애플리케이션을 실행한다.

15 애플리케이션이 시작되면 기기상의 GDB 서버를 구동하게 될 외부 툴 설정 DroidBlaster GDB를 구동한다. GDB 서버는 원격 GDB 클라이언트에 의해 전송된 디버그 명령을 받고 애플리케이션을 로컬에서 디버깅한다.

16 jni/DroidBlaster.cpp를 열고 `onStep()`의 첫 번째 줄에서(`mTimeService->update()`) 텍스트 편집기의 왼쪽 라인을 더블클릭(혹은 마우스 오른쪽 버튼을 눌러 `Toggle breakpoint`를 선택한다)해 중단점을 설정한다.

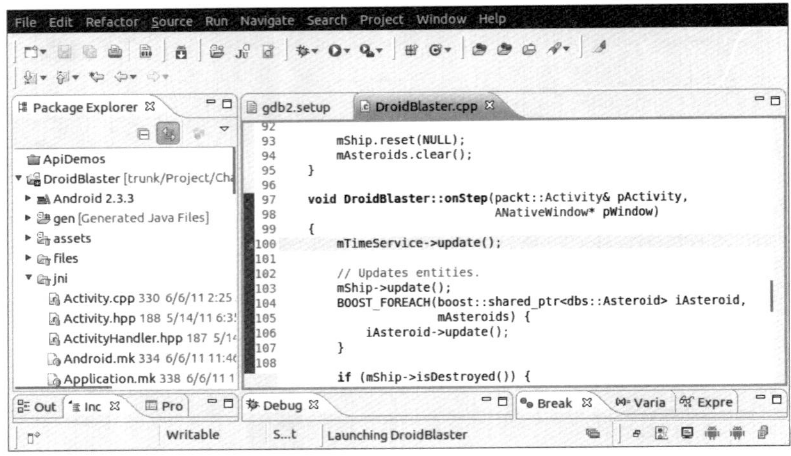

17 마지막으로 GDB 클라이언트를 시작하기 위해 DroidBlaster JNI C/C++ 애플리
케이션 설정을 구동한다. 이를 통해 소켓 연결을 통해 디버그 명령을 이클립스
CDT에서 GDB 서버로 중계한다. 개발자의 관점에서는 로컬 애플리케이션 디
버깅과 거의 비슷하다.

보충 설명 |

설정이 올바르다면 애플리케이션은 몇 초 뒤 멈추며, 이클립스는 중단점이 설정된
초점을 맞춘다. 이제 코드 라인을 Step into와 Step out, Step over하거나 애플리케
이션을 재개할 수 있다. 어셈블리 중독자라면 인스트럭션 단계별 모드도 설정 가능
하다.

이제 현대의 생산성 툴, 즉 디버거의 혜택을 즐겨보자. 하지만 시작에 앞서 이미
경험이 있을지 모르겠지만, 안드로이드 디버깅은 다소 느리고(원격 안드로이드 기기와
통신이 필요하기 때문에) 동작 중에 뭔가 불안정한 면이 있음을 알아두자.

설정 과정처럼 디버그 세션 구동도 다소 복잡하고 성가신 부분이 있다. 다음 세 가지 필수 단계를 기억하자.

1. 안드로이드 애플리케이션을 시작한다(이클립스 혹은 기기에서).

2. 그다음 애플리케이션으로 지역적으로 연결할 수 있게 기기의 GDB 서버(즉, 여기서는 `DroidBlaster_GDB` 설정)를 구동한다.

3. 마지막으로 CDT가 GDB 서버와 통신할 수 있게 컴퓨터에서 GDB 클라이언트(즉, 여기서는 `DroidBlaster_GDB` 설정)를 시작한다.

4. 선택적으로 `-start` 플래그로 GDB 서버를 시작해 애플리케이션을 구동하게 한다. 이 경우 첫 번째 단계는 불필요하다.

gdb2.setup은 프로젝트 디렉토리 정리(clean) 중에 삭제될 수 있음을 기억하자. 디버깅이 동작하지 않을 경우 ndk-gdb가 올라와 구동 중인지 확인한 후 두 번째 단계로 gdb2.setup 파일을 확인해보자.

하지만 이 과정에 놀랄만한 제약이 있다. 바로 이미 구동 중인 프로그램을 방해한다. 그렇다면 초기화 코드에서 중단점에서 멈추고 디버깅(예를 들어 jni/DroidBlaster.cpp의 `onActivate()`) 하는 방법이 있을까? 다음과 같은 두 가지 해결책이 있다.

- 애플리케이션 실행 상태로 남겨두고 GDB 클라이언트를 구동한다. 안드로이드는 윈도우나 리눅스, 맥OS X에서처럼 메모리를 관리하지 않고 오직 메모리가 필요할 경우에만 강제 종료한다. 프로세스는 사용자가 떠난 이후에도 메모리에 남아있다. 애플리케이션이 계속 구동 중이라면 GDB 서버는 시작 상태로 남아있고, 조용히 클라인트 디버거를 시작할 수 있다. 그 후 기기에서 애플리케이션을 시작(이클립스에서 실행하면 강제 종료될 것이다)하면 된다.

- 애플리케이션이 시작할 때 자바 코드에서 일시 정지한다! 하지만 완전한 네이티브 코드에서는 자바 소스를 위한 src 폴더를 생성해 NativeActivity를 상속하는 새로운 Activity 클래스를 추가해야 한다. 그 후 정적 초기화 블록에 중단점을 넣을 수 있다.

🌑 스택 트레이스 분석

거짓말하지 않겠다. 나는 충돌이 발생할 줄 알고 있다. 부끄러워할 필요도 없고, 모두에게 일어날 수 있다. 이유 없이 프로그램이 충돌하는 것이다! 아마도 기기가 오래됐거나 안드로이드의 문제라고 생각할 수도 있다. 하지만 대부분 개발자가 만들어낸 문제이며, 스스로 책임을 져야 할 부분이다!

디버거는 코드의 문제를 찾기 위한 엄청난 도구다. 하지만 프로그램을 구동할 때 실시간으로 동작한다. 디버거는 찾고자 하는 위치를 알고 있다고 가정한다. 쉽게 재현될 수 없거나 이미 발생한 문제에 있어서 디버거는 무용지물이다.

다행히 해결책이 있다. NDK에는 ARM 스택 트레이스를 분석하는 데 도움을 주는 몇 가지 유틸리티가 포함돼 있다. 이 툴의 동작 과정을 살펴보자.

실습 예제 | 크래시 덤프 분석

1 코드에 치명적인 버그를 심어놓자. **Jni/DroidBlaster.cpp**를 열어 `onActive()` 메소드를 다음과 같이 수정한다.

```
...
  void DroidBlaster::onActivate() {
    ...
    mTimeService = NULL;
    return packt::STATUS_KO;
  }
...
```

2 이클립스의 LogCat 뷰(Window ❯ Show View ❯ Other…에서)를 연 후 애플리케이션을
실행한다. 안드로이드 개발자에게 자연스럽게 있는 그대로의 모습이다! 충돌 덤
프는 로그에 나타난다.

```
...
*** *** *** *** *** *** *** *** *** *** *** *** *** *** *** ***
Build fingerprint: 'htc_wwe/htc_bravo/bravo:2.3.3/...
pid: 1723, tid: 1743 >>> com.packtpub.droidblaster <<<
signal 11 (SIGSEGV), code 1 (SEGV_MAPERR), fault addr 0000000c
 r0 a9df2e71 r1 40815c8d r2 7cb9c28d r3 00000000
...
ip a3400000 sp 45102830 lr 00000016 pc 80410a2c cpsr 00000030
d0 6f466e6961476e6f d1 0000000400000390
...
scr 20000012
      #00 pc 00010a2c /data/data/com.packtpub.droidblaster/
lib/libdroidblaster.so
      #01 pc 00009fcc /data/data/com.packtpub.droidblaster/
lib/libdroidblaster.so
...
      #06 pc 00011618 /system/lib/libc.so
code around pc:
80410a0c 00017ad4 00000000 b084b510 9b019001
...
code around lr:
stack:
```

```
451027f0 00000000
451027f4 45102870
451027f8 804110f5 /data/data/com.packtpub.droidblaster/lib/
libdroidblaster.so
...
```

이 덤프는 현재 프로그램 상태에 대한 유용한 정보를 포함한다. 덤프의 첫 번째 발생한 에러를 설명하는데, 여기서 SIGSEGV는 세그먼테이션 결함segmentation fault으로 알려져 있다. Fault addr, 즉 0000000c를 보면 NULL에 가까움을 확인할 수 있을 것이다. 이것은 중요한 힌트다!

그다음으로 ARM 레지스터 상태(rX, dX, ip, sp, lr, pc 등)에 대한 정보를 갖고 있다. 하지만 여기서는 프로그램이 중단된 위치에 대한 정보와 관련한 부분에만 집중한다. 이와 관련된 정보는 지면 상단에 있으며, pc로 써진 단어와 그 뒤의 16진수로 확인 가능하다. 뒤의 16진수는, 즉 문제가 발생했을 때 실행된 인스트럭션이 무엇인지를 알려주는 프로그램 카운터 위치를 표현한다. 메모리 주소는 포함하는 라이브러리와 상대적임을 기억하자. 이 정보 조각을 통해 바이너리 코드에서 어떠한 인스트럭션 문제가 발생했는지 정확하게 알 수 있다!

3 이러한 바이너리 주소를 사람이 이해할 수 있는 형태로 변환하는 방법이 필요하다. 첫 번째 해결책은 완전한 .so 라이브러리를 역어셈블하는 것이다.

터미널 창을 열어 프로젝트 디렉토리로 이동한다. 그다음 NDK 툴체인의 실행 가능한 디렉토리에 위치해 있는 objdump 명령을 실행한다.

```
$ $ANDROID_NDK/toolchains/arm-linux-androideabi-4.4.3/prebuilt/
linux-x86/bin/arm-linux-androideabi-objdump -S
    ./obj/local/armeabi/libdroidblaster.so > ~/disassembler.dump
```

4 이 명령은 라이브러리를 역어셈블해 어셈블러 인스트럭션과 C/C++ 소스코드와 함께 위치를 출력한다. 텍스트 편집기로 출력 파일을 열고 주의 깊게 살펴보면 pc 옆의 충돌 덤프 내에 있는 주소와 동일 주소를 확인할 수 있을 것이다.

```
...
void TimeService::update()
{
  10a14:    b510         push      {r4, lr}
  10a16:    b084         sub    sp, #16
  10a18:    9001         str    r0, [sp, #4]
      double lCurrentTime = now();
  10a1a:    9b01         ldr    r3, [sp, #4]
  10a1c:    1c18         adds   r0, r3, #0
  10a1e:    f000 f81f    bl  10a60 <_
ZN5packt11TimeService3nowEv>
  10a22:    1c03         adds   r3, r0, #0
  10a24:    1c0c         adds   r4, r1, #0
  10a26:    9302         str    r3, [sp, #8]
  10a28:    9403         str    r4, [sp, #12]
      mElapsed = (lCurrentTime - mLastTime);
  10a2a:    9b01         ldr    r3, [sp, #4]
  10a2c:    68dc         ldr    r4, [r3, #12]
  10a2e:    689b         ldr    r3, [r3, #8]
  10a30:    9802         ldr    r0, [sp, #8]
  10a32:    9903         ldr    r1, [sp, #12]
  ...
```

5 앞서 살펴봤듯이 1단계에서 잘못된 객체 주소를 추가했기 때문에 문제는
jni/TimeService.cpp 인스트럭션 내의 `mService->update()`를 실행할 때 발생
하는 것처럼 보인다.

6 역어셈블된 덤프 파일은 크기가 꽤 클 수 있다. droidblaster.so에 대해 약 3MB
정도가 될 수 있다. 하지만 이 크기는 10MB가 될 수도 있다. 특히 Irrlicht과
같은 라이브러리가 수반될 때 그렇다. 또한 라이브러리가 갱신될 때마다 다시
만들어져야 한다.

다행히 `objdump`와 같은 디렉토리에 위치한 다른 유틸리티 `addr2line`도 사용
가능하다. 마지막에 pc 주소를 이용해 다음 명령을 수행한다. 여기서 `-f`는 함수

이름을, -C는 함수 이름을 디맹글링demangle하며, -e는 입력 라이브러리를 지시한다.

```
$ $ANDROID_NDK/toolchains/arm-linux-androideabi-4.4.3/prebuilt/
linux-x86/bin/arm-linux-androideabi-addr2line -f -C
        -e ./obj/local/armeabi/libdroidblaster.so 00010a2c
```

이 명령을 실행하면 즉시 일치하는 C/C++ 인스트럭션과 소스 파일 내의 위치를 보여준다.

```
File  Edit  View  Search  Terminal  Help
packt::TimeService::update()
/home/packt/Project/DroidBlaster_Part8-3/jni/TimeService.cpp:25
```

7 버전 R6 이후로 안드로이드 NDK는 그 루트 디렉토리에 `ndk-stack`을 제공한다. 이 유틸리티는 안드로이드 로그 덤프를 사용해 수동으로 작업한 것을 수행한다. ADB와 함께 결합돼 실시간으로 안드로이드 로그를 디스플레이할 수 있으며, 이동 없이(심지어 눈도!) 충돌을 분석할 수 있다.

간단히 터미널 창에 다음 명령을 입력하면 자동으로 충돌 덤프를 판독한다.

```
$ adb logcat | ndk-stack -sym ./obj/local/armeabi
********** Crash dump: **********
Build fingerprint: 'htc_wwe/htc_bravo/bravo:2.3.3/
GRI40/96875.1:user/release-keys'
pid: 1723, tid: 1743 >>> com.packtpub.droidblaster <<<
signal 11 (SIGSEGV), code 1 (SEGV_MAPERR), fault addr 0000000c
Stack frame #00 pc 00010a2c /data/data/com.packtpub.
droidblaster/lib/libdroidblaster.so: Routine update in /home/
packt/Project/Chapter11/DroidBlaster_Part11/jni/TimeService.cpp:25
Stack frame #01 pc 00009fcc /data/data/com.packtpub.
droidblaster/lib/libdroidblaster.so: Routine onStep in /home/
packt/Project/Chapter11/DroidBlaster_Part11/jni/DroidBlaster.
cpp:53
```

```
Stack frame #02 pc 0000a348 /data/data/com.packtpub.
droidblaster/lib/libdroidblaster.so: Routine run in /home/packt/
Project/Chapter11/DroidBlaster_Part11/jni/EventLoop.cpp:49
Stack frame #03 pc 0000f994 /data/data/com.packtpub.
droidblaster/lib/libdroidblaster.so: Routine android_main in /
home/packt/Project/Chapter11/DroidBlaster_Part11/jni/Main.cpp:31
...
```


지금까지 안드로이드 NDK에서 제공하는 ARM 유틸리티를 사용해 애플리케이션 충돌의 근원을 파악할 수 있었다. 이 유틸리티는 엄청나게 큰 도움을 주는 것으로 여겨지며 나쁜 충돌이 발생할 때 응급 처리로 고려해야 한다.

하지만 '어디에서'를 찾을 수 있게 도움을 줄 수 있다면 '왜'를 찾는 것은 고려해야 될 또 다른 문제다. 4단계의 코드에서 봤듯이 왜 LDR 인스트럭션(목적은 메모리나 상수, 다른 레지스터부터 데이터를 하나의 레지스터에 로드하기 위함이다)이 실패했는지 이해하는 것은 하찮은 일이 아니다. 이것은 프로그래머의 직관(그리고 어셈블리 코드에 대한 지식)이 필요한 장소이기도 하다.

크래시 덤프

일반적 상식을 위해 LogCat 크래시 덤프의 내용에 대해 간략히 짚고 넘어가자. 크래시 덤프는 재능이 넘치는 개발자나 바이너리 코드를 심도 깊게 분석해보고 싶은 사람들에만 국한돼 있는 것이 아니라 최소한의 어셈블러 지식과 ARM 프로세서의 동작을 이해하는 사람을 위해서도 유용하게 활용될 수 있다. 이번 추적trace의 목표는 크래시가 발생한 시점의 현재 상태에서 가능한 한 많은 정보를 제공하는 데 있다.

- 첫 번째 줄은 빌드 기록을 제공하며, 현재 구동 중인 기기/안드로이드를 가리키는 식별자의 한 종류다. 이 정보는 다양한 경로로부터 발생한 덤프를 분석하는 데 유용하다.

- 두 번째 줄은 유닉스 시스템 기반에서 애플리케이션을 식별하는 데 사용되는 프로세스 식별자PID와 스레드 식별자TID를 나타낸다. 메인 스레드에서 크래시가 발생한다면 프로세스 식별자가 동일할 수 있다.

- 세 번째 줄은 신호로서 표현된 크래시의 근원을 보여준다. 여기서는 전형적인 세그먼테이션 폴트다(SIGSEGV).

- 그 후 덤프된 프로세서의 레지스터 값은 다음을 의미한다.

  - **rX** 정수형 레지스터다.

  - **dX** 부동소수점floating point 레지스터다.

  - **fp(혹은 r11)** 프레임 포인터Frame Pointer는 루틴 호출(스택 포인터와 함께 사용돼) 동안 스택상의 고정 주소를 담는다.

  - **ip(혹은 r12)** 내부 프로시저 호출 스크래치 레지스터intra procedure call scratch register는 일부 서브루틴 호출, 예를 들어 링커가 브랜칭(메모리 내의 다른 어딘가로 점프하기 위한 브랜치 인스트럭션으로, 현재 위치와 상대되는 옵션 인자가 필요하다. 전체 메모리가 아닌 MB 단위의 브랜치 범위만을 허용한다)할 때 다른 메모리 영역을 필요로 해 베니어veneer(조그마한 코드 블록)를 필요로 하는 경우에 사용할 수 있다.

  - **sp(혹은 r13)** 스택 포인터로, 스택의 최상단 위치를 저장한다.

  - **lr(혹은 r14)** 링크 레지스터는 일반적으로 프로그램 카운터 값을 나중에 복원할 수 있게 임시로 저장한다. 링크 레지스터의 가장 보편적인 사용 예는 코드 내의 다른 지점으로 점프하고, 그 뒤 이전의 위치로 되돌아가기 위한 함수 호출이다. 물론 여러 단계의 서브루틴 호출은 스택에 쌓인 링크 레지스터를 필요로 한다.

  - **pc(혹은 r15)** 다음번 실행 인스트럭션 주소를 담는 프로그램 카운터를 나타낸다. 프로그램 카운터는 단순히 다음 인스트럭션을 가져오기 위해 순차적 코드를 실행할 때 증가되지만, 브랜치 인스트럭션(if/else와 C/C++ 함수 호출 등)에 의해 변경될 수도 있다.

  - **cpsr** 현재 프로그램 상태 레지스터Current Program Status Register는 현재 프로

세스 동작 모드와 조건 코드(음수 결과 동작에 대해서 N, 0이나 동일 결과에 대해서 Z 등)와 인터럽트, 인스트럭션 셋(Thumb나 ARM)에 대한 부가적인 비트 플래그에 관한 소수의 플래그를 포함한다.

- 또한 크래시 덤프는 PC(즉, 주변 인스트럭션 블록)과 LR(이전 위치를 위한) 근처의 소수 메모리도 포함한다.

- 마지막으로 기본 호출 스택의 덤프는 로깅된다.

규약(convention)

레지스터 사용은 규약임을 기억하자. 예를 들어 애플 iOS는 프레임 포인터로 r12 대신 r7을 사용한다. 따라서 기존 코드를 재사용할 경우에 항상 주의를 기울여야 한다!

성능 분석

디버깅 도구가 여전히 불완전하다면 프로파일링 도구는 동작할 때조차 다소 미숙하다는 점을 말하고 싶다! 실제로 에뮬레이터를 제외한 메모리 혹은 성능 프로파일러에 대한 구글의 공식적인 지원은 없다. 아마도 추후에는 바뀔 것이다. 하지만 지금, 코드를 수정하고 각 인스트럭션을 분석하고자 하는 사람들에게는 여전히 목마르다. 이 부분은 개발자가 아닌 사람 혹은 루팅되지 않은 전화로 개발할 때는 특히 그렇다. 다행히 몇 가지 해결책이 있으며, 일부는 진행 중이다. 다음을 살펴보자.

- **Valgrind** 아마도 성능과 메모리, 캐시 사용을 모니터링할 수 있는 가장 유명한 오픈소스 프로파일러일 것이다. 이 유틸리티는 현재 안드로이드로 포팅 중이다. 약간의 변경을 통해 개발자나 ArmV7 모드로 루팅된 전화기에서 동작시킬 수 있다. 안드로이드를 위한 최고의 희망 중 하나이기도 하다.

- **Android-NDK-Profiler** 안드로이드에 GProf를 포팅한 것이다. 런타임에 코드를 추출/구동해 수행되는 단순하고 기본적인 도구이다. 성능을 측정하기 위한 가장 간단한 해결책이며, 특정한 하드웨어를 요구하지 않는다.

- **OProfile** 적은 오버헤드로 프로파일링 데이터를 수집하기 위해 시스템 커널(따라서 수정될 필요가 있다)에 코드를 추가한 시스템 범위의 프로파일러다. 설치하기 복잡하며 작업을 위해 개발자나 루팅된 전화기를 필요로 하지만, 꽤나 잘 동작하며 인스트럭션 코드를 수행한다. 수행할 적절한 하드웨어를 갖고 있다면 무료로 코드 프로파일하기에는 훨씬 좋은 해결책이다.

- 상용 개발 스위트 ARM DS-5와 스트림라인StreamLine 성능 분석기는 흥미로운 선택이 될 수 있을 것이다.

- **제조사가 제공하는 OpenGL ES 프로파일러** 퀄컴은 Adreno Profiler, 엔비디아는 PerfHUD ES, PowerVR은 PVRTune을 제공한다. 하지만 이러한 도구는 본질적으로 GLES 월드 내부에서의 발생 정보를 볼 수 있다.

여기서는 효율적인 속도(특히 GLES를 사용할 때)로 프로그램을 올바르게 에뮬레이트하는 능력은 떨어지기 때문에 에뮬레이터 프로파일러에 대해서는 언급하지 않겠다. 하지만 에뮬레이터 프로파일러의 존재 정도는 알고 있어야 한다. 이제 Richard Quirk(자세한 정보는 http://quirkygba.blogspot.com/을 참고한다)가 안드로이드에 포팅한 Gprof 기반 프로파일러를 대체하는 흥미로운 안드로이드 NDK 프로파일러를 살펴보자.

노트 DroidBlaster_Part8-3 프로젝트는 이 절의 시작점으로 사용된다. 결과 프로젝트는 DroidBlaster_Par11을 참고한다.

실습 예제 | Gprof 실행

애플리케이션 코드에 프로파일을 시도해보자.

1 브라우저 창을 열어 안드로이드 NDK 프로파일러 홈페이지 http://code.google.com/p/android-ndk-profiler/로 이동한다. Downloads 섹션으로 이동한 후 컴퓨터에 최신 릴리즈(이 글을 쓰는 시점에서는 3.1)를 저장한다.

2 $ANDROID_NDK/sources/android-ndk-profiler에 압축 파일을 푼다. 이 압축 파일은 안드로이드 Makefile과 두 개의 라이브러리로 Arm V5와 Arm V7을 포함한다.

3 ANDROID-NDK-Profiler를 완전한 안드로이드 모듈(하이라이트된 줄을 참고한다)로 전환한다. 중요하지만 아직 언급하지 않은 부분은 앞으로 코드에 인클루드하게 될 prof.h 파일을 내보내는 것이다.

이 Makefile은 $TARGET_ARCH_ABI 변수를 사용해 Application.mk(APP_ABI= armeabi, armeabi-v7a)에 정의된 내용에 따라 자동으로 올바른 라이브러리 버전(Arm V5/V7)을 선택한다. 또한 방해가 될 수 있는 일부 최적화 옵션을 필터링(Thumb와 ARM 코드에 대해)한다.

```
LOCAL_PATH:= $(call my-dir)

TARGET_thumb_release_CFLAGS := $(filter-out -ffunctionsections,$(
TARGET_thumb_release_CFLAGS))
TARGET_thumb_release_CFLAGS := $(filter-out -fomit-framepointer,$(
TARGET_thumb_release_CFLAGS))
TARGET_CFLAGS := $(filter-out -ffunction-sections,$(TARGET_
CFLAGS))

# include libandprof.a in the build
include $(CLEAR_VARS)
LOCAL_MODULE := andprof
LOCAL_SRC_FILES := $(TARGET_ARCH_ABI)/libandprof.a
LOCAL_EXPORT_C_INCLUDES := $(LOCAL_PATH)/
include $(PREBUILT_STATIC_LIBRARY)
```

4 Android-NDK-Profiler는 이제 정규 네이티브 라이브러리로 포함될 수 있다. DroidBlaster_Part_8-3(원하는 다음 버전을 사용해도 좋다)을 추가해보자.

프로파일러 자체 Makefile과 같이 최적화 필터를 추가한다. 기본적으로 컴파일은 thumb 모드로 수행되기 때문에 관련된 라인은 유지해야 한다. 그다음 -pg 매개 변수를 추가해 프로파일러에 필요한 부가적인 인스트럭션을 삽입한다. 마지막으로 보통처럼 프로파일러 모듈을 포함한다.

```
LOCAL_PATH := $(call my-dir)

TARGET_thumb_release_CFLAGS := $(filter-out -ffunctionsections,$(
TARGET_thumb_release_CFLAGS))
TARGET_thumb_release_CFLAGS := $(filter-out -fomit-framepointer,$(
TARGET_thumb_release_CFLAGS))
TARGET_CFLAGS := $(filter-out -ffunction-sections,$(TARGET_
CFLAGS))

include $(CLEAR_VARS)

LS_CPP=$(subst $(1)/,,$(wildcard $(1)/*.cpp))
LOCAL_CFLAGS := -DRAPIDXML_NO_EXCEPTIONS -pg
LOCAL_MODULE := droidblaster
LOCAL_SRC_FILES := $(call LS_CPP,$(LOCAL_PATH))
LOCAL_LDLIBS := -landroid -llog -lEGL -lGLESv1_CM -lOpenSLES

LOCAL_STATIC_LIBRARIES := android_native_app_glue png andprof

include $(BUILD_SHARED_LIBRARY)

$(call import-module,android/native_app_glue)
$(call import-module,libpng)
$(call import-module,android-ndk-profiler)
```

5 프로파일러를 실행하기 위해 코드에 프로파일러 시작과 종료 함수를 포함해야
한다. jni/Main.cpp를 열어 android_main()의 시작과 끝부분에 추가한다. 미
리 정의된 환경 변수 CPUPROFILE_FREQUENCY를 통해 샘플링 주기를 6000으로
설정한다.

```
...
#include <cstdlib>
#include <prof.h>

void android_main(struct android_app* pApplication)
```

```cpp
{
    setenv("CPUPROFILE_FREQUENCY", "60000", 1);
    monstartup("droidblaster.so");

    // 게임 서비스와 이벤트 루프를 실행한다.
    ...
    lEventLoop.run(&lDroidBlaster, &lInputService);
    moncleanup();
}
```

6 마지막으로 AndroidManifest.xml에 저장소의 쓰기 권한을 허용한다.

```xml
<?xml xmlns:android="http://schemas.android.com/apk/res/android"
    package="com.packtpub.droidblaster" android:versionCode="1"
    android:versionName="1.0">
    ...
    <uses-permission
        android:name="android.permission.WRITE_EXTERNAL_
        STORAGE"/>
</manifest>
```

7 DroidBlaster 프로젝트를 다시 컴파일한다. 이제 프로파일러를 시작하고 프로파일링 정보를 발생시키는 데 필요한 모든 인스트럭션을 포함하게 됐다.

8 기기상에 프로젝트를 실행한다. 로그 메시지는 프로파일러 시작/종료 사이에서 발생한다. 뒤로 가기 버튼을 누를 때 애플리케이션이 완전히 종료되는지 확인한다. 일시 정지에 대해서는 충분한 정보를 제공하지 않는다.

```
INFO/threaded_app(3553): Start: 0x97270
INFO/PROFILING(3553): Profile droidblaster.so 80400000-8043d000: 0
INFO/PROFILING(3553): 0: parent: carrying on
INFO/PACKT(3553): Creating GraphicsService
...
INFO/PACKT(3553): Exiting event loop
INFO/PROFILING(3553): parent: moncleanup called
INFO/PROFILING(3553): 1: parent: done profiling
```

```
INFO/PROFILING(3553): writing gmon.out
INFO/PROFILING(3598): child: finished monitoring
INFO/PACKT(3553): Destructing DroidBlaster
```

9 애플리케이션을 종료한 후 기기상의 /sdcard 폴더에 생성된 gmon.out 파일을 가져와 프로젝트 디렉토리에 저장한다. 컴퓨터에서 파일을 보기 위해 대용량 저장 장치 모드를 활성화하는 것을 잊지 말자.

10 gmon.out을 저장한 프로젝트 디렉토리 내에 위치한 터미널 창에서 터미널을 열어 NDK ARM 툴체인 바이너리 근처에 위치한 gprof 분석기를 실행한다.

```
$ ANDROID_NDK/toolchains/arm-linux-androideabi-4.4.3/prebuilt/
linux-x86/bin/arm-linux-androideabi-gprof obj/local/armeabi/
libdroidblaster.so
```

이 명령은 파일로 리다이렉션할 수 있는 텍스트 출력물을 생성하며, 모든 프로파일 결과를 포함한다. 두 번째 절(flat profile)은 시간이 소요되는 top 함수의 통합된 결과를 보여준다. 두 번째 절은 첫 번째 부분에서 계산된 기본 인덱스다.

```
Flat profile:

Each sample counts as 1.66667e-05 seconds.
  %   cumulative  self           self    total
 time   seconds  seconds  calls  us/call us/call  name
18.64    0.00     0.00                           png_read_
filter_row
13.56    0.00     0.00    15847    0.01    0.02   packt::Graph
icsService::update()
10.17    0.00     0.00    15847    0.01    0.01   packt::Graph
icsSprite::draw(float)
10.17    0.00     0.00       1   100.00  566.67
packt::EventLoop::run(...)
 8.47    0.00     0.00    15847    0.01    0.03
dbs::DroidBlaster::onStep()
 5.08    0.00     0.00    15847    0.00    0.00
```

```
packt::GraphicsTileMap::draw()
...
index  %  time   self   children   called     name
                                            <spontaneous>
[1]      57.6    0.00     0.00               android_main [1]
                 0.00     0.00      1/1
packt::EventLoop::run(...) [2]
                 0.00     0.00      1/1            packt::EventLoop:
:EventLoop(android_app*) [469]
                 0.00     0.00      1/1            packt::Sensor::Se
nsor(packt::EventLoop&, int) [466]
                 0.00     0.00      1/1            packt::TimeServic
e::TimeService() [433]
                 0.00     0.00      1/1            packt::GraphicsSe
rvice::GraphicsService(...) [456]
...
```

보충 설명

지금까지 Android-NDK-Profiler 프로젝트를 NDK 모듈로 컴파일해 프로젝트에 추가해봤다. 두 개의 노출 함수 `monstartup()`과 `moncleanup()`의 도움으로 프로파일을 켰다. 프로파일링 결과는 SD 카드의 `gmon.out`에 기록(쓰기 권한이 필요함)돼 NDK `gprof` 유틸리티로 분석될 수 있다.

출력 파일은 샘플러에 의해 히트된 각 함수에 대한 요약 정보를 포함한다(flat profile). 구체적으로 얘기하면 다음 내용을 나타낸다.

- **index** flat profile로부터 계산되고 flat profile 이후에 작성된 인덱스 내부 엔트리 정보를 나타낸다.

- **% time** 전체 프로그램 실행 시간 대비 함수에 소요된 시간 조각을 나타낸다.

- **cumulative seconds** 테이블 상단에 함수와 전체 함수에 소요된 전체 누적 시간을 보여준다.

- **self seconds**   다중 실행을 포함한 함수 자체에서 수행된 누적 전체 시간을 나타낸다.

- **calls**   함수 호출 수를 나타낸다. 가장 정확한 정보다.

- **self s/call**   함수 호출에 소요된 평균 시간이다. 이 칼럼은 샘플 히트 기준이며, 신뢰도는 떨어진다.

- **total s/call**   self s/call과 같지만 서브 함수에서 소요된 시간도 누적된다. 이 칼럼은 또한 샘플 히트 기준이다.

커맨드라인 옵션에 -z를 추가하지 않으면 함수 내에서 소모된 분명한 시간이 나타나지 않는다(함수가 호출되지 않음을 의미하지는 않는다)는 점을 기억하자.

동작 과정

코드 블록을 프로파일링하기 위해 GCC 컴파일러는 컴파일 옵션에 -pg 옵션을 추가했을 때 코드를 검사한다. 검사는 호출자에 대한 정보를 수집하고 호출 카운트 표시를 계산하기 위해 각 함수의 시작부에 추가된 `mcount()` 루틴(정확하게는 `__gnu_mcount_nc()`)에 의존한다. 여기서 Android-NDK-Profiler의 역할은 안드로이드 NDK에서는 제공하지 않는 이 루틴을 구현하는 데 있다.

좀 더 고급 프로파일링 정보는 현재 실행 중인 프로그램의 함수를 탐지(그리고 콜 스택을 얻기 위해)할 수 있게 고정된 간격(기본적으로 100hz)으로 PC 카운터를 샘플링해 추출된다. 이론적인 관점에서 함수 실행에 시간이 소요될수록 샘플 히트 가능성이 커진다.

이를 위해 Android-NDK-Profiler는 개별 스레드를 생성해 시간 정보와 네이티브 코드를 인터럽트하고, 샘플을 기록하기 위한 새로운 포크 프로세스를 수집한다. 이를 위해 안드로이드 진저브레드 2.3 이후로만 동작하는 부모 프로세스로 연결하기 위한 능력이 필요하다. 따라서 안드로이드 로그에 다음 메시지가 나타난다면 프로파일 정보는 정확하게 수집되지 않을 것이다.

```
INFO/PROFILING(3588): child: could not attach 3584
```

GProf는 제약을 가진 성숙한(장난스럽지 않은) 도구다. 먼저 GProf 사용은 신경 쓸 부분이 많다. 작은 변화에도 성능과 잠재적인 캐시 사용에 영향을 미친다. 더욱이 병목현상을 발견하는 데 좋은 장소인 I/O에 소요된 시간을 측정하지 않으며, 재귀 호출을 처리하지 않는다. 마지막으로 샘플링을 사용하고 코드에 대해 가정(예를 들어 함수는 호출에 대해 실행하기 위한 같은 시간보다 많거나 적은 시간을 소모한다)을 하기 때문에 GProf는 아주 정확한 정보를 제공하지 않으며, 정확도를 높이기 위해서는 많은 샘 플링을 필요로 한다. 이는 결과에 오해의 소지가 없다 하더라도 올바르게 분석하기 어렵게 만드는 요인이기도 하다.

완전함과는 거리가 있지만, GProf는 설정이 쉬우며 프로파일링을 시작하는 데 유용한 도구로 남아있다.

ARM과 thumb, 네온

현재 안드로이드 ARM 기기상에 컴파일된 네이티브 C/C++ 코드는 애플리케이션 바이너리 인터페이스ABI, Application Binary Interface를 따른다. ABI는 바이너리 코드 (인스트럭션 셋과 호출 컨벤션 등)를 정의한다. 따라서 ABI는 프로세서와 아주 밀접하게 관련돼 있다. 타겟 ABI는 APP_ABI 속성으로 Application.mk 파일 내에서 선택될 수 있다. 안드로이드에서 지원하는 네 가지 주요 API가 존재한다.

* thum   모든 ARM 기기와 호환돼야 하는 기본 옵션이다. Thumb는 코드 크기 개선(제한된 메모리를 가진 기기에 유용하다)을 위해 32비트 대신 16비트로 인스트럭션을 인코딩하는 특별한 인스트럭션 집합이다. 인스트럭션 집합은 ArmEABI 대비 상당히 엄격하게 제한된다.

* armeabi(혹은 Arm v5)   모든 ARM 기기상에서 실행돼야 한다. 인스트럭션은 32비트로 인코딩되지만 Thumb 코드보다는 좀 더 간결하다. Arm v5는 부동소수점 가속 같은 고급 확장 기능을 지원하지 않기 때문에 Arm v7보다는 느리다.

* armeabi-v7a   Thumb-2(Thumb와 유사하지만 부가적인 32비트 인스트럭션을 가진다)와 네온NEON처럼 일부 선택적인 확장 기능을 더한 VFP 같은 확장 기능을 지원한다.

* x86   PC 같은 구조(즉, Intel/AMD)를 위한 것으로, 이 책을 쓰는 시점에서 공식적으

로 존재하는 기기는 없지만 비공식 오픈소스 계획은 있다.

예를 들자면 Arm V5와 V7에 대한 코드를 동시에 컴파일하는 것이 가능하다. 대부분의 올바른 바이너리는 설치 시점에 선택된다.

안드로이드는 cpu-feature.h API(android_getCpuFamily()와 android_getCpuFeature() 메소드를 이용해)를 제공해 런타임에 호스트 기기상에서 사용 가능한 기능을 탐지할 수 있다. CPU(ARM과X86)와 그 기능(ArmV7 지원과 NEON, VFP)을 찾는 데 도움을 준다.

성능은 안드로이드 NDK로 개발에 있어 가장 중요한 기준 중 하나다. 이를 달성하기 위해 ARM은 VFP(부동소수점 가속 유닛)와 함께 소개된 흔히 네온으로 불리는 SIMDSingle Instruction Multiple Data(즉, 하나의 인스트럭션을 병렬로 여러 데이터를 처리한다) 인스트럭션 셋을 만들었다.

네온은 모든 칩(예를 들어 Nvidia Tegra2는 지원하지 않는다)에서 사용 가능하진 않지만 멀티미디어 애플리케이션에 매우 인기 있다. 일부 프로세스의 나약한 VFP 유닛(예를 들어 Cortex-A8)을 보상하기 위한 좋은 방법이 되기도 한다.

NEON 코드는 어셈블러 인스트럭션을 사용한 전용 asm volatile 블록 혹은 C/C++ 파일로 아니면 인트린직(GCC C 루틴으로 캡슐화된 NEON 인스트럭션)으로서 독립된 어셈블러 파일로 작성될 수 있다. 인트린직은 GCC처럼 조심스럽게 사용돼야 하며, 효율적인 기계어 코드 작성이 불가능한 경우(또는 다루기 힘든 여러 가지 팁을 참조해야 한다)가 종종 있다.

NEON과 현대 프로세서는 정복하기 쉽지 않다. 인터넷에는 영감을 얻고자 하는 예제로 가득 차 있다. 예를 들어 네온으로 구현된 수학 라이브러리 예제에 대해서 code.google.com/p/math-neon/을 참고한다. 기술적 참고 문서는 ARM 웹사이트

http://infocenter.arm.com/에서 찾을 수 있다.

🌐 정리

11장에서 버그와 성능 이슈를 해결하기 위한 고급 기술들을 살펴봤다. 좀 더 구체적으로 네이티브 코드 디버거를 사용해 코드를 디버깅했으며, 설정하기에 느리고 복잡하지만 진정한 삶의 구원자이기도 하다.

또한 크래시 덤프를 판독하기 위해 NDK ARM 유틸리티도 실행해봤다. 이미 발생한 크래시를 해결하는 강력한 해결책이다.

마지막으로 GProf를 이용해 코드를 프로파일링해 성능을 측정해봤다. 이 해결책은 제한적이지만 흥미로운 관점을 제공할 수 있다.

이러한 툴 사용으로 이제 여러분은 NDK 정글로 대담하게 나설 준비를 마쳤다. 그리고 여러분이 탐험 정신이 투철하다면 제일 먼저 성능을 비약적으로 개선하기 위해 ARM 어셈블러의 세계로 고개를 돌릴 수도 있을 것이다. 하지만 어셈블러는 올바른 코드 블록을 목표로 했을 때(그 유명한 20%!)에만 유용하다는 점을 기억해두자. 나쁜 알고리즘을 최적화하는 것은 절대로 좋게 만들 수 없지만, 최적화 없이도 좋은 알고리즘은 엄청난 차이를 만들어낼 수 있다는 사실을 잊지 말자.

마치면서

이 책 전반에 걸쳐 시작에 필요한 필수 지식을 학습했으며, 앞으로 더 나아가기 위해 필요한 길을 안내했다. 이제 작지만 강력한 괴물을 길들이기 위한 주요 요소를 알게 됐고, 막강한 힘을 얻기 위한 탐험을 시작해야 한다. 여전히 알아야 할 부분이 많지만 시간과 공간이 부족하다. 기술을 통달하기 위한 유일한 방법은 반복적으로 연습하는 것이다. 나는 여러분이 이 여정을 만끽하고 모바일에 도전하기 위해 손을 뻗기를 희망한다. 따라서 신선한 지식과 놀랄 만한 모든 아이디어를 모으고 갈고 다듬어 키보드로 새로운 창조물을 만들어 볼 것을 권장한다!

내용 정리

지금까지 이클립스와 NDK를 활용해 네이티브 프로젝트를 생성하는 방법을 구체적으로 살펴봤다. JNI를 통해 자바 애플리케이션에 C/C++ 라이브러리를 포함하는 방법과 단 한 줄의 자바 코드 없이도 네이티브 코드를 수행하기 위한 방법을 학습했다.

모바일에서 표준(물론 윈도우 모바일은 예외로 한다)이 돼가고 있는 OpenGL ES와 OpenSL ES를 이용한 안드로이드 ADK의 멀티미디어 기능을 테스트해봤다. 뿐만 아니라 전화기의 입력 주변장치와 상호작용해봄으로써 입력 센서를 이용한 세계를 파악해봤다.

게다가 안드로이드 NDK는 성능뿐만 아니라 이식성에도 관련돼 있다. 따라서 STL 프레임워크와 STL의 최고의 동지인 부스트를 재사용했으며, 서드파티 라이브러리에 대한 부가적인 작업 없이 포팅해봤다. 이제 강력한 3D와 물리 엔진을 우리 손에 쥐게 됐다!

마지막으로 네이티브 코드를 디버깅하고 프로그램 크래시와 성능을 분석하기 위한 방법도 살펴봤다.

🌐 앞으로 살펴봐야 할 내용

ADT와 CDT 플러그인과 함께하는 이클립스는 매우 강력하다. 이들 간의 통합은 절대로 자연스럽지 않다. 디버깅 동작은 다소 복잡하지만, 모든 사람이 고급 프로파일링 도구의 부족한 기능에 만족하지는 않을 것이다. 하지만 테그라 기기 소유자를 위한 엔비디아 테그라 개발 팩(http://developer.nvidia.com/tegra-android-development-pack) 같은 대안들이 떠오르고 있다. ARM DS-5(http://www.arm.com/products/tools/software-tools/ds-5/) 또한 전문 개발에 있어 흥미로운 선택이 될 수도 있다. 안드로이드의 기능을 비주얼 스튜디오로 가져올 수 있는 오픈소스도 있다(http://code.google.com/p/vs-android/). 안드로이드 생태계는 생명력이 넘치며 빠르게 진화 중이다.

PC에서 애플리케이션을 에뮬레이션하는 데 관련된 주제는 이 책의 범위를 벗어난다. 시스템 가상화 장치에서 안드로이드 OS 이미지를 구동하는 안드로이드 에뮬레이터를 얘기하는 것이 아니라 네이티브 에뮬레이션, 즉 리눅스나 맥, 윈도우 컴퓨터에서 직접 애플리케이션을 실행하는 것을 의미한다. 이것은 일반적인 모든 프로그래밍 도구를 사용 가능케 하는 최고의 해결책이며, Valgrind(메모리 누수 분석을 위한)는 가장 유용한 예가 될 것이다. PC에서 OpenGL ES를 에뮬레이트해주는 PowerVR SDK(http://www.imgtec.com/powervr/insider/)를 살펴보기 바란다. 실제로 네이티브 안드로이드 프레임워크를 에뮬레이트할 수 있는 실질적인 대안은 없다. 이러한 접근은 OS 특징적인 코드로부터 공통적인 부분을 분리하기 위한 진정한 설계 노력이 필요하다. 하지만 분명히 일정 부분의 생산성을 얻을 수 있으며, 심지어 C/C++를 다른 OS(내가 얘기하고 있는 것이 무엇인지 알고 있을 것이다!)로 포팅하는 작업을 쉽게 해주는 등 노력할 만한 가치가 있다.

일부 라이브러리를 포팅해봤지만, 그 외에도 포팅되기를 기다리는 라이브러리가 수없이 많다. 많은 라이브러리가 코드 수정 없이도 동작하며, 단지 재컴파일만 수행하면 된다. 예를 들어 3D 물리에 관심 있는 독자에게 불릿Bullet(http://bulletphysics.org/)은 단 몇 분 만에 바로 포팅 가능한 엔진이다. C/C++ 생태계는 수십 년간 존재해왔으며, 강력한 기능을 제공한다. 모바일 기기에 특징적으로 설계된 라이브러리도 있다. 모바일 게임을 작성하고 싶다면 강력한 프레임워크인 유니티Unity(http://unity3d.com)를 꼭 살펴보기 바란다.

안드로이드 내부에 손을 더럽히고 싶지 않다면 http://source.android.com에서 확인 가능한 안드로이드 플랫폼 코드 자체를 살펴볼 것을 권장한다. 다운로드나 컴파일, 심지어 배포하는 과정이 아주 쉽지는 않지만, 안드로이드 내부를 깊이 있게 이해하기 위한 유일한 방법이며, 향후 발생할지도 모르는 성가신 버그를 발견할 수 있는 유일한 방법이기도 하다!

🌐 유용한 커뮤니티 정보

안드로이드 커뮤니티는 아주 활성화돼 있으며, 다음과 같은 커뮤니티들을 통해 유용한 정보를 찾을 수 있다.

- 안드로이드 구글 그룹(http://groups.google.com/group/android-developers)과 안드로이드 NDK 그룹(http://groups.google.com/group/android-ndk)을 통해 도움을 받을 수 있으며, 가끔씩 안드로이드 팀 멤버로부터 응답을 받을 수도 있다.

- 안드로이드 개발자 블로그스팟BlogSpot을 통해 안드로이드 개발에 관한 신선하고 공식적인 정보를 찾을 수 있다.

- 구글 IO(http://www.google.com/events/io/2011, 2009와 2010년 세션도 접근 가능하다)를 통해 구글 엔지니어의 훌륭한 안드로이드 비디오 연설을 확인할 수 있다.

- 구글 코드(http://code.google.com/hosting/)를 통해 다양한 NDK 예제 애플리케이션을 참고할 수 있다. 검색 엔진에 NDK를 입력하면 구글이 친절하게 안내해줄 것이다.

- 테그라를 위한 엔비디아 개발자 센터(http://developer.nvidia.com/category/zone/mobile-development)에서도 안드로이드와 NDK에 대한 일반적인 정보를 얻을 수 있다.

- 퀄컴 개발자 네트워크(https://developer.qualcomm.com/)를 통해 엔비디아의 주 경쟁자인 퀄컴에 관한 정보를 찾을 수 있다. 특히 퀄컴의 증강현실 SDK도 제공된다.

- Anddev(http://www.anddev.org/)는 NDK 섹션을 운영하는 활발한 포럼이다.

- 스택 오버플로우(http://stackoverflow.com)는 안드로이드 전용 커뮤니티는 아니지만, 이곳을 통해 질문하고 그에 대한 정확한 응답을 받을 수 있다.

- 마라카나 웹사이트(http://marakana.com/tutorials.html)는 안드로이드에 대한 다양하고 흥미로운 정보와 특히 비디오 설명 자료를 제공한다.

- 팩트 출판사 웹사이트(http://www.packtpub.com/)는 안드로이드와 Irrlicht, 오픈소스 소프트웨어에 대한 다양한 정보를 얻을 수 있다.

이제 시작일 뿐이다

애플리케이션을 작성하는 것은 경로의 일부에 지나지 않는다. 제품 출시와 판매는 별개다. 물론 이 책의 범위를 벗어난 주제이긴 하지만, 단편화를 처리하고 다양한 타켓 기기와 호환성을 테스트하는 것은 신중하게 고려해야 하는 어려운 주제다. 입력 기기를 다룰 때 살펴봤듯이 하드웨어 특성을 처리할 때 문제가 발생하기 시작한다(그리고 많은 문제가 있다). 하지만 이러한 문제는 NDK에 특징적인 것은 아니다. 자바 애플리케이션에 비호환성이 존재한다면 네이티브 코드는 나아지지 않는다. 다양한 화면 크기를 처리하고 적절한 크기의 자원을 로딩해 기기 성능에 맞추는 것은 결국 여러분의 몫이다. 하지만 이러한 부분은 관리될 수 있어야 한다.

이 분야에서는 경이로우면서도 한편 골치 아픈 일들이 많이 일어날 것이다. 하지만 안드로이드와 이동성은 여전히 모델링돼야 할 휴경지다. 확신을 가질 수 있게 안드로이드의 초기 버전부터 최신 버전에 이르기까지의 진화를 살펴보기 바란다. 혁명은 매일 일어나지 않으니 놓치는 일이 없어야 한다!

행운을 빈다.

536

 에이콘출판의 기틀을 마련하신 故 정완재 선생님 (1935-2004)

안드로이드 NDK 프로그래밍

JNI와 C/C++ 라이브러리를 활용한 네이티브 안드로이드 애플리케이션

인　쇄 | 2012년 9월 21일
발　행 | 2013년 12월 6일

지은이 | 실뱅 라타부이
옮긴이 | 허 윤 규

펴낸이 | 권 성 준
엮은이 | 김 희 정
　　　　 박 창 기
표지 디자인 | 한국어판_그린애플
본문 디자인 | 황 지 영

인　쇄 | 한일미디어
용　지 | 다올페이퍼

에이콘출판주식회사
경기도 의왕시 내손동 757-3 (437-836)
전화 02-2653-7600, 팩스 02-2653-0433
www.acornpub.co.kr / editor@acornpub.co.kr

한국어판 ⓒ 에이콘출판주식회사, 2012
ISBN 978-89-6077-346-2
ISBN 978-89-6077-210-6 (세트)
http://www.acornpub.co.kr/book/android-ndk

이 도서의 국립중앙도서관 출판시도서목록(CIP)은 서지정보유통지원시스템 홈페이지(http://seoji.nl.go.kr)와
국가자료공동목록시스템(http://www.nl.go.kr/kolisnet)에서 이용하실 수 있습니다. (CIP제어번호 : CIP2012004347)

책값은 뒤표지에 있습니다.